JN235248

パーフェクト
JavaScript

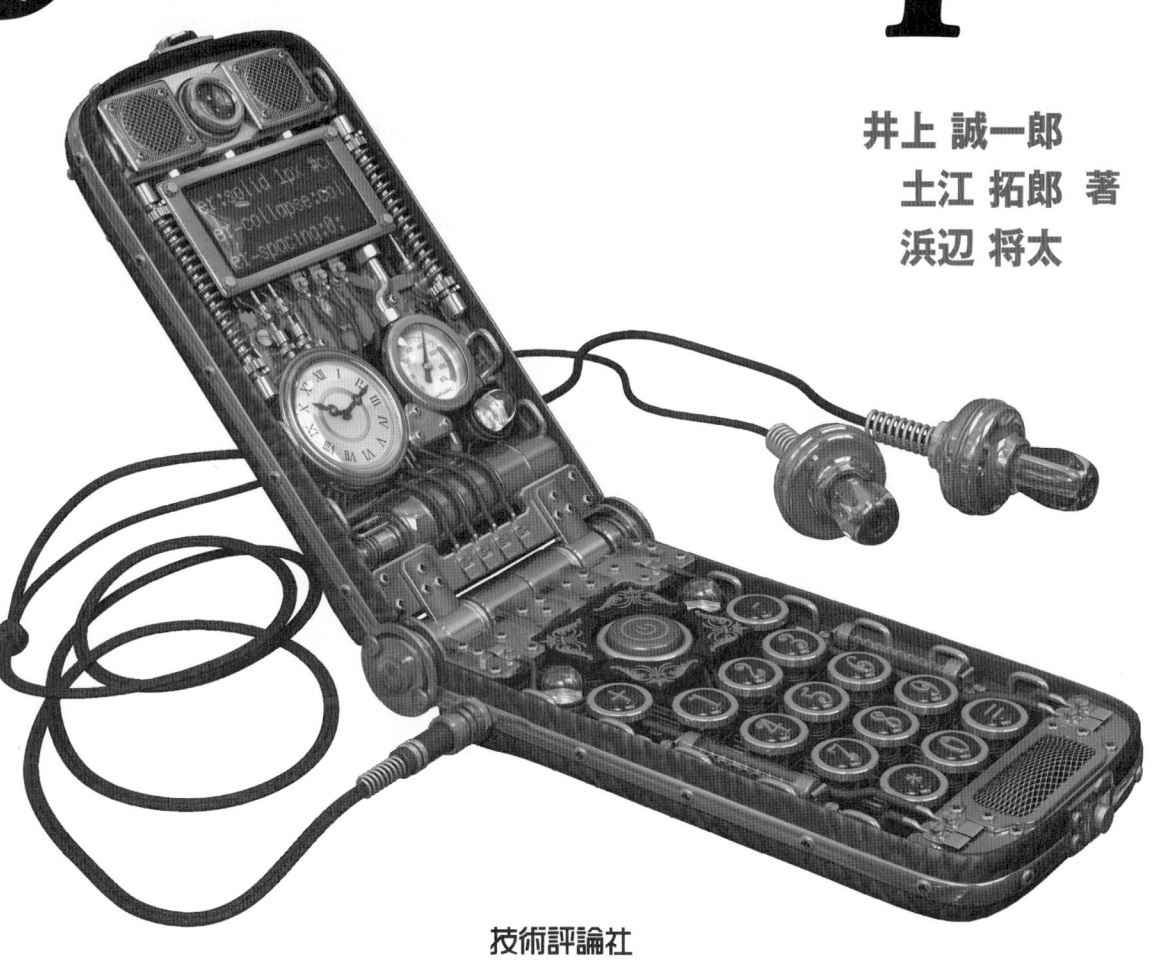

井上 誠一郎
土江 拓郎 著
浜辺 将太

技術評論社

ご注意
ご購入・ご利用の前に必ずお読みください

●本書に記載された内容は、情報の提供のみを目的としています。したがって、本書を用いた運用は、必ずお客様自身の責任と判断によって行ってください。これらの情報の運用の結果について、技術評論社および著者はいかなる責任も負いません。

●本書記載の情報は、2011年8月30日現在のものを記載していますので、ご利用時には、変更されている場合もあります。ソフトウェアに関する記述は、特に断りのないかぎり、2011年8月30日現在での最新バージョンをもとにしています。ソフトウェアはバージョンアップされる場合があり、本書での説明とは機能内容や画面図などが異なってしまうこともあり得ます。本書ご購入の前に、必ずバージョン番号をご確認ください。

●本書の内容およびサンプルダウンロードに収録されている内容は、次の環境にて動作確認を行っています。

OS	Windows 7 Professional 64ビット版
Webブラウザ	Internet Explorer ／ Firefox ／ Google Chrome

　上記以外の環境をお使いの場合、操作方法、画面図、プログラムの動作等が本書内の表記と異なる場合があります。あらかじめご了承ください。
　以上の注意事項をご承諾いただいた上で、本書をご利用ください。

●本書のサポート情報は下記のサイトで公開しています。
http://gihyo.jp/book/2011/978-4-7741-4813-7/support

※Microsoft、Windowsは、米国Microsoft Corporationの米国およびその他の国における商標または登録商標です。
※その他、本文中に記載されている製品の名称は、すべて関係各社の商標または登録商標です。

はじめに

本書を手にとっていただきありがとうございます。

本書はプログラミング言語JavaScriptの本です。前半でJavaScriptの言語仕様を解説し、後半でJavaScriptの応用分野として、クライアントサイドJavaScript、HTML5、Web APIの利用、サーバサイドJavaScriptを取り上げています。

本パーフェクトシリーズは中級者以上向けのシリーズで本書も例外ではありません。入門書ではないので、JavaScriptのコードの断片をコピーアンドペーストして使いたい人にはオーバースペックの本です。WebのデザインやUXにも触れていないので、Webの画面エフェクトのためのJavaScriptを求めている人には合わない本です。

本書はJavaScriptをきちんと学んで本格的なWebアプリケーションを作りたい人に向けた本です。JavaやPHPなど他の言語がメイン開発環境で、JavaScriptは仕方なく使わざるをえない言語であっても、どうせ書くからには正しく言語を学んで良いコードを書きたいと思う開発者に読んでもらいたいと考えています。

JavaScriptの言語仕様を理解するには本書Part2を読んでください。Javaとの比較を多用していますが、最初から丁寧に読めば、プログラミング言語の未経験者でもわかるように書いたつもりです。

Part3以降はJavaScriptの応用です。HTML5やNode.jsなどホットなトピックも取り上げました。プログラミング言語としてJavaScriptを冷静に見ると、必ずしも興奮するほどの特異的な言語ではありません。初見で感じる平凡さの割には奥の深い言語ですが、少なくともコンピュータサイエンスの最先端をいち早く取り込んだ新言語ではありません。しかし、JavaScriptを学ぶ価値は言語そのものよりも周辺知識にあります。最近のJavaScriptの周辺は実に魅惑的です。今のインターネットの興奮のほとんどがJavaScriptに擦り寄っていると言っても過言ではないかもしれません。本書後半がその興奮を伝えられる一助になっていれば幸いです。

2011年8月末日　　井上 誠一郎

■対象読者
・JavaScriptの入門書を読んだことがあり、JavaScriptの本質をより完全に理解したいと思っている人
・日常的にJavaScriptを使っているが、知識にあやふやな部分があり不安のある人
・他のプログラミング言語を使いこなしているが、JavaScriptはなんとなく使っている人
・JavaScriptが次の世代の支配言語だと考えている人

Contents

はじめに ... 3

Part1 JavaScript〜overview ... 13

1章 JavaScriptの概要 ... 14
- 1-1 JavaScriptの見方 ... 14
- 1-2 JavaScriptの歴史 ... 15
  - 1-2-1 JavaScriptのトピック ... 15
- 1-3 ECMAScript ... 16
  - 1-3-1 JavaScriptの標準化 ... 16
  - 1-3-2 見送られたECMAScript第4版 ... 17
- 1-4 JavaScriptのバージョン ... 18
- 1-5 JavaScript処理系 ... 18
  - 1-5-1 クライアントサイドJavaScriptコードの移植性 ... 19
- 1-6 JavaScript実行環境 ... 20
  - 1-6-1 コア言語 ... 20
  - 1-6-2 ホストオブジェクト ... 21
- 1-7 JavaScript周辺環境 ... 21
  - 1-7-1 ライブラリ ... 22
  - 1-7-2 ソースコード圧縮 ... 22
  - 1-7-3 統合開発環境（IDE） ... 22

Part2 JavaScript言語仕様 ... 23

2章 JavaScriptの基礎 ... 24
- 2-1 JavaScriptの特徴 ... 24
- 2-2 表記について ... 25
  - 2-2-1 print関数 ... 26
- 2-3 変数の基礎 ... 26
  - 2-3-1 変数の使い方 ... 26
  - 2-3-2 varの省略 ... 28
  - 2-3-3 定数 ... 28
- 2-4 関数の基礎 ... 29
  - 2-4-1 関数とは ... 29
  - 2-4-2 関数宣言と呼び出し ... 29
  - 2-4-3 関数リテラル ... 30
  - 2-4-4 関数はオブジェクト ... 32
- 2-5 オブジェクトの基礎 ... 32
  - 2-5-1 オブジェクトとは ... 32
  - 2-5-2 オブジェクトリテラル式とオブジェクトの利用 ... 32
  - 2-5-3 プロパティアクセス ... 33
  - 2-5-4 プロパティアクセス（ブラケット） ... 34
  - 2-5-5 メソッド ... 34
  - 2-5-6 new式 ... 35
  - 2-5-7 クラスとインスタンスx ... 35
  - 2-5-8 クラス機能の整理方法 ... 36
  - 2-5-9 オブジェクトと型 ... 36
- 2-6 配列の基礎 ... 37

3章 JavaScriptの型 ... 39
- 3-1 型とは ... 39
  - 3-1-1 型に関してJavaとの比較 ... 39
  - 3-1-2 基本型と参照型 ... 40
- 3-2 組み込み型の概要 ... 40
  - 3-2-1 JavaScriptの基本型 ... 41
- 3-3 文字列型 ... 41
  - 3-3-1 文字列値リテラル ... 41
  - 3-3-2 文字列型の演算 ... 42
  - 3-3-3 文字列型の比較 ... 44
  - 3-3-4 文字列クラス（Stringクラス） ... 45
  - 3-3-5 文字列オブジェクト ... 45
  - 3-3-6 文字列値と文字列オブジェクトの混乱の回避 ... 47
  - 3-3-7 String関数呼び出し ... 47
  - 3-3-8 Stringクラスの機能 ... 48

	3-3-9	非破壊的なメソッド	49
3-4	**数値型**		50
	3-4-1	数値リテラル	50
	3-4-2	数値型の演算	51
	3-4-3	浮動小数点数の一般的注意	51
	3-4-4	数値クラス（Numberクラス）	52
	3-4-5	Number関数呼び出し	53
	3-4-6	Numberクラスの機能	53
	3-4-7	境界値と特別な数値	54
	3-4-8	NaN	56
3-5	**ブーリアン型**		57
	3-5-1	ブーリアン値	57
	3-5-2	ブーリアンクラス（Booleanクラス）	58
	3-5-3	Booleanクラスの機能	59
3-6	**null型**		60
3-7	**undefined型**		60
	3-7-1	undefined値	61
3-8	**オブジェクト型**		62
	3-8-1	関数型	62
3-9	**型変換**		62
	3-9-1	文字列値から数値への型変換	63
	3-9-2	数値から文字列値への型変換	64
	3-9-3	型変換のイディオム	65
	3-9-4	ブーリアン型への型変換	66
	3-9-5	その他の型変換	67
	3-9-6	オブジェクト型から基本型への型変換	67
	3-9-7	基本型からオブジェクト型への型変換	68

4章　文、式、演算子　　70

4-1	式と文の構造	70
4-2	予約語	70
4-3	識別子	71
4-4	リテラル表記	72
4-5	文とは	73
4-6	ブロック文（複合文）	73
4-7	変数宣言文	74
4-8	関数宣言文	74
4-9	式文	74
4-10	空文	75
4-11	制御文	76
4-12	if-else文	76
4-13	switch-case文	79
4-14	繰り返し文	82
4-15	while文	82
4-16	do-while文	84
4-17	for文	85
	4-17-1　for文のイディオム	86
	4-18　　for in文	87
	4-18-1　配列とfor in文	88
	4-18-2　for in文に関する注意点	89
4-19	for each in文	89
4-20	break文	90
4-21	continue文	90
4-22	ラベルを使ったジャンプ	91
4-23	return文	92
4-24	例外	93
4-25	その他	94
4-26	コメント	95
4-27	式	95
4-28	演算子	96
4-29	式の評価	96
4-30	演算子の優先順序と結合規則	97
4-31	算術演算子	98
4-32	文字列連結演算子	100
4-33	同値演算子	100
4-34	比較演算子	101
4-35	in演算子	102
4-36	instanceof演算子	103
4-37	論理演算子	103
4-38	ビット演算子	104

Contents

4-39	代入演算子	105
4-40	算術代入演算子	105
4-41	条件演算子(3項演算子)	105
4-42	typeof演算子	106
4-43	new演算子	106
4-44	delete演算子	106
4-45	void演算子	107
4-46	カンマ(,)演算子	107
4-47	ドット演算子とブラケット演算子	108
4-48	関数呼び出し演算子	108
4-49	演算子と型変換の注意点	108

5章 変数とオブジェクト　109

5-1	変数の宣言	109
5-2	変数と参照	110
5-2-1	関数の引数(値渡し)	112
5-2-2	文字列と参照	113
5-2-3	オブジェクトと参照にまつわる用語の整理	113
5-3	変数とプロパティ	114
5-4	変数名の解決	115
5-5	変数の存在チェック	115
5-5-1	プロパティの存在チェック	116
5-6	オブジェクトとは	117
5-6-1	抽象データ型とオブジェクト指向	117
5-6-2	インスタンスの協調とオブジェクト指向	118
5-7	オブジェクトの生成	118
5-7-1	オブジェクトリテラル	118
5-7-2	コンストラクタとnew式	121
5-7-3	コンストラクタとクラス定義	123
5-8	プロパティのアクセス	124
5-8-1	プロパティ値の更新	124
5-8-2	ドット演算子とブラケット演算子の使い分け	125
5-8-3	プロパティの列挙	126
5-9	連想配列としてのオブジェクト	126
5-9-1	連想配列	127
5-9-2	連想配列としてのオブジェクトの注意点	128
5-10	プロパティの属性	129
5-11	ガベージコレクション	130
5-12	不変オブジェクト	131
5-12-1	不変オブジェクトとは	131
5-12-2	不変オブジェクトの有用性	131
5-12-3	不変オブジェクトの手法	131
5-13	メソッド	133
5-14	this参照	134
5-14-1	this参照の規則	134
5-14-2	this参照の注意点	135
5-15	applyとcall	136
5-16	プロトタイプ継承	137
5-16-1	プロトタイプチェーン	138
5-16-2	プロトタイプチェーンの具体例	139
5-16-3	プロトタイプ継承とクラス	141
5-16-4	プロトタイプチェーンのよくある勘違いと__proto__プロパティ	142
5-16-5	プロトタイプオブジェクト	142
5-16-6	プロトタイプオブジェクトとECMAScript第5版	143
5-17	オブジェクトと型	144
5-17-1	型判定(constructorプロパティ)	144
5-17-2	constructorプロパティの注意点	144
5-17-3	型判定(instanceof演算とisPrototypeOfメソッド)	145
5-17-4	型判定(ダックタイピング)	146
5-17-5	プロパティの列挙(プロトタイプ継承を考慮)	146
5-18	ECMAScript第5版のObjectクラス	148
5-18-1	プロパティオブジェクト	148
5-18-2	アクセッサ属性	150
5-19	標準オブジェクト	152
5-20	Objectクラス	153
5-21	グローバルオブジェクト	155
5-21-1	グローバルオブジェクトとグローバル変数	156
5-21-2	Mathオブジェクト	156
5-21-3	Errorオブジェクト	157

6章 関数とクロージャ　159

6-1 関数宣言文と関数リテラル式　159
6-2 関数呼び出しの整理　159
- 6-2-1 関数宣言文の巻き上げ　159
6-3 引数とローカル変数　160
- 6-3-1 argumentsオブジェクト　160
- 6-3-2 再帰関数　161
6-4 スコープ　162
- 6-4-1 Webブラウザとスコープ　163
- 6-4-2 ブロックスコープ　163
- 6-4-3 letとブロックスコープ　164
- 6-4-4 入れ子の関数とスコープ　167
- 6-4-5 シャドーイング　168
6-5 関数はオブジェクト　168
- 6-5-1 関数名とデバッグ容易性　169
6-6 Functionクラス　170
- 6-6-1 Functionクラスの継承　171
6-7 入れ子の関数宣言とクロージャ　172
- 6-7-1 クロージャの表層的な理解　172
- 6-7-2 クロージャの仕組み　173
- 6-7-3 クロージャの落とし穴　177
- 6-7-4 名前空間の汚染を防ぐ　178
- 6-7-5 クロージャとクラス　181
6-8 コールバックパターン　182
- 6-8-1 コールバックと制御の反転　182
- 6-8-2 JavaScriptとコールバック　183

7章 データ処理　187

7-1 配列　187
- 7-1-1 JavaScriptの配列　187
- 7-1-2 配列の要素アクセス　188
- 7-1-3 配列の長さ　189
- 7-1-4 配列の要素の列挙　190
- 7-1-5 多次元配列　192
- 7-1-6 配列はオブジェクト　192
- 7-1-7 Arrayクラス　194
- 7-1-8 配列オブジェクトの意味　196
- 7-1-9 配列のイディオム　196
- 7-1-10 配列の内部　200
- 7-1-11 配列風のオブジェクト　201
- 7-1-12 イテレータ　202
- 7-1-13 ジェネレータ　204
- 7-1-14 配列の内包　206
7-2 JSON　207
- 7-2-1 JSON文字列　207
- 7-2-2 JSONオブジェクト　208
7-3 日付処理　209
- 7-3-1 Dateクラス　210
7-4 正規表現　212
- 7-4-1 正規表現とは　212
- 7-4-2 正規表現の用語　213
- 7-4-3 正規表現の文法　214
- 7-4-4 JavaScriptの正規表現　216
- 7-4-5 正規表現プログラミング　218
- 7-4-6 文字列オブジェクトと正規表現オブジェクト　219

Part3 クライアントサイドJavaScript　223

8章 クライアントサイドJavaScriptとHTML　224

8-1 クライアントサイドJavaScriptの重要性　224
- 8-1-1 Webアプリケーションの発達　224
- 8-1-2 JavaScriptの高速化　225
- 8-1-3 JavaScriptの役割　225
8-2 HTMLとJavaScript　226
- 8-2-1 Webページを表示するときの処理の流れ　226
- 8-2-2 JavaScriptの記述方法と実行タイミング　226
- 8-2-3 実行タイミングまとめ　230

8-3		実行環境と開発環境	231
	8-3-1	実行環境	231
	8-3-2	開発環境	231
8-4		デバッグ	231
	8-4-1	alert	231
	8-4-2	console	232
	8-4-3	onerror	235
	8-4-4	Firebug, Web Inspector (Developer Tools), Opera Dragonfly	235
8-5		クロスブラウザ対応	237
	8-5-1	対応すべきブラウザ	238
	8-5-2	実装方法	239
8-6		Windowオブジェクト	242
	8-6-1	Navigatorオブジェクト	242
	8-6-2	Locationオブジェクト	242
	8-6-3	Historyオブジェクト	244
	8-6-4	Screenオブジェクト	244
	8-6-5	Windowオブジェクトへの参照	244
	8-6-6	Documentオブジェクト	245

9章 DOM　246

9-1		DOMとは	246
	9-1-1	DOM Level 1	246
	9-1-2	DOM Level 2	247
	9-1-3	DOM Level 3	247
	9-1-4	DOMの記述	248
9-2		DOMの基礎	248
	9-2-1	タグ、要素、ノード	248
	9-2-2	DOM操作	249
	9-2-3	Documentオブジェクト	249
9-3		ノードの選択	250
	9-3-1	IDによる検索	250
	9-3-2	タグ名による検索	251
	9-3-3	名前による検索	256
	9-3-4	クラス名による検索	256
	9-3-5	親、子、兄弟	257
	9-3-6	XPath	259
	9-3-7	Selectors API	262
9-4		ノードの作成・追加	263
9-5		ノードの内容変更	263
9-6		ノードの削除	264
9-7		innerHTML／textContent	264
	9-7-1	innerHTML	264
	9-7-2	textContent	264
9-8		DOM操作のパフォーマンス	265

10章 イベント　266

10-1		イベントドリブンプログラミング	266
10-2		イベントハンドラ／イベントリスナの設定	266
	10-2-1	HTML要素の属性に指定する	267
	10-2-2	DOM要素のプロパティに指定する	268
	10-2-3	EventTarget.addEventListener()を利用する	269
	10-2-4	イベントハンドラ／イベントリスナ内でのthis	271
10-3		イベント発火	272
10-4		イベントの伝播	272
	10-4-1	キャプチャリングフェーズ	272
	10-4-2	ターゲットフェーズ	273
	10-4-3	バブリングフェーズ	273
	10-4-4	キャンセル	273
10-5		イベントが持つ要素	275
10-6		標準イベント	276
	10-6-1	DOM Level 2で定義されているイベント	276
	10-6-2	DOM Level 3で定義されているイベント	277
10-7		独自イベント	280

11章 実践 クライアントサイドJavaScript　281

11-1		スタイル	281
	11-1-1	スタイル変更方法	281
	11-1-2	位置の指定	287
	11-1-3	位置	288
	11-1-4	アニメーション	290

11-2	AJAX		290
	11-2-1	非同期処理の利点	291
	11-2-2	XMLHttpRequest	291
	11-2-3	基本的な処理の流れ	292
	11-2-4	同期通信	293
	11-2-5	タイムアウト	294
	11-2-6	レスポンス	295
	11-2-7	クロスオリジン制限	296
	11-2-8	クロスオリジン通信	297
	11-2-9	JSONP	297
	11-2-10	iframeハック	298
	11-2-11	window.postMessage	301
	11-2-12	XMLHttpRequest Level 2	303
	11-2-13	クロスオリジン通信のセキュリティ問題	303
11-3	フォーム		303
	11-3-1	フォーム要素	304
	11-3-2	フォームコントロール要素	305
	11-3-3	内容の検証	306
	11-3-4	検証に利用できるイベント	307
	11-3-5	フォームを使ってページ遷移を発生させない方法	308

12章 ライブラリ　310

12-1	ライブラリを使うべき理由		310
12-2	jQueryの特徴		310
12-3	jQueryの基本		311
	12-3-1	記述例	311
	12-3-2	メソッドチェーン	312
12-4	$関数		314
	12-4-1	セレクタにマッチする要素を抽出する	314
	12-4-2	新しくDOM要素を作成する	314
	12-4-3	既存のDOM要素をjQueryオブジェクトに変換する	315
	12-4-4	DOM構築後のイベントリスナを設定する	315
12-5	jQueryによるDOM操作		315
	12-5-1	要素の選択	315
	12-5-2	要素の作成・追加・置換・削除	317
12-6	jQueryによるイベント処理		318
	12-6-1	イベントリスナの登録・削除	318
	12-6-2	イベント専用のイベントリスナ登録メソッド	320
	12-6-3	ready()メソッド	321
12-7	jQueryによるスタイル操作		321
	12-7-1	基本的なスタイル操作	321
	12-7-2	アニメーション	322
12-8	jQueryによるAJAX		324
	12-8-1	AJAX()関数	324
	12-8-2	AJAX()のラッパー関数	325
	12-8-3	グローバルイベント	326
12-9	Deferred		326
	12-9-1	Defferdの基本	327
	12-9-2	状態遷移	328
	12-9-3	後続関数	329
	12-9-4	並列処理	331
12-10	jQueryプラグイン		332
	12-10-1	jQueryプラグインの利用	331
	12-10-2	jQueryプラグインの作成	333
12-11	他のライブラリとの共存		334
	12-11-1	$オブジェクトの衝突	334
	12-11-2	$オブジェクトの衝突回避	335
12-12	ライブラリの利用方法		336

Part4　HTML5　337

13章 HTML5概要　338

13-1	HTML5の歴史		338
	13-1-1	HTML5の登場の経緯	338
13-2	HTML5の現状		339
	13-2-1	ブラウザの対応状況	339
	13-2-2	Webアプリケーションとネイティブアプリケーション	340

14章　Webアプリケーション　343

14-1　History API　343
- 14-1-1　History APIとは　343
- 14-1-2　ハッシュフラグメント　343
- 14-1-3　インターフェース　345

14-2　ApplicationCache　350
- 14-2-1　キャッシュ管理について　350
- 14-2-2　キャッシュマニフェスト　350
- 14-2-3　ApplicationCache API　354
- 14-2-4　オンラインとオフライン　356

15章　デスクトップ連携　357

15-1　Drag Drop API　351
- 15-1-1　Drag Drop APIとは　351
- 15-1-2　インターフェース　358
- 15-1-3　基本的なドラッグ&ドロップ　359
- 15-1-4　表示のカスタマイズ　361
- 15-1-5　ファイルのDrag-In／Drag-Out　364

15-2　File API　366
- 15-2-1　File APIとは　366
- 15-2-2　Fileオブジェクト　367
- 15-2-3　FileReader　369
- 15-2-4　data URL　373
- 15-2-5　FileReaderSync　375

16章　ストレージ　376

16-1　Web Storage　376
- 16-1-1　Web Storageとは　376
- 16-1-2　基本操作　378
- 16-1-3　storageイベント　380
- 16-1-4　Cookieについて　380
- 16-1-5　ネームスペースの管理　381
- 16-1-6　バージョンの管理　382
- 16-1-7　localStorageのエミュレート　383

16-2　Indexed Database　384
- 16-2-1　Indexed Databaseとは　384
- 16-2-2　インフラストラクチャ　384
- 16-2-3　データベースに接続　385
- 16-2-4　オブジェクトストアの作成　386
- 16-2-5　データの追加・削除・参照　387
- 16-2-6　インデックスの作成　389
- 16-2-7　データの検索と更新　389
- 16-2-8　データのソート　390
- 16-2-9　トランザクション　391
- 16-2-10　同期API　392

17章　WebSocket　393

17-1　WebSocket概要　393
- 17-1-1　WebSocketとは　393
- 17-1-2　既存の通信技術　393
- 17-1-3　WebSocketの仕様　397
- 17-1-4　WebSocketの動作　397

17-2　基本操作　398
- 17-2-1　コネクションの確立　398
- 17-2-2　メッセージの送受信　399
- 17-2-3　コネクションの切断　399
- 17-2-4　コネクションの状態確認　400
- 17-2-5　バイナリデータの送受信　401
- 17-2-6　WebSocketインスタンスのプロパティ一覧　401

17-3　WebSocket実践　402
- 17-3-1　Node.jsのインストール　402
- 17-3-2　サーバサイドの実装　403
- 17-3-3　クライアントサイドの実装　404
- 17-3-4　クライアントサイドの実装2　405

18章　Web Workers　408

18-1　Web Workers概要　408
- 18-1-1　Web Workersとは　408
- 18-1-2　Web Workersの動作　408

18-2	基本操作		409
	18-2-1	ワーカの生成	409
	18-2-2	メインスレッド側のメッセージ送受信	410
	18-2-3	ワーカ側のメッセージ送受信	410
	18-2-4	ワーカの削除	411
	18-2-5	ファイルの読み込み	411
18-3	Web Workers実践		412
	18-3-1	ワーカの利用	412
	18-3-2	ワーカの処理を中断する	414
18-4	共有ワーカ		416
	18-4-1	共有ワーカとは	416
	18-4-2	共有ワーカの生成	416
	18-4-3	共有ワーカのメッセージ送受信	417
	18-4-4	共有ワーカの削除	418
	18-4-5	共有ワーカの応用例	419

Part5　Web API　421

19章　Web APIの基礎　422

19-1	Web APIとWebサービス		422
	19-1-1	Web APIが想定するシステム	422
19-2	Web APIの歴史		423
	19-2-1	スクレイピング	423
	19-2-2	セマンティックWeb	424
	19-2-3	XML	424
	19-2-4	Atom	425
	19-2-5	JSON	425
	19-2-6	SOAP	425
	19-2-7	REST	426
	19-2-8	簡単なまとめ	427
19-3	Web APIの構成		427
	19-3-1	Web APIの形態	427
	19-3-2	Web APIの利用	428
	19-3-3	RESTful API	429
	19-3-4	APIキー	430
19-4	ユーザ認証と認可		431
	19-4-1	Webアプリのセッション管理	431
	19-4-2	セッション管理とユーザ認証	432
	19-4-3	Web APIと権限	433
	19-4-4	認証と認可	435
	19-4-5	OAuth	436

20章　Web APIの実例　439

20-1	Web APIのカテゴリ		439
20-2	Google Translate API		440
	20-2-1	準備	441
	20-2-2	動作概要	441
	20-2-3	Web APIの利用コード	442
	20-2-4	ウィジェット(Google Translate Element)	444
20-3	Google Maps API		445
	20-3-1	Google Static Maps API	445
	20-3-2	マイマップ	446
	20-3-3	Google Maps APIの概要	447
	20-3-4	Google Maps APIの簡単な例	447
	20-3-5	イベント	448
	20-3-6	Geolocation APIとGeocoding API	451
20-4	Yahoo! Flickr		452
	20-4-1	Flickr Web APIの利用	453
	20-4-2	FlickrのWeb APIの利用例	454
20-5	Twitter		456
	20-5-1	検索API	456
	20-5-2	REST API	457
	20-5-3	Twitter JS API @anywhere	458
	20-5-4	Twitter Widget	460
20-6	Facebook		460
	20-6-1	Facebookアプリの変遷	460
	20-6-2	FacebookのJavaScript API	463

		20-6-3	Facebookのプラグイン	464
20-7			OpenSocial	**464**
		20-7-1	OpenSocialの基本アーキテクチャ	465

Part6　サーバサイドJavaScript　471

21章　サーバサイドJavaScriptとNode.js　472

21-1			サーバサイドJavaScriptの動向	**472**
21-2			CommonJS	**473**
	21-2-1		CommonJSとは	473
	21-2-2		CommonJSの動向	474
	21-2-3		モジュール機能	474
21-3			Node.js	**477**
	21-3-1		Node.jsとは	477
	21-3-2		nodeコマンド	482
	21-3-3		npmとパッケージ	482
	21-3-4		consoleモジュール	483
	21-3-5		utilモジュール	484
	21-3-6		processオブジェクト	485
	21-3-7		グローバルオブジェクト	487
	21-3-8		Node.jsプログラミングの概要	487
	21-3-9		イベントAPI	489
	21-3-10		バッファ	494
	21-3-11		ストリーム	498

22章　実践 Node.jsプログラミング　502

22-1			HTTPサーバ処理	**502**
	22-1-1		HTTPサーバ処理の基本	502
	22-1-2		リクエスト処理	503
	22-1-3		レスポンス処理	505
	22-1-4		POSTリクエスト処理	506
22-2			HTTPクライアント処理	**507**
22-3			HTTPS処理	**509**
	22-3-1		opensslコマンドを使う自己証明書の発行方法	509
	22-3-2		HTTPSサーバ	509
22-4			Socket.IOとWebSocket	**510**
22-5			低レイヤのネットワークプログラミング	**511**
	22-5-1		低レイヤネットワーク処理	511
	22-5-2		ソケットとは	512
	22-5-3		ソケットプログラミングの基本構造	513
	22-5-4		ソケットプログラミングの具体例	515
22-6			ファイル処理	**516**
	22-6-1		本節のサンプルコード	516
	22-6-2		ファイルの非同期処理	517
	22-6-3		ファイルの同期処理	518
	22-6-4		ファイル操作系の関数	518
	22-6-5		ファイル読み込み	519
	22-6-6		ファイル書き込み	520
	22-6-7		ディレクトリ操作	521
	22-6-8		ファイルの変更監視	522
	22-6-9		ファイルパス	522
22-7			タイマー	**523**
22-8			Express	**524**
	22-8-1		URLルーティング	524
	22-8-2		リクエスト処理	525
	22-8-3		レスポンス処理	526
	22-8-4		scaffold作成機能	526
	22-8-5		MVCアーキテクチャ	526
	22-8-6		テンプレート言語Jade	527
	22-8-7		MongoDB（データベース）	529
	22-8-8		Mongooseの実例	531
	22-8-9		ExpressとMongooseを使うWebアプリ	533

索引	536
おわりに	542

Part 1

JavaScript 〜 overview

本書の最初にJavaScriptを取り巻く状況と言語的な特性、および周辺事情を説明します。

1章 JavaScriptの概要

JavaScriptとECMAScriptの関係および歴史を紹介します。JavaScriptの処理系や実行環境であるWebブラウザとの関係、そしてJavaScriptの移植性の概要を説明します。

1-1 JavaScriptの見方

　JavaScriptの言語的特徴は次の**「Part2 JavaScript言語仕様」**に譲り、ここではJavaScriptを取り巻く環境からJavaScriptを紹介します。と言っても本書を手に取る人でJavaScriptがWebブラウザ上で動く言語であることを知らない人はほとんどいないでしょう。それどころか、開発者以外に目を向けた世間一般で、JavaScriptほど知られているプログラミング言語はないかもしれません。更に言うとソフトウェアの歴史上、少なくとも名前を聞いたことがある、どこで動いているのか知っている、という点でJavaScriptの右に出る言語はないでしょう。

　しかし、あまりに身近な言語のため、JavaScriptには多くの誤解や一面的な見方があるのも事実です。

　たとえばWebブラウザとの結びつきが強すぎるため、Webブラウザ上以外で動くJavaScriptの存在を知らない人は多くいます。JavaScriptへの思いも様々です。Webを使いづらくした目の敵のように思う人もいれば、Webを使いやすく進化させた素晴らしい技術と褒め称える人もいます。JavaScriptを誰でも書ける簡易言語と思っている人もいれば、抽象度の高い習得の難しい言語だと感じている人もいます。

　JavaScriptの見方には様々な視点があるのでどれが正しいと断言する気はありません。しかしソフトウェアの中心がWebである限りにおいて、JavaScriptの重要性は今後ますます上がるのは間違いありません。JavaScript界の著名人のひとり、ダグラス・クロックフォード氏はJavaScriptをWeb上のヴァーチャルマシンと呼びました。この心は、今のWebが世界に広がるJavaScript実行環境と見立てられるという意味です。ややおおげさに言うとJavaScriptは史上もっとも世界を支配するプログラミング言語になろうとしています。

　本書は**「Part6 サーバサイドJavaScript」**を除いて原則としてWebブラウザ上で動くクライアントサイドJavaScriptを暗黙に仮定します。Webブラウザ以外にJavaScriptが飛び出しつつあるとは言え、現時点での主戦場はWebブラウザだからです。

1-2　JavaScriptの歴史

　JavaScriptの登場は1995年です。当時もっとも普及していたWebブラウザのNetscape Navigatorに搭載されました。JavaScript搭載以前のWebブラウザの機能はHTMLや画像を表示するだけでしたが、JavaScriptの搭載でWebブラウザ側でプログラムを実行できるようになりました。

　Webブラウザにプログラム実行環境を載せる技術自体はJavaScriptの専売特許ではありません。先鞭を付けたもう1つの雄はJavaでした。今ではサーバサイドの開発言語として有名なJavaですが、登場時はJavaアプレットと呼ぶプログラムをWebブラウザ（HotJava）内で実行する機能で注目を浴びました。

　よく知られた事実ですが、JavaとJavaScriptは予約語や制御文など、表面的に似た部分がありますが、言語としてのつながりはありません。JavaScriptが後発で開発時は異なる名称でした（LiveScript）が、既に初期マーケティングに成功して名が通っていたJavaに似せた名前に変える決定により、言語の名称がJavaScriptになりました。これはJavaとJavaScriptにまつわる様々な誤解を生みましたが、歴史を振り返るとマーケティング的には正しい決定だったようです。

　言語仕様を見ると、JavaとJavaScriptは見た目で感じるほど動作は似ていません。むしろJavaScriptはRubyやPythonなどの軽量スクリプティング言語やLispなどの関数を主体に考える言語のほうに似ています。ただ、登場初期にJavaと歩調を合わせて発展した経緯があるため、オブジェクト名やメソッド名などはJavaと類似しています。

1-2-1　JavaScriptのトピック

　JavaScriptの標準規格の策定年度と目立つキーワードを中心にJavaScriptのトピックをまとめます（**表1.1**）。ECMAScriptは次の節で説明します。

表1.1　JavaScriptのトピック

年代	出来事
1995年	ネットスケープコミュニケーションズ社がJavaScript公開
1996年	マイクロソフト社がJavaScript互換のJScript公開
1997年	ECMAScript第1版（ECMA-262）
1998年	ISO/IEC 16262 承認
1998年	ECMAScript第2版
1998年	DOM レベル1 策定
1998年	新語 DHTML 登場
1999年	ECMAScript第3版
2000年	DOM レベル2 策定
2002年	ISO/IEC 16262:2002 承認
2004年	DOM レベル3 策定
2005年	新語 AJAX 登場
2009年	ECMAScript第5版
2009年	新語 HTML5 登場

JavaScript 〜 overview

　登場初期のJavaScriptの評判は必ずしも良いものばかりではありませんでした。当時のPCのスペックが非力だったことや、JavaScriptの処理系の実装の未熟さもあり、JavaScriptのあるページが重くなる、あるいはWebブラウザが不安定になる印象を持つ人も少なくありませんでした。ある時期にはWebブラウザでJavaScriptはオフにすべきだ、と声高に叫ぶ人も一定数いました。

　Webの利用の広がりと共にWebブラウザのユーザインターフェースの改善要求は強まり続けました。そして、少しずつですがJavaScriptの重要性が増していきました。ブラウザ戦争と呼ばれ、ネットスケープ社とマイクロソフト社の間で技術革新が続いた時期です。この頃、徐々に技術的にリードし始めたのはマイクロソフト社でした。マイクロソフト社を中心に提唱された**DHTML（ダイナミックHTML）**は現在に続くJavaScript技術の基盤になっています。DOMやCSSと言ったW3Cによる標準規格とJavaScriptの組み合わせで、Webブラウザにリッチなユーザインターフェースを提供するマーケティング用語がDHTMLでした。

　こうして2000年前後にJavaScript周りの技術要素の多くが出揃いました。その後、2000年代中盤にWebアプリの本格的な普及の中で、特にグーグル社を中心に、後にAJAX（Asynchronous JavaScript and XML）と総称される非同期制御をJavaScriptで実現することで、デスクトップアプリに近い高度なユーザインターフェースが登場しました。

　Webアプリが高度化する中でJavaScriptのコードの規模や複雑さも拡大しました。これに呼応してprototype.jsやjQueryなどの各種JavaScriptライブラリが登場しました。ここに至り、2000年代後半、JavaScriptブームとでも言うべき状況が現れました。

　このブームの中でもう1つ忘れてはいけないプレイヤーがいます。Mozilla Foundationです。Mozilla Foundationの源流をたどるとネットスケープ社に行き着きます。Mozillaの道のりをすべて語るのは本書の範疇を越えるので省略しますが、Mozilla Foundationによるオープンソース Webブラウザ Firefoxの地道な開発の中でJavaScriptの速度改善が進んだことはJavaScriptブームの要因の1つです。JavaScript高速化の話では、グーグル社が2008年にWebブラウザGoogle Chromeと共に発表したJavaScriptエンジンv8も重大な契機です。その後、JavaScript処理系の高速化競争とでも呼ぶべき状況が生まれています。

1-3　ECMAScript

1-3-1　JavaScriptの標準化

　「**1-2 JavaScriptの歴史**」で説明したようにネットスケープ社によりJavaScriptは世に出ました。その後、マイクロソフト社がJavaScript互換のJScriptを開発してInternet Explorerに搭載しました。ただし、世間的にはマイクロソフト社のJScriptも含めてJavaScriptと呼ぶのが通例です。

　両社の独自拡張によるJavaScriptの分裂を防ぐ意図や、その他諸々の意図の下、ネットスケープ社はJavaScriptをEcma Internationalという標準化団体に提出しました。この標準言語仕様の名

称がECMAScriptです。中立的な標準化団体に言語仕様の制定を委ねることでネットスケープ社はJavaScriptに対する独占的な地位を手放しました。その代わり、JavaScriptは標準規格化されたプログラミング言語という安定感を手に入れました。開発者にとって、標準規格のあるプログラミング言語は特定の企業の都合に振り回されない安心感があります。企業の独占的な言語の場合、企業の都合で開発が停止したり、あるいは突然利用ライセンス料が必要になるなどあるからです。

ECMAScriptの規格番号は**ECMA-262**です。その後、ISOが追認しました（ISO-16262）。俗な言い方をすると、ISOにより権威づけされました。ECMAScriptという標準規格により、ネットスケープ社のJavaScriptの位置づけはECMAScript準拠のプログラミング言語として再定義されました。マイクロソフト社のJScriptも同様です。後にJavaScriptの開発主体がネットスケープ社からMozilla Foundationに変わりましたが、この定義は変わりません。

その後、ECMAScript準拠の実装が他にも登場しています。ただし世間的には、これらの実装を総称してJavaScript処理系と呼んでいるのが実状です。厳密にはネットスケープ社が開発し、現在、Mozilla Foundationが開発している言語の名称がJavaScriptで、他のECMAScript準拠の実装はJavaScriptの互換実装です。厳密に用語を使い分けてもあまり意味はないので、本書ではすべてを総称してJavaScript処理系と呼ぶことにします。現在の代表的なJavaScript処理系は標準準拠に熱心な一方、独自拡張もそれなりにあります。つまりECMAScriptの機能を持ちつつ更に便利な機能も提供しています。事実上、JavaScript処理系のほとんどはECMAScriptのスーパーセットです。このため移植性を考慮したければECMAScript準拠の機能だけを使えばいいことになります。

1-3-2　見送られたECMAScript第4版

表1.1（JavaScriptのトピック）を見るとECMAScriptの第4版が飛んでいます。実はECMAScript第4版は規格の合意ができず頓挫しました。

ECMAScript第3版が出たのは1999年です。良く言えば10年以上の間、JavaScriptの言語仕様は安定していました。一方、規格が10年前で止まっていたため、進歩が止まっていたという見方もできます。世間的には、1999年以降、ECMAScript第3版およびJavaScriptバージョン1.5がデファクト標準でした。JavaScriptに新しい機能を追加しても、それらはあくまで独自拡張であり、標準規格に従うなら使うべきではないが公式見解でした。標準化には良い面もありますが、進みの遅い標準化作業と待ち切れない実装側の独自拡張は標準化の悪い面が出ていたと言えます。

ほぼ10年の間（1999年から2008年まで）、ECMAScript第4版の作業が続きました。独自拡張は適切に整理され標準規格に盛り込まれる予定でした。また第4版はクラスの導入など大胆な言語仕様の変更も計画していました。しかし、2008年、標準化作業部会は大きな言語仕様の変更を見送り、第3版からの漸進的な進化を目指す方向に切り替えました。こうして2009年に出たのが第5版です。第5版は第3版と大きくは変わらない規格になっています。

保守的なECMAScript第5版のために微妙になったのがJavaScriptバージョン1.6以降に追加されていた様々な機能です。一部はECMAScript第5版に取り込まれていますが大部分は入っていま

せん。ECMAScriptとして標準化されていれば大手を振ってこれらを使うことができましたが、結局、従来どおり独自拡張の位置づけのままになりました。要は、標準に従いたい、あるいは移植性を考えるとこれらの独自拡張機能は使うべきではない機能になります。

1-4　JavaScriptのバージョン

前節で説明したようにJavaScript処理系はECMAScript規格に準拠したプログラミング言語として定義されています。現実にはJavaScriptの機能実装が先行して、ECMAScriptが後追いで標準規格化しているのが実状です。歴史的な経緯もあり、Mozilla Foundation開発のJavaScript（厳密な意味での唯一のJavaScript）が標準化の前の実装を先取りすることが多くなっています。

JavaScriptのバージョンとECMAScriptのバージョンの対応を表にします（**表1.2**）。

表1.2　JavaScriptのバージョン

JavaScriptバージョン	搭載Webブラウザのバージョン	ECMAScript準拠
1.0	Navigator 2.0	-
1.1	Navigator 3.0	これをベースにECMAScript標準化開始
1.2	Navigator 4.0-4.05	ほぼ第1版準拠
1.3	Navigator 4.06-4.7x	第1版準拠
1.4	-	第1版準拠
1.5	Navigator 6.0, Mozilla	第3版準拠
1.6	Firefox 1.5	ECMAScript第4版を先取り
1.7	Firefox 2	ECMAScript第4版を先取り
1.8	Firefox 3	ECMAScript第4版を先取り
1.8.1	Firefox 3.5	1.0ほぼ第5版準拠
1.8.5	Firefox 4.0	第5版準拠

1-5　JavaScript処理系

JavaScriptエンジンを積んだ代表的なWebブラウザとそのJavaScript処理系を**表1.3**にまとめます。ここ数年、バージョンごとにコードネームを細かく付ける風潮もありますが、ここでは一般的な通り名を載せています。

表1.3　WebブラウザとJavaScript処理系

Webブラウザ	JavaScript処理系
FireFox	SpiderMonkey
Internet Explorer	JScript
Safari	JavaScriptCore
Chrome	v8
Carakan	Carakan（最新コードネーム）

1-5-1 クライアントサイドJavaScriptコードの移植性

　JavaScriptプログラミングの暗黒面として語られるのがWebブラウザごとの挙動の違いです。「1-2 JavaScriptの歴史」で初期のJavaScriptの評判が必ずしも良くなかったと書きました。その1つの要因にWebブラウザごとの挙動の違いがあったのは事実です。多くの開発者が苦しみ、JavaScriptプログラミングは面倒だ、という印象が流布しました。ただ冷静に考えるとJavaScriptが特別にひどいとも言えません。

　たとえば他の言語を見てみると、今のJavaScriptと同程度に多様な処理系が広まった言語にC言語とC++言語があります。これらは標準規格の言語仕様のレベルでそれなりの移植性を達成していますが(注1)、異なるプラットフォーム(OS)間を考えると移植性は絶望的です。PHP、Perl、Python、Rubyなどの人気スクリプティング系言語はプラットフォーム間の移植性は高いですが、これらはほぼ単一の処理系がデファクト化しているから、という事情があります。Javaは処理系に多様性があっても高い移植性を達成しています。しかし、これは最初から非常に注意深く移植性に気を払った結果で例外的な存在です。JavaScriptをJavaと比較して移植性に難ありと判断するのは酷です。

　クライアントサイドJavaScriptの移植性の障害は次の2つが要因です。

- JavaScript言語処理系の違い
- レンダリングエンジンの違い(DOMやCSSの解釈の違い)

　現実には後者のほうが面倒で、多数のバッドノウハウを生んでいる(生んできた)のが実状です。前者のJavaScript言語処理系の違いを埋めるのはECMAScriptが鍵になります。ECMAScriptは標準規格として仕様が明確だからです。今、ほとんどの著名なJavaScript処理系がECMAScript準拠を打ち出しているため、ECMAScriptの規格の範囲内でコードを書けば移植性はかなり高くなっています。

　一方のレンダリングエンジンの違いは言語ほど明確に規格化できないため厄介です。ただ次のAcidと呼ばれるテストで挙動の違いをなくそうとする動きがあります。

http://www.webstandards.org/action/acid3/

　AcidはECMAScriptのような明文化された規格ではなく、Webブラウザに対して特定のテストを実施して同じ結果を返すことで挙動の差異をなくす試みです。テストはJavaScript、DOM、CSSなどクライアントサイドJavaScriptの挙動を広範囲に判定します。現在、多くのWebブラウザがAcid準拠(Acidのテストに合格すること)の方向を打ち出しています。本書執筆時点でAcidはバージョン3です。下記URLにWebブラウザでアクセスすると点数が表示されます。

http://acid3.acidtests.org/

　クライアントサイドJavaScriptの移植性に関する改善に向けた動きを紹介してきました。残念ながらこれで安泰かと言うとそれほど単純ではありません。まず1つは古いWebブラウザの問題です。ここまでに紹介したECMAScript準拠もAcidテスト準拠も最新Webブラウザでの話です。古いWeb

---

(注1) C++マニアは反論しそうですが、本書はJavaScriptの本なのであまり深く考えないでください。

Part 1 JavaScript ～ overview

ブラウザに対応すると、依然として挙動の違いに気を払う必要があります。

もう1つの問題はPC以外のデバイスへの対応です。スマートフォンやタブレットPC（スレートPC）、あるいはスマートテレビまで考慮すると、そもそも単一UIはほとんどありえない時代になっています。クライアントサイドJavaScriptの移植性は徐々に改善していると説明してきましたが、昨今の非PCデバイスの隆盛を考えると、むしろ今までと比較にならないぐらいの混乱の時代に入ったという見方すらできます。非PCでのレンダリングエンジンはほぼWebKitに独占されているのが些細な助けになっている程度です。

クロスブラウザ対応については本書**Part3**で詳しく説明します。現実のプログラミングではクロスブラウザ対応のライブラリを使うのが普通です。代表的なライブラリは後述します。

1-6 JavaScript実行環境

1-6-1 コア言語

世間でのJavaScriptの印象はほとんどがクライアントサイドJavaScriptのため、JavaScriptプログラミングとDOMプログラミングは不可分に思われがちです。

DOMプログラミングの詳細は本書**Part3**で取り上げますが、端的に言うとWebブラウザと利用者のインタラクションを司るプログラミングです。Webブラウザに何かを表示したり、利用者のクリック操作に応対したりします。Webブラウザ上では不可分ですが、JavaScriptとDOMが不可分というのは誤解です。JavaScriptの言語仕様とDOMは独立しているからです。DOMはクライアントサイドJavaScriptの世界でホストオブジェクトとしてJavaScriptの世界に存在するだけです。ホストオブジェクトは耳慣れない用語かもしれませんが、他のプログラミング言語での外部ライブラリのようなものと考えてください。つまり言語の中で取り替え可能な部分です。JavaScriptの中で取り替え不能な機能だけを強調する時、それをコア言語と呼びます。

JavaScriptのコア言語とホストオブジェクトの概念図を図にします（**図1.1**）。

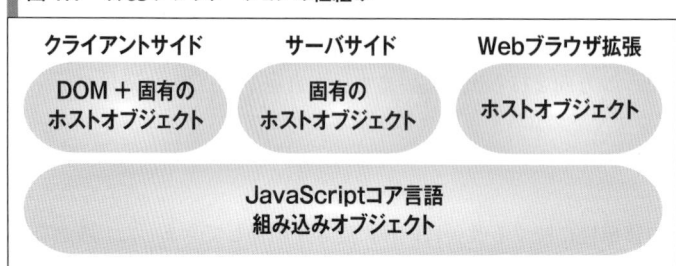

図1.1 Webアプリケーションの仕組み

クライアントサイド	サーバサイド	Webブラウザ拡張
DOM＋固有のホストオブジェクト	固有のホストオブジェクト	ホストオブジェクト

JavaScriptコア言語
組み込みオブジェクト

1-6-2　ホストオブジェクト

前節の図 1.1 のように JavaScript には実行環境ごとの固有のホストオブジェクトが存在します。これは JavaScript が拡張言語として設計されたことに起因します。汎用プログラミング言語の場合、実行時のコンテキストを作っていくのは開発者の責任です。組み込み関数などは別として、原則、まっさらなコンテキストで始まります。そうだからこそ汎用プログラミング言語とも言えます。　一方、拡張言語は、組み込み対象のアプリ（ホスト環境）の中でプログラムが動きます。この時、ホストアプリからなんらかの実行コンテキストを受け取ります。JavaScript は、グローバルオブジェクトをルートとしたオブジェクトツリーの形でこれを受け取ります。JavaScript が起動時にホスト環境から受け取るこのオブジェクトツリーをホストオブジェクトと呼びます。

グローバルオブジェクトを JavaScript のコードの視点で見ると、起動時から暗黙に存在するオブジェクトです。クライアントサイド JavaScript のグローバルオブジェクトは window オブジェクトとして知られています。

1-7　JavaScript 周辺環境

1-7-1　ライブラリ

2005 年あたりからオープンソースの JavaScript ライブラリの利用が本格化しました。先鞭をつけたのは **prototype.js** です。それまでも JavaScript ライブラリは存在していましたが、prototype.js 以降、ライブラリを使うのが常識になっています。prototype.js が注目された理由の 1 つは AJAX 処理のクロスプラットフォーム対応です。

2000 年中期から AJAX の活用が広がり始めましたが、AJAX プログラミングには大きな問題がありました。当時の人気の Web ブラウザ、Internet Explorer と Firefox に API の互換性がなかったことです。prototype.js は両者の API の違いを吸収する API を提供しました。また、prototype.js は DOM を補完する API、Ruby から影響を受けたイテレータ系 API など便利な API を提供しました。

その後、表 1.4 に代表されるような多くの JavaScript ライブラリが登場しています。

表 1.4　クライアントサイド JavaScript の代表的なライブラリ

名称	配布 URL
prototype.js	http://www.prototypejs.org/
script.aculo.us	http://script.aculo.us/
jQuery	http://jquery.com/
Ext.js	http://www.sencha.com/products/extjs/
Yahoo! UI Library (YUI)	http://developer.yahoo.com/yui/
Dojo	http://dojotoolkit.org/
MochiKit	http://mochi.github.com/mochikit/
MooTools	http://mootools.net/
Google Closure Library	http://code.google.com/closure/library/
uupaa.js	http://code.google.com/p/uupaa-js/

1-7-2 ソースコード圧縮

クライアントサイドJavaScriptの実行高速化にソースコード圧縮は有効です。ソースコードを圧縮すると次の要因で実行が速くなります。

- ネットワーク転送量が減ることでネットワーク待ち時間が短くなる
- ソースコードが短くなると、JavaScriptインタプリタ（Webブラウザ）がコードを解釈する時間が短くなる
- （圧縮ツールによっては）ソースコードを最適化する

代表的なソースコード圧縮ツールを表1.5に載せます。

表1.5 ソースコード圧縮ツール

名称	URL
Google Closure Compiler	http://code.google.com/closure/compiler/
YUI Compressor	http://developer.yahoo.com/yui/compressor/
packer	http://dean.edwards.name/packer/
JSMin	http://www.crockford.com/javascript/jsmin.html

単純な圧縮ツールの効果は不要な空白文字、改行、コメントの削除です。実行速度を気にして必要なコメントを書かないのは不健全なので、単純ですがツールを使う意味があります。もう少し高度な圧縮ツールは変数名を短い文字列に置換するなどの処理を行います。これは結果的にソースコードの難読化にもなります。更に高度になると無駄なコードを除去したり、コードを事前に計算して定数に置換したり、世の中のコンパイラが行うような最適化をします。これらを行うにはソースコードをただの文字列ではなくJavaScriptのソースコードとして正しく解釈する必要があります。この結果、副作用的にコードの検証もでき、コードの潜在的なバグを発見できたりします。

ソースコードの圧縮は準備が面倒ですが、苦労に見合う成果をもたらします。ある一定規模の開発であれば絶対に導入すべきです。

1-7-3 統合開発環境（IDE）

まだ発展途上の製品が多いですがJavaScript開発で使える統合開発環境（IDE）があります。代表的なIDEを表1.6に示します。

表1.6 JavaScriptのIDE

名称	説明
Orion	Eclipse Foundation提供のWebベースのJavaScript専用IDE
Cloud9	クラウド（http://cloud9ide.com/）型でJavaScript専用IDE
Eclipse	Eclipse Foundation提供。JavaのIDEとして有名だがJavaScriptのサポートもある
NetBeans	Oracle製（元Sun）。JavaのIDEとして有名だがJavaScriptのサポートもある
Aptana Studio	Appcelerator（Titanium開発元）が買収したAptana社（http://www.aptana.org/）の無償製品
WebStorm	JetBrains社の有償製品（http://www.jetbrains.com/webstorm/）
Komodo IDE	ActiveState社の有償製品（http://www.activestate.com/komodo-ide）

Part 2

JavaScript 言語仕様

本PartはJavaScriptのコア言語仕様を解説します。文法規則だけではなくJavaScriptらしいコードの書き方やイディオムも紹介します。

Part 2 JavaScript言語仕様

2章 JavaScriptの基礎

JavaScriptの言語仕様の詳細に入る前に概要を紹介します。厳密な説明や詳細は後述する章にゆずり、本章は大雑把に言語仕様をつかむことを目的とします。

2-1 JavaScriptの特徴

JavaScriptのプログラミング言語としての特徴を列挙します。

- インタプリタ言語
- C言語やJavaに似た構文
- 動的型言語
- プロトタイプベースのオブジェクト指向
- リテラル表記の表現力
- 関数型プログラミング

■インタプリタ言語

JavaScriptはインタプリタ型言語です。一般にインタプリタ型言語に対比されるのはコンパイル型言語ですが、コンパイル型言語に対するインタプリタ型言語の利点は開発の手軽さにあります。インタプリタ型言語は実行環境上でコードを直接動かせるからです。特にJavaScriptの場合、普及しているWebブラウザが実行環境なので手軽に試せる点で今や右に出るものがない存在です。

インタプリタ型言語の欠点は実行速度です。通常、コンパイル型言語より実行が遅くなります。と、ここまでは一般論です。現実には、今インタプリタ型言語とコンパイル型言語の境界は徐々に薄れてきています。コンパイル型言語も充分に速いコンパイラと高性能な開発環境があるとインタプリタ言語に匹敵する開発容易性を実現可能です。一方、インタプリタ型言語は実行中にコンパイルするJIT（Just In Time）コンパイルの技術などで実行速度を改善できます。

現在は、コンパイル型言語かインタプリタ型言語かの違いよりも、手軽さを目指して作られた言語か実行効率を目指して作られた言語かの、最初の設計方針の差のほうが言語の性質に効いてきます。JavaScriptは開発の手軽さを優先して作られた言語で、そこから様々な性質が導かれます。

■C言語やJavaに似た構文

JavaScriptの構文はC言語やJavaに似ています。ifやwhileなどのキーワードが同じでその制御構造も同じに見えます。ぱっと見で似ている印象を与えるためこれらの言語の経験があると馴染みやす

いでしょう。しかし見た目ほどこれらの言語との類似性はないので注意してください。

■動的型言語

　JavaScriptがC言語やJavaと異なる点のひとつはJavaScriptが動的型言語である点です。動的型言語の詳細は後ほど説明しますが、ソースコードの見た目で説明すると、変数や関数の返り値に型指定がありません。インタプリタ型言語の選択同様、動的型言語もJavaScriptが開発の手軽さを優先した結果です。インタプリタ型も動的型も言語の特性で、好き嫌いは分かれますが良し悪しで語れる部分ではない点に注意してください。

■プロトタイプベースのオブジェクト指向

　インタプリタ型で動的型の言語はあまり珍しい存在ではありません。世の中の著名なスクリプティング系言語のほとんどがそうだからです。しかしプロトタイプベースのオブジェクト指向はJavaScriptを特異な存在にしています。プロトタイプベースのオブジェクト指向の詳細は後述しますが、ここではクラスベースのオブジェクト指向と少し違うと理解してください。世の中でオブジェクト指向言語を名乗る多くの言語はクラスベースのオブジェクト指向を支援する言語機能を提供します。プロトタイプベースのオブジェクト指向はJavaScriptが世界初の言語ではありませんが、著名な言語に限定すれば、世界初と呼んでも差し支えありません。なおプロトタイプベースとクラスベースの比較も好き嫌いであって良し悪しの問題ではありません。

■リテラル表記の表現力

　JavaScriptの開発生産性を上げている要因の1つがリテラル表記の表現力です。Perl以降の多くの言語が高機能なリテラル表記を持つため、JavaScriptだけが突出した存在ではありませんが、JavaScriptプログラミングのリテラル表記は相対的に良くできているので言語の特徴として挙げておきます。

■関数型プログラミング

　最後に関数型プログラミングに触れておきます。関数型プログラミングというパラダイムは古くて新しい話題です。オブジェクト指向という言葉が生まれる以前から存在するパラダイムです。しかし関数型プログラミングは長い間手続き型プログラミング（オブジェクト指向も手続き型の一種です）の影に隠れた存在でした。ただこの状況は少しずつ変わりつつあります。そしてJavaScriptもこの流れの中にあります。JavaScriptが直接サポートするパラダイムは、どちらかと言うと手続き型ですが、関数をオブジェクトとして扱えることと関数リテラルがあることで関数型プログラミングをサポートできます。

2-2　表記について

　本PartのJavaScriptのコード例は次のように記述します。原則、**smjs**（SpiderMonkeyのシェ

JavaScript言語仕様

ル)で実行確認しています。ECMAScript 第 5 版に準拠した JavaScript1.8.5 を使います。コードの実行結果を明記したい場合、JavaScript コードに続けて実行結果を記載します。

式の評価結果も実行結果と同じように記述します。

```
js> var s = 'foobar';         // 説明のためのコメント
実行結果 (あるいは式の評価結果)
```

JavaScript 文の区切りを示すセミコロンは省略可能ですが、本 Part のサンプルでは省略しない方針にします。

smjs で実行すると、次のようにエラー時の表示の先頭に typein: 数字が付きます。この数字は実行した行番号を表しています。実行環境で異なるので本書はエラーの行番号(typein:1: など)を省いて載せます。

```
js> x;
typein:1: ReferenceError: x is not defined
```

2-2-1 print関数

JavaScript のコア言語に組み込みの print 関数は存在しませんが、本 Part のコード例は print を使います。Web ブラウザでコードを実行する場合は alert あるいは document.write で代用してください。FireBug や Node.js(本書 **Part6** 参照) を使っている場合は console.log 関数で代用してください。

```
// Webブラウザ
var print = alert;
または
var print = document.write;

// FireBugやNode.js利用
var print = console.log;
```

2-3　変数の基礎

2-3-1　変数の使い方

本節は JavaScript の変数について説明します。変数の役割は値やオブジェクトに名前をつけることです。後ほどオブジェクトや関数の説明を受けて改めて変数の詳細を説明します。本節は難しいことは考えず変数の使い方を説明します。

次のようにキーワード **var** を使い変数を宣言します。

```
js> var foo;              // 変数fooを宣言
```

変数に使える文字の詳細は後述しますが、当面、任意の英単語を変数名に使えると考えてください。変数に値を代入するには代入演算子（=）を使います。代入演算子の左辺に変数、右辺に代入値を記述します。

```
js> foo = "abc";          // 変数fooに文字列値"abc"を代入
```

次のように宣言と代入を同時にできます。宣言と代入を同時にするのは良いプログラミングスタイルです。

```
js> var foo = "abc";      // 文字列値"abc"を持つ変数fooを宣言
```

JavaScriptの変数に型はありません（型については後述します）。変数に型がないので、次のように同じ変数に文字列値を代入したり数値を代入したりできます。ただし一般論として変数の使いまわしは悪い習慣です。このようなコードは避けてください。

```
js> var foo;
js> foo = "abc";          // 変数fooに文字列値"abc"を代入
js> foo = 123;            // 変数fooに数値123を代入
```

式の中に変数名を書くと変数の値を取り出せます。

```
js> var n = 7;            // 変数nに数値7を代入
js> n + 1;                // 変数nの値を取り出し、1を加算
8
```

厳密に言うと、式の中に書いた変数の働きは**左辺値**と**右辺値**で違いがあります。左辺値とは代入式で＝の左に書く変数名です。右辺値とは代入式の右辺もしくは代入式以外の式に書く変数名です。右辺値に書いた変数が値を取り出す働きなのに対し、左辺値に書いた変数は代入先を示す働きをします。用語だけを聞くと難しく感じますが、この違いは代入のある多くのプログラミング言語と同じです。左辺値と右辺値の違いは、直感的には代入先か否かの区別と考えるだけで充分です。

宣言だけで何も代入していない変数は、値がundefined値になります（undefined値の意味は後述します）。このような変数の値を読み出しても実行時エラーになりません。しかし、undefined値の読み出しはほとんどの場合、バグの元なので注意してください。

```
js> var foo;
js> print(foo);           // 変数fooの値はundefined値
undefined
```

宣言していない変数の値の取り出し（右辺値での利用）は**ReferenceError**例外になります。左辺

値での利用、つまり代入先としての利用はエラーになりません。

詳しくは次の**「2-3-2 varの省略」**を参照してください。

```
js> print(x);
ReferenceError: x is not defined
```

2-3-2 varの省略

　JavaScript経験者はvarキーワードが省略可能と知っているかもしれません。変数をvarで宣言すると説明しましたが、varによる宣言なしで変数に値を代入できます。このような変数を暗黙の宣言をした変数と呼びます。暗黙の宣言で使用した変数はグローバル変数になります。たとえ関数内での暗黙の宣言でもグローバル変数になります。

　関数の外部でvar宣言した変数はグローバル変数で、これは意図したグローバル変数です。意図したグローバル変数と区別するため、var宣言なしの変数を暗黙のグローバル変数と呼ぶことにします。グローバル変数の利用は最小限にすべきですが、その中でも暗黙のグローバル変数は最低です。暗黙のグローバル変数の利用は開発者の裁量でゼロにできます。なぜなら変数を必ずvarで宣言すればいいからです。

　本書に限らず良心的な本であれば暗黙のグローバル変数を推奨しないはずです。本書も推奨しません。varの記述は省略しないでください。なおECMAScript第5版のstrict modeは暗黙のグローバル変数をエラーにします（**コラム参照　P.224**）。

2-3-3 定数

　ECMAScript規格に定数の構文はありません。しかしJavaScript独自拡張の定数宣言が存在します。独自拡張なので動作に明確な仕様はありません。以下はSpiderMonkeyの動作を説明します。

　定数を宣言するには、キーワードvarの代わりにconstを使います。定数に使える文字は変数に使える文字と同じですが、定数はすべて大文字にする慣習があります。constの使い方は次のようになります。

```
js> const FOO = 7;          // 定数宣言
js> print(FOO);
7
```

　定数に新しい値を再代入しても定数の値は変わりません。再代入はエラーになるべきだと思いますがエラーにはならないので注意してください。

```
js> const FOO = 7;
js> FOO = 8;                // 定数に再代入
js> print(FOO);             // 値は変わらない
7
```

宣言時に代入しない定数の値はundefined値です。この動作は変数と同じです。なお、constは独自拡張なので本書ではこれ以上扱いません。

```
js> const FOO;
js> print(FOO);
undefined
```

2-4 関数の基礎

2-4-1 関数とは

　JavaScriptの関数に似た言語機能をJavaに探すとメソッドになります。ただし、JavaScriptの関数はクラスと無関係に定義できるので、表面的には他のプログラミング言語、たとえばC言語やPHPの関数、あるいはPerlのサブルーチンなどに似ています。しかし、JavaScriptの関数の実体はこれらのどれとも違います。この違いも含めて内部的な詳細は「**6章 関数とクロージャ**」で改めて説明します。

　本節はJavaScriptの関数の表面的な説明をします。JavaScriptの関数の基本的な動作は他のプログラミング言語の関数や手続きと呼ばれるものとそう変わりません。関数はある一連の手続き（文の集まり）をまとめて外部から呼び出せるようにする仕組みです。関数に引数を渡せ、関数は値を返せます。

　通常、JavaScriptのソースコードに書いたコードは、原則、上から下に向かって実行します。一方、関数の本体のコードは違います。関数本体を宣言しただけでは実行されません。関数が呼ばれて初めて関数本体のコードを実行します（**リスト 2.1**）。

リスト 2.1　関数を含めたコードの実行順序

```
print('1');
function f() {      // 関数宣言
  print('2');
}
print('3');
f();                // 関数呼び出し
```

```
// リスト2.1の実行結果
1
3
2
```

2-4-2 関数宣言と呼び出し

　関数を定義するには関数宣言文を使います。キーワードfunctionで始めて関数名、引数リスト、

関数本体が並びます。以下に文法を示します。

```
// 関数宣言文の文法
function 関数名(引数、引数、...) {
    関数本体
}
```

リスト2.2に具体例を示します。関数名はsumで、引数名はaとbです。関数宣言に書いた引数を仮引数と呼びます。リスト2.2の関数sumは2つの引数の加算を行い、加算結果をreturn文で返します。

リスト2.2　関数sumの宣言

```
function sum(a, b) {
  return Number(a) + Number(b);
}
```

関数sumを呼ぶ側のコードは次のようになります。関数呼び出し時に渡す引数を実引数と呼びます。下記は実引数3と4で関数sumを呼び出すコードになります。

```
// 関数sumの呼び出し
js> sum(3, 4);
7
```

関数宣言の仮引数に型指定はありません[注1]。どんな型の値でも実引数として渡せます。予期しない型の値を渡された時の対応は関数本体を書く開発者の責任です。詳細は後述しますが、仮引数の数と実引数の数が合っていなくても構いません。この辺りの動作は、引数の型に厳格なJavaとは対照的です。これらの性質から、当然、JavaScriptに関数オーバーロード（引数の異なる同名の関数）の仕組みはありません。

2-4-3　関数リテラル

関数は関数リテラル式でも定義できます。構文的にはfunctionで始めて、省略可能な関数名、引数リスト、関数本体が並びます。以下に文法を示します。

```
// 関数リテラル式の文法
function(引数、引数、...) {
    関数本体
}
function 関数名(引数、引数、...) {
    関数本体
}
```

（注1）　そもそもJavaScriptの変数に型はないので驚くには当たりません。

見てわかるように関数宣言文と関数リテラル式に文法的な違いはほとんどありません。関数名を省略可能か否かだけです。ただ関数リテラルは式なので式の中に書ける点が違います。また、式なので値を返します。関数リテラル式が返す値は関数オブジェクトの参照です（参照の詳細は**「5章 変数とオブジェクト」**で説明します）。単純に関数を返すと思っても構いません。

式という用語から、関数リテラル式と関数呼び出し式を混同しないでください。関数呼び出し式はたいていのプログラミング言語にある言語機能です。一方、関数リテラル式は言語機能として持たないプログラミング言語もあります（少なくともJavaのメソッドはできません）。ただ関数定義を式で書ける機能自体は目新しい言語機能ではありません。最古に近いプログラミング言語のLispの時代からあり、最近のプログラミング言語では一般的になりつつある機能です。

関数リテラル式は**リスト2.3**のように使います。代入式の右辺が関数リテラル式です。

リスト2.3　関数リテラル式の例

```
var sum2 = function(a, b) {
        return Number(a) + Number(b);
    }
```

varで始まるのでsum2は変数名です。functionで始まる関数リテラル式は関数を返します。つまりリスト2.3の意味は変数sum2への関数オブジェクトの参照の代入です。変数sum2が参照する関数を呼ぶには次のようにします。

```
// 関数sum2の呼び出し
js> sum2(3, 4);
7
```

このコードはリスト2.2の関数sumの呼び出し方法と区別がつきません。つまり、事実上、リスト2.2の関数宣言文と、リスト2.3の関数リテラル式の変数への代入式の働きは同じです。どちらも、名なしの関数本体（関数オブジェクト）を生成し名前と結びつけます。当面、リスト2.2とリスト2.3の動作は同じと理解してもそれほど困りません。内部的な僅かの違いは**「6章 関数とクロージャ」**で説明します。

次のように関数宣言文で定義した関数名を右辺に書いて代入することも可能です。そして代入先の名前を使って関数を呼び出せます。sumという名前が関数オブジェクトの参照を持っていると考えてください。ここまで来ると変数名と関数名の境界が曖昧だと感じると思います。その直感は正しいのですが詳細は後にまわします。

```
// リスト2.2の関数名を代入式の右辺に記述
js> var sum3 = sum;
// 関数sum3の呼び出し
js> sum3(3, 4);
7
```

2-4-4 関数はオブジェクト

JavaScriptの関数がJavaのメソッドやC言語の関数と大きく違う点は、JavaScriptの関数がオブジェクトだという点です。次節のオブジェクトの説明の中で、オブジェクトは本質的に名前がないという説明をします。この事実は関数にも当てはまります。関数もオブジェクトだからです。

名なしのオブジェクトを名前で呼ぶために変数が存在するように、名なしの関数を名前で呼ぶために関数名が存在します。そして、後ほど明らかになりますが、変数名と関数名は結局、同じものです。便宜上、変数名と関数名を区別して考えることはありますが、本質的には同じです。

JavaScriptの関数はオブジェクトですが、オブジェクトのすべてが関数という意味ではありません。関数は実行可能なコードを持ち、呼び出し可能という意味で（それなりに特別な）オブジェクトです。

2-5 オブジェクトの基礎

2-5-1 オブジェクトとは

低レイヤで見れば、JavaScriptのオブジェクトとJavaのオブジェクトの基本原則は同じです。どちらもメモリ上の実体で、状態を持ち、プログラミングの操作の対象になります。しかし、高レイヤの概念的な見方をすると2つはかなり違います。

Javaのオブジェクトはクラスをインスタンス化したものと説明できます。一方、JavaScriptには言語仕様上クラスはありません（この意味は後述します）。JavaScriptのオブジェクトは名前と値のペアの集合です。名前と値のペアをプロパティと呼びます。この用語を使って定義すると、JavaScriptオブジェクトはプロパティの集合と言えます。

表面上の類似度で言うと、JavaScriptオブジェクトはJavaのマップ（java.util.Map）に似ています。事実、JavaScriptオブジェクトはキーバリューペアを管理する連想配列として使えます。しかし、JavaScriptオブジェクトはJavaのマップにない2つの特徴があります。

1つはプロパティ値に関数を指定できる点です。

2つ目の特徴はプロトタイプチェーンの仕組みです。詳しくは「**5章 変数とオブジェクト**」の章で説明しますが、この仕組みによりJavaScriptオブジェクトでクラスの継承に似た機能を実現できます。

少し難しく説明しましたが、直感的には、オブジェクトはプログラムで扱うデータを表現するものと理解して構いません[注2]。

2-5-2 オブジェクトリテラル式とオブジェクトの利用

オブジェクトはオブジェクトリテラル式で生成できます。オブジェクトリテラル式は次のように中カッコ{}で囲って、プロパティ名とプロパティ値のペアを並べます。

[注2] 更に進んだ理解は「**5章 変数とオブジェクト**」を参照してください。

```
// オブジェクトリテラル式の文法
{ プロパティ名:プロパティ値, プロパティ名:プロパティ値, ... }
```

プロパティ名は識別子、文字列値、数値のいずれかです。プロパティ値は任意の値やオブジェクトを記述できます。具体例を**リスト 2.4** に示します。

リスト 2.4　オブジェクトリテラルの例

```
{ x:2, y:1 }                                          // プロパティ名が識別子
{ "x":2, "y":1 }                                      // プロパティ名が文字列値
{ 'x':2, 'y':1 }                                      // プロパティ名が文字列値
{ 1:2, 2:1 }                                          // プロパティ名が数値
{ x:2, y:1, enable:true, color:{r:255, g:255, b:255} } // 様々な型のプロパティ値
```

次のようにカンマで終わるオブジェクトリテラルはECMAScript第 5 版で許されています。ただECMAScript第 3 版には違反です。古い Internet Explorer で問題が知られているので、オブジェクトリテラルの最後のカンマは避けるべきです。

```
{ x:2, y:1, }           // ECMAScript第5版は最後のカンマを無視するので問題ない
```

オブジェクトリテラル式の評価値は生成したオブジェクトの参照です。
次のように代入式の右辺にオブジェクトリテラルを書くとオブジェクト参照を変数に代入できます(参照の詳細は**「5 章 変数とオブジェクト」**で説明します)。

```
// オブジェクトリテラル式と代入式
js> var obj = { x:3, y:4 };   // 生成したオブジェクトの参照を変数objに代入
js> typeof obj;                // typeof演算子で型を判定するとobject
object
```

便宜上、変数objが参照するオブジェクトをオブジェクトobjと呼びます。この呼び方の詳細は**「5-2-3 オブジェクトと参照にまつわる用語の整理」**で説明します。

2-5-3　プロパティアクセス

オブジェクト参照に対する**ドット演算**(.)でプロパティにアクセスできます。ドット演算子の後ろにプロパティ名を書くとプロパティ値を読み出せます。

```
js> print(obj.x);        // オブジェクトobjのプロパティxの値を表示
3
```

プロパティ値がオブジェクトの時、次のように多段にドット演算をつなげてプロパティにアクセス

できます。

```
js> var obj2 = { pos: { x:3, y:4 } };
js> print(obj2.pos.x);
3
```

プロパティアクセス式を代入式の左辺に書くとプロパティに値を代入できます。

```
js> obj.x = 33;           // 既存プロパティ値の上書き
js> print(obj.x);
33
```

存在しないプロパティ名を指定して値を代入すると新規プロパティの追加になります。

```
js> obj.z = 5;            // 新規プロパティ
js> print(obj.z);
5
```

2-5-4 プロパティアクセス（ブラケット）

プロパティのアクセスはドット演算子以外に**ブラケット[]演算子**でも可能です。[]の中にはプロパティ名を示す文字列値を指定します。

```
js> print(obj['x']);      // obj.xと同じ
3
```

[]の中に文字列リテラルではなく文字列値を持つ変数も書けます。

```
js> var name = 'x';
js> print(obj[name]);     // obj.xと同じ
3
```

ブラケット演算式は代入式の左辺にも使えます。

```
js> obj['z'] = 5;         // プロパティzに数値5を代入（プロパティzが存在しなければ新規追加）
```

ドット演算子とブラケット演算子の使い分けの指針は**「5章 変数とオブジェクト」**で説明します。

2-5-5 メソッド

オブジェクトのプロパティには任意の型の値やオブジェクト、あるいは関数を代入できます。前節に説明したように関数リテラル式の評価値は関数オブジェクトの参照なので、次のように書けます。

```
js> obj.fn = function (a, b) { return Number(a) + Number(b); };
                        // オブジェクトobjのプロパティfnに関数を代入
```

プロパティに代入した関数は次のように呼び出せます。

```
js> obj.fn(3, 4);        // 関数呼び出し
7
```

前節の説明を思い出せば、リスト 2.2 に続けて次が可能なこともわかります。

```
js> obj.fn2 = sum;       // sumはリスト2.2で定義した関数
js> obj.fn2(3, 4);       // 関数呼び出し
7
```

呼び出し式のコードを見ると、ドット演算子を使う関数呼び出しは他のプログラミング言語のメソッド呼び出しに似ています。実は見た目だけではなく、内部的な動作もメソッド呼び出しそのものです。JavaScriptは言語仕様としてのメソッドは持ちませんが、事実上、オブジェクトのプロパティに関数を持たせるとメソッドとして呼べます[注3]。

2-5-6　new式

JavaScriptにはオブジェクト生成のためのnew式があります。次のように使います。

```
// new式の例
js> var obj = new Object();
js> typeof obj;          // typeof演算子で型を判定するとobject
object
```

new式で生成したオブジェクトは、前項までに説明したオブジェクトリテラル式で生成したオブジェクトと同じようにプロパティアクセスができます。

直感的にはキーワードnewの後に書くのはクラス名です。しかし既に説明したようにJavaScriptにクラスはなく、言語仕様上はnewの後に書くのは関数名です。newに続けて関数名を書いた時、その関数をコンストラクタとして呼び出します。

2-5-7　クラスとインスタンス

繰り返しますがJavaScriptの言語仕様にクラスはありません。しかし本書は事実上クラスと見なすほうが理解しやすいものをクラスと呼びます。つまり、実質コンストラクタ呼び出しを想定している関数オブジェクトをクラスと呼びます。また、コンストラクタ呼び出しによる生成を強調したい時

(注3)　メソッドの詳細は「5 章 変数とオブジェクト」で説明します。

は、生成したオブジェクトをインスタンスオブジェクトと呼んで区別します。

まとめるとJavaScriptにクラスの概念はありませんが、newの後に書く識別子（関数名）をクラス名と見なしても概念上の破綻はありません。つまり前項のnew Object( )をObjectクラスのインスタンスを生成するコードと説明しても矛盾は生じません。

2-5-8 クラス機能の整理方法

本Partでいくつかの標準組み込みクラス（ObjectクラスやStringクラス）の機能を一覧で説明します。この時、クラス機能を表2.1の用語で整理します。

表2.1 クラス機能の整理方法

インターフェイス	説明
関数またはコンストラクタ呼び出し	-
クラスのプロパティ	Javaのstaticメソッドやstaticフィールド相当
prototypeオブジェクトのプロパティ	Javaのインスタンスメソッド相当
インスタンスプロパティ	Javaのインスタンスフィールド相当

表2.1の意味を完全に理解するには「**5章 変数とオブジェクト**」を読む必要がありますが、先行して少し説明しておきます。

クラスのプロパティはたとえばStringクラスであればStringクラスオブジェクト自身のプロパティです。関数であればString.fromCharCode(0x41)のように呼びます。比較的、直感どおりの動作で、JavaやC++のstaticメソッドに相当します。

prototypeオブジェクトのプロパティとインスタンスプロパティはどちらもインスタンスオブジェクトに対してアクセスします。Stringクラスを例にすると、Stringオブジェクト（インスタンスオブジェクト）を参照する変数strに対してstr.trim( )やstr.lengthのように使います。

prototypeオブジェクトのプロパティとインスタンスプロパティの違いは、継承したか否かの違いです。たとえばStringオブジェクトのtrimメソッドの実体はString.prototypeオブジェクトのプロパティです。このプロパティをインスタンスが継承する仕組みをプロトタイプ継承と呼びます。

2-5-9 オブジェクトと型

Javaの場合、オブジェクトはクラスやインターフェースという型を持ちます。同じ意味での型はJavaScriptに存在しません。しかし型をオブジェクトの振る舞いと定義すれば、JavaScriptのオブジェクトにも型はあります。ただしJavaほど厳格な型ではありません。

Javaの世界は、先に厳格な型定義があり（一般的に階層的に管理）、オブジェクトは型階層の中に分類されます。一方、JavaScriptの世界はオブジェクトそれぞれの振る舞いが結果的に型の分類を形成するイメージです。JavaScriptでもクラス（らしきもの）を定義してオブジェクトを型階層に分類できますが、Javaが言語仕様の要請で型階層をベースにしたプログラミングスタイルを強制するのに

対し、JavaScriptでは選択可能なスタイルの1つとして型階層を使えるだけです。

2-6 配列の基礎

　配列は順序を持った値の集まりを表現する言語機能です。JavaScriptは組み込み型として配列型を持ちません。その代わりArrayクラスが存在し、配列はArrayクラスのインスタンスとして存在します。ただし、配列のリテラル表記があるので、普通に使う限りは組み込み型のように使えます。

　配列リテラルは次のように角カッコ（ブラケット）で囲み、角カッコ内に値を並べます。配列リテラルで配列を生成できます。

```
// 配列リテラルの例
js> var arr = [1, 100, 7];
```

　配列内のそれぞれの値を要素と呼びます。それぞれの要素はインデックス（添字「そえじ」）でアクセス可能です。インデックスは0から始まる整数です。上記の配列の2番目（インデックス値は1）の要素は次のようにブラケットの中にインデックス値を書いて読み書きできます。

```
// 前コードの続き
js> print(arr[1]);              // インデックス値1の要素の読み出し
100
js> arr[1] = 200;               // インデックス値1の要素への書き込み
js> print(arr[1]);
200
```

　[]の中に数値リテラルではなく数値を持つ変数や計算式も書けます。

```
// 前コードの続き
js> var n = 1;
js> print(arr[n]);              // a[1]と同じ
200
js> print(arr[n + 1]);          // a[2]と同じ
7
```

　要素には異なる型の値を並べられます。次は数値と文字列値を混ぜた例です。同様にオブジェクトや配列も要素にできます。

```
// 異なる要素型の配列リテラルの例
js> var arr = [1, 'foo', 7];
```

Part 2 JavaScript言語仕様

COLUMN

イディオム

　どんなプログラミング言語にもイディオムが存在します。イディオムに反しても動くコードは書けますが読み手を無用に混乱させるので、イディオムに従うことは重要です。

　JavaScriptはその生い立ちや立ち位置により、少し変わったイディオムを持ちます。1つの背景は、クライアントサイドJavaScriptの生い立ちに起因します。クライアントサイドではコードのサイズが実行速度のみならずネットワーク転送速度にも直接効きます。Webの歴史の中で、特に初期の頃はネットワーク転送量をいかに減らすかがテーマでした（です）。このため、JavaScriptでは、コード記述量を減らすためのイディオムが発達しました。簡潔な記述と書くと聞こえはいいですが、一部はトリッキーとも言えるイディオムがあります。しかし、イディオムとは歴史の産物です。正しさだけで決まるのでないので受け入れる度量が必要です。

　もう1つの背景はJavaScriptの普及の歴史に起因します。他の多くのプログラミング言語は広く普及する前に少数の先端的な開発者が使う時期があります。この時期にイディオムの核ができて、その後、広く普及する中で変容するのが普通です。JavaScriptの歴史は事情が違います。普及初期に飛びついたのは、HTMLを書くWebデザイナなどが中心でした。あるいは、他言語をメインに使う開発者が片手間の言語として使いました。このため、核となるイディオムがないまま、他の言語の模倣イディオムが広まりました。たとえばJavaのように書くJavaScriptやPHPのように書くJavaScriptなどです。ただし、ここ数年、ようやくJavaScriptらしく書くイディオムも広まりつつあります。

3章　JavaScriptの型

JavaScriptには5つの基本型とオブジェクト型があります。JavaScriptは動的型言語のため型に対する意識が薄くなりがちです。しかし、きちんと言語を理解するには型の理解が必要です。

3-1　型とは

型とは対象の特徴を決定づけるものです。「型にはめる」という日常用語がありますが、プログラミングにおいても、型を指定された対象は型によって決められた振る舞いをします。

JavaScriptには以下の5つの基本型があります。

- 文字列型
- 数値型
- ブーリアン型
- null型
- undefined型

5つの基本型以外をオブジェクト型と呼びます。つまりトータルでJavaScriptの型は6種類に分類できます。

少し用語を整理します。値とオブジェクトの用語の使い分けです。本書では基本型のインスタンスを「値」と呼び、オブジェクト型のインスタンスをオブジェクトと呼びます。他のオブジェクト指向言語でも同様の用語の使い分けをするので、この用法に違和感はないと思います。

ただし、JavaScriptの場合、値とオブジェクトは暗黙の型変換でほとんど同じに見える時があります。このため混乱を招きがちです。またJavaScriptは変数に型がないため、値とオブジェクトの境界がより曖昧になる傾向があります。

3-1-1　型に関してJavaとの比較

型に関して、JavaScriptとJavaは用語の違い以上に違いがあります。違いを2つの視点で整理します。1つは動的型と静的型という視点、もう1つはクラスベースとプロトタイプベースの視点です。

Part 2 JavaScript言語仕様

■動的型 VS 静的型

JavaScriptで型を持つ対象は値とオブジェクトです。変数に型はありません。JavaScriptには、変数の型という概念そのものがありません。これは、Javaのように変数に型のある言語と対照的です。Javaの変数は型があり、変数に代入できる値やオブジェクト参照の型を制約します。一方、JavaScriptの変数は型がなく、変数に任意の型の値を代入でき、変数は任意の型のオブジェクトを参照できます。

Javaのように変数に型のある言語を静的型言語、JavaScriptのようにない言語を動的型言語と呼びます(注1)。

■クラスベース VS プロトタイプベース

Javaの場合、組み込み型（intやdouble）以外はユーザ定義型で、ユーザ定義型はクラス型とインターフェース型の2つに分類できます。Javaのユーザ定義型は用語から想像できるとおりの動作をします。つまり、型を定義する構文があり開発者が型を定義します。そしてこれらの型のインスタンス（実体）としてオブジェクトが存在します。これがJavaの基本的な仕様です。このようなプログラミングスタイルをクラスベースと呼びます。

一方、JavaScriptには言語仕様上、型を定義する構文は存在しません。特別な構文を使わず、オブジェクトにプロパティやメソッドなどで振る舞いを定義していきます。この結果、それがオブジェクトの型になります。型とは振る舞いの共通性です。個々のオブジェクトに共通の振る舞いを持たせるためにプロトタイプオブジェクトを使います。このようなスタイルをプロトタイプベースと呼びます。

3-1-2 基本型と参照型

JavaScriptの変数に型はありませんが、JavaScriptの変数は概念上、基本型変数と参照型変数に分類できます。基本型変数は数値などの値そのものを持ち、参照型変数はオブジェクトの参照を持ちます。見かけ上の区別はありませんが、内部的には区別があります。このため内部動作を正確に理解するには参照という概念を導入した方が便利です。

この辺りの詳細は「5章 変数とオブジェクト」で説明します。

3-2 組み込み型の概要

ECMAScriptの仕様書は、組み込み型（built-in type）を5つの基本型とオブジェクト型に分類します。仕様書に基本型（primitive type）の用語はなく、その代わり基本値（primitive value）の用語が使われています。本書はわかりやすさを優先して基本型の用語を使います。

(注1) 同じ文脈で、関数の引数と返り値の型の有無にも差がでます。つまり静的型と動的型の違いは関数の型の違いにも現れます。

3-2-1 JavaScriptの基本型

基本型の概要をJavaと比較しながらまとめます。

JavaScriptの文字列型は基本型です。Javaの文字列型は基本型ではないのでこれは相違点の1つです。ただし、これは見かけほど大きな違いになりません。なぜならJavaの文字列型はリテラル表記や演算子など特別待遇のオブジェクト型だからです。文字列連結演算子（+記号）もJavaとJavaScriptで共通しています。後述するようにJavaScriptの文字列値は文字列オブジェクトと暗黙に型変換されます。Javaに慣れた人にとってJavaScriptの文字列型の習得は容易のはずです。なおJavaScriptに文字型は存在しません。文字を表現したい場合は長さ1の文字列値を使ってください。

JavaScriptの数値型は1種類で、内部表現は64ビットの浮動小数点数です。これはJavaのdouble型に相当します。Javaは数値型として整数型を5種類と浮動小数点型を2種類持っているので違いがあります。JavaScriptの数値型が1種類なのは、JavaScriptが実行効率よりもプログラミングの手軽さを優先しているからです。複数の数値型があると代入時の型変換でのバグに気をつける必要がありますが、JavaScriptの数値型は1種類なので一部の例外を除いて型変換は起きません。ただし、数値型と他の型との暗黙の型変換に別の意味で多くの落とし穴があります[注2]。

ブーリアン型はJavaとJavaScriptで違いがありません。trueとfalseのリテラル値を使う点も同じです。

null型は、値としてnullのみが存在する型です。nullはリテラル値です。Javaにもリテラル値nullが存在しますが、Javaにnull型は存在せず参照の値の一種です。この違いはありますがJavaのnullとJavaScriptのnullの利用上の違いはほとんどありません。ただし型変換には気をつける必要があります。

undefined型は未定義を意味する値の型です。undefined型はJavaに存在しない概念です。なぜならJavaでundefined型に相当する値を使うとコンパイルエラーになるからです。

3-3 文字列型

3-3-1 文字列値リテラル

文字列値は文字列リテラルで表記できます。文字列リテラルはダブルクォーテーション(")もしくはシングルクォーテーション(')で囲みます。次の例を見てください。

```
js> var s = "abc";   // 変数sに文字列値を代入
js> print(s);        // 変数sの値を表示
abc

js> var s = 'abc';   // 変数sに文字列値を代入
js> print(s);        // 変数sの値を表示
abc
```

(注2) 型変換については後述します。

JavaScript言語仕様

特別な文字表記にはエスケープシーケンスを使います。エスケープシーケンスとはエスケープ文字を使って後続する文字に特別な意味を持たせる表記方法のことです。エスケープ文字はバックスラッシュ文字 (\) です。たとえば、\nは改行文字の表記になります。

エスケープシーケンスの一覧を表3.1 にまとめます。

表3.1 エスケープシーケンス

シーケンス	意味
\n	改行 (LF)
\t	タブ
\b	ベル
\r	改行 (CR)
\f	フィード
\v	垂直タブ
\\	バックスラッシュ
\'	シングルクォート
\"	ダブルクォート
\xXX	Latin-1 のコードポイント (Xは0から9の数値もしくはaからfのアルファベット)
\uXXXX	Unicodeのコードポイント (Xは0から9の数値もしくはaからfのアルファベット)

文字列リテラルを囲むクォート文字が2種類あるので、うまく活用すると、エスケープシーケンスを減らせます。たとえばダブルクォーテーション文字を多く含む文字列リテラルはシングルクォーテーションで囲むことでエスケープシーケンスを減らせます。

```
js> var s = 'I say "yes"';        // "文字にエスケープ文字は不要 (エスケープしてもOK)
js> print(s);
I say "yes"
```

一部のスクリプティング系言語は、ダブルクォーテーションとシングルクォーテーションでエスケープシーケンスの動作を変えますが、JavaScriptの場合、ダブルクォーテーション文字自体とシングルクォーテーション文字自体それぞれのエスケープシーケンス以外、2つに違いはありません。

3-3-2 文字列型の演算

前節で見たように=演算子の右辺に文字列値を書くと左辺の変数に値を代入できます。また、代入の右辺に文字列値を持つ変数を書くと、右辺の文字列値を左辺の変数に代入できます。言葉で説明すると必要以上に難しく見えますが、具体例を見れば一目瞭然です。

```
js> var s = 'abc';                // 文字列値'abc'を変数sに代入
js> var s2 = s;                   // 変数sの値を変数s2に代入
js> print(s2);                    // 変数s2の値は文字列値'abc'
abc
```

「参照」や「ポインタ」に馴染みのある人は上記の例を見て、変数sから文字列値を変更した時、その変更が変数s2から見えるかが気になるかもしれません。

詳細は後述しますが、先に答えを書くと、JavaScriptの文字列型は不変型なのでそもそも文字列値を変更できないが答えになります。騙されたような回答ですが、文字列型が不変型なのはJavaと同じなので、Javaプログラマには違和感がない回答だと思います。

文字列演算子に話を戻します。+演算子で文字列値の連結ができます。具体例を次に示します。

```
js> var s1 = '012';
js> var s2 = '345';
js> var s3 = s1 + s2;     // 文字列値の連結
js> print(s3);            // 変数s3の値は文字列値'012345'
012345
```

+=演算子で文字列の連結と代入を同時にできます。

```
js> var s = '012';
js> s += '345';
js> print(s);             // 変数sの値は文字列値'012345'
012345
```

文字列値は不変なので、上記演算は'012'とも'345'とも異なる新しい文字列値'012345'を生成します。このため、次の例の変数s2の文字列値は'012'のままです。

```
js> var s = '012';
js> var s2 = s;
js> s += '345';           // 変数sの値は文字列値'012345'
js> print(s2);            // 変数s2の値は文字列値'012'のまま
012
```

typeof演算子で値の型がわかります。文字列値にtypeof演算をすると"string"という文字列値になります。具体例を示します。

```
js> typeof 'abc';         // 文字列リテラルに対するtypeof演算
string

js> var s = 'abc';
js> typeof s;             // 変数sの値に対するtypeof演算
string
js> typeof(s);            // カッコがあってもいい
string
js> typeof(typeof(s));    // typeof演算の結果は文字列値
string
```

3-3-3 文字列型の比較

JavaScriptには2つの同値比較演算子があります。===と==です。それぞれに対応する否定演算子の!==と!=もあります。

===と==の違いは比較時に型変換をするかしないかです。===は型変換せずに比較します。ECMAScript仕様書ではstrict equalと呼んでいます。詳細は節を改めて説明し、ここでは文字列の比較に話を限定します。文字列同士の比較に関して言えば、===と==で結果に違いはありません。どちらも文字列の中身が一致しているかを判定します。次に具体例を紹介します。

```
js> var s1 = '012';
js> var s2 = '0';
js> var s3 = s2 + '12';
js> s1 == s3;          // 文字列の中身が一致
true
js> s1 === s3;         // 文字列の中身が一致
true
js> s1 != s3;
false
js> s1 !== s3;
false
```

JavaScriptの文字列値は大小比較演算が可能です。>演算子、>=演算子、<演算子、<=演算子です。比較はUnicodeの文字コード値（コードポイント）ベースです。次の例を見てください。

```
js> var s1 = 'abc';
js> var s2 = 'def';
js> s1 < s2;
true
js> s1 <= s2;
true
js> s1 > s2;
false
js> s1 >= s2;
false
```

Unicodeのコードポイントの大小比較の特徴を列挙します。この動作の詳細を理解するにはUnicodeを知る必要がありますが、最低限、下記の規則を覚えておけば現場で使えます。

- 英語アルファベットは辞書順（ABC順）
- 英語の大文字は小文字よりも前
- 数字や記号は英文字よりも前（一部の記号は英文字より後）
- 平仮名はカタカナよりも前
- 平仮名とカタカナはそれぞれ辞書順（あいうえお順）
- 濁点および半濁点は、「へ」「ほ」「ぼ」「ぽ」「ま」のような順序

- 漢字は平仮名やカタカナよりも後
- 漢字の並び順は、コンピュータの都合（部分的には音読みの辞書順）

現実的には、意味のある大小比較が行えるのは英単語のみと考えるべきです。平仮名の文字列とカタカナの文字列にはなんとか使えますが、漢字が混じった場合、事実上、コンピュータの都合による比較であって人間のための比較にはなりません。

3-3-4 文字列クラス（Stringクラス）

既に説明したようにJavaScriptの文字列型は組み込み型の1つです。紛らわしいことに組み込み型と別にJavaScriptには文字列クラスも存在します。

文字列クラスの名前はStringです。JavaScriptの文字列型とStringクラスの関係は、Javaでの数値型とラッパー型（NumberクラスやIntegerクラス）の関係とほぼ同じです。相互に暗黙の型変換があるところも同じです。Javaでボクシング変換やアンボクシング変換と呼ばれるものに相当する変換がJavaScriptの文字列型とStringクラスの間にもあります。この変換はたいてい暗黙に起きます。たとえば、次のように文字列値の文字数を取得できます。

```
js> var s = '012';
js> s.length;                  // 形式上、文字列値のプロパティアクセスに見える
3
js> '012'.length;              // 形式上、文字列リテラル値のプロパティアクセスに見える
3
```

内部的には文字列値からStringオブジェクト[注3]への暗黙の型変換が起きています。

表面上の動作はJavaと似ていますが（Javaでも "012".length( )が動作します）、文法的な意味は異なります。Javaの文字列リテラルはStringクラスのオブジェクトを生成するので、ドット演算子の適用は通常のメソッドアクセスそのものです。

一方、JavaScriptで '012'.lengthと書くと、（組み込み型の）文字列値が暗黙に文字列オブジェクトに型変換され、文字列オブジェクトのlengthプロパティにアクセスします。

もっとも、このような内部動作を過度に意識することはJavaScriptプログラミングの流儀に反します。素直に見たまま、（組み込み型の）文字列値をオブジェクトのように扱える、と覚えておいても問題ないからです。

3-3-5 文字列オブジェクト

文字列オブジェクトを明示的に生成するにはnew演算子を使います。new演算子の詳細は**「5章 変数とオブジェクト」**で説明しますが、ここでは次の具体例で形式を理解してください。

（注3）本書ではStringクラスのインスタンスをStringオブジェクトあるいは文字列オブジェクトと呼びます。

```
var sobj = new String('abc');        // 文字列オブジェクト生成
```

前項で見たように文字列値から文字列オブジェクトへ暗黙に型変換できるので、実際にnewで文字列オブジェクトを使う場面はほとんどありません。

暗黙の型変換は逆方向にも起きます。次の例を見てください。変数sobjが参照する文字列オブジェクトが文字列値に型変換され、+演算子で文字列連結をします。

```
js> var s = sobj + 'def';            // 文字列オブジェクトから文字列値への暗黙の型変換
js> print(s);
abcdef
```

文字列値と文字列オブジェクトは相互に暗黙に型変換されます。このため、通常、値とオブジェクトの違いを意識する必要はほとんどありません。しかし、ほとんど同じに見えるだけに逆に落とし穴もあります。たとえば、2つは同値の判定動作が異なります。オブジェクトの同値演算は、参照先オブジェクトが一致しているかを判定するからです。次の例を見てください。

```
js> var sobj1 = new String('abc');
js> var sobj2 = new String('abc');
js> sobj1 == sobj2;                  // 文字列の内容が同じでも参照先オブジェクトが異なるのでfalse
false
js> sobj1 === sobj2;                 // 文字列の内容が同じでも参照先オブジェクトが異なるのでfalse
false
```

トリッキーですが両方に空文字列値を+で連結すると暗黙に文字列値に型変換されて結果が変わります。

```
// 前コードの続き（説明のためのコードであって、この動作への依存は推奨しません）
js> sobj1 + '' == sobj2 + '';
true
js> sobj1 + '' === sobj2 + '';
true
```

暗黙の型変換をする==演算を使うと、文字列値と文字列オブジェクトの同値判定は内容が同じであれば真になります。

```
js> var sobj = new String('abc');
js> var s = 'abc';
js> sobj == s;                       // 型変換をする同値演算はtrue
true
js> sobj === s;                      // 型変換をしない同値演算はfalse
false
```

大小比較演算子は、文字列オブジェクトでも文字列の中身で比較します。このため文字列値と文字列オブジェクトの違いを意識する必要はありません。

3-3-6 文字列値と文字列オブジェクトの混乱の回避

必要であればtypeof演算で文字列値と文字列オブジェクトを判定できます。文字列オブジェクトのtypeof演算結果は "object" です。

```
js> var sobj = new String('abc');
js> typeof sobj;
object
```

文字列値と文字列オブジェクトの混乱を防ぐ対処はシンプルです。明示的にnew String( )をしないことです。つまり明示的な文字列オブジェクト生成を避けてください。

文字列値が必要な場合、たいていは文字列リテラル、いくつかは次に説明するString関数での明示的な型変換で事足りるからです。

明示的な文字列オブジェクト生成を避けるのは、文字列オブジェクトの利用を避けろという意味ではありません。文字列オブジェクトへの暗黙の型変換はむしろ積極的に活用すべきです。内部的にはともかく、表面的には文字列値にドットとプロパティ名を続けて書けば文字列に対する様々な操作ができます。

文字列値に対して次のようにメソッドを呼べるのは便利です。後述する「**3-3-8 String クラスの機能**」で説明する他のメソッドも同じように使えます。

```
js> var s = 'abc';              // 文字列値のインデックス1の位置の文字を返す
js> s.charAt(1);
b

js> 'abc'.charAt(1);            // 文字列リテラルにもメソッド呼び出し可能
b
```

3-3-7 String関数呼び出し

new演算子を使う呼び出し（コンストラクタ呼び出しと言います）と紛らわしいですが、String関数を普通に関数呼び出しすると文字列値を生成します。通常、String関数は明示的な型変換のために使います。

```
js> var s = String('abc');
js> typeof s;                   // 変数sの値は文字列型
string

js> var s = String(47);         // 数値から文字列値への明示的な型変換
js> print(s);
47
js> typeof s;                   // 変数sの値は文字列型
string
```

JavaScript言語仕様

3-3-8 Stringクラスの機能

Stringクラスの関数またはコンストラクタ呼び出しを表3.2にまとめます。

表3.2 Stringクラスの関数またはコンストラクタ呼び出し

関数またはコンストラクタ	説明
String([value])	引数valueを文字列値に型変換
new String([value])	Stringインスタンスを生成

Stringクラスのプロパティを表3.3にまとめます。String.fromCharCode(0x41)のように使います。

表3.3 Stringクラスのプロパティ

プロパティ名	説明
fromCharCode([char0[, char1, ...])	引数valueを文字列値に型変換
length	値は1
prototype	プロトタイプチェーン用

String.prototypeオブジェクトのプロパティを表3.4にまとめます。

表3.4 String.prototypeオブジェクトのプロパティ

プロパティ名	説明
charAt(pos)	インデックスposの位置の文字を持つ長さ1の文字列値を返す。インデックスは0開始。posが範囲を越えている場合、空文字列値を返す
charCodeAt(pos)	インデックスposの位置の文字の文字コードを数値で返す。posが範囲を越えている場合、NaNを返す
concat([string0, string1, ...])	引数の文字列値を連結して、新しい文字列値を返す
constructor	Stringクラスオブジェクトへの参照
indexOf(searchString[, pos])	文字列値searchStringが最初に見つかるインデックス値を返す。第2引数posで検索開始インデックスを指定可能。見つからない場合、-1を返す
localeCompare(that)	ロケール依存の文字列比較。比較結果に応じて正数、0、負数の整数を返す
match(regexp)	正規表現regexpのマッチ結果を返す
quote()	JavaScript独自拡張。文字列をダブルクォーテーションで囲んだ新しい文字列値を返す
replace(searchValue, replaceValue)	searchValue（正規表現または文字列値）をreplaceValue（文字列または関数）で置換した文字列を返す
search(regexp)	正規表現regexpがマッチした位置のインデックスを返す
slice(start, end)	値引数startから引数endまでの部分文字列を新しい文字列値で返す。負数のstartとendは末尾からの逆インデックス値
split(separator, limit)	引数separatorの文字列もしくは正規表現で文字列を分割して、文字列値の配列を返す
substr(start[, length])	JavaScript独自拡張。引数startからlength数の新しい文字列値を返す。負数のstartは末尾からの逆インデックス値
substring(start, end)	引数startから引数endまでの部分文字列を新しい文字列値で返す。動作はsliceと同じだが引数に負数を指定できない
toLocaleLowerCase()	文字列の各文字をロケール依存の小文字に変換
toLocaleUpperCase()	文字列の各文字をロケール依存の大文字に変換
toLowerCase()	文字列の各文字を小文字に変換
toSource()	JavaScript独自拡張。評価結果がStringインスタンス生成になる文字列を返す

次ページへ

前ページの続き

プロパティ名	説明
toString()	Stringインスタンスから文字列値に変換
toUpperCase()	文字列の各文字を大文字に変換
trim()	文字列前後の空白を除去
trimLeft()	JavaScript独自拡張。文字列の左 (先頭) の空白を除去
trimRight()	JavaScript独自拡張。文字列の右 (末尾) の空白を除去
valueOf()	Stringインスタンスから文字列値に変換

Stringクラスのインスタンスプロパティを表3.5にまとめます。Stringオブジェクトに対してstr.lengthのようにアクセスできます。

表3.5 Stringクラスのインスタンスプロパティ

プロパティ名	説明
(内部プロパティ)	文字列値
length	文字列長 (文字数)

JavaScript独自拡張ですが次のように数値プロパティで指定インデックスの文字を取得できます。返り値はStringオブジェクトです。

```
js> var s = new String('abc');

js> print(s[1]);              // インデックス1の文字
b
js> print('abc'[2]);          // 暗黙の型変換で文字列に対しても呼べる
c
```

3-3-9 非破壊的なメソッド

文字列オブジェクトは文字列値と同じく不変です。つまり文字列の内容を書き換えることはできません。先に示した表3.4で内容を書き換えるように見えるメソッドはすべて新しい文字列オブジェクトを生成して返します。

```
js> var s = new String('abc');

js> var s2 = s.toUpperCase();    // オブジェクトsのtoUpperCaseメソッド呼び出し
js> print(s, s2);                // オブジェクトsの内容は不変
abc ABC

js> s[0] = 'A';                  // JavaScript独自拡張の[]演算でも内容は書き換えられない
js> print(s);
abc
```

状態を変更するメソッドを破壊的なメソッドと呼びます。Stringクラスと対照的に、後述する

Arrayクラスには破壊的なメソッドが多くあります。一般的に破壊的でないメソッドは良いメソッドです。しかし、ある条件下では非効率になる場合もあります。詳細は「**5-12 不変オブジェクト**」を参照してください。

3-4 数値型

3-4-1 数値リテラル

JavaScriptの数値の内部は64ビットの浮動小数点数です。現実のプログラミングでは整数を使う場面のほうが多いはずです。内部はどうあれ、JavaScriptのコード上、整数で表記している限り、浮動小数点数を気にする必要はありません。すべてが浮動小数点数なので実行効率は多少犠牲になりますが、それが気になるのであればそのプログラムはJavaScript向きではないと考えてください。

整数型と浮動小数点数型の使い分けがないので、型変換にまつわるバグから解放されます。もちろん、浮動小数点数にまつわるバグは残りますが、これは小数を使う限り、現代のほとんどのプログラミング言語で避けられない問題です。

数値リテラルの具体例を**表3.6**にします。

表3.6 数値リテラルの例

具体例	説明
0	整数
51	整数
-7	負の整数（文法的にはマイナス記号は単項演算子）
0x1f	16進数（aからfの文字は大文字でも可。0xの代わりに0Xでも可）
3.14	実数
.14	実数。0.14と等価数
3e2	3掛ける10の2乗、つまり300。eはEでも可
3.14e2	3.14掛ける10の2乗、つまり314
3.14e-2	3.14掛ける10の-2乗、つまり0.0314

数値リテラルを使うコード例を示します。

```
js> var n1 = 1;        // 変数n1に数値1を代入
js> var n2 = 2;        // 変数n2に数値2を代入
js> n1 + n2;           // 変数n1の値と変数n2の値を加算
3
```

JavaScriptには8進数の数値リテラルがあります。ただECMAScriptの規格には存在しません。後方互換性のために残されている機能なので使わないことを勧めます。

typeof演算子で数値の型を判定できます。数値に対するtypeof演算子の結果は"number"という文字列値です。

```
js> var n = 1;
js> typeof n;                    // 数値に対するtypeof演算
number

js> typeof 1;                    // 数値リテラルに対するtypeof演算
number
```

3-4-2 数値型の演算

　数値に対する4則演算には、+、-、*、/記号の演算子を使います。%記号を使う剰余演算（割り算の余りを求める演算）もあります。演算の一覧は後述する**「4章 文、式、演算子」**表4.5を参照してください。

　コード上整数演算に見えても内部的には浮動小数点数演算であることに注意してください。たとえば、0での割り算や剰余の結果はエラーではなく、後述する特殊な数になります。

　JavaScript標準オブジェクトの中にMathオブジェクトがあります。円周率PIや自然対数の底Eなどの数学関係の定数や、いくつかの数学関数が定義されています。たとえば、2の10乗を求めるにはMath.pow関数を使います。詳細は**「5-21-2 Mathオブジェクト」**を参照してください。

3-4-3 浮動小数点数の一般的注意

　浮動小数点数の一般的な注意事項を挙げておきます。これらは他のプログラミング言語でdouble型やfloat型などを使う時と同じ注意です。他の多くの言語では、明示的に浮動小数点数型を選ぶので開発者も一定の注意を払います。JavaScriptでは常に浮動小数点数なので注意不足になりがちです。

　浮動小数点数に馴染みのない人が驚く事実を最初に書いておきます。浮動小数点数ではそもそも小数点以下を正確に表現できないことがあります。実際のところ、正確に表現できるのが例外的で、ほとんどの数値は近似値です。

　有名な例ですが、次のような単純な計算でも正確な結果を得られません。

```
js> 0.1 + 0.2;                   // 0.1と0.2の和は0.3にならない
0.30000000000000004
js> (0.1 + 0.2) == 0.3;          // 一致しない
false
js> (0.1 + 0.2) === 0.3;         // 一致しない
false
js> 1/3;                         // 1割る3は近似値
0.3333333333333333
js> 10/3 - 3;                    // これも近似値
0.3333333333333335
js> (10/3 - 3) == (1/3);         // これらの近似値は一致しない
false
js> (10/3 - 3) === (1/3);
false
```

浮動小数点数で正確な実数計算は不可能です。気をつければバグを防げるというレベルではなく、そもそも原理的にできません。整数に限れば、53 ビットの範囲で正確に表現可能です。53 ビットの整数を使えれば実用上はほとんど問題になりません。

実数を正確に扱う必要がある場合、Java の BigDecimal 相当の実数ライブラリを使う必要があります。現状、JavaScript に標準的な実数ライブラリは存在しません。JVM で動く Rhino の場合は例外で Java の BigDecimal クラスをそのまま利用可能です。

3-4-4 数値クラス（Numberクラス）

文字列クラス（String クラス）があるように、数値クラス（Number クラス）が存在します。文字列値と文字列オブジェクトが相互に暗黙の型変換でほぼ等価に扱えるのと同様、数値と数値オブジェクトもほぼ等価に扱えます。

たとえば、次のように数値に対してメソッドを呼べます。文字列オブジェクト同様、内部的には暗黙に数値オブジェクトが生成されますが、その存在を意識する必要はありません。

```
js> (1).toString();              // 小数点とドット演算子を区別するためカッコが必要
1

js> typeof (1).toString();       // 数値から文字列への変換になっていることを確認
string
```

数値オブジェクトを明示的に生成するには new 演算子を使います。文字列オブジェクト同様、同値判定が混乱の元なので特別の理由がない限り明示的な数値オブジェクトの生成は勧めません。

```
js> var nobj = new Number(1);
js> var nobj1 = new Number(1);
js> nobj == nobj1;               // 値が同じでも参照先オブジェクトが異なるのでfalse
false
js> nobj === nobj1;              // 値が同じでも参照先オブジェクトが異なるのでfalse
false
js> nobj == 1;                   // 型変換をする同値演算はtrue
true
js> nobj === 1;                  // 型変換をしない同値演算はfalse
false
```

暗黙の型変換のため、数値と数値オブジェクトの見た目の区別はほとんどありません。区別が必要であれば typeof 演算で判別してください。数値オブジェクトの typeof 演算結果は "object" になります。

```
js> var nobj = new Number(1);
js> typeof nobj;
object
```

3-4-5　Number関数呼び出し

　String関数同様、Number関数を普通の関数呼び出しをすると数値を返します。明示的な型変換のために使えます。

```
js> var n1 = Number(1);
js> typeof n1;              // 変数n1の値は数値
number
js> n1 == 1;
true
js> n1 === 1;
true

js> var n = Number('1');    // 文字列値から数値への明示的な型変換
js> print(n);
1
```

　引数を数値に型変換できない場合のNumber関数の結果はNaNになります。new演算子（コンストラクタ呼び出し）でも同じです(注4)。

```
js> var n = Number('x');
js> print(n);
NaN
js> typeof n;
number

js> var nobj = new Number('x');
js> print(nobj);
NaN
js> typeof nobj;
object
```

3-4-6　Numberクラスの機能

　Numberクラスの関数またはコンストラクタ呼び出しを**表3.7**にまとめます。

表3.7　Numberクラスの関数またはコンストラクタ呼び出し

関数またはコンストラクタ	説明
Number([value])	引数valueを数値に型変換
new Number([value])	Numberインスタンスを生成

　Numberクラスのプロパティを**表3.8**にまとめます。Number.NaNのように使います。

(注4)　NaNについては後で説明します。

表3.8 Numberクラスのプロパティ

プロパティ名	説明
prototype	プロトタイプチェーン用
length	値は1
MAX_VALUE	64ビット浮動小数点数の扱える正の最大値
MIN_VALUE	64ビット浮動小数点数の扱える正の最小値
NaN	Not a Numberを示す値
NEGATIVE_INFINITY	負の無限大を示す値
POSITIVE_INFINITY	正の無限大を示す値

Number.prototypeオブジェクトのプロパティを表3.9にまとめます。

表3.9 Number.prototypeオブジェクトのプロパティ

プロパティ名	説明
constructor	Numberクラスオブジェクトへの参照
toExponential(fractionDigits)	指数表示の文字列値に変換。fractionDigitsは小数点以下の桁数
toFixed(fractionDigits)	小数点表示の文字列値に変換。fractionDigitsは小数点以下の桁数
toLocaleString()	ロケール依存の文字列値に変換
toPrecision(precision)	小数点表示の文字列値に変換。precisionは有効桁数
toSource()	JavaScript独自拡張。評価結果がNumberインスタンス生成になる文字列を返す
toString([radix])	Numberインスタンスから文字列値に型変換。引数radixは基数
valueOf()	Numberインスタンスから数値に型変換

Numberクラスのインスタンスプロパティを表3.10にまとめます。

表3.10 Numberクラスのインスタンスプロパティ

プロパティ名	説明
（内部プロパティ）	数値

3-4-7 境界値と特別な数値

64ビットの浮動小数点数の扱える正の最大値と最小値はNumberオブジェクトのプロパティ値で得られます。先頭にマイナス記号（演算子）をつけて負の最大値、最小値を得られます[注5]。

```
js> Number.MAX_VALUE;
1.7976931348623157e+308

js> Number.MIN_VALUE;
5e-324

js> -Number.MAX_VALUE;
-1.7976931348623157e+308

js> -Number.MIN_VALUE;
-5e-324
```

結果が長くなるので載せませんが、Number.MAX_VALUE.toString(16)で値の16進数表現を得られます。興味があれば確認してください。

JavaScriptの浮動小数点数の内部表現は標準規格IEEE754に従っています。IEEE754が定義するいくつかの特別な数値は、Numberオブジェクトのプロパティ値で得られます。これらを表3.11にまとめます。

表3.11 浮動小数点数の特別値

識別子	意味
Number.POSITIVE_INFINITY	正の無限大
Number.NEGATIVE_INFINITY	負の無限大
Number.NaN	Not a Number

実際に評価すると次のようになります。

```
js> Number.POSITIVE_INFINITY;
Infinity

js> Number.NEGATIVE_INFINITY;
-Infinity

js> Number.NaN;
NaN
```

内部的に3つの特別値（正負の無限大とNaN）はIEEE754で決められたビット値パターンの数値です。形式的には数値ですが（typeof演算子の結果はnumberになります）、数値として演算できる性質を失っています。たとえば、最大正数値を2倍すると正の無限大が得られますが、正の無限大を2で割っても最大正数値に戻りません。

3つの特別値にどんな演算を施しても通常の数値に戻せません。

```
js> var inf = Number.MAX_VALUE * 2;
js> print(inf);      // 最大正数を2倍すると正の無限大
Infinity

js> inf / 2;         // 2で割っても元に戻らない
Infinity

js> inf * 0;         // 0を掛けても0にならない
NaN
```

NaNは特別値の中でも更に特別なので「3-4-8 NaN」で説明します。

（注5） 言語仕様上は+0と-0の区別もありますが、これらを意識することは事実上ありません（正負の無限大を定義するための存在です）。

JavaScript言語仕様

3-4-8 NaN

NaNは演算してもNaN以外に戻ることはありません。このため演算の途中で1つでもNaNが現れれば最終結果は常にNaNです。

```
js> NaN + 1;
NaN
js> NaN * 0;
NaN
js> NaN - NaN;
NaN
```

NaNの演算には更に特別な点があります。他のどんな数値とも同値にならないだけではなくNaN同士の同値判定すら偽になることです。

```
js> NaN == 1;              // これがfalseになるのは当然として
false
js> NaN === 1;             // これもfalseになるのは当然として
false
js> NaN == NaN;            // これもfalse
false
js> NaN === NaN;           // 更にこれもfalse
false
```

比較演算もNaNを使うと結果は常に偽です。

```
js> NaN > 1
false
js> NaN >= 1
false
js> NaN > NaN
false
js> NaN >= NaN
false
```

これでは値がNaNであることの判定ができないので、定義済みグローバル関数isNaNが用意されています。関数isNaNは引数の値がNaNあるいは数値に型変換してNaNになる時に真を返します。

```
js> isNaN(NaN);
true
js> var nanobj = new Number(NaN);    // NaNの値のNumberオブジェクト
js> typeof nanobj;
object
js> isNaN(nanobj);                   // これも真
true
js> isNaN({});                       // 数値に型変換するとNaN
true
```

定義済みグローバル関数isFiniteは、3つの特別値（NaNと正負の無限大）以外の判定ができます。

```
js> isFinite(1);            // 特別値以外はtrue
true
js> isFinite(NaN);
false
js> isFinite(Infinity);
false
js> isFinite(-Infinity);
false
```

特別値は特定の演算で値を得られます（**表3.12**）。現実のプログラミングではInfinityやNaNを意図して生成することは稀です。むしろ意図しない演算で生成されてバグの元になります。

表3.12　浮動小数点数の特別値をもたらす演算

x	y	x/y	x%y
通常値	0.0	無限大	NaN
通常値	無限大	0.0	x
0.0	0.0	NaN	NaN
無限大	通常値	無限大	NaN
無限大	無限大	NaN	NaN

InfinityとNaNは定義済みのグローバル変数です。言語仕様上は変数なので値を変更可能です（もちろん非推奨です）。変更しても、表3.12の演算を使えばInfinityとNaNの元の値を簡単に復活できます。

```
// ECMAScript第5版での動作
js> NaN = 7;
js> print(NaN);
NaN

js> Infinity = 8;
js> print(Infinity);
Infinity
```

ECMAScript第5版では読み込み専用の変数になっているので、値の変更はできなくなっています。代入でエラーは起きないので注意してください。

3-5　ブーリアン型

3-5-1　ブーリアン値

ブーリアン型は論理値型や真偽値型とも言います。ブーリアン型の取りうる値は真（true）か偽（false）の2値だけです。それ以外の値を取ることはありません。

JavaScript言語仕様

ブーリアン型を使うコードの具体例を以下に示します。

```
js> var flag = true;
js> print(flag);
true
js> print(!flag);                   // trueの否定はfalse
false
js> print(!!flag);                  // 否定の否定は元に戻る
true
```

trueとfalseはリテラル値として定義されています。リテラル値の扱いは、コードに数値を書く場合と等価な存在と考えてください。つまり、var flag = true というコードのtrueの位置づけは、var n = 0 のコードの数値0の位置づけと同じです。

ブーリアン値のtypeof演算の結果は "boolean" です。

```
js> typeof true;
boolean
js> typeof false;
boolean
```

ブーリアン値の演算の説明は「**4章 文、式、演算子**」を参照してください。

3-5-2 ブーリアンクラス（Booleanクラス）

ブーリアン型のラッパー型に相当するブーリアンクラス（Booleanクラス）が存在します。位置づけや使い方はStringクラスやNumberクラスと同じです。

次のようにブーリアン値にドット演算子を適用すると、ブーリアン値からブーリアンオブジェクトに暗黙の型変換をします。ただし、ブーリアンクラスは有用なメソッドを持たないため使う機会はあまりありません。

```
js> true.toString();                // Booleanオブジェクトへの暗黙の型変換
true
```

StringおよびNumber同様、new演算子でブーリアンオブジェクトを明示的に生成できます。ただしStringやNumber同様、明示的にブーリアンオブジェクトを生成する必要性はほとんどありません。

```
js> var t = new Boolean(true);      // コンストラクタ呼び出し
js> t;
true
js> typeof t;                       // ブーリアンオブジェクト
object
js> t == true;                      // 型変換をする同値演算はtrue
true
js> t === true;                     // 型変換をしない同値演算はfalse
false
```

Booleanを関数として呼び出すと任意の値をブーリアン値に明示的に型変換できます。しかし、ブーリアン値は必要なコンテキストで暗黙に型変換されるので、通常、明示的な型変換を使う必要性はありません。

```
js> var tval = Boolean(true);    // 関数呼び出しで明示的な型変換
js> typeof tval;
boolean
js> tval;
true
js> tval == true;
true
js> tval === true;
true
```

3-5-3　Booleanクラスの機能

Booleanクラスの関数またはコンストラクタ呼び出しを**表3.13**にまとめます。

表3.13　Booleanクラスの関数またはコンストラクタ呼び出し

関数またはコンストラクタ	説明
Boolean(value)	引数valueをブーリアン値に型変換
new Boolean(value)	Booleanインスタンスを生成

Booleanクラスのプロパティを**表3.14**にまとめます。

表3.14　Booleanクラスのプロパティ

プロパティ名	説明
prototype	プロトタイプチェーン用
length	値は1

Boolean.prototypeオブジェクトのプロパティを**表3.15**にまとめます。

表3.15　Boolean.prototypeオブジェクトのプロパティ

プロパティ名	説明
constructor	Booleanクラスオブジェクトへの参照
toSource()	JavaScript独自拡張。評価結果がBooleanインスタンス生成になる文字列を返す
toString()	Booleanインスタンスから文字列値に変換
valueOf()	Booleanインスタンスからブーリアン値に型変換

Booleanクラスのインスタンスプロパティを**表3.16**にまとめます。

表3.16　Booleanクラスのインスタンスプロパティ

プロパティ名	説明
(内部プロパティ)	ブーリアン値

次ページへ

前ページの続き

プロパティ名	説明
toSource()	JavaScript独自拡張。評価結果がBooleanインスタンス生成になる文字列を返す

3-6 null型

　null値はオブジェクト参照との関係で意味を持ちます。null値の本来的な意味は「何も参照していない」状態です。null型の取りうる値はnull値の1値だけです。null値はリテラル値です。null値しか値が存在しないので、型と呼ぶのも微妙ですが、言語仕様上はnull型です。

　しかし、null値のtypeof演算の結果は（なぜか）"object"です[注6]。他の基本型の値はtypeof演算で型を判定できますが、null型の場合はnull値と同値判定（===）する必要があります。

```
js> typeof null;          // typeofの結果は'object'
object
```

　null型に対応するNullクラスのようなものはありません。このため、null値に対するドット演算の適用は次のようにTypeError例外をもたらします。

```
js> null.toString();
TypeError: null has no properties
```

　他のプログラミング言語でもそうですが、null値にまつわるバグは多々あります。多くは型変換と演算に関連します。それぞれ関係ある節で説明します。

3-7 undefined型

　undefined型の取りうる値はundefined値の1値だけです。undefined値のtypeof演算の結果は"undefined"です。

```
js> typeof undefined;     // typeofの結果は'undefined'文字列値
undefined
```

　コード上、undefined値はnull値のようにリテラル値に見えますが、リテラル値ではなく定義済みグローバル変数です。

　この違いは次のように変数undefinedに値を代入可能なことでわかります。当然ですが、このようなことはすべきではありません。

（注6） JavaScriptの仕様のバグと主張する人もいます。

```
// ECMAScript第5版より前の動作

js> undefined = 'abc';    // undefinedという名前のグローバル変数に値を設定
js> print(undefined);
abc
js> typeof undefined;
string
```

ECMAScript第5版では読み込み専用の変数になっているので、この代入はできなくなっています。代入でエラーは起きないので注意してください。

```
// ECMAScript第5版での動作

js> undefined = 'abc';
js> print(undefined);
undefined
```

3-7-1 undefined値

本書ではundefined型値をundefined値と呼びます。文字列型値を文字列値と呼ぶのと同じ流儀です。小難しく言うと、undefined型値（これには本質的に名前がありません）が先にあり、グローバル変数undefinedにその値が代入されている関係が正しい認識です。

値の実体のことをundefined値と呼ぶのは、変数iに数値0を代入した時に数値0をi値と呼ぶのに似た不自然さがあります。しかし、このような小難しい話は実用上あまり意味がありません。結局のところ、数値や文字列値と異なり、undefined型値は値の種類が1種類しかないからです。このため、文脈はどうあれundefined値という用語を使います。

nullがリテラル値でundefinedが変数名であるのは偶然ではありません。変数の値をnull値にするにはリテラルのnull値を代入する必要があります。このためnull値のリテラルの存在は言語に必須です。一方、undefined値は明示的に値を代入していない変数の初期値に過ぎません。字義どおり未定義値と呼んでもいいですし、未初期化値と呼んでもいいです。

これは次のように確認できます。

```
js> var u;      // 宣言しただけの変数
js> typeof u;   // 変数の値はundefined値
undefined
```

つまり、言語仕様でundefinedという識別子は必須ではありません。グローバル変数undefinedを未代入値の変数にすればいいだけだからです。null値には何も参照していない状態という、否定的ではあっても積極的な意味づけがあるのに対し、undefined値は文字どおり単に未定義な値に過ぎません。

undefined型に対するUndefinedクラスのようなものはありません。このためundefined値に対するドット演算の適用は次のようにTypeError例外をもたらします。

```
js> undefined.toString();
TypeError: undefined has no properties
```

undefined値が現れる場所をまとめます。

- 未初期化の変数の値
- 存在しないプロパティの値
- 実引数を与えずに関数を呼んだ時、関数内の対応する引数の値
- return文そのものがない、もしくはreturn文に式がない場合の関数の返り値
- void演算子の評価結果（void 0でundefined値を得るのはイディオムです）

前節のnull値もバグの元ですが、undefined値はそれ以上にバグの元です。混乱に輪をかけるのがnull値とundefined値を型変換ありの同値演算子（==）で比較すると真になる事実です。補足すると、型変換なしの同値演算子（===）の比較は偽です。

undefined値は潜在的なバグを隠す危険が非常に高い言語仕様です。undefined値の利用には注意してください。

3-8 オブジェクト型

基本型以外の型はすべてオブジェクト型です。オブジェクトの詳細は後ほど説明します。ここでは5種類の基本型以外はオブジェクト型であると覚えておいてください。

オブジェクトに対するtypeof演算子の結果は"object"です。

```
js> var obj = {};        // 空のオブジェクトを生成
js> typeof obj;          // 変数objのオブジェクト（参照）に対するtypeof演算
"object"
```

3-8-1 関数型

JavaScriptに関数型という型があるかどうかは議論の分かれる部分です。筆者自身の見解では関数はオブジェクト型と認識すれば充分と考えています。関数がオブジェクトの1つであるのは紛れもない事実だからです。

ただし呼び出せるコードを持つという意味で関数はオブジェクトの中でも特別なものと言えます。JavaScriptの公式な型判定の手段のtypeof演算の結果は、関数に対して次のように"function"という文字列になります。1つの事実としてここで紹介しておきます。

```
js> function f() {}      // 中身はどうでもいいので空の関数
js> typeof f;
"function"
```

3-9 型変換

JavaScriptは型変換に起因するバグが発生しやすい言語です。弱い型付けのため暗黙の型変換が

多いからです。JavaScriptでは文脈に応じて自動で型変換が起きます。たとえば、if文の条件式に与えた値は、どんな型の値であってもブーリアン型に型変換されます。

式の中に書いた値も演算子に応じて型変換されます。たとえば、ある値を文字列値と連結演算子（+記号）で連結しようとすると、どんな型の値であっても文字列型に自動で型変換されます。

このような暗黙の型変換は、明示的な型変換の面倒さや型の不一致で生じるエラーから解放される利点はありますが、その代わり実行時に初めてわかるバグが増える欠点も抱えます。

しかし、暗黙の型変換を過度に恐れて冗長に明示的な型変換を使うのはJavaScriptプログラミングの流儀に反します。暗黙の型変換を活用して簡潔なコードを書くのがJavaScript流です。ただし落とし穴も多いので必要に応じて明示的な型変換も活用してください。

本節で、ある型から別の型への型変換の実例を示します。それぞれ明示的な型変換と暗黙の型変換の両方を示します。

3-9-1　文字列値から数値の型変換

文字列値から数値への明示的な型変換の具体例を示します。

Number関数、parseInt関数、parseFloat関数を使うのが定石です。表記の簡易さではNumber関数が便利ですが、'100x'のように数値以外を含む文字列値の場合、結果がNaNになるので注意してください。parseInt関数とparseFloat関数は数値以外の文字を無視するので'100x'を100に変換します。parseInt関数は第2引数で変換時の基数（radix）を指定できます。引数を省略すると10進数と見なして型変換します。

```
js> typeof Number('100');        // 文字列値'100'を数値100に型変換
number
js> Number('100x');
NaN
js> parseInt('100');
100
js> parseInt('100x');
100
js> parseInt('x');
NaN
js> parseInt('ff', 16);
255
js> parseInt('0xff', 16);
255
js> parseInt('ff', 10);
NaN
js> parseInt('0.1');
0
js> parseFloat('0.1');
0.1
```

次に文字列値から数値への暗黙の型変換を説明します。数値演算のオペランドに文字列値を書くと暗黙に数値に型変換されます。具体例を以下に示します。

```
js> '100' - 1;              // 文字列値'100'が数値100に変換される
99
js> '100' - '1';            // 両オペランドの文字列値が数値に変換される
99
js> '100' - '';             // 文字列から数値への型変換を目的としたコード。後述するイディオムを参照
100
```

しかし加算では期待どおりの動作をしません。なぜなら+演算はオペランドのどちらかが文字列値の場合、文字列の連結演算になるからです。このため文字列値から数値への型変換ではなく、数値から文字列値への型変換が起きます。これは次節でも説明します。

```
js> '100' + 1;              // 数値の加算ではなく、文字列連結演算になる
1001
js> 1 + '100';              // 数値を先に書いても文字列連結
1100
```

+演算を単項演算子で使うと正の符号演算になります。この場合はオペランドを数値に型変換します。正の符号演算は実質何もしないので、結局、文字列値から数値への型変換だけの作用が残ります。

```
js> typeof +'100';          // 文字列値'100'が数値100に変換される
number
js> var s = '100';
js> typeof +s;              // 文字列値'100'が数値100に変換される
number
```

3-9-2 数値から文字列値の型変換

今度は数値から文字列値への型変換を見ます。最初に明示的な型変換を以下に示します。String関数もしくは数値オブジェクトに暗黙に型変換してからtoStringメソッドを呼ぶのが定石です。

```
js> typeof String(100);     // 数値100を文字列値'100'に変換
string
js> typeof (100).toString(); // 数値100を文字列値'100'に変換。小数点のドットと区別するためカッコが必要
string

js> var n = 100;
js> String(n);              // 数値nを文字列値に変換
100
js> n.toString();           // 数値nを文字列値に変換
100
```

次は暗黙の型変換です。文字列演算のオペランドに数値を書くと暗黙に文字列値に型変換されま

す。具体例を以下に示します。+演算子はオペランドのどちらかが文字列であれば文字列連結演算になることを利用しています。

```
js> 'foo' + 100;      // 数値100が文字列値'100'に変換される
foo100
js> 100 + 'foo';      // 数値が左オペランドでも同じく文字列値への型変換
100foo

js> var n = 100;
js> 'foo' + n;        // 数値nを文字列値に変換
foo100
```

3-9-3 型変換のイディオム

　ここまで見たように型変換にはいくつかの書き方が可能です。どの実行速度が速いかは処理系によるため一概に言えません。ただクライアントサイドのJavaScriptの場合、実行速度だけではなくソースコードを短くする努力も重要です。短くすることでネットワークの転送時間が短くなるからです。このためなるべく短い表記で型変換できる書き方がイディオムになっています。

　以下が最短表記の型変換です。コード可読性の点ではString(n)やNumber(s)と記述するほうが優れていますが、現実の制約から生まれたイディオムです。

```
// 型変換のイディオム（最短表記）

// 数値から文字列値
js> var n = 3;
js> n+'';     // 数値3から文字列値'3'への型変換（文字列連結演算子を利用）

// 文字列値から数値
js> var s = '3';
js> +s;       // 文字列値'3'から数値3への型変換（正の符号演算を利用）
```

　文字列値と数値の間の型変換の注意点を表3.17にします。暗黙の型変換は簡易ですがバグの元です。もっとも典型的なバグは文字列値を数値に型変換した時にNaNになるパターンです。

　「3-4-8　NaN」で説明したように一度NaNが現れると数値演算全体の結果はNaNになります。適切な計算結果を得られないだけではなく、逆向きに型変換して元の文字列にも戻せなくなります。

表3.17　文字列値と数値の間の型変換の注意点

変換元	型変換	結果
数値に変換できない文字列値	数値型に型変換	数値NaN
空の文字列値	数値型に型変換	数値0
数値NaN	文字列型に型変換	文字列"NaN"
数値Infinity	文字列型に型変換	文字列"Infinity"
数値-Infinity	文字列型に型変換	文字列"-Infinity"

3-9-4 ブーリアン型への型変換

実用上、ブーリアン型への型変換は重要です。if文やwhile文などの条件式で暗黙の型変換が多いからです。型変換でfalseになる値を以下に列挙します。これ以外はtrueになります。

- 数値 0
- 数値 NaN
- null 値
- undefined 値
- 文字列値 ""（空文字列値）

例を示します。次のコードは数値 0 を if 文の条件式に書いています。暗黙の型変換でブーリアン値の false になります。

```
js> if (0) { print('T'); } else { print('F'); }
F
```

明示的にブーリアン型へ型変換するには Boolean 関数を使うのが手ですが、次のように !! を使う暗黙の型変換もイディオムとして定着しています。

! 演算はブーリアン型のオペランドに対する論理否定演算です。オペランドはブーリアン型でなければブーリアン型に型変換されます。!! のように2つ重ねると否定の否定で、結局、ブーリアン型への型変換の機能だけが残ります。

```
js> !!1;
true
js> !!'x';
true
js> !!0;
false
js> !!'';
false
js> !!null;
false
```

ブーリアン型の型変換で注意すべきなのがオブジェクト型です。オブジェクト型をブーリアン型に型変換すると必ず true になります。このため次のコードはどれも T を表示します。直感に反する動作なので気をつけてください。

```
js> var b = new Boolean(false);
js> if (b) { print('T'); } else { print('F'); }
T
```

次ページへ

前ページの続き

```
js> var z = new Number(0);
js> if (z) { print('T'); } else { print('F'); }
T

js> var s = new String('');
js> if (s) { print('T'); } else { print('F'); }
T
```

　下記の関数呼び出しの結果はオブジェクト型ではなくそれぞれに応じた組み込み型になります。このため直感どおりの動作をします。

```
js> var b = Boolean(false);
js> if (b) { print('T'); } else { print('F'); }
F

js> var z = Number(0);
js> if (z) { print('T'); } else { print('F'); }
F

js> var s = String('');
js> if (s) { print('T'); } else { print('F'); }
F
```

3-9-5　その他の型変換

　ブーリアン値とnull値とundefined値からの型変換を**表3.18**にまとめます。

表3.18　ブーリアン値、null値、undefined値からの型変換

変換元の値	数値型へ型変換	文字列型へ型変換
true	1	'true'
false	0	'false'
null値	0	'null'
undefined値	NaN	'undefined'

3-9-6　オブジェクト型から基本型への型変換

　オブジェクト型から基本型への型変換の規則をまとめます（**表3.19**）。変数objがオブジェクトを参照している前提で、明示的な型変換の方法も表に載せます。

表 3.19 オブジェクト型からの型変換

変換先の型	明示的な型変換	説明
文字列型	String(obj)	toStringメソッドの結果を文字列型に変換
数値型	Number(obj)	valueOfメソッドの結果。valueOfメソッドの結果を数値型に変換できない場合、toStringメソッドの結果を数値型に変換
ブーリアン型	Boolean(obj)	常にtrue
undefined値	NaN	'undefined'

オブジェクト型から文字列型への明示的な型変換と暗黙の型変換を次に示します。

```
js> var obj = {};         // 空のオブジェクト生成
js> obj + '';             // 文字列型への暗黙の型変換（文字列連結演算子を利用）
[object Object]
js> String(obj);          // 文字列型への明示的な型変換
[object Object]
```

上記の結果はobjオブジェクトのtoStringメソッド呼び出しの結果です。次のようにtoStringメソッドの実装を変えると結果が変わります。

```
js> obj.toString();       // 現在のtoStringメソッドの結果を確認
[object Object]           // 上記の結果に合致

js> obj.toString = function() { return 'MyObj'; };    // toStringメソッドの実装を書き換える
js> obj.toString();       // toStringメソッドの結果を確認
MyObj

js> obj + '';             // 文字列型への暗黙の型変換
MyObj
js> Object(obj);          // 文字列型への明示的な型変換
MyObj
```

3-9-7 基本型からオブジェクト型への型変換

基本型からオブジェクト型への型変換の規則をまとめます（**表 3.20**）。

表 3.20 オブジェクト型への型変換

変換元の型	型変換の結果
文字列型	Stringオブジェクト
数値型	Numberオブジェクト
ブーリアン型	Booleanオブジェクト
null型	Errorオブジェクト
undefined型	Errorオブジェクト

基本型の間の型変換同様、オブジェクト型と基本型の間の型変換も文脈で暗黙に変換されます。

このため現実には明示的な型変換の必要性は多くありません。むしろ、暗黙に変換されることで発生するバグのほうに気を払うべきです。

たとえば、恣意的な例ですが、以下はエラーになることなく変数objの値がNaNになります。

```
js> var obj = {};
js> obj++;    // 数値型への暗黙の型変換が起きている
js> obj;      // 変数objの値はNaN
NaN
```

上記、++演算はオペランドの型を数値型に型変換します。

オブジェクトが適切な数値を返すvalueOfメソッドや、適切な数値に変換可能な文字列を返すtoStringメソッドを持たなければ、数値型への型変換の結果はNaNです。NaNの++演算の結果はNaNなので、最終的に変数objの値はNaNになります。

COLUMN

JavaScriptのプロファイラ

プロファイラを使うとJavaScriptプログラムの実行でどの関数やどの行にどれだけの時間がかかったかがわかります。一般に実行の遅い箇所を検出するために使います。そのような箇所を実行上のボトルネックと呼びます。経験的に、プログラムの実行が遅い場合、少数の特定の箇所が多くの実行時間を消費する傾向が知られています。このためボトルネックの実行性能を上げると全体の実行性能の向上が期待できます。逆にボトルネックを知らないまま闇雲に性能改善しても効果はなかなかあがりません。

プログラムの実行時間は単に特定の行の処理時間だけでは決まりません。クライアントサイドJavaScriptであれば次の要因の組み合わせで利用者の体感速度が決まります。

- JavaScriptコードの実行時間（単純なプロファイラが計るのはこれだけ）
- DOMのレンダリング時間
- ネットワーク待ち時間

Firebug、IEの開発者ツール、Chromeのデベロッパーツールにも基本的なプロファイラ機能がありますが、他の要因も含めた計測機能を持つプロファイラを表Aにまとめます。

表A　プロファイラ

名称	対応ブラウザ	URL
YSlow	Firefox	http://developer.yahoo.com/yslow/
Page Speed	Chrome	http://code.google.com/speed/page-speed/
dynaTrace	Firefox/IE	http://ajax.dynatrace.com

4章 文、式、演算子

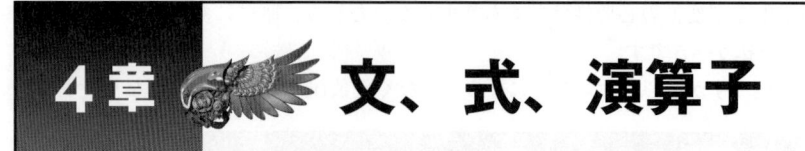

JavaScriptの文法規則をまとめます。構文のいくつかはJavaと共通ですがJavaScript固有の構文もあります。演算子と式もJavaと共通点は多いですが、暗黙の型変換があるため注意すべき点はかなり異なります。

4-1 式と文の構造

JavaScriptのソースコードは文の集まりです。文は文と式から構成されます。式は式と演算子から構成されます。このように自分自身を定義の中に使う再帰的な定義はソフトウェアの世界にしばしば現れます。

自分自身を使う定義は無限循環して何も定義できないように思うかもしれません。文も式も最終的に自分自身を使わずに定義できる定義を持ちます。このため再帰的な定義でも無限循環しません。文であれば、最終的には予約語（後述）と式と記号（カッコやコロンなど）だけに分解できます。文が別の文を含んでも、その含まれた文をどんどん分解していくと、最後には予約語と式と記号の並びになるという意味です。式も別の式を含むことがありますが、含まれた式をどんどん分解していくと、最後は識別子（変数名や関数名）とリテラル値（数値や文字列の直接表記）と演算子（記号か予約語）に分解されます。

4-2 予約語

予約語（reserved word）はECMAScript第5版で**表4.1**のように分類されています。

表4.1　JavaScriptの予約語

名称	説明
キーワード	表4.2を参照
将来の予約語	表4.3を参照
null	リテラル値
true	リテラル値
false	リテラル値

ECMAScript第5版が定義するキーワードおよび将来の予約語を**表4.2**、**4.3**に示します。

表 4.2 キーワード

break	do	instanceof	typeof
case	else	new	var
catch	finally	return	void
continue	for	switch	while
default	if	throw	delete
in	try		

表 4.3 将来の予約語

class	enum	extends	super	const	export
import	implements	let	private	public	yield
interface	package	protected	static		

4-3 識別子

　識別子は、変数名や関数名など、開発者がプログラムの中で定義する単語です。識別子に利用できる文字に制約はありますが（下記規則を参照）、予約語に被らない単語は何でも識別子にできるので、事実上、無限に生成可能です。

　識別子の規則を以下に示します。

- 予約語以外の単語
- true、false、null 以外の単語
- Unicode の（非空白）文字で始まり、その後に、Unicode の文字または数字が続く単語
- 単語の長さの制限は特にない

　予約語と同じ単語は識別子にできません。たとえばdoという関数名をつけるとSyntaxErrorになります。なお予約語を含む単語は識別子にできます。doitという関数名は識別子として問題ありません。

　true、false、nullの3つの単語はリテラル値です。リテラル値は識別子に使えません。リテラル値を識別子に使えない規則は、数値リテラルの1や文字列リテラルの"abc"を識別子に使えないことと等価の規則です。

　JavaScriptの識別子はUnicodeで書いた単語です。Unicodeの文字は日本語の文字（漢字や平仮名）も含むので、日本語の変数名や関数名も文法上は可能です。しかし、歴史的な事情や慣習により日本語の識別子は推奨しません。現実的なプログラミングでは次の規則に従うべきです。

- 英文字（大文字および小文字の英文字）、_（アンダースコア文字）、$（ダラー文字）のいずれかで始まり、英文字、_、$、数字（0から9）が続く単語

識別子の具体例を示します。英文字の大文字と小文字を区別するのでfooとFooは別の識別子になります。

- foo
- Foo
- FOO
- foo1
- foo_1
- _foo
- $
- $foo

アンダースコア文字（_）で始まる識別子は、慣習的に「内部的な識別子」という意志表示に使います。ダラー文字（$）はprototype.jsがgetElementById関数の別名を$にしたことをきっかけに、よく使う名前の別名に使うイディオムがあります。

4-4 リテラル表記

リテラル（literal）表記とは、コード上に書いた値が実行時にその値のまま意味を持つ仕組みのことです。コードに書いた値が実行時に値のままの意味を持つのは当り前に感じるかもしれませんが、たとえば次のコードを見てください。

```
// 文字列リテラル表記"bar"の例
var foo = "bar";
```

varというコード上の単語は変数宣言を意味する言語規則で、実行時に単語（文字の並び）としてのvarの意味は持ちません。同様に、fooという単語も、実行時は変数fooとして割り当てられた領域を示すだけであり、単語としてfooの意味を持つことはありません。これは、変数fooとして書かれたすべてをfoo2の文字列に書き換えても、実行時の動作に変わりがないことからわかります。

一方、barという単語は実行時にbarという文字の並びとしての意味を持ちます。"bar"は文字列値のリテラル表記です。

数値のリテラル表記はよりわかりやすいでしょう。次のコードには2つの数値0が記述されています。val0の0は変数名の1部としての0であり、数値としての0の意味はありません。数値としての演算可能な性質を失った、単なるコード上の記号にすぎません。

一方、右辺のリテラル表記の0は数値としての意味を持ちます。

```
// 数値リテラル表記0の例
var val0 = 0;
```

本書でまだ説明していないリテラル表記もありますが、JavaScriptのリテラル表記を**表 4.4** にまとめます。

表 4.4　リテラル表記

名称	具体例
数値	100
文字列値	"foobar"
ブーリアン値	true
null 値	null
オブジェクト	{ x:1, y:2 }
配列	[3,1,2]
関数	function() { return 0; }
正規表現	/foo/

4-5　文とは

　プログラミング言語における文 (statement) は、その言語の文法で明確に定義された構文 (syntax) 規則で決まります。文はプログラムの実行時に実行 (execute) されます。見方を変えると、文を次々に実行していくことを、プログラムの実行と呼ぶこともできます[注1]。

　ソースコード上に書かれた文と実行時のステップの単位は必ずしも 1 対 1 に対応しませんが、プログラムの実行は文を 1 つずつ実行していくと考えても、概念上の矛盾は生じません。

　JavaScript の文はセミコロンで区切ります。厳密に言うとセミコロンは一部の文の終端です。たとえば式文の終端にセミコロンは必要ですが、ブロック文の終端には不要です。この辺りの規則は Java と同じですが、JavaScript はセミコロンに関してより緩い規則を持ちます。JavaScript は改行時に省略されたセミコロンを自動的に補完する仕様があるからです。このため多くのセミコロンを省略可能です。しかし、セミコロンの省略はバグの要因になります。本書はセミコロンの自動補完に依存しない方針にします。セミコロンの自動補完にまつわるバグは他書を参考にしてください。

4-6　ブロック文（複合文）

　ブロック文は中カッコ ({}) の間に文を並べた文です。複数の文の集まりを文として扱えます。この結果、文法上、文が書ける箇所に複数の文を書けます。ブロック文の具体例は本書でいくつも出てくるので省略します。

　JavaScript（正確には ECMAScript）のブロックで気をつける点は変数にブロックスコープがない点です。詳細は「**6-4 スコープ**」を参照してください。

（注 1）　ここでの説明は手続き型言語に寄った説明になっています。注意してください。

4-7 変数宣言文

変数宣言文はキーワードvar、次に変数名を続けます。変数名をカンマ (,) で区切ると複数並べられます。=演算子を使うと宣言と同時に初期化ができます。変数の詳細は**「5章 変数とオブジェクト」**で説明します。

```
// 変数宣言の例
var foo;
var foo, bar;                        // 複数の変数の宣言
var foo = 'FOO', bar = 'BAR';        // 宣言と同時に初期化
```

4-8 関数宣言文

関数宣言文は次の文法です。返り値の型の代わりにキーワードfunctionで始めることと引数に型指定がないことを除けば、Javaのメソッド定義とほぼ同じ構文です。

ECMAScriptの仕様書で関数宣言は文の一種ではありませんが、厳密な言語規則は仕様書に譲り、本書は文の一種として扱います。

```
// 関数宣言文の文法
function 関数名(引数, 引数, ...) {
    文
    文
    ...
}
```

関数名と引数には識別子を書きます。引数は任意個数並べられます。引数がなくても構いません。中カッコ ({}) 内が関数本体です。関数本体は文を複数記述できます。

4-9 式文

式文とは式がそのまま文になる文法規則です。式は後ほど改めて説明します。JavaScriptではすべての式が式文になれます。これは一部の式のみを式文にできるJavaと違う点です。残念ながらこの違いはJavaScriptの利点ではありません。

たとえば、次の意味のないコードはエラーになりません。同値演算子 (==) の式が文法上、式文になるからです。

```
// 意味はないが文法的にエラーにならないコード

var a;
a == 0;        // 式文 (結果的に何もしない)
```

　上記の式文を実行しても何も起きません。もし==が=の書き間違いだったとしても文法エラーで気づくことはありません。Javaはこのような無意味な式文をコンパイルエラーで弾くので間違いを見つけやすい利点があります。
　意味のない式文の例を挙げましたが、意味のある式文の代表は代入式と関数呼び出し式です。次が具体例です。

```
// 式文の例

var s;
s = 'foo';      // 代入式の式文
print(s);       // 関数呼び出し式の式文
```

4-10 空文

　セミコロンが1つだけの文は空文です。空文を有効に活用できる場面が限定的に存在します。次のコードを見てください。

```
// 空のブロック文
while (条件式) {
}

// 空文を含むブロック文
while (条件式) {
    ;
}

// 空文のみ
while (条件式)
    ;
```

　空文を書かなくても、意味的にも文法的にも問題はありません。しかし敢えて空文を書くことで、ブロックの中の書き忘れではなく、何もしないことを意図したコードを読み手に伝えられます。

4-11　制御文

制御文と呼ばれる文法規則があります。条件分岐、繰り返し、ジャンプ（例外処理を含む）の3つに分類できます。これらの制御文がなければ、原則、JavaScriptの実行はソースコードに書かれた順に上から下に向かって処理が進みます。これを「逐次処理」と呼びます。

制御文により逐次処理以外の処理の流れが発生します。

4-12　if-else文

if文とif-else文は次の構文です。条件式と文は省略できません。

```
// if文の文法

if （条件式）
    文
```

```
// if-else文の文法

if （条件式）
    文
else
    文
```

ifに対応する条件式と文をあわせてif節、elseに対応する条件式と文をあわせてelse節と呼びます。if文はelse節を省略したif-else文と見ることも可能です。以下、if-else文として考えます。

条件式に書いた式の評価結果はブーリアン型に型変換されます。この暗黙の型変換にまつわるバグは頻発します。ブーリアン型への型変換は「**3-9-4　ブーリアン型への型変換**」を確認してください。

if-else文の具体例は次のようになります。

```
// if-else文の例
if (i == 0)
    print("if clause");
else
    print("else clause");
```

変数iの値が0の場合、"if clause"を出力し、それ以外の場合"else clause"を出力します。

if節およびelse節には任意の文を書けます。if-else文も文の1つなので、if-else文の節の中に別のif-else文を書けます。if節の中にif-else文を書く例を示します。

```
// 入れ子のif-else文
if (i == 0)
  if (j == 0)
    print("i==0 and j==0");
  else
    print("i==0 and j!=0");
else
  print("i!=0");
```

上のコード例は期待どおりの動作をします。では次に入れ子のif-else文で外側のelse節がない場合を考えます。同じインデントのまま書くと次のようになります。

```
// 入れ子のif-else文
if (i == 0)
  if (j == 0)
    print("i==0 and j==0");
  else
    print("i==0 and j!=0");
```

上のコードを次のようにインデントしたとします。

```
// 紛らわしいインデント
if (i == 0)
  if (j == 0)
    print("i==0 and j==0");
else
  print("i==0 and j!=0");
```

このインデントはelse節が外側のif節（条件式がi==0のif節）に対応しているように見えます。インデントの違いはコードの意味に影響を与えません。つまり2つのコード例のどちらかは見た目のインデントと実際の動作に乖離があるはずです。答えは、else節は近いif節と結びつく規則があるので、上記のelse節は内側のif節（条件式がj==0のif節）に対応します。つまり、後者のコードはインデントと実際の動作に乖離があります。

適切なインデントを補助するテキストエディタを使えばこのような曖昧さは回避できます。しかし、if節とelse節にブロック文を常に使用すれば曖昧さを回避できます。汎用的なこの回避策を勧めます。

```
// ブロック文で紛らわしいインデントを避ける
if (i == 0) {
  if (j == 0) {
    print("i==0 and j==0");
  } else {
    print("i==0 and j!=0");
  }
}
```

JavaScript言語仕様

本書では、if節とelse節の文がたとえ1行であっても常にブロック文を使う方針とします。この方針に従えば、外側のif節に対応するelse節も次のように書けます。慣れると、中カッコ({})の対応で構造がすぐに理解できるようになります。

```javascript
// ブロック文で紛らわしいインデントを避ける
if (i == 0) {
  if (j == 0) {
    print("i==0 and j==0");
  }
} else {
  print("i!=0");
}
```

この方針には1つだけ例外があります。else節にif-else文を書くコードを考えます。常にブロック文を使う方針に従い素直に書くと次のようなコードになります。

```javascript
// ブロック文を使う、やや冗長なコード例
if (i == 0) {
  print("i==0");
} else {
  if (i == 1) {
    print("i==1");
  }
}
```

こう書いても間違いではありませんが、else節にif-else文を書くコードはイディオムとして次のように書くのが慣習です。

```javascript
// 上記のelse ifは慣習としてこう書きます
if (i == 0) {
  print("i==0");
} else if (i == 1) {
  print("i==1");
}
```

この慣習は、次のようにelse節にif-else文を書き連ねる場合に便利です。慣れると、条件式と実行文の対応がきれいに並ぶため、読みやすいコードになります。

以下のコードでは、変数iの値が0の場合、1の場合、2の場合、と順々に条件分岐が走ります。

```javascript
// 慣れると非常に読みやすいコード (ただし、この場合、後述するswitch-case文も検討すべき)
if (i == 0) {
  print("i==0");
} else if (i == 1) {
  print("i==1");
} else if (i == 2) {
  print("i==2");
} else {
  print("other");
}
```

どこかのif文の条件式が真になるとif節の文を実行して、全体を抜けます。どの条件も真にならなかった場合、最後のelse節を実行します。つまり、上記のコード例では、実行されるprintは常にたった1つです。

4-13 switch-case文

switch-case文はif-else文と異なる構文を持つ条件分岐文です。次の構文です。

```
// switch-case文の文法

switch (式) {
case 式1:
    文
    文
    ...
case 式2:
    文
    文
    ...
case 式N:
    文
    文
    ...
deafult:
    文
    文
    ...
}
```

伝統的に「case 式:」の部分をcaseラベル、「default:」の部分をdefaultラベルと呼びます。構文規則上、これらはif-else文のように節を形成するのではなくジャンプ先のラベルの役割を担うからです。switch文の中にcaseラベルは複数記述できます。defaultラベルはswitch文の中にただ1つ書けます。defaultラベルは省略可能です。

switch文の構文はJavaと同じですが、動作に微妙な違いがあります。switchのカッコ内に任意の型の式を書けることと、caseラベルに任意の式を書けることです。Javaのcaseラベルはコンパイル時に決定する定数式しか書けません。

switch文は、switch文のカッコ内の式をcaseラベルに書いたそれぞれの式と順に同値演算子（===）で比較します。用語が紛らわしいので前者をswitch式、後者をcase式と呼ぶことにします。===演算子は型変換しない同値演算子です。switch文は最初にswitch式を評価します。case式を

上から順に評価して結果をswitch式の評価結果と同値比較（===）します。同値な場合、そのcaseラベルにジャンプします。どのcase式とも同値でない場合はdefaultラベルにジャンプします。

Javaで書けないパターンを中心に具体例を載せます（**リスト 4.1**）。

▍リスト 4.1　switch文の例

```
var s = 'foo';

switch (s) {        // switch式に文字列値も書けます
// switch式の値と異なる型の値をcase式に書けます。
// s === 0が偽なので次に行きます
case 0:
  print('not here');
  break;

// case式に変数を使う式を書けます。
// s === s.lengthが偽なので次に行きます
case s.length:
  print('not here');
  break;

// case式にメソッド呼び出し式を書けます。
// s === (0).toString()が偽なので次に行きます
case (0).toString():
  print('not here');
  break;

// このような式も書けます。
// s === 'f' + 'o' + 'o'が真なので以下を実行します
case 'f' + 'o' + 'o':
  print('here');
  break;

// もしすべてのcase式で同値演算 (===) が偽になれば、以下を実行します
default:
  print('not here');
  break;
}
```

見た目はcaseラベルからcaseラベルの間がひとかたまりの処理に見えますが、caseラベルは処理の区切りを意味しません。このためcaseラベルの終了でswitch文を抜けません。

リスト 4.2 のswitch文は最初のcaseラベルで一致しますが、他のすべてのcaseラベルも実行します。

▍リスト 4.2　breakのないswitch文。途中のcaseで抜けない

```
var x = 0;
switch (x) {
case 0:
  print("0");
```

次ページへ

前ページの続き

■ リスト4.2　breakのないswitch文。途中のcaseで抜けない

```
case 1:
  print("1");
case 2:
  print("2");
default:
  print("default");
  break;
}
```

```
// リスト4.2のswitch文の実行結果
0
1
2
default
```

　この実行結果は、caseラベルやdefaultラベルをジャンプ先と見なせば理解できます。case式と一致した時、上からそのラベルにジャンプしてきて、後は下に向かって流れるだけと考えてください。

　多くの場合、上記のコードの実行結果は期待に反します。**リスト 4.3** のようにbreak文を使うと処理を強制的に抜けられます。

■ リスト4.3　break文でswitch文を抜ける

```
var x = 0;
switch (x) {
case 0:
  print("0");
  break;
case 1:
  print("1");
  break;
case 2:
  print("2");
  break;
default:
  print("default");
  break;
}
```

```
// リスト4.3の実行結果
0
```

　リスト4.3のようなコードはswitch文の定番と言っても良いコードです。breakを使わないswitch文のほうが例外的です。

　if-else文が連続するコードの多くはswitch文で等価なコードに書き換えられます。どちらでも書ける場合、どちらを選ぶかは好みの問題で、どちらを読みやすいと感じるかという主観に依存します。用途が限られる分、if-else文よりswitch文のほうがある局面では読みやすいコードになります（主観の要素が大きいですが）。少なくともswitch文は同値比較の式を隠蔽できるので、等価なif-else文と比べると記述が簡潔になります。ただswitch文で隠蔽される同値比較演算が型変換をしない===演算であるのに注意してください。書き換え前のif-else文の式が==演算の場合、微妙に違う動作になる危険があります。この違いは気づきにくいためバグの元です。

4-14 繰り返し文

繰り返し処理は条件分岐と並ぶ制御構造の基本です。繰り返し処理を端的に言うと、ある条件が成立している間、同じ処理を繰り返し実行する制御構造です。ソースコード上、同じ箇所を何度も回ることからループ（loop）処理とも呼びます。

JavaScriptの繰り返し文は次の5種類あります。for each in文はECMAScriptにはない構文で、JavaScriptの独自拡張です。

```
// while文
while (条件式)
  文

// do-while文
do
  文
while (条件式);

// for文
for (初期化式; 条件式; 更新式)
  文

// for in文
for (式 in オブジェクト式)
  文

// for each in文（ECMAScript非準拠）
for each (式 in オブジェクト式)
  文
```

4-15 while文

while文は繰り返し処理のもっとも基本的な文です。while文はwhileループとも呼びます。while文の構文を示します。

```
// while文の文法

while (条件式)
  文
```

if-else文と同じように、条件式に書いた式の評価結果はブーリアン型に型変換されます。while文を実行すると、最初に条件式の評価をします。この評価値が偽であれば1度も文を実行することな

4章　文、式、演算子

くwhile文を終了します。条件式の評価値が真であれば、文を実行します。文の実行が終わると再び条件式の評価をします。この評価値が真であれば、再び文の実行を行います。条件式が偽になってループを抜けるまでこれを繰り返します。

if-else文同様、文にはブロック文を書けます（**リスト4.4**）。本書は、常にブロック文を書く方針にします。

リスト4.4　while文とブロック文

```
// 紛らわしいインデント。2番目のprintは実際にはwhileループの外
while (flag)
  print("in loop");
  print("not in loop"); // ループの外の文

// ブロック文にすると構造が自明
while (flag) {
  print("in loop1");
  print("in loop2");
}

// 文が1行でもブロック文にすることを推奨
while (flag) {
  print("in loop1");
}
```

文には任意の文を書けます。if-else文も文です。while文も文です。つまり、次のようにwhileループの中に、while文やif-else文を書けます。

```
// 入れ子のwhile文
while (flag) {
  while (flag2) {
    print("in double loop");
  }
}

// while文の中のif文
while (flag) {
  if (flag2) {
    print("in loop");
  }
}
```

条件式が常に真（true）の場合、ループ内の文の実行を無限に繰り返します。このようなループを一般に無限ループと呼びます。予期せぬ無限ループは致命的なバグです。

他のプログラミング言語では意図した無限ループを書く場合がありますが、クライアントサイドJavaScriptでの無限ループはバグです。

無限ループせずwhileループを抜けるには次のいずれかを行います。

JavaScript言語仕様

- ループ内で、条件式が偽になる場合を保証する
- ループ内にbreak文を書く
- ループ内にreturn文を書く
- ループ内から例外を投げる

break文、return文、例外は後述するジャンプの節で説明します。

ループ内で条件式が偽になる実例として、10回ループが回るwhileループを考えます。実際には、後述するforループのほうが素直なコードになりますが、例のためにwhile文を使います。

```
// 10回ループが回るwhile文
var i = 0;
while (i < 10) {
  print(i);
  i++;
}
```

```
// 10回ループが回るwhile文（別解）
var doing = true;
var i = 0;
while (doing) {
  print(i);
  i++;
  if (i == 10) {
    doing = false;
  }
}
```

後者のようにフラグ変数の変化でwhileループを脱出するコードはあまり良い習慣ではありません。

4-16 do-while文

do-while文は別の繰り返し構文です。構文は次のとおりです。

```
// do-while文の例
do {
  print("in loop");
} while (flag);
```

条件式や文は、while文と同様の説明になるので省略します。while文同様、本書では、文に常にブロック文を書く方針にします。

```
// do-while文の例
do {
  print("in loop");
} while (flag);
```

while 文と do-while 文の違いは、条件式の評価を先に行うか、文の実行を先に行うかだけです。while 文は条件式の評価を先に行い、評価値が真であれば文を実行します。その後、条件式が偽になるまで文の実行を続けます。

do-while 文は、先に文の実行を行い、次に条件式の評価を行います。その後、文の実行と条件式の評価を条件式が偽になるまで続けます。

ループがまわり始めてしまえば、条件式の評価と文の実行は交互に走るので、極論すれば、while 文と do-while 文の違いは、最初の 1 回の条件式の評価の有無だけとも言えます。

現場のプログラミングでは、do-while 文は限定的な利用で、while 文のほうが多く使われます。do-while 文を使うパターンは、事実上、次の 2 つです。どちらも条件式を工夫すれば while 文で書けます。

- 文を少なくとも 1 回実行しないと、条件式の評価に意味がでない場合
- 文を少なくとも 1 回実行することを保証したい場合

do-while を使う具体例を示します。引数で与えた数値を右から 1 文字ずつ表示する関数です。入力が 123 の時、3、2、1 の順に出力します。do-while ではなく while 文で同じような関数を書くと、入力が 0 の時に出力が空になります。do-while 文の場合は引数に 0 を渡すと 0 を出力します。

```
// do-while文を使う例
function printNumberFromRight(n) {
  do {
    print(n % 10);
    n = ~~(n / 10);    // n /= 10;と書くと結果が小数になる。~~演算は小数を整数にする（トリッキーな）技法
  } while (n > 0);
}
```

4-17 for文

for 文は別の繰り返し構文です。for 文は一般に for ループと呼ばれます。for 文は次の構文です。3 つの式のどれもが省略可能です。

```
// for文の文法

for (初期化式; 条件式; 更新式)
    文
```

他の制御文と同様に、文はブロック文を推奨します。

初期化式には、一般にi = 0のような変数の初期化の式を書きます。初期化式で初期化する変数をループ変数と呼ぶ慣習があります。後ほどイディオムとして示しますが、for文の典型的なコードは、初期化式でループ変数を初期化し、更新式でループ変数を更新し、条件式でループ変数をチェックします。

初期化式はfor文を実行する時、最初に1回だけ評価されます。初期化式の記述を省略した場合、単にfor文の最初に評価される式が存在しないだけになります。

初期化式にはループ変数の宣言式も書けます。ただしこの変数のスコープは関数スコープであることに注意してください。詳しくは**「6-4 スコープ」**を参照してください。

```
// ループ変数iの宣言を初期化式で行う例
for (var i = 0; i < 10; i++) {
  print(i);
}
ここで変数iを参照できることに注意（スコープ内）
```

条件式の役割はwhile文やdo-while文の条件式と同じです。真を返すとループを継続し、偽を返すとループから抜けます。条件式を評価するタイミングはwhile文と同じです。つまり、for文を実行する最初に条件式を評価し、条件式の評価値が真でループ内の文を実行した場合、文の実行後に再び条件式を評価します。while文と異なる点は、条件式の2度目以降の評価の前に更新式の評価をすることです。またwhile文やdo-while文と異なり、for文の条件式は省略可能です。記述を省略した場合、常に真と評価される式があると見なされます。

更新式には任意の式を書けます。多くの場合、ループ変数を更新する式を書きます。更新式はforループ内の文を実行し終わった後、条件式の評価の前に評価されます。後述するcontinue文をforループ内に書いた場合も更新式を評価します。更新式の記述は省略可能です。省略した場合、単に更新式が存在しないだけになります。

4-17-1　for文のイディオム

for文の主な用途は、ある値の範囲を最初から最後までなめる処理です。もっとも典型的な具体例を示します。

```
// 有名なイディオム
for (var i = 0; i < 10; i++) {
  print(i);
}
```

このコードはあまりにも有名なforループのイディオムです。実行すると、0から9までの10個の数字を出力します。10の部分を任意の正の整数nにすると、n回まわるループになります。同じ動作をするコードをwhileループで書けることは既に示しました。for文の読み方に慣れると、for文のほうが可読性が高くなります。

経験あるプログラムは、イディオムとして見慣れているため、見ただけでループが10回まわるこ

とがわかります。しかし、見慣れていないプログラマにとって、0 から始まり 10 より小さい間まわるループには違和感があるかもしれません。

一般的な数の数え方に慣れていると、1 から始まり 10 まで続くループのほうが 10 回まわるループとして直感的だからです。これを for ループで書くと次のようになります。

```
// ループ変数が1から始まり10回まわるループ。特別な理由がない限り使わないこと
for (var i = 1; i <= 10; i++) {
  print(i);
}
```

変数 i の取る値が 1 から 10 であることに意味がある場合はこのコードで問題ありません。しかし、ループが 10 回まわることに意味がある場合、イディオムのコードを使ってください。どちらも 10 回まわるループだからどちらで書いても構わないはずだ、と思うかもしれません。しかし、騙されたと思ってイディオムを使ってください。プログラミング言語は開発者がコンピュータに伝える言語であると同時に、プログラムの書き手と読み手の間のための言語でもあります。ここに、イディオム（決まり文句）を使う意味があります。

初期化式と更新式では次のように複数の式をカンマで区切って並べられます。

```
// 複数のループ変数の例
for (var i = 0, j = 0; i < 10 && j < 10; i++, j++) {
   省略
}
```

4-18　for in 文

for in 文はオブジェクトのプロパティ名を列挙する繰り返し文です。次の構文です。

```
// for in文の文法

for（変数 in オブジェクト式）
   文
```

in の左側には代入先に使える式を書きます。文法的には左辺値を書きます。左辺値とは代入式の左辺に書ける値のことですが、直感的には変数名を書くと覚えておけば充分です。for 文同様、for in 文の中で変数宣言もできます（スコープが for in 文に閉じない点も同様です）。以下、この変数をループ変数と呼びます。

in の右側にはオブジェクト型の式を書きます。既に見てきたように JavaScript には暗黙の型変換があり、どんな値でもオブジェクト型に型変換可能なので、事実上、どんな型の値でも書けます。このため数値やブーリアン値を書いてもエラーにはなりません。しかし意味もないので、現実的にはオブジェクト型の式を書くと覚えてください。for in 文の動作の詳細はオブジェクトの節で改めて行います。

オブジェクト式に書いたオブジェクトのプロパティ名の文字列がループ変数に順々に代入されま

す。言葉で説明するより具体例を見るほうが早いので**リスト4.5**を見てください。

リスト4.5 オブジェクトのプロパティ名の列挙

```
var obj = { x:1, y:3, z:2 };
for (var k in obj) {
  print(k);
}
```

```
// リスト4.5の実行結果
x
y
z
```

オブジェクトobjは3つのプロパティがあります。for in 文でプロパティ名のx、y、zの文字列がループ変数kに代入されます。ループ変数にはオブジェクトを連想配列に見立てて、キーを連想させるkやkey、あるいはプロパティ名を想起させるpやn(ame)の変数名をよく使います。

プロパティ値を表示するには**リスト4.6**のようにfor in 文の中でブラケット演算を使います。

リスト4.6 オブジェクトのプロパティ値の列挙

```
var obj = { x:1, y:3, z:2 };
for (var k in obj) {
  print(obj[k]);
}
```

```
// リスト4.6の実行結果
1
3
2
```

4-18-1 配列とfor in 文

配列もオブジェクトでインデックスの数値がプロパティ名に相当するので次のようにfor in 文で列挙できます。しかし後で述べる理由のため、配列の要素の列挙にこの書き方は推奨しません。

リスト4.7 配列の要素の列挙（非推奨）

```
var arr = [7, 1, 5];
for (var n in arr) {
  print(n + '=>' + arr[n]);
}
```

```
// リスト4.7の実行結果
0=>7
1=>1
2=>5
```

4-18-2　for in 文に関する注意点

for in 文に関する注意点を 3 つ挙げます。

■プロパティを列挙する順序

1 つはプロパティを列挙する順序です。リスト 4.5 はオブジェクトリテラル式に書いた順序に列挙されていますが、その保証はありません。そもそもプロパティの間に順序はないので順序を意識すること自体も間違いです。

一方、配列の場合は順序を意識するデータ型です。リスト 4.7 は期待どおりの順序の出力になっています。おそらくほとんどの実装で期待どおりの順序になりますが for in 文は順序を保証するものではないのでこの動作に依存すべきではありません。

■列挙できないプロパティの存在

2 つ目の注意は for in 文で列挙できないプロパティの存在です。たとえば配列オブジェクトは length プロパティを持ちますが、リスト 4.7 の for in 文で列挙されません。length が列挙されない属性のプロパティだからです。詳しくは「5-10 プロパティの属性」を参照してください。

■プロトタイプ継承したプロパティ

3 つ目の注意は for in 文はプロトタイプ継承したプロパティも列挙することです。詳細は「5-8-3 プロパティの列挙」や「5-16 プロトタイプ継承」を参照してください。

4-19　for each in 文

for each in 文は ECMAScript には存在しない JavaScript 独自拡張です。for each in 文は次の構文です。変数とオブジェクト式の説明は for in 文と同じなので省略します。

```
// for each in文の文法

for each（変数 in オブジェクト式）
  文
```

for in と異なり、変数にプロパティ名ではなくプロパティ値が代入されます。具体例を見ればすぐにわかります。次の例をリスト 4.5 と比較してください。

```
var obj = { x:1, y:3, z:2 };
for each (var v in obj) {
  print(v);
}
```

```
// 実行結果
1
3
2
```

for each in 文の基本的な概念は for in 文と同じなので、for in 文の説明の最後に書いた注意点は for each in 文にも当てはまります。

4-20　break文

ループ処理の途中でループを抜けたい場合があります。このために break 文を使えます。break 文は switch-case 文を抜けるためにも使いましたが、他のループ文から抜けるためにも使えます。break を使わずに while ループを抜ける例と break 文を使って書き換えた例を並べます（**リスト 4.8**）。

リスト 4.8　break文の例

```
// break文を使わずにループを抜けるコード
var flag_loop = true;
while (flag_loop) {
  省略
  if (ループを抜ける条件) {
    flag_loop = false;
  }
}

// break文でwhileループを抜けるコード
while (true) {
  省略
  if (ループを抜ける条件) {
    break;
  }
}
```

厳密に言うと、break 文を使って書き換えたコードは元のコードと等価ではありません。break 文の実行後、条件式の評価をしないからです。また for 文の場合は更新式の評価をしません。しかし、この違いが問題になることはほとんどありません。

4-21　continue文

ループの中に continue 文を書くと、それ以降のループ内の文をスキップしてループの条件式の評価に戻ります。for ループであれば更新式と条件式の評価に戻ります。直感的な説明をすると、continue 文はループの先頭へのジャンプです。

次のコード例はループ変数が偶数の時だけに処理をするforループです。

```
// ループ変数が偶数の時だけ処理をするforループ
for (var i = 0; i < 10; i++) {
  if (i % 2 == 0) {
    処理
  }
}
```

　このコードは、ループの先頭で偶数の条件判定をしてcontinueするように書き換えられます。continue文を使うことでインデントを1段節約できます。一般にインデントの節約は可読性の向上につながります。

```
// ループ変数が偶数の時だけ処理をするforループ（continue書き換え版）
for (var i = 0; i < 10; i++) {
  if (i % 2 != 0) {
    continue;
  }
  処理
}
```

4-22　ラベルを使ったジャンプ

　入れ子になったループをbreak文で抜けると、抜けるのは内部のループだけです。次の例を見てください。

```
// 入れ子のループ内にbreak文があるコード。抜けるのは内部ループのみ
while (条件式) {
  print("outer loop");
  while (条件式) {
    print("inner loop");
    if (ループを抜ける条件) {
      break;
    }
  }
}
```

　入れ子のループを同時に抜けるにはどうすれば良いのでしょうか。理屈上は、フラグ変数を使い次のように書けます。しかし、このコードは変更に弱いため推奨しません。

JavaScript言語仕様

```
// 入れ子のループを同時に抜けるコード。フラグ版（推奨しない）
var flag_loop = true;
while (flag_loop) {
  print("outer loop");
  while (条件式) {
    print("inner loop");
    if (ループを抜ける条件) {
      flag_loop = false; // これで外側のループも抜ける
      break;
    }
  }
  flag_loop変数がfalseになった直後、ここをとおる
}
```

入れ子のループを同時に抜けるためにラベルを使えます。ラベルは次の構文規則を持ちます。

```
// ラベルの文法

ラベル文字列： 文
```

ラベル文字列には任意の識別子を書けます。ラベルを指定する文は任意の文なので繰り返し文である必要はありませんが、多くの場合、繰り返し文に指定します。

ラベルを使うと入れ子のループを同時に抜けるコードは次のように書けます。

```
// ラベルを使い入れ子のループを同時に抜けるコード
outer_loop:
while (true) {
  print("outer loop");
  while (true) {
    print("inner loop");
    break outer_loop;
  }
}
```

このコードの読み方は次のようになります。外側のループにouter_loopというラベルをつけます（whileループがブロック文も含めて、1つの文であることを思い出してください）。break outer_loopで、ラベルのついた文を抜けます。これで入れ子のループから一気に抜けられます。

continue文もラベルを指定できます。ラベルのついた繰り返し文の条件式の評価（for文の場合は更新式と条件式）にジャンプします。

4-23 return文

return文の文法は次のとおりです。式は省略可能です。

```
// return文の文法

return 式;
```

return文は関数の処理を中断し、指定した式の評価値を関数の返り値にします。式がない場合、関数の返り値はundefined値です。

4-24 例外

throw文で例外オブジェクト（例外値）を投げられます。throw文の文法は次のとおりです。

```
// throw文の文法

throw 式;
```

式には任意の型の式を書けます。例外型しか書けないJavaとは異なります。

例外を捕捉する側はtry-catch-finally構文を使います。catch節とfinally節の両方の省略はできません。片方だけの省略は可能です。

```
// try-catch-finally構文の文法

try {
  文
  文
  ...
} catch (変数名) {   // 変数は捕捉した例外オブジェクトを参照するローカル変数
  文
  文
  ...
} finally {
  文
  文
  ...
}
```

try節の中で（try節内から呼び出した関数内も含む）で例外が発生すると実行を中断しcatch節の中を実行します。catch節の中に入ることを例外の捕捉と呼びます。try文以外の場所やcatch節のないtry文の中の例外は捕捉されず、関数を途中で中断して呼び出し元の関数に戻ります。

関数の実行を中断するという意味でthrow文はreturn文と似ていますが返り値はありません。また呼び出し元の関数内のcatch節で捕捉されなければ捕捉されるまで上位の呼び出し元関数に戻っていきます（このような動作を例外の伝播と呼びます）。

最終的に例外が捕捉されなければ実行を中断します。

finally節はtry文を抜ける時に必ず実行します。finally節は例外が発生しない場合でも実行します。つまり、例外が発生しなければtry節の実行後にfinally節の中を実行し、例外捕捉時はcatch節の実行後にfinally節を実行します。catch節がないtry文で、例外を上位に伝播するだけの場合でもfinally節の中を実行しながら伝播していきます。

例外はthrow文による明示的な例外送出もしくは特定の演算で発生します。実行パスを示す以外に意味のないコードですが**リスト 4.9** の実行結果を示します。

リスト4.9　try文の実行例

```
try {
  print('1');
  null.x;             // ここで強制的にTypeError例外を発生
  print('not here');  // ここは実行されない
} catch (e) {         // オブジェクトeはTypeErrorオブジェクトを参照
  print('2');
} finally {
  print('3');
}
```

```
// リスト4.9の実行結果
1
2
3
```

Javaのtry文との大きな違いは例外型の違いから来ます。Javaでは例外を型で分類して複数のcatch節のどれに捕捉させるかを制御できます。一方、JavaScriptのcatch節の場合、例外型に応じて捕捉するか否かの切り替えはできません。

このため、そもそもtry文の中にcatch節は1つしか書けませんし、catch節はどんな例外でも捕捉します。例外を上位(関数の呼び出し元)に伝播させるには、catch節を書かない、もしくはcatch節内で改めて例外オブジェクトをthrowする必要があります。

4-25　その他

with文の構文は次のようになっています。

```
// with文の文法

with (式)
  文
```

with文は一時的に名前(変数名や関数名)の解決順序を変更するために使います。with文に与える式の型はオブジェクト型です。他の型の値を与えるとオブジェクト型に型変換します。with文の

中での変数名の解決は、式に与えたオブジェクトのプロパティから探し始めます。

具体例を示します。

```
// with文の例

js> var x = 1;              // グローバル変数
js> var obj = { x:7, y:8 };
js> with (obj) {
    print(x);               // 変数xの解決の時、グローバル変数xより先にobj.xを探す
    }
7
```

なおECMAScript第5版のstrictモードはwith文を禁止しています。本書でもこれにならいwith文を使わない方針にします。

debugger文はECMAScript第5版にある文です。字義どおりデバッグ用です。debugger文のある行でデバッガが停止することを期待した構文です。

4-26 コメント

コメントは次の2種類存在します。

```
// 1行コメント
/* コメント */
```

4-27 式

式（expression）の直感的な理解は計算式をイメージして得られます。たとえば、1 + 1 は数学の世界でも式ですが、JavaScriptの世界でも式です。1 + 1 は、数値1と加算を意味する+という演算子からなっています。演算対象の数を被演算数と呼びます。演算子と被演算数は、それぞれ英語ではオペレータとオペランドと言います。

プログラミングの演算の対象は数値だけではないことから、被演算数のほうをオペランドと英語で呼ぶことが多いようです。日本語と英語で対称性が悪いですが、本書は演算子とオペランドの用語を使います。

これらの用語を使うと、式の直感的な説明は、「演算子とオペランドをつなげたもの」になります。演算子はJavaScriptの言語仕様で明確に定義されています。個別の演算子の意味と働きはそれぞれの節で説明します。

4-28 演算子

JavaScriptの演算子を表4.5にまとめます。優先順序については後述します。

表4.5 JavaScriptの演算子（優先順序の順）

.	[]	new					
()							
++	--						
!	~	+(単項)	-(単項)	typeof	void	delete	
%	*	/					
+(2項)	-(2項)						
<<	>>	>>>					
<	<=	>	>=				
==	!==	===					
&							
^							
|							
&&							
||							
?:(3項)							
=	+=	-=	*=	/=	%=	<<=	>>=	>>>=	&=	^=	!=
,							

　それぞれの演算子ごとに、オペランドの数や位置、および何をオペランドに書けるかが決まっています。たとえば加算演算子の + は、オペランドの数が2つです。オペランドの数が2つの演算子を2項演算子と呼びます。演算子の前後に2つのオペランドを書きます。演算子の多くが2項演算子で、3項演算子が1つあり、残りが単項演算子です。3項演算子はオペランドの数が3つで、単項演算子はオペランドの数が1つです。単項演算子は、演算子とオペランドの位置関係により、前置演算子と後置演算子の2つに分類できます。前置演算子は、「演算子 オペランド」の順に書きます。後置演算子は、「オペランド 演算子」の順に書きます。

　これらの規則は演算子ごとに明確に決まっています。単項演算子の中には、前置演算子と後置演算子の両方で定義されているものがあります（たとえば ++ 演算子など）。これらの演算子は、オペランドが前でも後ろでも書けるというわけではなく、前置演算子と後置演算子の両方が定義されていて、たまたま同じ記号を使っていると考えてください。

4-29 式の評価

歴史的に、文を実行する（execute）と言うのに対し式を評価する（evaluate）と言います。式の評

価は、基本的にオペランド（の式）を先に評価してから、演算子を適用します。一部の演算子（||論理演算子、&&論理演算子、3項演算子）は例外的に、オペランドの評価を遅延します。遅延の結果、オペランドを評価しないこともあります。詳しくは該当箇所で説明します。

2項演算子は左のオペランドを右のオペランドより先に評価します。3項演算子は最初に1番左のオペランドを評価しますが、残りの2つのオペランドはいずれか一方しか評価しません。

式の中のどこから評価するかは、演算子の優先順序で決まります。優先順序については後述します。式を評価すると結果の値が得られます。この値を式の評価値と呼びます。

式の評価順序について以下にまとめます。

- &&演算子、||演算子、?:演算子の3つの演算子を除いて、オペランドを演算前に評価する
- オペランドは左のオペランドから評価する
- メソッドおよびコンストラクタ呼び出し式では、呼び出し前に引数を左から評価する
- カッコ内は優先して評価する
- オペランドの評価中に例外が発生すると、残りのオペランドは評価しない
- メソッドおよびコンストラクタ呼び出し式の、途中の引数の評価で例外が発生すると、残りの引数は評価しない

JavaScriptの演算それぞれの動作はJavaとさほど違いはありません。しかし、JavaScriptは暗黙の型変換が多いため、演算の動作は理解しづらくなっています。たとえば文字列値と数値を比較しようとするとJavaではコンパイルエラーですが、JavaScriptでは暗黙の型変換により動作します。エラーが起きないのは良く聞こえますが実際の動作は意外に複雑です。暗黙の型変換は手軽さの半面、バグの元になりがちです。

4-30 演算子の優先順序と結合規則

演算子には優先順序があります（表4.5参照）。たとえば次のコードでは加算よりも乗算を先に演算します。ちなみに一般的な算術式と同じようにカッコをつけて演算順序を変更できます。

```
// 演算子の優先順序
js> 1 + 2 * 3;      // 2*3を先に計算
7
```

同じ優先順序の演算子の間では、演算子の結合規則により演算の順序が決まります。結合規則は左結合か右結合かのいずれかです。+演算子は左結合なので、**リスト4.10**の式の最初（1と2の間）の+演算子は左オペランドが1で右オペランドが2です。次の+演算子（2と3の間）の左オペランドは1+2（の評価値）で右オペランドが3です。

もし仮に+演算子が右結合だとすると、最初の+演算子の左オペランドが1で右オペランドが2+3

（の評価値）で、次の+演算子は左オペランドが2で右オペランドが3になります。

リスト4.10　算術演算子が左結合であることの意味

```
1 + 2 + 3
は
(1 + 2) + 3
と評価される
```

- 前置単項演算子は右結合
- 後置単項演算子は左結合
- 代入演算子以外の2項演算子は左結合
- 代入演算子は右結合
- 3項演算子は右結合

単項演算子の結合規則は自明です。代入演算子を除いた2項演算子が左結合なのも算術演算子を考えると自明です。3項演算子はそれ自体が例外的なので、結局、結合規則で例外的なのは代入演算子だけです。2項演算子の中で代入演算子だけが右結合なのは次のように複数の変数に同時代入する代入式を成立させるためです。

```
// 代入演算子が右結合であることの意味
x = y = z = 0;
は
x = (y = (z = 0));
と評価される
```

4-31　算術演算子

算術演算子を表4.6にまとめます。オペランドが数値以外であれば数値に型変換してから演算します。演算結果は数値です。+演算子の場合の注意点は後述します。

表4.6　算術演算子

演算子	説明
+	加算
-	減算
*	乗算
/	除算
%	剰余
++（前置）	インクリメント
++（後置）	インクリメント
--（前置）	デクリメント
--（後置）	デクリメント
-（単項）	符号を反転

次ページへ

前ページの続き

演算子	説明
+（単項）	符号をそのまま

　いくつか算術演算子の注意点を書きます。+演算子は数値の加算よりも文字列の連結を優先してオペランドを型変換します。詳細は**「3-9-1 文字列値から数値の型変換」**を参照してください。

　算術演算全般でJavaScriptの数値が浮動小数点数であることに注意してください。1/2の結果は0.5になります。JavaScriptだけを見ると当然の結果に見えますが、整数型のある言語の1/2は0になるので、それらの言語に慣れていると勘違いしやすい点です。他にもたとえば0での除算はエラーにならずNaNになります。

　算術演算はオペランドを数値に型変換しますが、オペランドが想定外の値になって型変換の結果NaNになることがあります。オペランドがNaNの算術演算の最終結果は常にNaNです。通常これは意図した結果ではないのでバグです。

```
js> 'x' * 0;
NaN
js> +'x';
NaN
```

　++演算子の意味はオペランドの数値に1を足すことです。--演算子の意味はオペランドの数値から1を引くことです。この2つの演算子はオペランドの値を書き換える演算子です。このようにオペランドの値を変更する演算子を破壊的な演算子と呼びます[注2]。このためオペランドに左辺値、つまり代入式の左辺に書ける式を書く必要があります。やや難しい言い方になりますが、++演算子と--演算子のオペランドには右辺値として数値を取り出せ、かつ左辺値にできる式を書く必要があります。

　前置演算子と後置演算子の違いは、評価値の違いです。前置演算子の評価値は加算や減算を行った後の値になります。後置演算子の評価値は加算や減算を行う前の値になります。具体例を見てください（**リスト4.11**）。

リスト4.11　前置演算子と後置演算子の違い

```
// 前置演算子の動作
var n = 10;
var m = ++n;

print(m, n);   // nは11になる。++nの評価値は加算後の値なのでmの値は11
11 11

// 後置演算子の動作
var n = 10;
var m = n++;

print(m, n);   // nは11になる。n++の評価値は加算前の値なのでmの値は10
10 11
```

既に説明したように++演算子と--演算子は破壊的な演算子です。JavaScriptの暗黙の型変換が絡むと思わぬバグになります（「**3-9-7　組み込み型からオブジェクト型への型変換**」を参照）。

4-32　文字列連結演算子

+演算子と+=演算子の2つの文字列連結演算子があります。演算結果は文字列値です。オペランドが文字列型でなければ文字列型に型変換してから演算します。

演算子の詳細は**「3-3-2 文字列型の演算」**を参照してください。

4-33　同値演算子

JavaScriptには同値演算子が2つあります。===と==です。それぞれに対応する否定演算子（!==と!=）もあります。ECMAScriptでは=== を Strict Equals演算子、== を Equals演算子と呼び分けています。

この2つに対する訳語にはいくつか流儀があります。本書ではStrict Equals演算子（===）を厳密な同値演算子、Equals演算子（==）を同値演算子と呼びます。2つの違いは同値判定をする時に型変換をするか否かです。厳密な同値演算は型変換をしません。このため型の一致まで含めて同値判定をします。同値演算（==）は型変換をして判定対象の型を合わせてから同値判定します。両者とも同値演算の演算結果はブーリアン値です。

厳密な同値演算の動作は比較の直感どおりの動作をします。文字列比較が内容の比較になる点を除けば、C言語やJavaなどの静的型言語における同一演算（==）とほぼ同じ動作です。しかし、これらの静的型言語では両辺の型が異なれば多くはコンパイルエラーになるのに対し（一部は型変換をしてから同一演算します）、JavaScriptの厳密な同値演算は単に演算結果が偽になるだけです。　以下に厳密な同値演算の動作をまとめます。

① xとyの型が異なる場合、false
② 両方がundefined値あるいは両方がnull値の場合、true
③ 両方が数値で、どちらかがNaNまたは両方がNaNの場合、false。それ以外、数値の値が等しい場合はtrue、そうでなければfalse
④ 両方が文字列値で、内容が一致していればtrue、そうでなければfalse
⑤ 両方がブーリアン値で、値が一致していればtrue、そうでなければfalse
⑥ 両方がオブジェクト参照で、同一のオブジェクトを参照していればtrue、そうでなければfalse

同値演算==では暗黙の型変換が起きるので動作はより複雑です。以下に規則をまとめます。

(注2)　他の代表的な破壊的演算子は代入演算子です。

- xとyの型が同じ場合は厳密な同値演算と同じ動作
- xとyの型が異なる場合は以下の動作
① 片方がnull値、もう片方がundefined値の場合、true
② 片方が数値、もう片方が文字列値の場合、文字列を数値に型変換して数値の値を比較
③ 片方がブーリアン値、もう片方が数値の場合、ブーリアン値を数値に型変換して数値の値を比較
④ 片方がブーリアン値、もう片方が文字列値の場合、両方を数値に型変換して数値の値を比較
⑤ 片方が数値、もう片方がオブジェクト参照の場合、オブジェクト参照を数値に型変換して数値の値を比較
⑥ 片方が文字列値、もう片方がオブジェクト参照の場合、オブジェクト参照を文字列値に型変換して文字列の内容を比較
⑦ 上記以外はfalse

4-34　比較演算子

>、<、<=、>=の4つの比較演算子があります。比較演算の演算結果はブーリアン値です。オペランドが両方数値型であれば数値としての大小比較をします。オペランドが両方文字列型であれば文字列値の中身をUnicodeのコードポイントで大小比較します。

オペランドの型が異なる場合は次の動作をします。

① 片方が数値、もう片方が数値に型変換可能な場合、数値に型変換して数値の大小比較
② オペランドのどちらかがNaNであればfalse[注3]
③ 片方が文字列値、もう片方が文字列値に型変換可能な場合、文字列値に型変換して文字列値の大小比較
④ オペランドのどちらが数値もしくは文字列値に変換できない、あるいはNaNに変換された場合、演算の結果はfalse

オペランドの両方が文字列型であれば文字列として大小比較しますが、片方が文字列以外であれば数値への型変換をします。次の例を見てください。

```
js> '100' > '99';     // 文字列値としての比較（コードポイントが'9' > '1'なのでfalse）
false
js> '100' > 99;       // 数値に型変換して 100 > 99 なのでtrue
true
```

一般的な数学で2つの数値xとyを大小比較すると、x > y と x <= y のどちらか一方のみが真になります。どちらも真やどちらも偽にはなりません。しかしJavaScriptの比較演算は型変換の結果どちらも偽になることがあります。バグの元なので注意してください。具体例を以下に示します。
> と <= のみを載せますが、> と <= でも事情は同じです。

[注3]　ECMAScript第5版では演算結果がundefined値となります。

JavaScript言語仕様

```
// 数値に型変換するとNaNになる文字列値（表3.17参照）
js> 1 > 'x';              // >=もfalse
false
js> 1 <= 'x';             // <もfalse
false

// undefined値からの型変換（表3.18参照）
js> undefined > 0;        // 数値に型変換して NaN > 0
false
js> undefined <= 0;       // 数値に型変換して NaN <= 0
false
js> undefined > undefined; // 数値に型変換して NaN > NaN
false
```

その他の型変換と大小比較の例を以下に示します。

```
// ブーリアン値からの型変換（表3.18参照）
js> true > false;         // 数値に型変換して 1 > 0
true
js> true > 0;             // 数値に型変換して 1 > 0
true

// null値からの型変換（表3.18参照）
js> null < 1;             // 数値に型変換して 0 < 1
true
js> null > 1;             // 数値に型変換して 0 > 1
false

// オブジェクトからの型変換（表3.19参照）
js> var obj = {};
js> obj > 0;              // 数値に型変換して NaN > 0
false
js> obj <= 0;             // 数値に型変換して NaN <= 0
false

js> obj.valueOf = function() { return 1; }
js> obj > 0;              // 数値に型変換して 1 > 0
true
```

4-35 in演算子

inはプロパティ存在判定演算子です。演算結果はブーリアン値です。動作は「**5-9 連想配列としてのオブジェクト**」を参照してください。

4-36 instanceof演算子

instanceofは型判定演算子です。演算結果はブーリアン値です。動作は「**5-17-3 型判定（instanceof演算とisPrototypeOfメソッド）**」を参照してください。

4-37 論理演算子

論理演算子を**表4.7**にまとめます。他の多くのプログラミング言語の論理演算は演算結果がブーリアン値ですが、JavaScriptの論理演算の結果はブーリアン値とは限りません。他のプログラミング言語の経験者の直感に反するので、この動作への依存は推奨しません。

表4.7 論理演算子

演算子	説明	遅延ルール
!	否定（NOT）	なし（単項演算子）
&&	条件積（AND）	左オペランド式の評価値が偽であれば、右オペランド式を評価しない
||	条件和（OR）	左オペランド式の評価値が真であれば、右オペランド式を評価しない

論理演算はオペランドがブーリアン値以外であればブーリアン型に型変換してから演算します。ブーリアン型への型変換の規則は「**3-9-4 ブーリアン型への型変換**」を参照してください。

!演算はオペランドをブーリアン型に型変換した後、論理否定演算をします。論理否定演算はtrueとfalseの反転で、演算結果はブーリアン値です。

&&演算と||演算の重要な性質は遅延評価です。普通の演算子は演算前にオペランドを評価します。2項演算子であれば演算子の前後のオペランドを先に評価してから演算をします。一方、論理演算は最初に左のオペランドだけを評価します。

表4.7の遅延ルールの条件に合えばこの時点で演算を終えます。結果として右オペランドの評価をしません。この時の演算結果は左オペランドの評価値です（型変換前の値）。遅延ルールの条件に合致しなければ右オペランドを評価します。演算結果は右オペランドの評価値です（型変換前の値）。型変換前の値が評価値になるので、論理演算の演算結果がブーリアン値になるとは限りません。具体例を次に示します。

```
js> var n = 0 && 1;        // 評価結果は左オペランドの数値（遅延評価）
js> print(n);
0

js> var n = true && 1;     // 評価結果は右オペランドの数値
js> print(n);
1
```

次ページへ

前ページの続き

```
js> var n = 1 || 2;       // 評価結果は左オペランドの数値（遅延評価）
js> print(n);
1

js> var n = false || 'x'; // 評価結果は左オペランドの文字列値
js> print(n);
x
```

遅延評価は一種の条件分岐です。遅延評価は、ある条件が成立すれば評価、しなければ評価しない、という動作をするからです。if文などの条件分岐文を使うほうがコードが明瞭になりますが、式での条件分岐はコードを短くできる利点があります。このためコードを短く書きたいクライアントJavaScriptで多用されます。

論理式での条件分岐のイディオムは「**5-5 変数の存在チェック**」を参照してください。

4-38　ビット演算子

ビット演算子を表4.8にまとめます。オペランドが数値以外であれば数値に型変換かつ内部的に32ビットの整数に変換してから演算します。演算結果は数値です。オペランドを整数に変換すると、1ビット左シフトで2倍、1ビット右シフトで値を2分の1にできます。これは一般にビット演算で期待する動作なので、直感どおりの動作をします。

浮動小数点数の内部ビット表現のままビット演算したい人がいれば別ですが、そのような人はおそらくいないでしょう。浮動小数点数の内部ビット表現のまま左シフトしても2倍にならないからです。

表4.8　ビット演算子

演算子	説明
&	ビット積 (AND)
|	ビット和 (OR)
^	排他的ビット和 (XOR)
<<	左シフト
>>	右シフト (最左ビットは符号維持の値)
>>>	右シフト (最左ビットをゼロにする)
~	単項演算子。1の補数

図4.1に従いビットごとに値を計算すればビット演算の結果を得られます。

図4.1　ビット演算の真理値表とJavaScriptの演算子

x1	x2	0	~(x1|x2)	-	~x1	-	~x2	x1^x2	~(x1&x2)	x1&x2	~(x1^x2)	x2	-	x1	-	x1|x2	~0
0	0	0	1	0	1	0	1	0	1	0	1	0	1	0	1	0	1
0	1	0	0	1	1	0	0	1	1	0	0	1	1	0	0	1	1
1	0	0	0	0	1	1	1	1	0	0	0	0	1	1	1	1	1
1	1	0	0	0	0	0	0	0	1	1	1	1	1	1	1	1	1

4-39　代入演算子

　変数に値を代入する = は代入演算子です。多くの代入式は式文として文になるので代入を文に思いがちですが文法上は式です。式として使えるわかりやすい用例が代入演算子の右結合を紹介した次の例です。

```
x = y = z = 0;
```

　代入式は演算結果を持ちます。演算結果は代入値です。上記の z = 0 の代入式の演算結果は 0 です。この結果を使って y = 0 の代入をし、更にこの結果の 0 を使って x = 0 の代入をします。こうして 1 つの式で 3 つの変数に代入できます。

　代入が式なので (ある意味、有名な) 次のコードは文法違反ではありません。

```
// 書き間違え?
if (x = y) { 省略 }
```

　このコードは x = y の式の結果を if 文の条件として判定します。x = y の結果は y の値なので、事実上、次のコードと等価です。y の値をブーリアン型に型変換して真であれば if 文の中を実行します。

```
// 同じ動作だが、意図どおり?
x = y;
if (y) { 省略 }
```

　最初のコードをある意味、有名と言ったのは、たいてい次のコードの書き間違えだからです。

```
// 最初のコードはたぶん、こう書きたかった
if (x == y) { 省略 }
```

　この書き間違えは歴史上あまりに頻発しているため、たとえ文法的に許可されていても代入式を条件式に書くのはお勧めしません。

4-40　算術代入演算子

　算術代入は表 4.5 の中の += や -= などです。算術演算子と = を並べて書いた演算子です。算術演算の結果を代入します。式の演算結果は代入値です。

4-41　条件演算子 (3 項演算子)

　条件演算子は唯一の 3 項演算子です。唯一の 3 項演算子なので演算子自体を 3 項演算子と呼ぶ

こともあります。&& 演算子と || 演算子と並びオペランドを遅延評価する演算子です。
条件演算子の文法は次のとおりです。

```
// 条件演算式の文法
条件式 ? 式1 : 式2
```

条件式のオペランドを最初に評価します。この評価値をブーリアン型に型変換して、真であれば式1を評価、偽であれば式2を評価します。式1と式2はいずれかのみが評価されます。条件演算式の演算結果は式1もしくは式2の値です。このため演算結果の型はオペランドに依存します。

4-42 typeof演算子

typeofは単項の型判定演算子です。オペランドの型は任意です。演算結果はオペランドの型を示す文字列値です。既に「**3章 JavaScriptの型**」でも紹介していますが改めて**表 4.9**にまとめます。

表 4.9 typeof演算

型	typeof演算の結果
文字列型	"string"
数値型	"number"
ブーリアン型	"boolean"
null型	"object"
undefined型	"undefined"
オブジェクト型	"object"
関数	"function"
XML (E4X)	"xml"

標準オブジェクトのtypeofの結果は必ず "object" ですが、非標準オブジェクトは実装依存になります。

4-43 new演算子

newは単項のオブジェクト生成演算子です。new演算子の詳細は「**5-7-2 コンストラクタとnew式**」を参照してください。

4-44 delete演算子

deleteは単項のプロパティ削除演算子です。オペランドで指定したプロパティをオブジェクトから削除します。delete演算の演算結果はブーリアン値です。プロパティを削除できた場合、もしくは指定

したプロパティが存在しなかった場合に真になります。それ以外は偽です。

動作は**「5-9 連想配列としてのオブジェクト」**を参照してください。

JavaScriptのグローバル変数は内部的にはグローバルオブジェクトのプロパティです（**「5-3 変数とプロパティ」**を参照）。しかしグローバル変数をオペランドにしたdelete演算の動作は少し例外的です。

varで宣言したグローバル変数はdeleteできず、varを使わない暗黙のグローバル変数はdeleteできます。2章の最初に断ったように暗黙のグローバル変数の利用は推奨しません。結果、グローバル変数をdeleteしない、が基本方針になります。

4-45 void演算子

voidは単項のundefined演算子です。オペランドに何を渡しても演算結果はundefined値になります。具体例を次に示します。

```
js> print(void 0);          // オペランドが数値
undefined
js> print(void 'x');        // オペランドが文字列値
undefined

js> var x = 0;
js> void x++;               // オペランドを先に評価するのでxはインクリメントされる
js> print(x);
1

js> void(x);                // オペランドをカッコで囲むのは良く行われる
```

何に使うかわかりづらい演算子ですが、クライアントサイドJavaScriptではいくつかイディオム的に使います。次の例はHTMLのaタグをクリックした時にフォームの内容を送信するJavaScriptコードです。

```
<a href="javascript:void(document.form.submit())">HTMLのフォームを送信するが画面遷移をしない</a>
```

href属性に書いた式に評価値があるとaタグの働きでURLとして解釈してそのページに画面遷移しようとします。このaタグの働きを止めるにはhref属性に書いた式がundefined値になるようにします。もっとも簡易でイディオム化しているのがvoid演算による強制です。

4-46 カンマ (,) 演算子

,文字を使う2項のカンマ演算子があります。左オペランド、右オペランドの順で評価します。カンマ式の演算結果は右オペランドの値です。このため演算結果の型はオペランドに依存します。具体

例を下記に示します。

```
js> print((x = 1, y = 2));       // 引数全体を囲むカッコがないと、2つの引数を渡す意味になるので注意
2
js> print((x = 1, ++x, ++x));    // 左結合で ((x = 1, ++x), ++x) になる
3
```

主にfor文などで式を書くべき箇所に複数の式を書くためにカンマ演算子を使います。

4-47 ドット演算子とブラケット演算子

.（ドット）文字を使うドット演算子と [] を使うブラケット演算子があります。オブジェクトのプロパティにアクセスする演算子です。演算子に見えにくい演算子ですが、これらも立派な演算子です。

左オペランドがオブジェクト参照、右オペランドがプロパティ名です。左オペランドがオブジェクト型以外であればオブジェクト型に型変換します。ドット演算子の右オペランドはプロパティを示す識別子です。ブラケット演算子の右オペランドは文字列型あるいは文字列型に型変換可能な値です。

2つの演算子の働きは「**5-8 プロパティのアクセス**」を、2つの使い分けは「**5-8-2 ドット演算子とブラケット演算子の使い分け**」を参照してください。

4-48 関数呼び出し演算子

( ) を使う関数呼び出し演算子があります。左オペランドは関数です。右オペランドは関数に渡す引数（実引数）です。オペランドの数をどう数えるかが微妙ですが、本書では引数全体を1つと数えて2項演算子と扱います。実引数は関数呼び出し前に評価します。

関数の詳細は「**6章 関数とクロージャ**」を参照してください。

4-49 演算子と型変換の注意点

型変換に注意が必要な演算子を**表4.10**にまとめます。

表4.10 型変換に注意が必要な演算子

演算子	説明
+演算子	文字列連結を数値の加算より優先。オペランドの片方が文字列値でもう一方が数値の場合、数値を文字列値に型変換して文字列連結
比較演算子 (<,>,<=,>=)	数値比較を文字列比較より優先。オペランドの片方が文字列値でもう一方が数値の場合、文字列値を数値型変換して数値比較

5章　変数とオブジェクト

JavaScriptはオブジェクト指向を支援する機能を提供するオブジェクト指向言語です。簡潔なリテラル表記と動的型の性質からオブジェクトの扱いは容易です。ただ裏側の仕組みは現在主流の他のオブジェクト指向言語と異なるので注意が必要です。

5-1　変数の宣言

変数の役割は値の格納やオブジェクトを名前で呼ぶことです。構文は**「4-7 変数宣言文」**を参照してください。宣言なしで変数を使う話は**「2-3-2 varの省略」**を参照してください。本書は必ず宣言して変数を使う方針にします。

宣言しただけで何も代入していない変数の値はundefined値です。同じ変数をもう一度宣言しても特に問題はありません。値がクリアされることもありません。下記の例を見てください。

```
js> var a = 7;
js> print(a);
7
js> var a;           // 同じ変数をもう一度宣言しても
js> print(a);        // 値はそのまま
7
```

上記のようなコードは意味もない上に意図も不明瞭になるので推奨できません。ただ次のコードはイディオムとして使い道があります。

```
var a = a || 7;   // イディオムの一種。変数aが既に値（厳密にはtrueになる値）を持っていれば使い、持っていなければ7を代入
```

このコードは、変数aが既に宣言されて値が代入済みであれば何もしませんが、最初の宣言であれば宣言と値の代入を同時に行います。

似ていますが次のコードは問題のあるコードです。変数bが宣言されていなければReferenceError例外が起きるからです。ただし、絶対間違いとまでは言えません。なぜなら、ここより前で変数bを宣言していることが確実で、変数bの値の真偽の判定を意図したコードであれば問題ないからです。

```
var a = b || 7;   // ReferenceError例外が起きる危険のあるコード
```

変数の宣言の有無の判定については、後述する**「5-5 変数の存在チェック」**も参照してください。

5-2 変数と参照

変数が名前をつける対象の代表はオブジェクトです。オブジェクトそれ自体には名前がなく、名なしのオブジェクトを名前で呼ぶために使うのが変数です。JavaScriptの変数にオブジェクト（の参照）を代入する例として、空のオブジェクトを代入するコードを以下に示します。

```
var foo = {};          // 変数fooにオブジェクトを代入
```

変数には、基本型変数（値型変数）と参照型変数の区別があります。JavaScriptの変数は型がないので、文法上や仕様上、この区別はありません。しかし、オブジェクトの参照という概念はJavaScriptにもあります。

「参照」とは、オブジェクトの位置情報を指し示すモノと考えてください。C言語を知っている人はポインタと等価なものと考えても構いません。ただし参照にはポインタにあるような演算がありません。参照は位置情報を指し示す役割だけを純粋に持つ言語機能です。オブジェクトの代入を正しく言い換えると、オブジェクトの参照の代入になります。

参照を説明するため値型変数と比較してみます。基本型の値を変数に代入すると、変数はその値そのものを持ちます。この場合の変数の動作は（お馴染みの）値を入れる箱で説明できます。変数は代入された値を持ち、変数から値を取り出せます。もし右辺に変数を書くと、右辺の変数の値そのものが代入先（左辺）の変数にコピーされます。

```
js> var a = 123;       // 変数aに数値123を代入
js> var b = a;         // 変数bに変数aの値(数値123)を代入
```

次のように変数bの値をインクリメントしても、変数aの値はそのままです。この動作を図5.1に示します。

```
// コードの続き
js> b++;               // bの値をインクリメント
js> print(b);
124
js> print(a);          // aの値は変わらない
123
```

一方、変数にオブジェクトを代入すると、変数にオブジェクトの参照が代入されます。オブジェクトそのものが代入されるわけではありません。もし右辺に変数を書くと、右辺に書いた変数の持つ参照が代入先（左辺）の変数にコピーされます。オブジェクト自体のコピーではありません。

```
js> var a = { x:1, y:2 };  // 変数aにオブジェクトの参照を代入
js> var b = a;             // 変数bに変数aの値(オブジェクトの参照)を代入
```

図 5.1　値型変数の動作

図 5.2　参照型変数の動作

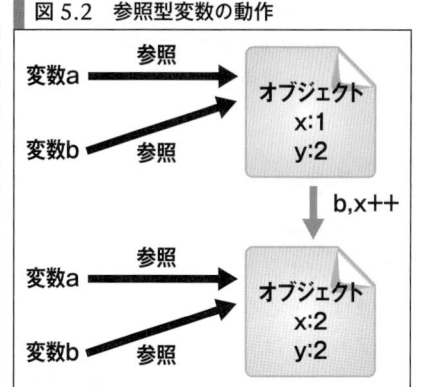

次のように変数bが参照するオブジェクトを変更すると、変数aから変更が見えます。参照を通じて同じオブジェクトを見ているからです。この動作を図 5.2 に示します。

```
// コードの続き
js> b.x++;                  // 変数bの参照先オブジェクトを変更
js> print(b.x);             // 変数bの参照先オブジェクト
2
js> print(a.x);             // 変数aの参照先オブジェクトで変更が見える
2
```

2つの比較を見て、値型変数は異なる変数から別の変数の値の変更が見えず、参照型変数は変更が見えると勘違いしないでください。参照型変数で行ったことは参照先のオブジェクトの変更です。変数の値の変更ではありません。参照型変数の持つ値は参照（値）です。そしてこの値は代入でコピーされます。次のコードと図 5.3 を見てください。

```
js> var a = { x:1, y:2 };
js> var b = a;              // 変数aと変数bが同じオブジェクトを参照
js> a = { x:2, y:2 };       // 変数aの値を変更（別のオブジェクトを参照）
js> print(b.x);             // 変数bの参照先オブジェクトは変わらない
1
```

図 5.3　参照型変数の動作

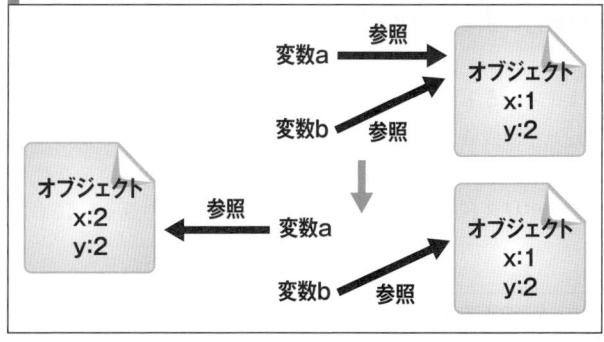

JavaScript言語仕様

JavaScriptの代入演算で起きることは常に右辺から左辺への値のコピーです。参照型変数でも参照（オブジェクトを指し示す値）がコピーされます。この事情は関数呼び出し時の引数でも同じです。詳細は次節で解説します。

5-2-1 関数の引数（値渡し）

前節が理解できていれば、関数の引数を特別に取り上げる必要もありません。なぜなら原則は同じだからです。とは言え、値もしくは参照を関数の引数に渡した時の動作の違いは多くの人が最初につまずくところなので触れておきます。

リスト5.1 は引数の2つの変数の値を交換しようとしてできない典型的な例です。no_swap関数のコードは与えられた2つの引数aとbの値を交換します。しかし、この関数を呼んでも実引数oneとzeroの値には影響しません。関数呼び出し時にa = one と b = zero の2つの代入相当の動作があると考えてください。変数oneとzeroの値が変わらない理屈は前節の説明のとおりです。前節の最後に説明したように、変数oneとzeroが参照型変数でも事情は同じで、oneとzeroの参照先オブジェクトの交換はできません。

リスト5.1　2つの引数の値を交換できない関数

```
function no_swap(a, b) {
  var tmp = a;
  a = b;
  b = tmp;
}
```

```
// リスト5.1の実行結果
js> var one = 1;
js> var zero = 0;
js> no_swap(one, zero);
js> print(one, zero);       // 変数oneとzeroの値は変わっていない
1 0
```

前節の最後にJavaScriptの代入演算は右辺から左辺への値のコピーと考えるべきと書きました。参照自体のコピーも含めて、この原則は関数呼び出しの引数でも成り立ちます。このような規則を値渡し（call-by-value）と呼びます[注1]。

参照演算やポインタ演算のある言語ではリスト5.1形式の関数のまま実引数の値の交換ができるものもあります。JavaScriptにはそのような言語機能がないので2つの引数の値を交換するには別の形式が必要です。配列を渡して要素を交換したりオブジェクト参照を渡してプロパティ値を交換します。JavaScript独自拡張を利用していますが**リスト5.2** のように交換結果を関数の返り値にするのが一番簡単なコードになります。

(注1) JavaScriptの引数に参照型変数を渡した時の動作は参照の値渡しです。紛らわしいですが参照渡し（call-by-reference）という用語があり、これは参照の値渡しとは異なるので注意してください。

リスト 5.2　2つの引数の値を交換する関数（JavaScript独自拡張を利用）

```
function swap(a, b) {
  return [b, a];
}
```

```
// リスト5.2の実行結果
js> [one,zero] = swap(one,zero);
js> print(one, zero);
0 1
```

5-2-2　文字列と参照

　文字列と参照の関係について説明します。文字列値を変数に代入した時、文字列の値がコピーされるのでしょうか、それとも参照がコピーされるのでしょうか。

　文字列型は基本型なので、言語規則上は値そのものがコピーされると考えるほうが一貫性があります。比較演算も文字列の内容の一致で判定するので値型と見るほうに整合性があります。しかし、実装上は（ほぼ間違いなく）参照のコピーをします。なぜなら、変数に代入するたびに文字列値のコピーをすると効率が悪すぎるからです。

　では、文字列型は参照型と見るのが正しいのでしょうか。答えは値型と見ても参照型と見てもどちらでも矛盾しない、になります。理由は文字列型が不変型だからです。文字列値は変更不能なので、値そのものをコピーしても参照をコピーしても表面的な違いが生じません。

　まとめると、文字列型は内部実装は参照型でも、言語仕様上は値型と考えられる存在です。なお文字列オブジェクト（Stringクラスのインスタンスオブジェクト）を代入した変数は仕様上も参照型です。

5-2-3　オブジェクトと参照にまつわる用語の整理

　変数aにオブジェクトの参照を代入した時、このオブジェクトを「オブジェクトa」と呼びます。この呼び方は（名なしのはずの）オブジェクトそれ自身がaという名前を本質的に持つ印象を与えます。もちろんこの印象は誤りです。オブジェクトは変数aの存在とは無関係に存在できるからです。その証拠に変数aが消滅したり、変数aが別のオブジェクトを参照しても、元のオブジェクトは存在できます[注2]。とは言え、厳密さを求めて「変数aから参照されるオブジェクト」と毎回表記するのは冗長なので、便宜上オブジェクトaと呼びます。

　また、文脈で誤解が生じない場合、「オブジェクトの参照」の意味で「オブジェクト」の用語を使います。オブジェクトは実体で、参照は実体を指し示す位置情報なので本来2つは違うものです。しかし、「変数aにオブジェクトを代入」と表記しても、文脈上、オブジェクトの参照を代入しているのは明らかです。このため便宜上このように表記します。

(注2)　どこからも参照されなくなったオブジェクトのメモリは自動的に回収されますが、それは別の話題です。

5-3 変数とプロパティ

オブジェクトのプロパティと変数が似ていると感じる人は多いでしょう。どちらも名前（変数名やプロパティ名）を書くと値を得られます。どちらも代入式の左辺に書くと代入先になります。実は、JavaScriptの変数はプロパティそのものです。似ているのではなく両者は同じものです。

変数はスコープの違いで**グローバル変数とローカル変数**（パラメータ変数を含む）の2種類に分けられます。グローバル変数はトップレベルコードで宣言する変数です。トップレベルコードとは関数の外に書いたコードです。ローカル変数は関数内で宣言する変数です。グローバル変数とローカル変数の両者とも実体はプロパティです。

グローバル変数（およびグローバル関数名）はグローバルオブジェクトのプロパティです。グローバルオブジェクトは実行時に最初から存在するオブジェクトです。詳しくは後述する「**5-21 グローバルオブジェクト**」で説明します。グローバル変数とグローバルオブジェクトのプロパティが同一であることは次のように確認できます。

```
js> var x = 'foo';          // グローバル変数xに値を代入
js> print(this.x);          // this.xでアクセス可能
foo

js> function fn() {};       // グローバル関数。関数の中身はどうでもいいので空にします
js> 'fn' in this;           // グローバルオブジェクトのプロパティfn
true
```

トップレベルコードのthis参照はグローバルオブジェクトを参照します。このため上記コードのthis.xはグローバルオブジェクトのプロパティxを意味します。そしてこれはグローバル変数xそのものです。

次のようにトップレベルコードでグローバル変数globalにthis参照の値を代入すると、変数はグローバルオブジェクトのプロパティであると同時にグローバルオブジェクトの参照を持つ自己参照的な関係になります（図5.4）。

```
js> var global = this;      // グローバル変数globalにthis参照を代入
js> 'global' in this;       // グローバルオブジェクトのプロパティglobal
true
```

図5.4 プロパティglobalが自分自身を参照する関係

```
トップレベルコード  ──参照──▶  グローバルオブジェクト
this参照

              var global = this ↓

トップレベルコード  ──参照──▶  グローバルオブジェクト
this参照                        global
                                  ↑__参照__|
```

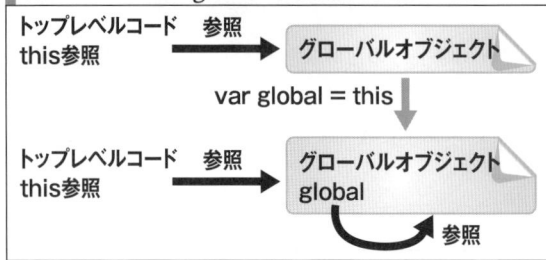

この関係は少し混乱しますがJavaScriptでは普通のことです。クライアントサイドJavaScriptの場

合、最初からグローバルオブジェクトを参照するグローバル変数windowが提供されています。グローバルオブジェクトと変数windowの関係は先の例の変数globalと同じです。

関数内で宣言した変数はローカル変数です。関数の引数のパラメータ変数もローカル変数の1種です。ローカル変数は（パラメータ変数も）、関数が呼ばれた時に暗黙に生成されるオブジェクトのプロパティです。暗黙に生成されるオブジェクトをCallオブジェクトと呼びます。一般にローカル変数の生存期間は関数が呼ばれてから抜けるまでの間です。

一般に、と断ったのは、関数が抜けた後もアクセス可能なローカル変数があるからです。この動作は後ほどクロージャとして説明します。

5-4 変数名の解決

コード上に（右辺値として）変数名を書いた時にその値を取り出すこと、あるいは代入の左辺に書いた時に代入先の場所を探すこと、これらを変数の名前の解決と呼びます。

トップレベルコードの変数名の解決はグローバルオブジェクトのプロパティを探すことになります。これは、トップレベルコードで使える変数や関数がグローバル変数およびグローバル関数のみであることを言い換えただけです。

関数内の変数名の解決には（前節で紹介した）Callオブジェクトのプロパティ、グローバルオブジェクトのプロパティの順で探します。これは関数内でローカル変数（パラメータ変数を含む）とグローバル変数を使えることを言い換えています。関数の宣言が入れ子になった時には、外側に向かって関数のCallオブジェクトのプロパティを探し、最後にグローバルオブジェクトのプロパティを探します。

変数名の解決の用語を使うと説明が抽象的になりすぎますが、目に見える効果は変数のスコープです。詳しい説明は「6章 関数とクロージャ」を参照してください。

5-5 変数の存在チェック

宣言していない変数から値を取り出そうとするとReferenceError例外が起きます。この例外発生はバグなのでコードを修正する必要があります。ReferenceError例外を回避する1つの手は「5-1 変数の宣言」で紹介した次のようなコードです。

```
var a = a || 7;   // イディオムの1種。変数aが既に値を持っていれば変数aの値を使う
```

このコードは既に宣言済みの変数をもう一度varで宣言しても無害なことを利用しています。次のように2行に分けて別の変数を使っても同じです。

```
// 変数aが既に値を持っていれば変数aの値を使うコード例①
var a;
var b = a || 7;
```

正確に言うと、このコードは変数aが宣言済みかどうかの判定にはなっていません。変数aの値が0や''(空文字)などブーリアン型に型変換されて偽になる値であれば、上記コードの変数bには値7が代入されるからです。

冗長になりますが変数aの値がundefined値かを判定する愚直なコードは次のようになります。変数aが宣言されていないか、あるいは宣言済みで値がundefined値を判定できます。

```
// 変数aが既に値を持っていれば変数aの値を使うコード例②
var a;
var b = a !== undefined ? a : 7;
```

同じ変数を宣言しなおすのが無害とは言え、いちいちvar aを書くのは少し面倒です。この面倒さを回避してundefined値かの判定をするにはtypeof演算を使う手があります。

次の例を見てください。なお下記コードはJavaScript (ECMAScript) にブロックスコープがないことを利用したコードです。

```
// 変数aが既に値を持っていれば変数aの値を使うコード例③
// (var a不要バージョン)
if (typeof a !== 'undefined') {
  var b = a;
} else {
  var b = 7;
}
// ここで変数bを使える
```

ここまでのコードは既に変数aが宣言されていないことと、どこかで宣言されていて値がundefinedであることを区別できていません。この区別が必要になる場面があるかどうかの議論はともかく、区別できる判定方法を最後に紹介します。

宣言されていない変数から値を取り出そうとするとReferenceError例外が起きるので、値を取り出すのではなく名前として存在だけを確認する方法です。このためにin演算を使います。

トップレベルコードで、次のようにするとグローバルオブジェクトにプロパティaが存在するかの判定コードになります。これはグローバル変数aの存在チェックそのものです。

```
// 変数aが宣言済みが否かを判定するコード
if ('a' in this) {
  var b = a;
} else {
  var b = 7;
}
// ここで変数bを使える
```

5-5-1 プロパティの存在チェック

「5-3 変数とプロパティ」で説明したように変数とプロパティの実体は同じです。しかし存在しない場合の挙動は異なります。次の例を見てください。

```
js> print(x);         // 宣言していない変数へのアクセスはReferenceErrorエラー
ReferenceError: x is not defined
js> print(this.x);    // 存在しないプロパティへのアクセスは特にエラーは起きない
undefined

js> var obj = {};
js> print(obj.x);     // 存在しないプロパティを読むとundefined値が返るだけでエラーは起きない
undefined
```

存在しないプロパティを読むとundefined値が返るだけでエラーではありませんが、undefined値に対してプロパティアクセスをすると次のようにTypeError例外が発生します。

```
js> print(obj.x.y);
TypeError: obj.x is undefined
```

このTypeError例外を避けるには次のイディオムを使います。

```
obj.x && obj.x.y
```

なお、プロパティがオブジェクトに存在するかのチェックにはin演算子を使ってください。

5-6 オブジェクトとは

5-6-1 抽象データ型とオブジェクト指向

　JavaScriptのオブジェクトを形式的に定義するとプロパティの集合です。プロパティとは名前と値のペアです。プロパティ値にはどんな型の値でも指定できます。配列や他のオブジェクトも指定できます。後述しますが関数の指定もできます。

　オブジェクト指向と呼ばれるプログラミング技法があります。あまりに広く流布しているため、もはや技法の域を越えて思想や宗教に近い部分すらありますが、本書はその辺に深く立ち入らず、技法としてのオブジェクト指向に話を限定します。技法に話を限定してもなおその意味は多義的です。よく知られるオブジェクトの定義はデータと操作（手続き）を一体化したものです。この定義はオブジェクト指向を抽象データ型の文脈でとらえる考えです。

　この流れはC++やJavaに連なる現在相対的にメジャーな流派です。いわゆるカプセル化、継承、ポリモーフィズム（多態）というオブジェクト指向の3要素を聞いたことがある人も多いでしょう。この流れのオブジェクト指向プログラミングの焦点はオブジェクトの振る舞いです。振る舞いの共通性を型として定義します。

　この文脈では、一般に型の代わりにクラスの用語を使います。振る舞いと実装を分けてインターフェースとして定義する言語もあります。これらのインスタンス（実体）をオブジェクトと呼び、オブジェクトに対して決められた操作を行います。

5-6-2 インスタンスの協調とオブジェクト指向

もう1つのオブジェクト指向プログラミングの流れは、振る舞いの共通性（型）よりもインスタンス間の協調に焦点を当てます。いわゆるメッセージを送り合うオブジェクトという文脈で知られます（注3）。メッセージを受け取ったオブジェクトはそれに応じます。メッセージを実装レベルに落とせばメソッド（関数）呼び出しで、メッセージへの反応はメソッド内での処理の振り分けです。しかしオブジェクト指向という用語は実装レベルより抽象度の高いレベルで語るのが原点です。たとえばメッセージを通信プロトコルのようにとらえてオブジェクトをあたかもWebアプリのように見立てます。

5-6-3 JavaScriptのオブジェクト

JavaScriptが言語としてサポートするオブジェクト指向は（敢えて言えば）後者の流儀に近いものです。この世界ではすべてがオブジェクトです。オブジェクト間の協調（メッセージング）はプロパティアクセスです（メソッド呼び出しも含みます）。オブジェクトの間の共通性は、同じオブジェクトから性質を引き継ぐ形で実現します。JavaScriptではこれをプロトタイプベースで実現しています。

オブジェクト指向を説明するとどうしても抽象的な説明になりますが、具体的なJavaScriptオブジェクトの利用に目を移せば難しく考える必要はありません。一義的にはプログラムで扱うデータの延長と考えてください。データ操作の手続きをメソッドの形で記述できるのが二義的な側面です。この根底にあるのは、オブジェクトとして役割を分割する分割統治の考えです。更に言えば分割統治も手段に過ぎません。なぜなら技法の真の目的は、プログラムの複雑さをてなづけることだからです。

5-7 オブジェクトの生成

5-7-1 オブジェクトリテラル

JavaScriptプログラムの中でオブジェクトを使うには最初にオブジェクトを生成する必要があります。オブジェクトリテラルによるオブジェクト生成が1つの方法です。オブジェクト生成は後述する「**5-7-2 コンストラクタとnew式の組み合わせ**」でも書けますが、オブジェクトリテラルを活用したほうがよりJavaScriptらしいコードになります。オブジェクトリテラルの構文は「**2-5-2 オブジェクトリテラル式とオブジェクトの利用**」を参照してください。

オブジェクトリテラルを使う場面を具体的に列挙してみます。この分類は恣意的なので注意してください。

- シングルトンパターン的な用途
- 多値データの用途（関数の引数や返り値など）
- オブジェクト生成を意図したコンストラクタ代わりの関数

（注3） 歴史的にはこちらのオブジェクト指向の考え方が元祖です。ただ、個人的には先だから偉いとか正しいとか主張する気はありません。

5章　変数とオブジェクト

■シングルトンパターンの利用法

　デザインパターンの世界にシングルトンパターンと呼ばれる技法があります。クラスベースの世界で、あるクラスのインスタンスを1つに限定するための技法です。

　後述するようにJavaScriptでクラスベースのプログラミングは可能ですが、インスタンスオブジェクトが1つだけであればクラスを作らずオブジェクトリテラルを使うのが定石です。もしクラス側（コンストラクタ）に細工をしてシングルトンパターンを実現しようと考えているなら、それはクラスベースの考えにとらわれすぎです。JavaScriptでは素直にオブジェクトリテラルを使ってください。

■多値データの利用法

　多値データの表現にオブジェクトリテラルを使えます。この使い方は後述する連想配列としてのオブジェクトに通じます。たとえば**リスト 5.3**のように3つの引数をとる関数があったとします。引数の数値型チェックは省略しています。

リスト 5.3　複数の引数を受け取る関数

```
function getDistance(x, y, z) {
  return Math.sqrt(x * x + y * y + z * z);
}
```

```
// リスト5.3の呼び出し側コードの例
js> getDistance(3, 2, 2);
```

　オブジェクトリテラルを使い**リスト 5.4**のような書き方にできます。同じく引数の型チェックは省略しています。

リスト 5.4　オブジェクトを受け取る関数

```
function getDistance(pos) {
  return Math.sqrt(pos.x * pos.x + pos.y * pos.y + pos.z * pos.z);
}
```

```
// リスト5.4の呼び出し側コードの例
js> getDistance({ x:3, y:2, z:2 });
```

　どちらの書き方が優れていると簡単に言える問題ではありません。どちらも一長一短があるからです。引数の数が3つ程度であれば微妙な線でリスト5.3のほうがシンプルなので選ぶ人が多いかもしれません。

　しかし、引数の数が増えた時にリスト 5.4 の利点が増します。リスト 5.3 の書き方は引数の数が増えると実引数の並びの順序を間違える確率が上がります。JavaScriptのように動的型言語では引数の型チェックが弱いためなおさらです。リスト 5.4 のように引数をオブジェクトで受け取り、実引数をオブジェクトリテラルで渡すと並びの順序ではなく名前ベースで渡せます。他のプログラミング言語の中には名前付き引数と呼ばれる言語機能を持つ言語がありますが、それに類する利点が得られます。

　JavaScriptにはデフォルト引数を模したイディオムがあります（**リスト 5.5**）。このイディオムは引数をオブジェクトで受け取るスタイルと組み合わせると有効です。デフォルト引数とは、関数呼び出し時

119

JavaScript言語仕様

の実引数がない場合やnullを渡した場合に特定の値が渡されたように振る舞う機能です。JavaScriptは言語機能としてデフォルト引数の機能を持ちませんが、リスト5.5のように似たことを実現できます。

||演算で引数をブーリアン型として真偽値チェックします。実引数なしで関数を呼び出すと引数の値がundefined値になることを利用しています。一般に（JavaScriptだけではなくどんなプログラミング言語でも）関数内で引数に代入するのは悪いスタイルですが、このパターンに関しては例外的にイディオムとして許されます。

リスト5.5　デフォルト引数を模したイディオム

```javascript
function getDistance(pos) {
  pos = pos || { x:0, y:0, z:0 };    // 引数posがなければデフォルト値を使う
  return Math.sqrt(pos.x * pos.x + pos.y * pos.y + pos.z * pos.z);
}
```

関数の引数にオブジェクトリテラルで多値データを渡せるのも便利ですが、多値データを返す関数に使うオブジェクトリテラルはもっと便利です。実際のプログラミングでも多用します。数値をハードコードしているため意味はないですが、形式的には**リスト5.6**のように使います。実際は関数で行ったなんらかの処理結果を返すと見なしてください。

リスト5.6　多値データを返す関数

```javascript
function fn() {
  省略
  return { x:3, y:2, z:2 };
}
```

```
// リスト5.6の呼び出し側
js> var pos = fn();
js> print(pos.x, pos.y, pos.z);
3 2 2
```

■コンストラクタ代わりの関数での利用法

オブジェクトリテラルの利用例の最後にコンストラクタ代わりの関数での利用を紹介します。オブジェクト生成を目的とした関数の返り値にオブジェクトリテラルを使います。形式的には多値データを返す関数そのものです。多値データとオブジェクトの差は、狭義のオブジェクト指向の文脈に従い、振る舞いを意識しているかどうかで分けることにします。

リスト5.6同様、数値をハードコードしているのでコード自体に意味はありませんが例を示します（**リスト5.7**）。

リスト5.7　オブジェクト生成を意図した関数（改善の余地あり）

```javascript
function createObject() {
  return { x:3, y:2, z:2,
           getDistance:function() {
               return Math.sqrt(this.x * this.x + this.y * this.y + this.z * this.z);
               }
         };
}
```

```
// リスト5.7の呼び出し側
js> var obj = createObject();
js> print(obj.getDistance());
4.123105625617661
```

次節で紹介するようにJavaScriptでオブジェクトを生成する機能の別解がコンストラクタです。オブジェクトリテラルを返す関数をnew式で呼び出すコンストラクタとは別のスタイルのオブジェクト生成の手段です。なお、リスト5.7で生成するオブジェクトには、次の**「コンストラクタとnew式」**の**リスト5.9**と同じ問題があります。詳細と改善方法は後述します。

COLUMN

関数の多値の返り値を受け取るJavaScript独自拡張

JavaScript独自拡張 `JavaScript 1.7` で次のように配列で返した値をそのまま個々の変数で受けられます。

```
js> function f() {
        return [3,4,5];
    }
js> var x,y,z;
js> [x,y,z] = f();
js> print(x,y,z);
3 4 5
```

5-7-2 コンストラクタとnew式

コンストラクタはオブジェクト生成のために使う関数です。関数とコンストラクタの違いは後述しますが、まず具体例を紹介します（**リスト5.8**）。

リスト5.8の直感的な理解はMyClassクラスのクラス定義です。呼び出し側はnewでインスタンスオブジェクトを生成します。

リスト5.8　コンストラクタの例

```
// コンストラクタ（クラスの定義）
function MyClass(x, y) {
  this.x = x;
  this.y = y;
}
```

```
// リスト5.8のコンストラクタの呼び出し
js> var obj = new MyClass(3, 2);
js> print(obj.x, obj.y);
3 2
```

JavaScript言語仕様

コンストラクタを形式的に説明すると次のようになります。

- コンストラクタ自体は普通の関数宣言と同じ形
- コンストラクタはnew式で呼び出す
- コンストラクタを呼び出すnew式の評価値は（新規に生成された）オブジェクト参照
- new式で呼ばれたコンストラクタ内のthis参照は（新規に作成する）オブジェクトを参照する

■new式の動作

new式評価時の内部動作を説明します。まず内部的に特別な振る舞いを持たないオブジェクトを生成します。次にnew式で指定した関数（コンストラクタ）を呼びます。生成されたオブジェクトはコンストラクタ内のthis参照から参照されます。コンストラクタを実行して最終的にnew式の評価値としてオブジェクトの参照が返ります。

new式で起きることはこれだけです。実はもう1つプロトタイプチェーンに関する仕掛けが発生しますがこの件は後述します。

コンストラクタの内部動作を図5.5にします。

図5.5 コンストラクタの動作図

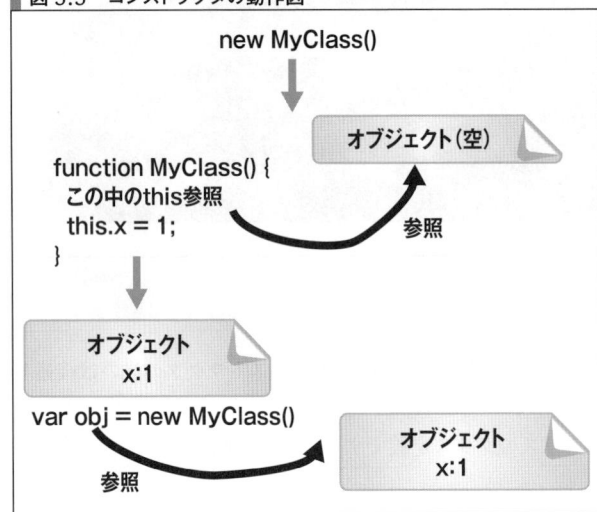

```
           new MyClass()
                ↓
                     オブジェクト（空）
function MyClass() {
  この中のthis参照
  this.x = 1;        参照
}
      ↓
  オブジェクト
    x:1
var obj = new MyClass()
                        オブジェクト
                          x:1
       参照
```

■コンストラクタ呼び出し

コンストラクタは常にnew式で呼び出します。new式を使う呼び出しを通常の関数呼び出しと区別するためコンストラクタ呼び出しと言います。コンストラクタと通常の関数の違いは呼び出し方の違いだけです。どんな関数もnew式で呼び出せるので結局すべての関数がコンストラクタになれます。つまり同じ関数であっても関数呼び出しをすれば関数になり、コンストラクタ呼び出しをすればコンストラクタになります。現実には関数呼び出しを意図する関数とコンストラクタ呼び出しを意図する関数は別に作るのが普通なので、コンストラクタ呼び出しを意図して作った関数を便宜上コンス

トラクタと呼びます。慣習的にコンストラクタ名は（MyClassのように）大文字で始めます。

コンストラクタは暗黙に関数の最後にreturn thisがあるような動作をします。ではコンストラクタ内に本当のreturn文があると何が起きるのでしょうか。実はややわかりにくい挙動になります。returnでオブジェクトを返すとそれがコンストラクタ呼び出し時のnew式の評価値になります。つまりnew式を使っても生成したオブジェクト以外のオブジェクトが返ります。一方、基本型の値をreturnで返すとコンストラクタ呼び出し時には無視され、暗黙にreturn thisがある挙動をします。

この挙動は混乱の元なのでコンストラクタにはreturn文を書かないことを勧めます。

5-7-3　コンストラクタとクラス定義

JavaやC++のようにクラスを定義する構文のある言語の経験者には前節で説明したJavaScriptのコンストラクタが奇妙に見えるかもしれません。普通の関数をnew式で呼び出してオブジェクトを生成するのは言語仕様としてわかりやすいとは言えないからです。しかし、クラス定義に必要な機能は満たしています。

リスト 5.9 はフィールドとメソッドを持つクラス定義をコンストラクタで実装した例です。

リスト 5.9　クラス定義もどき（改善の余地あり）

```
// クラス定義相当
function MyClass(x, y) {
  // フィールド相当
  this.x = x;
  this.y = y;
  // メソッド相当
  this.show = function() {
    print(this.x, this.y);
  }
}
```

```
// リスト5.9のコンストラクタの呼び出し（インスタンス生成）
js> var obj = new MyClass(3, 2);
js> obj.show();
3 2
```

JavaScriptのクラス定義を形式的に覚えたければリスト5.9に従うだけで事足ります。ただし、リスト5.9をクラス定義として見ると次の2つの問題があります。前者はプロトタイプ継承で、後者はクロージャで解決できます。それぞれ後ほど説明します。

- すべてのインスタンスが同じメソッド定義の実体のコピーを持つので効率（メモリ効率と実行効率）が良くない
- プロパティ値のアクセス制御（privateやpublicなど）ができない

5-8 プロパティのアクセス

生成したオブジェクトはプロパティを通じてアクセスします。オブジェクト参照に対して、ドット演算子 (.) もしくはブラケット演算子 ([]) でプロパティにアクセスできます。ドット演算子に続けて書くプロパティ名は識別子扱い、ブラケット演算子の [] 内に書くのは文字列値に評価される式、という違いに注意してください。次の例を見てください。

```
js> var obj = { x:3, y:4 };
js> print(obj.x);           // プロパティx
3
js> print(obj['x']);        // プロパティx
3
js> var key = 'x';
js> print(obj[key]);        // プロパティx (プロパティkeyではない)
3
```

なお、オブジェクトリテラルのプロパティ名は次のように識別子と文字列リテラルのどちらでも記述可能です。アクセス式の規則と混同しないように注意してください。

```
js> var key = 'x';
js> var obj = { key:3 };   // プロパティkey (プロパティxではない)
js> var obj = { 'x':3 };   // プロパティx
```

瑣末な話ですがプロパティアクセスの演算対象は変数ではなくオブジェクト参照です。これは次のようにオブジェクトリテラルに直接演算可能なことで確認できます。

```
js> ({x:3,y:4}).x;          // プロパティx
3
js> ({x:3,y:4})['x'];       // プロパティx
3
```

実際にオブジェクトリテラルに演算する機会はほとんどありませんが、メソッドチェーンなどの形で、演算対象が変数ではない形式を目にすることは普通にあります。

5-8-1 プロパティ値の更新

プロパティアクセス式を代入の左辺に書いて値を代入するとプロパティ値を書き換えられます。存在しないプロパティ名を指定するとプロパティの追加になります。以下、右辺や左辺の呼び方の代わりにプロパティ読み込み、プロパティ書き込みの用語を使います。

delete 演算式を使うとプロパティを削除できます。存在しないプロパティと、プロパティ値が undefined 値は区別がつきにくいので注意してください。delete 演算とプロパティ存在チェックの詳細は「5-9 連想配列としてのオブジェクト」を参照してください。

5-8-2 ドット演算子とブラケット演算子の使い分け

オブジェクトのプロパティアクセスのための2つの演算子の使い分けには好みの問題も多くあります。ドット演算子のほうが記述が簡潔なので一般にドット演算子が好まれます。しかし、汎用度が高いのはブラケット演算子です。

ドット演算子で書けるパターンはブラケット演算子で書けますが逆は成り立ちません。では常にブラケット演算子を使えばいいかと言うと、「そういうコーディングガイドに決めるならそれもあり」ということにすぎません。慣習的には、記述が簡潔なドット演算子をデフォルトにし、ブラケット演算子でしか書けない場合にブラケット演算子を使うのが一般的です。

ブラケット演算子でしか書けないパターンは次のように分類できます。

- 識別子に使えないプロパティ名を使う場合
- 変数の値をプロパティ名に使う場合
- 式の評価結果をプロパティ名に使う場合

数値やハイフン(-)を含む文字列は識別子に使えません。識別子に使えない文字列はドット演算子のプロパティ名に使えません。予約語もそうですが予約語をプロパティ名にするのはやめるべきなので紹介しません。

次のようにハイフンのあるプロパティ名をドット演算子に続けて書くとエラーになります。

```
// ハイフン文字を含むプロパティ名
js> obj = { 'foo-bar':5 };

js> obj.foo-bar;              // obj.fooとbarの減算と解釈されてエラー
ReferenceError: bar is not defined
```

識別子に使えない文字列でもブラケット演算であれば使えます。文字列値としてプロパティ名に指定する次の例を見てください。

```
js> obj['foo-bar'];           // []演算を使い文字列値で指定すると動作
5
```

数値も同じです。配列オブジェクトのプロパティ名は数値です。数値をドット演算子に続けて書けないので必然的にブラケット演算子を使います。配列の要素アクセスにブラケット演算を使うプログラミング言語は多いので可読性も上がります。

前節の繰り返しになりますが、変数の値をプロパティ名に使う例を示します。

```
js> var key = 'x';
js> obj[key];     // プロパティx（プロパティkeyではない）
```

式の評価結果が文字列になればそのままブラケット演算子のプロパティ名に指定できます。やや

技巧的ですが書籍「JavaScript: The Good Parts」[注4]の例を引用します。

数値の符号を見て呼び出すメソッドを切り替えるコードです。メソッド呼び出しと言うとドット演算子の印象がありますが、このようにブラケット演算子でも呼び出せます。

```
// 書籍「JavaScript: The Good Parts」から引用
// 数値から整数部分のみを取り出す処理
Math[this < 0 ? 'ceiling' : 'floor'](this)
```

5-8-3 プロパティの列挙

プロパティ名の列挙にはfor in文を使います（**リスト 5.10**）。プロパティ値の列挙はfor in文の中でブラケット演算子を使うことで間接的に可能です。for each in文を使うと直接プロパティ値を列挙できます。

リスト 5.10　プロパティの列挙

```
var obj = { x:3, y:4, z:5 };
for (var key in obj) {
  print('key = ', key);           // プロパティ名の列挙
  print('val = ', obj[key]);      // プロパティ値の列挙
}
```

```
// リスト5.10の実行結果
key =   x
val =   3
key =   y
val =   4
key =   z
val =   5
```

プロパティには直接のプロパティとプロトタイプ継承したプロパティが存在します。for in文もfor each in文もプロトタイプ継承したプロパティを列挙します。この区別およびfor in/for each in文以外でのプロパティ列挙方法は、後ほど「**5-17-5 プロパティの列挙（プロトタイプ継承を考慮）**」で説明します。

5-9　連想配列としてのオブジェクト

「**2-5 オブジェクトの基礎**」でJavaScriptのオブジェクトはJavaのマップ（Map）に似ていると説明しました。また「**5-7-1 オブジェクトリテラル**」で多値データ表現としてのオブジェクトを紹介しました。

JavaScriptオブジェクトのプロパティ名をキー、プロパティ値を値と見れば、Javaのマップにそっくりなことがわかります。JavaScriptのオブジェクトはJavaのマップにないプラスアルファの機能を持ちま

[注4] 『**JavaScript: The Good Parts—「良いパーツ」によるベストプラクティス**』ISBN978-4-8731-1391-3　オライリージャパン

すが（メソッドやプロトタイプ継承など）、プラスアルファを無視してマップとして使えます。

5-9-1 連想配列

　連想配列について用語を整理します。数値をキーに値をひけるデータ構造を一般に配列と呼びます。配列はほとんどすべてのプログラミング言語にある基本的なデータ構造です[注5]。

　配列のキーは連続した数値なので順序のある値の集まりと見ることができます。数値以外のキー、多くは文字列ですが文字列に限らず任意の型のキーを許してキーと値の集まりを扱うデータ構造を連想配列と呼びます。連想配列をマップや辞書と呼ぶ言語もあります。内部実装からハッシュと呼ぶ言語もあります。言葉が違うだけでデータ構造は同じです。どの呼び方でも問題ありませんが本書では連想配列の用語を使います。

　連想配列の主な用途はキーから値を取り出す操作です。他のプログラミング言語、特にスクリプティング系の言語は言語機能として連想配列型を持つものがありますが、JavaScriptはオブジェクトを連想配列として使うのが定石です。

　この節は連想配列としてオブジェクトの機能を説明します。連想配列用のオブジェクトがあるのではないことに注意してください。単にオブジェクトを違う見方で見ているだけです。

■連想配列の操作

　連想配列は要素の集合です。要素はキーと値のペアです。連想配列の基本操作は、キーで値の取得、要素のセット、要素の削除の3つです。実体はJavaScriptのオブジェクトなので要素とはプロパティの言い換えにすぎません。キーと値はプロパティ名とプロパティ値の言い換えです。

　キーから値を取得する方法はプロパティアクセスの節で説明したようにドット演算子もしくはブラケット演算子を使います。厳密には右辺値として使うが正しい説明です。

　要素のセットは、ドット演算子もしくはブラケット演算子を左辺値にして代入式を書きます。具体例は「**5-7-1 オブジェクトリテラル**」を参照してください。

　要素の削除にはdelete演算子を使います。オブジェクトの用語を使うとプロパティの削除です。次のように使います。

```
// 連想配列の要素の削除の例（プロパティの削除）

js> var map = { x:3, y:4 };
js> print(map.x);
3
js> delete map.x;      // delete map['x']でも可能
true                   // 削除に成功するとtrueが返る
js> print(map.x);      // 削除した要素を読むとundefined値が返る
undefined
```

(注5) JavaScriptの配列は後ほど **7-1 配列** で説明します。

127

deleteというキーワードはC++言語にもありますが動作はまったく異なります。C++言語のdeleteは参照先オブジェクトのメモリ解放を意味しますが、JavaScriptのdeleteはオブジェクトからプロパティを削除するだけです。マップの用語を使うと、マップからキーを削除するだけで、対応する値（オブジェクトの見方をするとプロパティ値）は単にキーとの対応がなくなるだけです。結果として参照されなくなったオブジェクトがガベージコレクションで消えるかもしれませんが、これはdelete演算の直接の働きではありません。

存在しない要素のアクセス結果の型はundefined型です。Javaのマップのようにnullではないので注意してください。値に明示的にundefined値をセットできるので、キーの存在チェックはundefined値との同値比較では行えません。キーの存在チェックは次の「**5-9-2 連想配列としてオブジェクトの注意点**」で説明します。

キーの列挙にはfor in文を使います。詳しくは「**5-8-3 プロパティの列挙**」の説明を見てください。

5-9-2　連想配列としてオブジェクトの注意点

連想配列としてのオブジェクトにはプロトタイプ継承に絡む注意点があります。プロトタイプ継承の詳細は後ほど説明しますが、端的に言うと他のオブジェクトのプロパティを継承して、あたかもオブジェクト自身のプロパティのように扱える仕組みです。

形式的には次のようになります。オブジェクトobjのプロパティzは直接のプロパティではなくプロトタイプ継承したプロパティです。

```
js> function MyClass() {}
js> MyClass.prototype.z = 5;        // プロトタイプチェーン上にプロパティzをセット

js> var obj = new MyClass();
js> print(obj.z);                   // プロパティzをプロトタイプ継承している
5
```

for in文はプロトタイプ継承したプロパティも列挙します。

```
// 前コードの続き
js> for (var key in obj) { print(key); }        // for in文はプロトタイプ継承したプロパティも列挙する
z
```

プロトタイプ継承したプロパティはdeleteできないことに注意してください。前コードの続きは次のようになります。

```
// 前コードの続き
js> delete obj.z;      // deleteできていないがtrueが返る...
true
js> print(obj.z);      // プロトタイプ継承したプロパティはdeleteできない
5
```

オブジェクトを連想配列として使う場合、オブジェクトリテラルで生成するのが一般的です。要素のない連想配列を作るつもりで空のオブジェクトリテラルを使っても、実際にはObjectクラスからプロパティをプロトタイプ継承しているので注意してください。この存在チェックはin演算で可能です。

```
js> var map = {};            // 空のオブジェクトリテラルで生成した連想配列
js> 'toString' in map;       // toStringプロパティをObjectクラスからプロトタイプ継承している
true
```

しかし、for in文で要素を列挙すると何も列挙されません。これは次節で説明するenumerable属性のためです。「**5-17-5 プロパティの列挙（プロトタイプ継承を考慮）**」も参照してください。

```
// 前コードの続き
js> for (var key in map) {
      print(key);
    }
// 何も列挙されない
```

連想配列のキーの存在チェックにin演算子を使うとプロトタイプ継承したプロパティがひっかかる問題があります。このため次のようにhasOwnPropertyメソッドで存在チェックするほうが安全です。

```
js> var map = {};
js> map.hasOwnProperty('toString');    // toStringは直接のプロパティではないのでfalse
false

js> map['toString'] = 1;
js> map.hasOwnProperty('toString');
true

js> delete map['toString'];
js> map.hasOwnProperty('toString');
false
```

5-10 プロパティの属性

用語が紛らわしいですがプロパティには属性（attribute）があります。ECMAScript第5版で定義された属性を**表5.1**にまとめます。

ECMAScriptでは、プロパティ値を「値属性」という属性の1つと位置づけています。この定義を使うとプロパティとは名前（プロパティ名）と複数の属性の集まりになります。本書は直感的な馴染みやすさを優先して値と属性を別に扱います。

表 5.1　プロパティの属性

属性名	意味
writable	プロパティ値の書き換え可能
enumerable	for in 文で列挙可能
configurable	属性を変更可能。プロパティの削除可能
get	プロパティ値のゲッター関数を指定可能
set	プロパティ値のセッター関数を指定可能

　表 5.1 の属性のうち ECMAScript 第 5 版以前から普通に使われているのが enumerable 属性です。標準オブジェクトの一部のプロパティは enumerable 属性が偽なので、for in 文で列挙できません。わかりやすい具体例は配列の length プロパティです。

　属性の読み書きをする手段は ECMAScript 第 5 版で標準化されました（「**5-18 ECMAScript 第 5 版の Object クラス**」を参照）が、現状の JavaScript プログラミングで属性の読み書きは一般的ではありません。enumerable 属性も標準オブジェクトで使われているだけで、自作のオブジェクトの属性を明示的に変更するのは一般的ではありません。属性自体はコードを堅牢にするのに役立つので、ECMAScript 第 5 版の普及とともに属性の変更も徐々に広まるかもしれません。

5-11　ガベージコレクション

　使われなくなったオブジェクトのメモリは自動で回収されます。この仕組みをガベージコレクションと呼びます。使われないオブジェクトとは、どのプロパティ（変数）からも参照されていないオブジェクトのことです。

　歴史的には JavaScript がクライアントサイドで短時間のみ動くプログラムが主流だった関係で、他のプログラミング言語に比べて開発者のオブジェクトの寿命への関心は高くありませんでした。プログラム自体の寿命が短ければ個々のオブジェクトの寿命に気を払うコストが相対的に無駄だったからです。

　しかし最近のリッチな Web アプリやサーバサイド JavaScript では事情が異なります。他のプログラミング言語と同程度にオブジェクトの寿命に気を払う必要があります。ガベージコレクションは開発者がオブジェクトの寿命管理（ライフサイクル管理）に過剰に気を払わずにすむための技術です。このため多くの場合、普通にコードを書くだけで処理系が面倒を見てくれます。不要になったプロパティを delete でまめに削除するのは悪くない習慣ですが、通常はメモリリークが起きない限り、不必要に気を払う必要はありません。

　しかし、ガベージコレクションの仕組みがあってもメモリリークの起きる場合があります。ガベージコレクションの実装にもよりますが、循環参照で起きるメモリリークが典型的です。

　循環参照とはオブジェクト同士がお互いをプロパティで参照し合うことでオブジェクトを破棄できない現象です。クライアントサイド JavaScript ではいくつかのよく知られたパターンがあるので、メモリリーク検出のツールを使って発見してください。

5-12 不変オブジェクト

5-12-1 不変オブジェクトとは

　不変オブジェクトとは生成後に状態が変更されないオブジェクトのことです。オブジェクトの状態は各プロパティの値で決まるので形式的にはプロパティの値を変更できないオブジェクトを指します。プロパティが別オブジェクトを参照している場合、参照先のオブジェクトも不変であることを不変オブジェクトの条件にする見方もあります。

　広義には状態を変更しないオブジェクトを不変オブジェクトと呼びますが、狭義には変更しようにも変更できないオブジェクト、つまり変更禁止のために細工したオブジェクトを指します。JavaScriptの不変オブジェクトの典型例が文字列オブジェクトです。

5-12-2 不変オブジェクトの有用性

　不変オブジェクトの活用は堅牢なプログラミングに有効です。なぜなら、プログラムのバグの多くは、オブジェクトの状態が不正に変化することで起きるからです。たとえば、オブジェクトをメソッドの引数に渡した時、メソッド内でオブジェクトの中身が書き換わる危険がありえます。不変オブジェクトであればこの心配が不要です。オブジェクトの中身が知らないうちに書き換わっているのは典型的なバグなので、この心配が不要になれば考えることを大きく減らせます。

　不変オブジェクトが有用なプログラミング技法なのは事実ですが、実はJavaScriptの世界ではあまり活用されていないのが実状です。大きな理由はコストとの兼ね合いです。オブジェクトを不変にするには本質と無関係なコードをそれなりに書き足す必要があります。歴史的に小規模なコードで使われるJavaScriptにとってこのコストとの適切なバランス感覚が必要です。この話は本節の最後にまとめます。

5-12-3 不変オブジェクトの手法

　JavaScriptオブジェクトを不変オブジェクトにするには次のような手があります。

- プロパティ（状態）を隠し、変更操作を提供しない
- ECMAScript第5版の関数を活用する
- Writable属性、Configurable属性、セッター、ゲッターを活用する

　JavaScriptオブジェクトにはprivateプロパティのように明示的なアクセス制限機構はありません。プロパティを隠すために使える技法の1つがクロージャです。この方法は後ほど「**6-7-5 クロージャとクラス**」で紹介します。

　ECMAScript第5版に不変オブジェクト化をサポートする関数があります（**表5.2**）。sealはprevent

Extensionsの上位互換、freezeはsealの上位互換です。上位互換とは、より制約が厳しくなるという意味です。

表 5.2　ECMAScript第5版の不変オブジェクトをサポートする関数

メソッド名	プロパティ追加	プロパティ削除	プロパティ値変更	確認メソッド
preventExtensions	×	○	○	Object.isExtensible
seal	×	×	○	Object.isSealed
freeze	×	×	×	Object.isFrozen

各メソッドの具体例を図5.6〜5.8に示します。Object.keyeメソッドはプロパティを列挙するメソッドです。このメソッドの詳細は「**5-17-5 プロパティの列挙（プロトタイプ継承を考慮）**」を参照してください。

図 5.6　Object.preventExtensionsの例

```
js> var obj = { x:2, y:3 };
js> Object.preventExtensions(obj);

// プロパティ追加はできない
js> obj.z = 4;
js> Object.keys(obj);
["x", "y"]

// プロパティ削除は可能
js> delete obj.y;
js> Object.keys(obj);
["x"]

// プロパティ値変更は可能
js> obj.x = 20;
js> print(obj.x);
20
```

図 5.7　Object.sealの例

```
js> var obj = { x:2, y:3 };
js> Object.seal(obj);

// プロパティ削除はできない
js> delete obj.y;         //=> falseが返る
js> Object.keys(obj);
["x", "y"]

// プロパティ値変更は可能
js> obj.x = 20;
js> print(obj.x);
20
```

図 5.8　Object.freezeの例

```
js> var obj = { x:2, y:3 };
js> Object.freeze(obj);

// プロパティ値変更はできない
js> obj.x = 20;
js> print(obj.x);
2
```

表 5.2 のメソッドには次の注意点があります。

- 一度変更すると元に戻せない
- プロトタイプ継承元も不変にしたければ、継承元に対して明示的に行う必要がある

　内部的に seal はプロパティの configurable 属性を偽に、freeze は writable 属性を偽にしています。属性については「**5-10 プロパティの属性**」を参照してください。オブジェクト生成時にこれらの属性を明示的に指定することでも同じ効果を得られます。方法は「**5-18 ECMAScript第5版のObjectクラス**」を参照してください。

　プロパティ属性を活用した不変オブジェクトはセッターがなくゲッターのみのプロパティでも実現可能です(注6)。

　本節の最後の助言は不変オブジェクトをあきらめるです。この助言はいい加減で役に立たない助言に聞こえますが、そもそも堅牢で安全なプログラムを作るのはコストとのトレードオフです。安全さのためにコストをかけて納期に間に合わない製品になるかもしれません。またクライアントサイドJavaScriptのようにコードサイズの制約の厳しい環境では堅牢さのために書いたコードが利用者の快適な体験を妨げるかもしれません。どれが正しいという単純な問題ではなく判断の問題です。不変オブジェクトはコードを堅牢にするために有効な技法ですが教条的になりすぎて利用者を不快にする製品を提供しては本末転倒です。現場のプログラミングは研究とは違います。堅牢さとコストのバランスを常に考えてください。

5-13　メソッド

　JavaScriptの言語仕様にメソッドは存在しません。オブジェクトのプロパティに関数をセットしたものを便宜上メソッドと呼ぶだけです。現実的には次に述べる this 参照を使い、呼び出された関数の中でオブジェクトのプロパティにアクセスしたものをメソッドと呼びます。メソッドと関数の名前の呼び分けは恣意的なものですが、メソッドを意識することはオブジェクトに対する操作の意識につながるので、メソッドを意識することは意味があります。

　メソッドは this 参照の挙動と強く関連します。次節で this 参照を説明します。

(注6)　具体例は **5-18 ECMAScript第5版のObjectクラス** に譲ります。

5-14 this参照

this参照はJavaScriptのコードのどこでも使える読み込み専用の変数です。JavaやC++にも似た役割のthis参照があります。JavaやC++のthis参照はメソッドに暗黙に渡す引数と見なすのが適切ですが、JavaScriptの場合はトップレベルコード（関数外）でもthis参照を使えるので、いつでも使える読み込み専用変数と見なすほうが直感に合致します。

this参照はオブジェクトを参照します。参照先はトップレベルコードと関数内で異なります。また関数内でもその関数の呼び出し方法で参照先オブジェクトが変わります。this参照はコードのコンテキストに応じて自動的に参照先オブジェクトが変わる特別なものと考えてください。

5-14-1 this参照の規則

this参照の規則をまとめます。

- トップレベルコードのthis参照はグローバルオブジェクトを参照
- 関数内のthis参照は関数の呼び出し方法で異なる（表5.3参照）

関数内のthis参照の参照先オブジェクトは、関数の書き方や宣言方法で変わるのではなく、関数の呼び出し方法で変わることに注意してください。つまり同じ関数でも呼び出し方が違えばthis参照は異なるオブジェクトを参照します。

表5.3 関数内のthis参照

関数の呼び出し方法	this参照の参照先オブジェクト
コンストラクタ呼び出し	生成したオブジェクト
メソッド呼び出し	レシーバオブジェクト
applyあるいはcall呼び出し	applyまたはcallの引数で指定したオブジェクト
それ以外の呼び出し	グローバルオブジェクト

コンストラクタ呼び出し時のthis参照はコンストラクタが生成するオブジェクトを参照します。詳細は「5-7-2 コンストラクタとnew式」を参照してください。

表5.3のメソッド呼び出しの説明に出てくるレシーバオブジェクトとは次のオブジェクトです。

- ドット演算あるいはブラケット演算でオブジェクトのメソッドを呼んだ時、演算子の左辺に指定したオブジェクト

前節で説明したようにメソッドとはオブジェクトのプロパティが参照する関数です。メソッドとレシーバオブジェクトの具体例を以下に示します。

```
// オブジェクト定義
js> var obj = {
              x:3,
              doit: function() { print('method is called. ' + this.x ); }
            };

js> obj.doit();      // オブジェクトobjがレシーバオブジェクト。doitがメソッド
method is called. 3

js> obj['doit'](); // オブジェクトobjがレシーバオブジェクト。doitがメソッド
method is called. 3
```

　上記具体例の動作を説明します。最初にオブジェクトの参照を変数objに代入しています。このオブジェクトは2つのプロパティを持ちます。プロパティxの値は数値3で、プロパティdoitの値は関数です。この関数をメソッドdoitと呼ぶことにします。

　objに対するドット演算子あるいはブラケット演算子でメソッドdoitを呼び出せます。この時、メソッド呼び出し対象のオブジェクトをレシーバオブジェクトと呼びます（つまり変数objが参照するオブジェクトがレシーバオブジェクトです）。呼び出されたメソッド内のthis参照はレシーバオブジェクトを参照します。

　このthis参照の挙動によりJavaやC++のメソッドに似た動作になります。ただ微妙に異なる挙動もするので次の節で説明します。applyとcallの詳細は後ほど「**5-15 applyとcall**」で説明します。これらはレシーバオブジェクトを明示的に指定するために使えます。

5-14-2　this参照の注意点

　前節で説明したメソッド呼び出し時のthis参照の動作はJavaやC++と同じに見えますが少し違うので注意が必要です。Javaなどクラスベースの言語ではメソッド内のthisが参照するレシーバオブジェクトは常にそのクラスのインスタンスです。JavaScriptではその保証がないので注意してください。

　JavaScriptのthis参照の参照先はメソッドの呼び方で変わります。恣意的な例ですが、以下のようにレシーバオブジェクトがなかったり、別のレシーバオブジェクト経由で同じ関数を呼ぶと動作が変わります。

```
js> var obj = {
              x:3,
              doit:function() { print('method is called. ' + this.x ); }
            };
js> var fn = obj.doit;      // obj.doitが参照する関数オブジェクトをグローバル変数fnに代入

js> fn();                   // 関数内のthis参照はグローバルオブジェクトを参照する
method is called. undefined

js> var x = 5;              // this参照がグローバルオブジェクトを参照していることの確認
js> fn();
method is called. 5

js> var obj2 = { x:4, doit2:fn };  // 別のオブジェクトobj2のプロパティにobjのメソッド（関数オブジェクトの参照）を代入
js> obj2.doit2();           // メソッド内のthis参照はオブジェクトobj2を参照する
method is called. 4
```

Javaではメソッド内でthisの記述をしばしば省略可能です。メソッド内の名前解決時に同じクラスのフィールド名やメソッド名を探すからです。JavaScriptのthisの記述を同じ感覚で省略できません。上記例でthis.xの代わりにxと書いてもそれはグローバル変数xを意味します。

■メソッド内から下請けメソッドを呼ぶ場合

似た例を挙げるとメソッド内から下請けメソッドを呼ぶ場合にも同じ注意が必要です。一般にJavaやC++では下請けメソッド呼び出し時のthisを省略します。しかしJavaScriptでメソッド内から別メソッドを呼ぶには以下の例のように、this参照経由で呼ぶ必要があります。

```
// doitメソッド内からdoit2メソッドを呼ぶ時、this.doit2()のようにthis参照経由が必要
js> var obj = {
            x:3,
            doit: function() { print('doit is called. ' + this.x ); this.doit2(); },
            doit2: function() { print('doit2 is called. ' + this.x); }
        };

js> obj.doit();
doit is called. 3
doit2 is called. 3
```

上記例では、this.doit2( )をdoit2( )と書くとグローバル関数doit2を探します。文法的に正確な表現をすると、関数が入れ子になっていれば外側のスコープに向かって名前を探します(「**5-4 変数名の解決**」を参照)。

5-15 applyとcall

関数オブジェクトにapplyとcallというメソッドがあります。これらを使うと呼び出した関数内のthis参照を指定した任意のオブジェクト参照にできます。つまりレシーバオブジェクトを明示的に指定できると見なせます。

applyメソッドとcallメソッドの利用例を以下に示します。

```
js> function f() { print(this.x); }
js> var obj = { x:4 };

js> f.apply(obj);      // 関数fをapplyで呼び出す。関数内のthis参照はオブジェクトobjを参照
4
js> f.call(obj);       // 関数fをcallで呼び出す。関数内のthis参照はオブジェクトobjを参照
4

// 別オブジェクトをレシーバオブジェクトにしてメソッドを呼び出す
js> var obj = {
            x:3,
            doit: function() { print('method is called. ' + this.x ); }
        };
```

```
js> var obj2 = { x:4 };
js> obj.doit.apply(obj2);   // メソッドobj.doitをapplyで呼び出す。メソッド内のthis参照はオブジェクトobj2を参照
method is called. 4
```

関数オブジェクトfに対してapplyもしくはcallメソッドを呼ぶとその関数を呼び出します。関数内のthis参照を考えなければf( )と同じ動作です。違いは呼ばれた関数（メソッド）内のthis参照のみです。apply/callの第1引数に渡したオブジェクトをthisが参照します。applyとcallの違いは第1引数以外の引数の渡し方です。applyは残りの引数をメソッドに配列で渡します。callは引数形式のまま渡します。次の具体例で違いを見てください。

```
js> function f(a, b) { print('this.x = ' + this.x + ', a = ' + a + ', b = ' + b); }
js> f.apply({x:4}, [1, 2]);     // 第2引数の配列要素が関数fの引数になる
this.x = 4, a = 1, b = 2

js> f.call({x:4}, 1, 2);        // 第2引数以降の引数が関数fの引数になる
this.x = 4, a = 1, b = 2
```

現実のプログラミングでは、コールバックのためにapplyやcallを使う場面が少なからず存在します。詳細は「**6-8 コールバックパターン**」の節を参照してください。

5-16　プロトタイプ継承

本節はプロトタイプ継承を説明しますがその内部動作は意外に複雑です。単にプロトタイプ継承を使いたいだけの人には却って混乱を招く危険があります。このため最初に形式だけ説明します。リスト5.9のクラス定義もどきをプロトタイプ継承を使って書き換えたのが**リスト 5.11**です。

リスト 5.11　プロトタイプ継承を使ったクラス定義

```
// クラス定義相当
function MyClass(x, y) {
  this.x = x;
  this.y = y;
}
MyClass.prototype.show = function() {
                          print(this.x, this.y);
                        }
```

```
// リスト5.11のコンストラクタの呼び出し（インスタンス生成）
js> var obj = new MyClass(3, 2);
// メソッド呼び出し
js> obj.show();
3 2
```

JavaScript言語仕様

リスト 5.9 とリスト 5.11 の違いは、メソッド定義がインスタンスオブジェクトの直接のプロパティかそうでないかの部分です。リスト 5.11 はメソッド show がオブジェクト obj の直接のプロパティでないにも関わらず、メソッド呼び出しができています。表層だけ見れば、他のオブジェクト（MyClass.prototype オブジェクト）のプロパティを引き継いでいます（継承しています）。これがプロトタイプ継承の形式的な理解です。

JavaScript は値を持つプロパティと関数を持つプロパティを特別に区別はしないので、メソッド以外でもプロトタイプ継承できます。ただ実用を考えるとプロトタイプ継承する対象はたいていはメソッドです。このため、コンストラクタ名をクラス名と置き換えても支障はないので、形式的にプロトタイプ継承を次のように覚えても構いません。

```
// プロトタイプ継承の形式的な理解
クラス名.prototype.メソッド名 = function(メソッド引数) { メソッド本体 }
```

5-16-1 プロトタイプチェーン

プロトタイプ継承はプロトタイプチェーンと呼ばれる機能を使います。プロトタイプチェーンの前提は次の 2 つです。

- すべての関数（オブジェクト）は prototype という名前のプロパティを持つ（prototype プロパティの参照先オブジェクトを prototype オブジェクトと呼ぶことにします）
- すべてのオブジェクトは、オブジェクト生成に使ったコンストラクタ（関数オブジェクト）の prototype オブジェクトへの（隠し）リンクを持つ

ECMAScript の仕様書では、prototype プロパティを「explicit prototype property」、隠しリンクを「implicit prototype link」と呼んでいます。本書では前者を「prototype 参照」、後者を「暗黙リンク」と呼び分けます。

この前提を使うとプロトタイプチェーンの動作は次のように説明できます。
オブジェクトのプロパティ読み込み（メソッド呼び出しも含む）は、次の順にプロパティを探します。

① オブジェクト自身のプロパティ
② 暗黙リンクの参照オブジェクト（＝コンストラクタの prototype オブジェクト）のプロパティ
③ ②のオブジェクトの暗黙リンクの参照オブジェクトのプロパティ
④ ③の動作を探索が終わるまで続ける（探索の終端は Object.prototype オブジェクト）

プロトタイプチェーンの用語をいったん無視すると、要は暗黙リンクのプロパティの継承です。暗黙リンクの参照先オブジェクトはコンストラクタの prototype オブジェクトなので、前節の「クラス名.prototype.メソッド名」の継承に話がつながります。なおオブジェクトリテラルで生成したオブジェクトの暗黙リンクは Object.prototype を参照します。

オブジェクトのプロパティ書き込みは、次の順にプロパティを探します。つまりプロパティ書き換えは継承動作をしません。

① オブジェクト自身のプロパティ

　読み込みと書き込みの継承動作が異なることに注意してください。もっともこの非対称性はある意味当然の動作です。プロトタイプチェーンによりすべてのオブジェクトは最終的にObject.prototypeオブジェクトへの暗黙リンクを持ちます。もしプロパティ書き換えがチェーンの上位に伝播するとしたら、どこかのオブジェクトがtoStringメソッドを書き換えただけでそれがすべてのオブジェクトに影響を与えることになります。こんなことが起きたら制御できません。

　一方、読み込みは継承するので、ある暗黙リンクのtoStringメソッドを書き換えると、そこからプロトタイプ継承したオブジェクトはその新しい実装を使えます。これは実装の継承あるいは振る舞いの継承というオブジェクト指向の技法の適切な活用です。

　やや用語が混乱しますが、「暗黙リンク」の参照先オブジェクトをプロトタイプオブジェクトと呼びます（コラム参照）。この用語を受け入れるとプロトタイプ継承の説明は非常に簡単になります。「プロパティ読み込み時にプロトタイプオブジェクトのプロパティを継承する」のひと言で説明が終わります。

　プロトタイプチェーンの動作を図示します（図 5.9）。変数と参照先オブジェクトを分けて書いているので注意してください。オブジェクト自体は名なしであることを今一度確認してください。わかりづらい場合、「**5-2-3 オブジェクトと参照にまつわる用語の整理**」の説明を読み直してください。

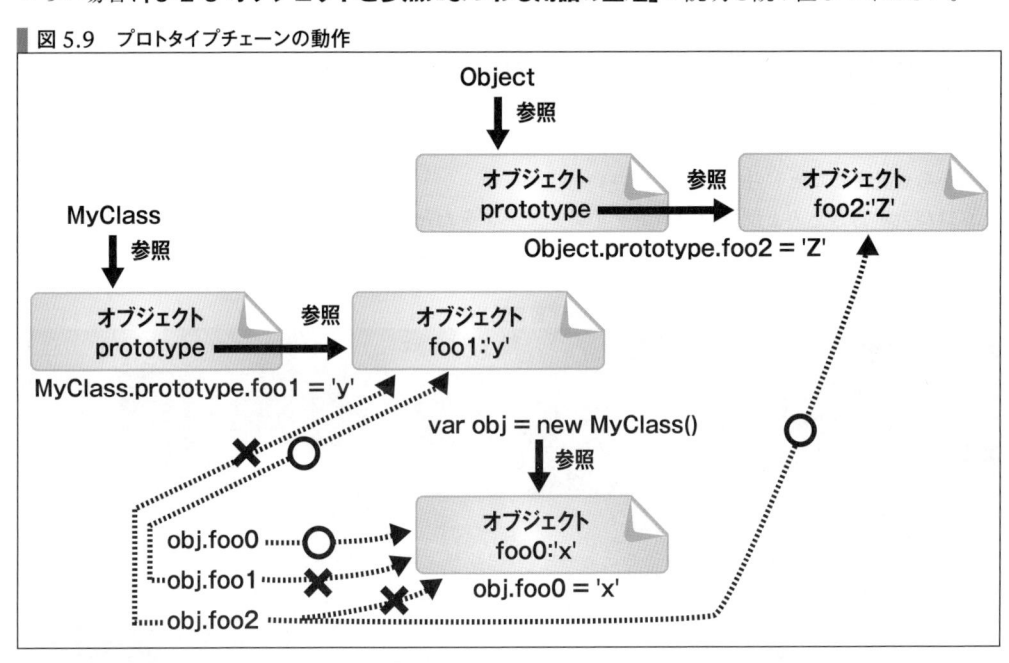

図 5.9　プロトタイプチェーンの動作

5-16-2　プロトタイプチェーンの具体例

　プロトタイプチェーンの具体例と内部動作を説明します。まずは図 **5.10** を見てください。

JavaScript言語仕様

図 5.10 プロトタイプチェーンの具体例（プロパティ読み込み）

```
js> function MyClass() { this.x = 'x in MyClass'; }

js> var obj = new MyClass();        // MyClassコンストラクタでオブジェクト生成
js> print(obj.x);                    // オブジェクトobjのプロパティxにアクセス
x in MyClass

js> print(obj.z);                    // オブジェクトobjにプロパティzはない
undefined

// 関数オブジェクトは暗黙にprototypeプロパティを持つ
js> MyClass.prototype.z = 'z in MyClass.prototype';
                                     // コンストラクタのprototypeオブジェクトにプロパティzを追加

js> print(obj.z);                    // obj.zはコンストラクタのprototypeオブジェクトのプロパティにアクセス
z in MyClass.prototype
```

　オブジェクトobjのプロパティ読み込みをする時、最初に自分自身のプロパティを探します。見つからない場合、次にオブジェクトMyClassのprototypeオブジェクトのプロパティを探します。この動作がプロトタイプチェーンの基本です。これにより、MyClassコンストラクタで生成した各オブジェクトはMyClass.prototypeオブジェクトのプロパティを共有します。

　この共有をオブジェクト指向の用語で言い換えると継承です。継承により同じ振る舞いをするオブジェクトを生成できます。なお上記コードでMyClass.prototypeの変更が既に生成済みのオブジェクトからも見えることに注意してください。

　プロパティ書き込みと削除はプロトタイプチェーンをたどりません。**図 5.11**、**図 5.12**と**図 5.13**を見てください。

図 5.11 プロトタイプチェーンの具体例（プロパティ書き込み）

```
js> function MyClass() { this.x = 'x in MyClass'; }
js> MyClass.prototype.y = 'y in MyClass.prototype';

js> var obj = new MyClass();        // MyClassコンストラクタでオブジェクト生成
js> print(obj.y);                    // プロトタイプチェーンでプロパティの読み取り
y in MyClass.prototype

js> obj.y = 'override';              // オブジェクトobjに直接プロパティyを追加
js> print(obj.y);                    // 直接のプロパティを読む
'override'

js> var obj2 = new MyClass();
js> print(obj2.y);                   // 別オブジェクトから見えるプロパティは変わっていない
y in MyClass.prototype
```

図 5.12 プロトタイプチェーンの具体例（プロパティ削除）（図 5.11 の続き）

```
js> delete obj.y;              // プロパティyを削除

js> print(obj.y);              // 直接のプロパティがなくなるとプロトタイプチェーンをたどる
y in MyClass.prototype

js> delete obj.y;              // delete演算の評価値はtrueだが...
true
js> print(obj.y);              // プロトタイプチェーン先のプロパティはdeleteできない
y in MyClass.prototype
```

図 5.13　図 5.11 と図 5.12 の動作図

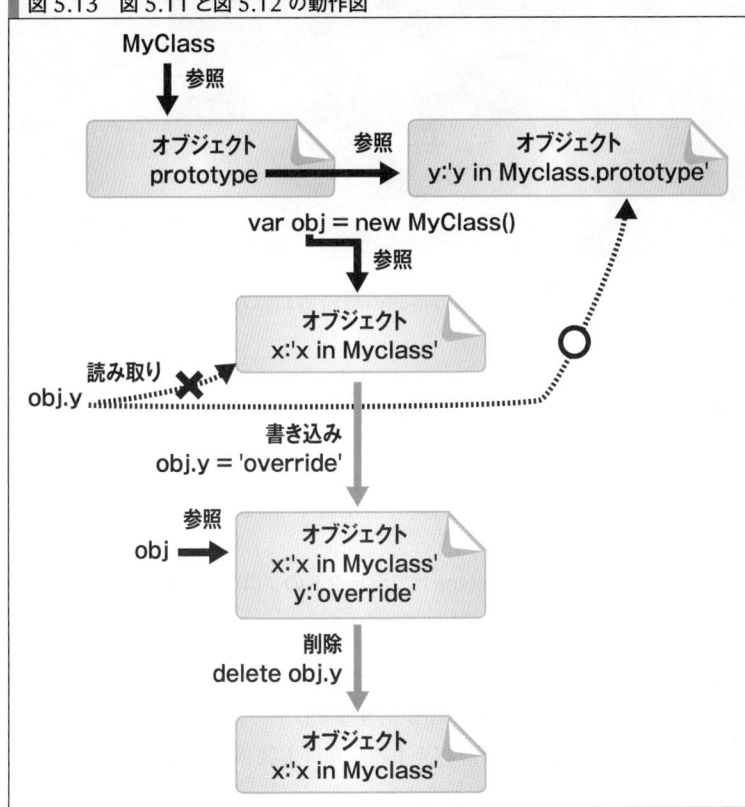

5-16-3　プロトタイプ継承とクラス

　図 5.10 で MyClass.prototype オブジェクトのプロパティを探して見つからない場合、更にプロトタイプチェーンの探索を続けます。

MyClass.prototype オブジェクトを生成したコンストラクタの prototype オブジェクトのプロパティを探します。デフォルトでは、MyClass.prototype オブジェクトのコンストラクタは Object オブジェクトです。このため、Object.prototype オブジェクトのプロパティを探します。Object.prototype オブジェクトに新しいプロパティを追加すると動作確認できます。実コードで Object.prototype を変更するのは影響範囲が大きいので推奨しません。元から Object.prototype オブジェクトにあるプロパティの 1 つ、toString メソッドを呼べることで動作確認してみます（図 5.14）。toString プロパティを持つのは Object オブジェクトではなく Object.prototype オブジェクトであることに留意してください。プロパティを持つ直接のオブジェクトを調べるには hasOwnProperty メソッドで確認できます。

図 5.14　Object.prototype への暗黙リンクがあることの確認（図 5.10 の続き）

```
js> obj.toString();                              // オブジェクトobjに対してtoStringメソッドを呼べることの確認
[object Object]
js> obj.hasOwnProperty('toString');              // オブジェクトobjにtoStringメソッドは存在しない
false
js> Object.prototype.hasOwnProperty('toString'); // Object.prototypeオブジェクトにtoStringメソッドが存在する
true
js> Object.hasOwnProperty('toString');           // ObjectにはtoStringメソッドが存在しないことに注意
false
```

プロトタイプ継承で Java や C++ などのクラスベースの言語の型階層に似た動作を実現できます。

5-16-4　プロトタイプチェーンのよくある勘違いと __proto__ プロパティ

プロトタイプチェーンは次のように勘違いされがちです。

- 自分自身のプロパティの後、コンストラクタ自身のプロパティを探す（図 5.10 で言えば、obj.prototype.y を見るという勘違い）
- 自分自身のプロパティの後、オブジェクトの prototype オブジェクトのプロパティを探す（図 5.10 で言えば、MyClass.y を見るという勘違い）

プロトタイプチェーンがたどる先はあくまで「暗黙リンク」です。一部の JavaScript 実装には暗黙リンク先のオブジェクトを参照する __proto__ プロパティがあります。
ECMAScript の仕様にはないので、__proto__ プロパティの存在は実装依存です。

5-16-5　プロトタイプオブジェクト

オブジェクトの暗黙リンク（__proto__ プロパティ）が参照するオブジェクトをプロトタイプオブジェクトと呼びます。この呼び方の紛らわしさを次のコードで説明します。

```
function MyClass() {}
var obj = new MyClass();
```

　MyClass.prototypeとobj.__proto__は同じオブジェクトを参照します。これがオブジェクトobjのプロトタイプオブジェクトです。紛らわしいですが、MyClass.prototypeの参照オブジェクトはMyClassのプロトタイプオブジェクトではありません（MyClassオブジェクトのプロトタイプオブジェクトは何かわかるでしょうか。答えはFunction.prototypeの参照先オブジェクトです。詳しくは「**6-6-1 Functionクラスの継承**」を参照してください）。

　「**5-2-3 オブジェクトと参照にまつわる用語の整理**」で、変数objが参照するオブジェクトを便宜上「オブジェクトobj」と呼ぶと決めました。本節は敢えて「MyClass.prototypeオブジェクト」という呼び方を使いませんでした。こう書くと混乱に拍車をかけると思うからです。名なしのはずのオブジェクトを（たまたま）それを参照している変数を使って名前があるかのように表記して混乱を招く好例です。

5-16-6　プロトタイプオブジェクトとECMAScript第5版

　プロトタイプチェーンの動作がわかりづらい要因の1つが暗黙リンクの存在です。前々節で紹介した__proto__プロパティは独自拡張のため、事実上、オブジェクトからプロトタイプオブジェクトをたどる公式な手段はありませんでした。暗黙リンクと呼ばれるゆえんです。

　この状況はECMAScript第5版で変わりました。ECMAScript第5版にはgetPrototypeOfメソッドがあります。これは「暗黙リンク」の参照先オブジェクトを返します。つまり独自拡張の__proto__プロパティと同じ働きをするメソッドが公式規格に入りました。オブジェクトからプロトタイプオブジェクトを取得する具体的な方法を**リスト5.12**に紹介します。

リスト5.12　プロトタイプオブジェクトの取得方法3例

```
// 前提
function MyClass() {}
var Proto = MyClass.prototype;
var obj = new MyClass();    // オブジェクトobjのプロトタイプオブジェクトはオブジェクトProto

// インスタンスオブジェクトから取得（ECMAScript第5版の正攻法）
var Proto = Object.getPrototypeOf(obj);

// インスタンスオブジェクトから取得（独自拡張の__proto__プロパティ利用）
var Proto = obj.__proto__;

// インスタンスオブジェクトからコンストラクタを経由した取得（常に使える保証はない）
var Proto = obj.constructor.prototype;
```

　独自拡張ですが以後の説明で__proto__プロパティを説明に使います。他よりも直感的に理解しやすいからです。標準準拠にこだわりたい人は__proto__を使った説明をObject.getPrototypeOfのコードに読み替えてください。

5-17 オブジェクトと型

クラスベースの言語の場合、オブジェクトの型は雛形となるクラスや実装インターフェースで決まります。JavaScriptの場合、この観点でのオブジェクトの型はありません。なぜならクラスもインターフェースもないからです。ただ原則で考えると、オブジェクトの型とはオブジェクトの振る舞いの共通性です。この原則に従うとJavaScriptのオブジェクトにも型はあります。

最初に明瞭な型の判別から説明します。基本型の判別です。これはtypeof演算子で判定できます。既に説明済みなので具体例は省略します。

オブジェクト型の場合、typeof演算の結果は"object"の文字列値です。

言語仕様にオブジェクト型を更に細分化する仕組みはありません。JavaScriptのオブジェクトの振る舞いに共通性を持たせるのはプログラマの恣意的な世界で、いわば見立てです。オブジェクトの振る舞いを意識するのがオブジェクト指向の本質の1つなので、オブジェクト指向プログラミングをするならこの見立ては重要です。

5-17-1 型判定（constructorプロパティ）

オブジェクトからコンストラクタを知るために、オブジェクトのconstructorプロパティを使えます。コンストラクタがわかると何をプロトタイプ継承したかわかります。これでそのオブジェクトの振る舞いの一端がわかります。JavaScriptをクラスベースの視点で見るのは必ずしも正しくありませんが、図5.15はオブジェクトのクラスを確認しているように見なせます。

図5.15　constructorプロパティでの型判定の例

```
js> var d = new Date();
js> d.constructor;    // オブジェクトdのconstructorプロパティはDateを参照
function Date() {
    [native code]
}
js> var arr = [1,2,3];
js> arr.constructor;  // オブジェクトarrのconstructorプロパティはArrayを参照
function Array() {
    [native code]
}
js> var obj = {};
js> obj.constructor;  // リテラルで生成したオブジェクトのconstructorプロパティはObjectを参照
function Object() {
    [native code]
}
```

5-17-2　constructorプロパティの注意点

constructorプロパティはオブジェクトの直接のプロパティではなく、プロトタイプチェーンで探し

た先にあるプロパティです。このため拡張継承を模した次のコードでは基底クラス相当のBaseを示します。これは必ずしも意図した動作ではありません。

```
js> function Derived() { }        // 派生クラス相当のコンストラクタ
js> function Base() { }           // 基底クラス相当のコンストラクタ
js> Derived.prototype = new Base();

js> var obj = new Derived();      // Derivedコンストラクタでオブジェクトobj生成
js> obj.constructor;              // オブジェクトobjのconstructorプロパティはBaseを参照
function Base() {
}
```

obj.constructorのプロトタイプチェーンをたどった実体はDerived.prototype.constructorです。次のように明示的に変更することで、拡張継承を模した場合も期待どおりの動作になります。

```
js> Derived.prototype.constructor = Derived;

js> obj.constructor;              // オブジェクトobjのconstructorプロパティはDerivedを参照
function Derived() {
}
```

5-17-3　型判定（instanceof演算とisPrototypeOfメソッド）

オブジェクトの型をconstructorプロパティで判定するのは1つの方法ですが、より一般的な手段としてinstanceof演算があります。左辺にオブジェクト参照、右辺にコンストラクタを指定します。オブジェクトを右辺のコンストラクタで生成している場合、演算結果が真になります。プロトタイプチェーンで拡張継承相当の動作をしている場合もinstanceof演算で判定可能です。

具体例を図5.16に示します。

図5.16　instanceof演算での型判定の例

```
js> var d = new Date();           // Dateコンストラクタでオブジェクトdを生成
js> d instanceof Date;
true
js> d instanceof Object;
true

js> function Derived() {}         // 派生クラス相当のコンストラクタ
js> function Base() {}            // 基底クラス相当のコンストラクタ
js> Derived.prototype = new Base();

js> var obj = new Derived();
js> obj instanceof Derived;
true
js> obj instanceof Base;
true
js> obj instanceof Object;
true
```

プロトタイプオブジェクトの確認にはObjectクラスのisPrototypeOfメソッドも使えます。isPrototypeOfメソッドはプロトタイプチェーンをたどります。具体例を図5.17に載せます。

図5.17　isPrototypeOfメソッドの例（図5.16の続き）

```
js> Derived.prototype.isPrototypeOf(obj);
true
js> Base.prototype.isPrototypeOf(obj);
true
js> Object.prototype.isPrototypeOf(obj);
true
```

5-17-4　型判定（ダックタイピング）

クラスと（インスタンス）オブジェクトという静的な関係であればinstanceof演算によるオブジェクトの型判定で話は終わります。しかし、JavaScriptのオブジェクト世界はもっと動的な世界です。たとえば、次のようにオブジェクト生成後に新たなプロパティを追加することや、コンストラクタと無関係にオブジェクトを構築していくのは日常茶飯事です。

```
js> var obj = {};                                    // 空のオブジェクト生成
js> obj.doit = function() { print('doit'); }         // プロパティ追加

// コンストラクタなしでオブジェクト生成
js> var obj = { doit: function() { print('doit'); } }
```

上記オブジェクトはdoitというメソッドを持ちます。どんなメソッドを持つかはオブジェクトの振る舞いの重要な指標ですが、doitメソッドの存在はconstructorプロパティやinstanceof演算では判定できません。

instanceof演算より更に汎用的な型判定の手段は、そのオブジェクトにどんなプロパティがあるかを判定する方法です。オブジェクトの振る舞いを直接調べて型を判定する手法を俗にダックタイピングと呼びます。

ダックタイピングに使える1つの方法がin演算です。左辺にプロパティ名の文字列、右辺にオブジェクト参照を指定します。オブジェクトが指定プロパティを持つ場合、演算結果が真になります。プロトタイプチェーンで継承したプロパティも判定できます。

```
js>  var obj = { doit: function() { print('doit'); } }
js> 'doit' in obj;         // オブジェクトobjがdoitプロパティを持つので結果は真
true
js> 'toString' in obj;     // toStringプロパティをObjectから継承しているので結果は真
true
```

5-17-5　プロパティの列挙（プロトタイプ継承を考慮）

「5-8-3　プロパティの列挙」と「5-9-1　連想配列としてオブジェクトの注意点」でfor in文および

for each in 文によるプロパティ列挙の方法を紹介しました。

また前節でin演算子によるプロパティ存在判定の方法も紹介しました。for in 文も for each in 文も in 演算もプロトタイプチェーンをたどります。型の判定の意味ではプロトタイプチェーンをたどるのは便利ですが、時には直接のプロパティの存在だけを判定したい場合もあります。そのような場合、hasOwnProperty メソッドを使います。具体例を示します。

```
// 直接のプロパティのみを列挙するコード
for (var key in obj) {
  if (obj.hasOwnProperty(key)) {
    print(key);
  }
}
```

「5-18 ECMAScript 第 5 版の Object クラス」の keys メソッドと getOwnPropertyNames メソッドは引数に渡したオブジェクトの直接のプロパティ名の配列を返します。keys メソッドは enumerable 属性が真のプロパティのみを返します。for in 文の中で hasOwnProperty メソッドで判定したものと同じ結果が得られます。getOwnPropertyNames メソッドは enumerable 属性を無視してプロパティ名を返します。

Object クラスの keys メソッドと getOwnPropertyNames メソッドの具体例を以下に示します。

```
js> var obj = { x:1, y:2 };
js> Object.keys(obj);
["x", "y"]
js> Object.getOwnPropertyNames(obj);         // enumerable属性のデフォルト値は真なのでkeysと同じ結果
["x", "y"]

// 配列がオブジェクトであることの意味は「7-1 配列」を参照
js> var arr = [3,4];
js> Object.keys(arr);
["0", "1"]
js> Object.getOwnPropertyNames(arr);         // lengthプロパティのenumerable属性は偽
["length", "0", "1"]

// Object.prototypeオブジェクトのインスペクション
js> Object.keys(Object.prototype);           // enumerableなプロパティは存在しない
[]
js> Object.getOwnPropertyNames(Object.prototype);
["constructor", "toSource", "toString", "toLocaleString", "valueOf", "watch", "unwatch",
"hasOwnProperty", "isPrototypeOf", "propertyIsEnumerable", "__defineGetter__", "__
defineSetter__", "__lookupGetter__", "__lookupSetter__"]
```

なおプロパティの enumerable 属性は propertyIsEnumerable メソッドで判定可能です。

5-18　ECMAScript第5版のObjectクラス

ECMAScript第5版のObjectクラスのcreateメソッドは、オブジェクトリテラル、new式に続くオブジェクト生成の第3の公式手段です。第1引数にプロトタイプオブジェクト、第2引数にプロパティオブジェクト（後述）を渡します。

プロトタイプオブジェクトにnullを渡すとObjectすらプロトタイプ継承しないオブジェクトを生成できます。次の例を見てください。

```
// Objectクラスをプロトタイプ継承しないオブジェクト

js> var obj = Object.create(null);
js> print(Object.getPrototypeOf(obj));
null
js> 'toString' in obj;              // toStringを継承していないことの確認
false
```

オブジェクトリテラルで生成した場合と同じ効果は次のコードで得られます。

```
js> var obj = Object.create(Object.prototype);    // var obj = {} と等価
```

Object.createメソッドを使うとプロトタイプ継承したコードをより直感的に記述できます。具体例は**リスト5.13**を見てください。

リスト5.13　Object.createメソッドの例

```
function MyClass() {}
var Proto = MyClass.prototype;
Proto = { x:2, y:3 };               // プロトタイプオブジェクト
var obj = new MyClass();

と
等価なコードが以下

var Proto = { x:2, y:3 };           // プロトタイプオブジェクト
var obj = Object.create(Proto);
```

```
// リスト5.13の実行例
js> print(obj.x, obj.y);            // プロパティをプロトタイプ継承していることの確認
2 3
```

5-18-1　プロパティオブジェクト

createメソッドの第2引数には、キーがプロパティ名、値がプロパティディスクリプタの連想配列（プ

ロパティオブジェクト）を渡します。プロパティディスクリプタは表 5.1 のプロパティ属性の連想配列です。

次に具体例を示します。プロパティ値は value 属性で指定します。多くの属性のデフォルト値は false なので下記例では明示的に true を指定しています。

```
js> var obj = { x:2, y:3 };
と等価なコードが以下
js> var obj = Object.create(Object.prototype,
                  { x: {value:2, writable:true, enumerable:true, configurable:true},
                    y: {value:3, writable:true, enumerable:true, configurable:true} });
```

Object.create を使うと明示的にプロパティ属性を指定できます。プロパティ属性に関わるメソッドを**表 5.4** に示します。

表 5.4 Object クラスのプロパティ属性に関連するメソッド（表 5.1 の抜粋）

メソッド	説明
defineProperty(o, p, attributes)	オブジェクト o に指定した情報を持つプロパティ p を追加 / 更新
defineProperties(o, properties)	オブジェクト o に指定した情報を持つプロパティを追加 / 更新
getOwnPropertyDescriptor(o, p)	オブジェクト o の直接のプロパティ p の情報（値と属性）を返す

表 5.4 のメソッドの具体例を以下に示します。

```
js> var obj = Object.create(Object.prototype, { x:{value:2} });

// 明示的に指定した属性以外の値は false（value のデフォルト値は undefined）
js> Object.getOwnPropertyDescriptor(obj, 'x');
({value:2, writable:false, enumerable:false, configurable:false})

// プロパティ y を追加
js> Object.defineProperty(obj, 'y', {value:3, enumerable:true});

js> Object.getOwnPropertyDescriptor(obj, 'y');    // 確認
({value:3, writable:false, enumerable:true, configurable:false})

// プロパティ z を追加
js> Object.defineProperties(obj, { z:{value:function(){ print('z called'); },
enumerable:true } });

js> Object.getOwnPropertyDescriptor(obj, 'z');    // 確認
({value:(function () {print("z called");}), writable:false, enumerable:true,
configurable:false})

// enumerable 属性を確認（Object.keys でも可能）
js> for (var key in obj) {
        print(key);
    }
y
z
```

JavaScript言語仕様

configurable属性がtrueのプロパティであれば値を含め属性を変更可能ですが、falseの場合は変更不能になります。configurable属性自身の変更もできなくなるので事実上falseにすると何もできなくなります。

5-18-2　アクセッサ属性

get属性とset属性に関数を指定するとゲッターとセッターのアクセッサでのみ値にアクセス可能なプロパティを定義できます。アクセッサとvalue属性は排他の関係です。つまりvalue属性を指定するとアクセッサ（getとsetの両方）は無効になり、逆にアクセッサ（getとsetのいずれか）を指定するとvalue属性が無効になります。

get属性には値を返す関数、set属性には引数を1つ受け取り内部で状態を変更する関数を指定します。内部的にはプロパティを右辺値としてアクセスした時にゲッター関数が呼ばれて、左辺値として値を代入した時にセッター関数が呼ばれます。言語仕様的にはget属性が副作用のある関数でも違反ではありませんが、意味はないのでアクセッサらしい関数にしてください。動作確認のためのコードを図5.18に示します。正しくアクセッサ関数を書けばゲッターのみのプロパティで不変オブジェクト作成の助けになります。

図 5.18　アクセッサ関数の動作確認

```
js> var obj = Object.create(Object.prototype,
                            { x:{ get:function(){ print('get called');},
                                  set:function(v){ print('set called');}
                                }
                            });

js> print(obj.x);       // プロパティ値を読もうとするとゲッター関数が呼ばれる
get called
undefined               // ゲッター関数の返り値が返る（上記は何もreturnしていないのでundefined値）

js> obj.x = 1;          // プロパティ値に書き込もうとするとセッター関数が呼ばれる
set called

js> print(obj.x);       // 上記セッター関数は何もしていないのでプロパティ値の書き換えはできていない
get called
undefined
```

アクセッサ関数はオブジェクトリテラルでも記述可能です。次のコードは図5.18と同じオブジェクトです。

```
var obj = { get x() { print('get called'); },
            set x(v) { print('set called'); } };
```

ゲッター関数やセッター関数の中のthis参照は該当オブジェクトを参照しますが、次のコードは動きません。なぜならそれぞれのアクセッサ関数の中で再びアクセッサ関数を呼ぶことになるからです。

```
// 動かない（無限ループで致命的なバグ）

var obj = Object.create(Object.prototype,
                        { x:{ get:function(){ return this.x; },
                              set:function(v){ this.x = v; }
                            }
                        });
```

次のコードは動きますが微妙なコードです。

```
// 隠す意図のプロパティ_xを使うアクセッサの例（一応、動く）

var obj = Object.create(Object.prototype,
                        { x:{ get:function(){ return this._x; },
                              set:function(v){ this._x = v;} },
                          _x:{ writable:true }
                        });
```

このコードが微妙なのはプロパティ_xを外部から書き換え可能だからです。コード規約で外部からこのプロパティに直接アクセスしないと決めれば問題ありませんが、たいていの規約はいつか破られます。規約に頼らない正しい手法はクロージャで変数を隠します。後述する「**6-7-5 クロージャとクラス**」で説明する技法です。**リスト 5.14** に具体例を載せます。

▌リスト 5.14　クロージャとアクセッサの組み合わせ

```
// オブジェクト生成を意図した関数（「5-7-1 オブジェクトリテラル」を参照）
function createObject() {
  var _x = 0;      // 変数名xでも問題ないがわかりづらくなるので、ここでは敢えて_xにする

  // アクセッサを定義したオブジェクトを返す
  return { get x() { return _x; },
           set x(v) { _x = v; }
         };
}
```

```
// リスト5.14の呼び出し例
js> var obj = createObject();        // オブジェクト生成

js> print(obj.x);                    // 読み込み（内部的にはゲッター呼び出し）
0
js> obj.x = 1;                       // 書き換え（内部的にはセッター呼び出し）
1
js> print(obj.x);
1
```

リスト 5.14 はオブジェクトリテラルを使っていますがObject.createやObject.definePropertyメ

151

ソッドを使っても等価のコードを書けます。

COLUMN

その他の型判定

ECMAScript第5版にはArray.isArrayメソッドがあります。配列の判定はこれを使うのがお勧めです。

本文でいくつかの型判定の方法を紹介しましたが、jQueryやprototype.jsの著名ライブラリは型判定を文字列ベースで行っています。つまりオブジェクトをtoStringで文字列化してパターンマッチしています。あまり美しい手法ではありませんが現場でもまれたライブラリの現実解です。

5-19 標準オブジェクト

ECMAScript第5版が定義する標準組み込みオブジェクト（built-in objects）を表にします（表5.5）。クラスと見なすほうが理解しやすいオブジェクトをクラスと表記しています。この用語の使い分けの詳細は「2-5-7 クラスとインスタンス」を参照してください。

表5.5 ECMAScript第5版組み込みオブジェクト

名称	説明
Object	すべてのオブジェクトの基底クラス
（通称）グローバルオブジェクト	このオブジェクトのプロパティがグローバル変数やグローバル関数
String	文字列クラス
Array	配列クラス
Function	関数クラス
Number	数値クラス
Boolean	ブーリアンクラス
Math	数学関数オブジェクト
Date	日付クラス
RegExp	正規表現クラス
JSON	JSONパーサオブジェクト
Error	エラー基底クラス
EvalError	評価エラークラス
RangeError	範囲違反を示すエラークラス
ReferenceError	不正な参照を示すエラークラス
SyntaxError	構文違反を示すエラークラス
TypeError	不正な型を示すエラークラス
URIError	不正なURIを示すエラークラス

5-20 Objectクラス

ObjectクラスはJavaScriptのすべてのクラスの基底クラスです[注7]。名称と役割はJavaのObjectクラスに類似していますが、継承の仕組みはJavaと異なりプロトタイプ継承です。

以下具体例で示すとおり、Object.prototypeオブジェクトに追加したプロパティは、任意のオブジェクトから読み取りアクセスできます。説明のためにObject.prototypeオブジェクトにプロパティを追加しますが、余程の事情がない限り行うべきではありません。影響が広範囲すぎるからです。

```
js> Object.prototype.foobar = 'FOOBAR';    // Object.prototypeオブジェクトにプロパティ追加
FOOBAR

js> var d = new Date();                    // 任意オブジェクトの一例としてDateオブジェクト
js> d.foobar;                              // foobarプロパティを読み取ると上記値を取得
FOOBAR

js> 'x'.foobar;                            // 文字列オブジェクトもfoobarプロパティを読み取り可能
FOOBAR

js> (0).foobar;                            // 数値オブジェクトもfoobarプロパティを読み取り可能
FOOBAR
```

Objectクラスの関数またはコンストラクタ呼び出しを**表 5.6**にまとめます。

表 5.6 Objectクラスの関数またはコンストラクタ呼び出し

関数またはコンストラクタ	説明
Object()	Objectインスタンスを生成
Object(value)	引数valueをObjectオブジェクトに型変換したObjectインスタンスを生成
new Object()	Objectインスタンスを生成
new Object(value)	引数valueをObjectオブジェクトに型変換したObjectインスタンスを生成

特別な理由がない限り、Objectクラスの関数またはコンストラクタ呼び出しよりリテラル表記でのオブジェクト生成を推奨します。

Objectクラスのプロパティを**表 5.7**にします。Object.seal(obj)のように使います。

表 5.7 Objectクラスのプロパティ

プロパティ名	説明
create(o, [properties])	オブジェクトoをプロトタイプかつ指定したプロパティを持つインスタンスを返す
defineProperty(o, p, attributes)	オブジェクトoに指定した情報を持つプロパティpを追加/更新
defineProperties(o, properties)	オブジェクトoに指定した情報を持つプロパティを追加/更新
freeze(o)	**5-12 不変オブジェクト**の節を参照
getPrototypeOf(o)	オブジェクトoのプロトタイプオブジェクトを返す
getOwnPropertyDescriptor(o, p)	オブジェクトoの直接のプロパティpの情報(値と属性)を返す

次ページへ

(注7) Objectクラスを(プロトタイプ)継承しないオブジェクトも生成可能です(**5-18 ECMAScript第5版のObjectクラス**を参照)。

前ページの続き

プロパティ名	説明
getOwnPropertyNames(o)	オブジェクトoの直接のプロパティ名一覧の配列を返す
isSealed(o)	**5-12 不変オブジェクト**の節を参照
isFrozen(o)	**5-12 不変オブジェクト**の節を参照
isExtensible(o)	**5-12 不変オブジェクト**の節を参照
keys(o)	オブジェクトoの継承を含むプロパティ名一覧の配列を返す
length	値は 1
preventExtensions(o)	**5-12 不変オブジェクト**の節を参照
prototype	プロトタイプチェーン用
seal(o)	**5-12 不変オブジェクト**の節を参照

Object.prototypeオブジェクトのプロパティを**表 5.8** にまとめます。

表 5.8 Object.prototypeオブジェクトのプロパティ

プロパティ名	説明
constructor	Objectクラスオブジェクトへの参照
hasOwnProperty(v)	文字列vがインスタンスの直接のプロパティ名であれば真を返す
isPrototypeOf(v)	オブジェクトvがインスタンスのプロトタイプであれば真を返す
propertyIsEnumerable(v)	文字列vがインスタンスの列挙可能なプロパティ名であれば真を返す
toSource()	JavaScript独自拡張。評価結果がインスタンス生成になる文字列を返す
toLocaleString()	インスタンスをロケール依存の文字列値に変換。通常、必要に応じて開発者が実装する
toString()	インスタンスを文字列値に変換。通常、必要に応じて開発者が実装する
unwatch(p)	JavaScript独自拡張。プロパティpのウォッチポイントを削除
valueOf()	インスタンスを適切な値に変換。必要であれば開発者が実装する
watch(p, handler)	JavaScript独自拡張。プロパティpにウォッチポイント(値が変わった時に呼ばれる関数)をセット
__defineGetter__(p, getter)	JavaScript独自拡張。プロパティpにゲッター属性をセット (※ 1)
__defineSetter__(p, setter)	JavaScript独自拡張。プロパティpにセッター属性をセット (※ 1)
__lookupGetter__(p)	JavaScript独自拡張。プロパティpのゲッター属性を返す (※ 1)
__lookupSetter__(p)	JavaScript独自拡張。プロパティpのセッター属性を返す (※ 1)
__noSuchMethod__	JavaScript独自拡張。オブジェクトに対して存在しないメソッドを呼ばれた時のフック関数 (※ 2)
__proto__	JavaScript独自拡張 (※ 3)

※ 1 **5-18 ECMAScript第 5 版のObjectクラス**参照
※ 2 Rubyのmethod_missing相当と言えばわかる人にはわかるかもしれません。
※ 3 **5-16-4 プロトタイプチェーンのよくある勘違いと__proto__プロパティ**参照。

　Objectクラスのインスタンスプロパティはありません。Objectクラスについては**「5-12 不変オブジェクト」**も参照してください。

5-21 グローバルオブジェクト

　グローバルオブジェクトはホストオブジェクトのルートに相当するオブジェクトです。ホストオブジェクトについては本書Part1 の**「1 章 JavaScriptの概要」**を参照してください。トップレベルコードのthis参照でグローバルオブジェクトにアクセスできます。

COLUMN

オブジェクトの互換性

　プロパティの非互換は補助コードで解消可能です。JavaScriptでは後から自由に開発者が標準オブジェクトにプロパティを追加できるからです。たとえば、文字列から前後の空白文字を削除するtrimメソッドをStringオブジェクトに追加したければ次のように書けます。既にtrimメソッドが存在すれば何もしません。String.prototypeにメソッドを追加する意味は「**5-16 プロトタイプ拡張**」の節を参照してください。

```
// 互換性のためのコード例
if (!String.prototype.trim) {
  String.prototype.trim = function() {
    return String(this).replace(/^\s+|\s+$/g, "");
  };
}
```

　標準オブジェクトのプロパティを変更できることと、していいかは別問題です。宗教論争なのですべきか否かの断定はしません。

　表5.5の中でグローバルオブジェクト以外はObjectやStringなどの名称があります。この意味を簡単に説明します。既に何度も言及しているようにオブジェクトは本質的に名なしです。ObjectオブジェクトもStringオブジェクトもすべて事情は同じで、オブジェクト自身に名前はありません。たんに、ObjectやStringという名前でアクセス可能なだけです。

　グローバルオブジェクトの場合、JavaScriptの言語仕様上は決まった名前がありません。本書Part3で説明するようにクライアントサイドJavaScriptにはグローバルオブジェクトを参照するwindowという変数が最初から存在します。このためObjectオブジェクトやStringオブジェクトと同じ意味でグローバルオブジェクトをwindowオブジェクトと呼べます[注8]。ただwindow変数があるのは、あくまでクライアントサイドJavaScriptの決まりです。ECMAScriptのコア言語規格ではグローバルオブジェクトを参照する決まった名前は存在しません。本Partはコア言語に説明を限定するので、グローバルオブジェクトに特別な呼び名をつけずグローバルオブジェクトと呼ぶことにします。

　なおトップレベルコードのthis参照がグローバルオブジェクトを参照するので次のようにすればどんな環境でも変数globalでグローバルオブジェクトを参照できます。クライアントサイドJavaScriptでは（既にwindowという決まった名前があるので）不要ですが、サーバサイドJavaScriptなど他の環境まで含めて考えると名前を統一できるので理に適った技法です。

[注8] **5-2-3 オブジェクトと参照にまつわる用語の整理**に従うと、オブジェクトwindowやオブジェクトObjectと呼ぶべきですが、用語の一貫性よりも自然さを優先しました。

```
// トップレベルコードで下記コードを実行するとグローバルオブジェクトをどこでもglobalで参照可能
var global = this;
```

5-21-1 グローバルオブジェクトとグローバル変数

「**5-3 変数とプロパティ**」で説明したように、グローバル変数とグローバル関数はグローバルオブジェクトのプロパティです。つまりObjectやStringという名前もすべてグローバルオブジェクトのプロパティ名です。Javaのような型名のある言語に慣れていると戸惑いますが、JavaScriptの型名はすべてプロパティ名（変数名）で、そもそも型名という概念がありません。前節の変数名globalやwindowも当然ながらグローバルオブジェクトのプロパティ名の1つになります。プロパティ名が格納元のグローバルオブジェクトを参照する関係は、一見、混乱しますが図5.4で既に説明しました。

グローバルオブジェクトがどんなプロパティを持つかは実行環境により異なります。ECMAScript第5版が定めるプロパティは標準の最小セットです。通常、もっと多くのプロパティを持ちます。たとえばクライアントサイドJavaScriptであれば多数のDOMオブジェクトが最初から存在します。詳しくは**本書Part3**で説明します。

ECMAScript第5版のグローバルオブジェクトのプロパティを**表5.9**にまとめます[注9]。なお、グローバルオブジェクトの関数呼び出しやコンストラクタ呼び出しはできません。

表5.9　ECMAScript第5版のグローバルオブジェクトのプロパティ

プロパティ名	説明
NaN	Not a Numberを示す値
Infinity	無限大を示す値
undefined	undefined型の値
eval(x)	引数の文字列値xをJavaScriptコードとして評価（実行）
parseInt(str, radix)	文字列値strを基数radixの整数値に変換
parseFloat(str)	文字列値strを数値に変換
isNaN(num)	数値numがNaNであれば真を返す
isFinite(num)	数値numが3つの特別値（NaNまたは正負の無限大）でなければ真、3つの特別値なら偽
encodeURI(uri)	URIの特殊文字（?や&など）を除いて、文字列値uriをURIエンコードした文字列値を返す
decodeURI(encodedURI)	encodeURI関数の逆変換
encodeURIComponent(uriComponent)	文字列値uriをURIエンコードした文字列値を返す
decodeURIComponent(encodedURIComponent)	encodeURIComponent関数の逆変換

5-21-2 Mathオブジェクト

Mathオブジェクトは数学関数などを提供するオブジェクトです。コンストラクタ呼び出しはできません。Java的な用語を使うとクラスメソッドを直接呼ぶユーティリティクラス相当です。

Mathオブジェクトのプロパティを**表5.10**にまとめます。Math.random()のように使います。

[注9] 表5.5の標準組み込みオブジェクトの名称（ObjectやStringなど）も載せるべきですが省略します。

表 5.10　Mathオブジェクトのプロパティ

プロパティ名	説明
E	自然対数の底（2.7182818284590452354）
LN2	2の自然対数（0.6931471805599453）
LN10	10の自然対数（2.302585092994046）
LOG2E	2を底としたEの対数（1.4426950408889634）
LOG10E	10を底としたEの対数（0.4342944819032518）
PI	円周率（3.1415926535897932）
SQRT1_2	1/2の平方根（0.7071067811865476）
SQRT2	2の平方根（1.4142135623730951）
abs(x)	xの絶対値
acos(x)	xのアークコサイン
asin(x)	xのアークサイン
atan(x)	xのアークタンジェント
atan2(y, x)	y/xのアークタンジェント（座標x,yのラジアン角度）
ceil(x)	x以上の最小整数
cos(x)	xのコサイン
exp(x)	eのx乗
floor(x)	x以下の最大整数
log(x)	xの自然対数（底はe）
max([value0, [value1, value2, ...])	引数の中の最大数
min([value0, [value1, value2, ...])	引数の中の最小数
pow(x, y)	xのy乗
random()	0以上1未満の乱数
round(x)	xを四捨五入した整数
sin(x)	xのサイン
sqrt(x)	xの平方根
tan(x)	xのタンジェント
toSource()	JavaScript独自拡張。"Math"文字列を返す

5-21-3　Errorオブジェクト

Errorクラスの関数またはコンストラクタ呼び出しを**表 5.11**に、Errorクラスのプロパティを**表 5.12**にまとめます。

表 5.11　Errorクラスの関数またはコンストラクタ呼び出し

関数またはコンストラクタ	説明
Error(message)	Errorインスタンスを生成
new Error(message)	Errorインスタンスを生成
Error(message, fileName, lineNumber)	JavaScript独自拡張。Errorインスタンスを生成
new Error(message, fileName, lineNumber)	JavaScript独自拡張。Errorインスタンスを生成

JavaScript言語仕様

表 5.12　Errorクラスのプロパティ

プロパティ名	説明
length	値は 1
prototype	プロトタイプチェーン用

Error.prototype オブジェクトのプロパティを**表 5.13** にまとめます。

表 5.13　Error.prototypeオブジェクトのプロパティ

プロパティ名	説明
constructor	Stringクラスオブジェクトへの参照
message	エラーメッセージ
name	エラー種別を示す文字列。EvalErrorであれば "EvalError"、RangeErrorであれば "RangeError" など
fileName	JavaScript独自拡張。エラー発生ファイル名
lineNumber	JavaScript独自拡張。エラー発生行番号
stack	JavaScript独自拡張。エラー発生時のコールスタック
toSource()	JavaScript独自拡張。評価結果がErrorインスタンス生成になる文字列を返す
toString()	Errorインスタンスから文字列値に変換

表 5.5 の他のエラークラスは Error クラスをプロトタイプ継承しています。次のように確認できます。

```
js> Error.prototype.__proto__ === Object.prototype;     // Errorの継承元はObject
true

js> EvalError.prototype.__proto__ === Error.prototype; // EvalErrorの継承元はError
true
```

6章 関数とクロージャ

本章は関数とクロージャを解説します。手続きをまとめる目的で関数を使えますがそれだけではJavaScriptの言語の力を使っているとは言えません。関数自体を演算対象にすることとクロージャを理解して、関数型プログラミングの世界に踏み出してください。

6-1 関数宣言文と関数リテラル式

関数宣言文と関数リテラル式で関数を宣言できます。構文は「2-4 関数の基礎」を参照してください。関数宣言文で宣言した関数は宣言より前に呼び出し可能です（後述する「6-2-1 関数宣言文の巻き上げ」参照）。

6-2 関数呼び出しの整理

関数呼び出しの違いを表 6.1 にします。併せて「5-14 this 参照」の表5.3 も参照してください。

表 6.1 関数呼び出しの分類

名称	説明
メソッド呼び出し	レシーバオブジェクト経由での関数呼び出し（applyとcallの呼び出しも含む）
コンストラクタ呼び出し	new 式での関数呼び出し
関数呼び出し	上記2つ以外の関数呼び出し

関数自体に分類があるのではなく、呼び方の違いの分類であることに注意してください。つまり、ある関数を取り上げてそれをメソッドと呼ぶのは厳密には正しくありません。正しくはその関数をメソッド呼び出ししたかどうかだからです。とは言え、厳密な用語定義は窮屈なので、メソッド呼び出しを意図して書いた関数は単にメソッドと呼び、同様にコンストラクタ呼び出しを意図した関数をコンストラクタと呼ぶことにします。

以降、基本的に関数の用語を使いますが、関数とメソッドとコンストラクタは呼び方の違いなので、説明はメソッドにもコンストラクタにも当てはまります。

6-2-1 関数宣言文の巻き上げ

関数宣言文で宣言した関数は、宣言した行より前のコードから呼べます。次の具体例を見てください。関数スコープ内のコード例ですがグローバルスコープでも事情は同じです。

JavaScript言語仕様

```
js> function doit() {
    fn();    // 関数fnを宣言より前に呼ぶ
    function fn() { print('called'); };
}

// 関数の呼び出し
js> doit();
called
```

この挙動は関数リテラル式で関数を定義した場合と違います。下記のコードは上記と似ていますがエラーになります。

```
js> function doit() {
    fn();
    var fn = function() { print('called'); };
}

// 関数の呼び出し
js> doit();
TypeError: fn is not a function
```

6-3 引数とローカル変数

6-3-1 argumentsオブジェクト

関数内でargumentsオブジェクトを使うと実引数にアクセスできます。**リスト6.1**のように使います。

リスト6.1　argumentsオブジェクトの使用例

```
function fn() {
  print(arguments.length);
  print(arguments[0], arguments[1], arguments[2]);
}
```

```
// リスト6.1の呼び出し
js> fn(7);        // arguments.lengthは実引数の数なので1。arguments[0]の値が7
1
7 undefined undefined

js> fn(7, 8);     // arguments.lengthは実引数の数なので2。arguments[0]の値が7、arguments[1]の値が8
2
7 8 undefined

js> fn(7, 8, 9);  // arguments.lengthは実引数の数なので3。arguments[0]の値が7、arguments[1]の値が
                  //     8、arguments[2]の値が9
3
7 8 9
```

対応する仮引数がない実引数にはarguments経由でアクセスできます。arguments.lengthで実引数の数がわかるので、いわゆる可変長引数の関数を書けます。なお、仮引数の数は関数オブジェクト自身のlengthプロパティ（上記例ではfn.length）で得られます。

argumentsは配列のように使えますが配列オブジェクトではありません。このため配列クラスのメソッドは使えません。詳細は後述する**「7-1-11 配列風のオブジェクト」**の節を参照してください。

6-3-2　再帰関数

再帰関数とは内部で自分自身を呼び出す関数です。このような処理を再帰処理や再帰呼び出しと呼びます。**リスト6.2** が具体例です。

リスト6.2　nの階乗（再帰関数の例）

```
function factorial(n) {
  if (n <= 1) {
    return 1;
  } else {
    return n * factorial(n - 1);
  }
}
```

```
// リスト6.2の呼び出し
js> factorial(5);    // 5!=(5*4*3*2*1)=120
120
```

再帰関数が常に自分自身を呼び続けると実行が終わりません（無限ループと同じで俗に無限再帰と呼びます）。JavaScriptで無限再帰すると何が起きるかは環境依存です。SpiderMonkeyのシェルでは次のようにInternalErrorが起きます。Java6付属のRhinoで無限再帰をするとjava.lang.OutOfMemoryError例外が発生してRhinoが停止します。

```
// SpiderMonkeyでの無限再帰

js> function fn() { fn(); }
js> fn();
InternalError: too much recursion
```

再帰関数には再帰処理を停止する条件判定が必須です。これを停止条件と呼びます。リスト6.2であれば関数の先頭で引数nの値が1以下かをチェックしている部分です。停止条件のコードを必ず再帰関数の先頭に書く必要はありませんが一般に先頭に書くほうが見通しが良くなります。

ループで書ける処理は必ず再帰処理で書けます。逆も真です。再帰呼び出しとループ処理はどちらも本質的に繰り返し処理だからです。多くの場合はループ処理で書くほうが平易なコードになります。またJavaScriptの再帰処理は必ずしも効率的に動作するとは限りません。このため通常

JavaScript言語仕様

JavaScriptの再帰処理は避けるのが無難です。

arguments.calleeで実行中の関数オブジェクトへの参照を得られます。名前をつけていない関数（いわゆる無名関数）で再帰関数を書く時に使えます。nの階乗を計算する具体例を次に示します（ECMAScript第5版のstrict modeはarguments.calleeを禁止するので注意してください）。

```
// nの階乗 (arguments.callee利用)
js> (function(n) {if (n <= 1) return 1; else return n * arguments.callee(n - 1); })(5);
120
```

6-4 スコープ

スコープとは名前（変数名や関数名）の有効範囲のことです。スコープについては「**5-3 変数とプロパティ**」と「**5-4 変数名の解決**」も参照してください。

JavaScriptのスコープは次の2つです。

- グローバルスコープ
- 関数スコープ

グローバルスコープは関数の外（トップレベルコード）のスコープです。関数の外で宣言した名前はグローバルスコープになります。いわゆるグローバル変数やグローバル関数です。

関数内で宣言した名前は関数スコープを持ちます。その関数内でのみ名前が有効です。グローバルスコープとの対比でローカルスコープと呼んだり、グローバル変数との対比でローカル変数と呼んだりします。関数の仮引数に当たるパラメータ変数も関数スコープです。

関数スコープの動作は、Java（および他の多くのプログラミング言語）のローカルスコープと動作が微妙に異なります。Javaのメソッドでローカル変数は宣言した行以降のスコープを持ちます。一方、JavaScriptの関数スコープは宣言した行と無関係です。

リスト6.3のコードを見てください。

リスト6.3　関数スコープの注意

```
var x = 1;
function f() {
  print('x = ' + x);    // 変数xにアクセス
  var x = 2;
  print('x = ' + x);    // 変数xにアクセス
}
```

```
// リスト6.3の呼び出し
js> f();
x = undefined
x = 2
```

関数f内の最初のprintは一見、グローバル変数xを表示するように見えます。しかし、このxは次行で宣言しているローカル変数xです。なぜなら、ローカル変数xのスコープは関数f内の全域だからです。そしてこの時点で値の代入をまだしていないので、変数xの値はundefined値です。つまり関数fは次のコードと等価です。

```
// リスト6.3と等価なコード

function f() {
  var x;
  print('x = ' + x);
  x = 2;
  print('x = ' + x);
}
```

リスト6.3のようなコードは非常にわかりづらいバグの原因になります。このためローカル変数は関数の先頭でまとめて宣言することを推奨します。

変数は使う直前で宣言すべきというJavaなど他の言語の推奨と異なるので注意してください。

6-4-1　Webブラウザとスコープ

クライアントサイドJavaScriptでは各ウィンドウ（タブ）、各フレーム（iframe含む）ごとにグローバルスコープがあります。ウィンドウ間で相互のグローバルスコープの名前にアクセスはできません。フレームに関しては親とフレームの間で相互にアクセス可能です。

詳細は**本書Part3**で説明します。

6-4-2　ブロックスコープ

JavaScript（ECMAScript）にはブロックスコープがありません。これは他の多くのプログラミング言語と異なる点です。たとえば、**図6.1**を見てください。ブロックスコープがあると思うと2番目のprintで1を期待しますが実際には2を出力します。

図6.1　ブロックスコープの勘違い

```
js> var x = 1;            // グローバル変数
js> { var x = 2; print('x = ' + x); }
x = 2
js> print('x = ' + x);    // 1を期待?
x = 2
```

図6.1はブロック内でブロックスコープの変数xを新規に宣言しているように見えますが、実際にはグローバル変数xに値2を代入しています。つまり次のコードと等価です。

JavaScript言語仕様

```
// 図6.1と等価なコード

js> var x = 1;        // グローバル変数
js> { x = 2; print('x = ' + x); }
x = 2
js> print('x = ' + x);
x = 2
```

ブロックスコープの勘違いは関数スコープでも起きます。for文の中でループ変数を宣言するのは確立されたイディオムですが、ループ変数のスコープはfor文に閉じません。次のコードは単にローカル変数iを使いまわしているだけです。

```
function f() {
  var i = 1;
  for (var i = 0; i < 10; i++) {
    省略
  }
  ここで変数iの値は10
}
```

6-4-3 letとブロックスコープ

ECMAScript第5版にブロックスコープはありませんが、JavaScriptの独自拡張にブロックスコープを使えるletがあります。letを使う構文はlet定義（let宣言）、let文、let式の3つあります。構文は異なりますが原則は同じです。順に説明します。

let定義（let宣言）はvar宣言と同じように使えます。次の構文で変数を宣言できます。

```
let var1 [= value1] [, var2 [= value2]] [, ..., varN [= valueN]];
```

let宣言で宣言した変数はブロックスコープです。スコープを除くとvarで宣言した変数と違いはありません。恣意的な例ですが**リスト6.4**のようになります。

リスト6.4　let宣言

```
function f() {
  let x = 1;
  print(x);        // 1を出力
  {
    let x = 2;     // 2を出力
    print(x);
  }                // let x = 2のスコープはここで終わり
  print(x);        // 1を出力
}
```

```
// リスト6.4の呼び出し
js> f();
1
2
1
```

スコープの違いを除くとlet変数（let宣言で宣言した変数）はvar変数と限りなく似た挙動をします。説明は**リスト6.5**のコメントを参照してください。

リスト6.5　let変数の挙動の具体例

```
// 名前の探索
function f1() {
  let x = 1;
  {
    print(x);    // 1を出力。ブロックを外側に向かって名前を探索
  }
}

// let宣言より前でも名前は有効
function f2() {
  let x = 1;
  {
    print(x);    // ここは let x = 2 のスコープ。ただし代入前なのでlet変数xの値はundefined
    let x = 2;
    print(x);    // 2を出力
  }
}
```

```
// リスト6.5の呼び出し
js> f1();
1

js> f2()
undefined
2
```

for文の初期化式のvar宣言は次のようにlet変数にしたほうがスコープがfor文の中に閉じるので直感に合います。for in文でもfor each in文でも同じです。

```
for (let i = 0, len = arr.length; i < len; i++) {
  print(arr[i]);
}
ここはlet変数iのスコープ外
```

let文は次の構文です。let変数のスコープは文に閉じます。

JavaScript言語仕様

```
let (var1 [= value1] [, var2 [= value2]] [, ..., varN [= valueN]]) 文;
```

let文の具体例は次のようになります。

```
let (x = 1) {              // ブロック文
  print(x);                // 1を出力
}                          // let変数のスコープはここまで
```

var宣言とlet文の混じった具体例を**リスト6.6**に示します。

リスト6.6　var宣言とlet文

```
function f() {
  var x = 1;
  let (x = 2) {
    print(x);              // 2を出力
    x = 3;
    print(x);              // 3を出力
  }
  print(x);                // 1を出力
}
```

```
// リスト6.6の呼び出し
js> f();
2
3
1
```

let文の文内でlet変数と同名の変数を宣言するとTypeErrorになります。下記に例を示します。

```
// letで同名の変数は宣言できない
let (x = 1) {
  let x = 2;
}
TypeError: redeclaration of variable x:
```

```
// varで同名の変数も宣言できない
let (x = 1) {
  var x = 2;
}
TypeError: redeclaration of let x:
```

let式は次の構文です。let変数のスコープは式に閉じます。

```
let (var1 [= value1] [, var2 [= value2]] [, ..., varN [= valueN]]) 式;
```

let式の具体例を示します。

```
js> var x = 1;
js> var y = let(x = 2) x + 1;    // x+1の式ではlet変数（値は2）が使われる
js> print(x, y);                 // var変数xの値には影響していない
1 3
```

6-4-4　入れ子の関数とスコープ

　JavaScriptの関数は入れ子で宣言できます。つまり関数の中で別の関数を宣言できます。この時、内側の関数の中から外側の関数スコープにアクセスできます。「**5-4　変数名の解決**」の繰り返しになりますが、形式的には内側から外側に向かって名前を探します。探す最後はグローバルスコープの名前です。

　リスト 6.7 に具体例を載せます。リスト6.7は関数宣言文で書いていますが関数リテラル式で書いても同じです。

リスト6.7　入れ子の関数とスコープ

```
function f1() {
  var x = 1;         // 関数f1のローカル変数

  // 入れ子の関数宣言
  function f2() {
    var y = 2;       // 関数f2のローカル変数
    print(x);        // 関数f1のローカル変数にアクセス
    print(y);        // 関数f2のローカル変数にアクセス
  }

  // 入れ子の関数宣言
  function f3() {
    print(y);        // グローバル変数yがなければReferenceError発生
  }

  // 入れ子の関数の呼び出し
  f2();
  f3();
}
```

```
// リスト6.7の呼び出し
js> f1();
1
2
ReferenceError: y is not defined
```

6-4-5 シャドーイング

シャドーイングはやや専門的な用語になりますが、スコープの小さい同名の変数(や関数)でスコープの大きい名前を隠すことを指します。多くは意図せず起きてバグの元になります。たとえば次のコードはグローバル変数nをローカル変数nが隠しています。

```
js> var n = 1;            // グローバル変数
js> function f() {
        var n = 2;        // ローカル変数でシャドーイング
        print(n);
    }

// 関数の呼び出し
js> f();
2
```

一見すると動作は自明で、リスト 6.3 や図 6.1 のような関数スコープやブロックスコープの絡むシャドーイングより無害に見えます。しかしコードが少し複雑になると意外に発見しづらいバグになるので注意してください。

6-5 関数はオブジェクト

関数はオブジェクトの1種です。内部的にはFunctionオブジェクトを継承します。これは次のようにconstructorプロパティで確認できます。もう少し実際的な意味は後述する「**6-6-1 Functionクラスの継承**」で説明します。

```
js> function f() {}       // 関数の中身はどうでもいいので空にします
js> f.constructor;
function Function() {
    [native code]
}
```

関数リテラルを変数に代入することと、関数オブジェクトの参照を変数に代入することは、同じことを違う表現で言い換えているだけです。一般的な文脈で関数と呼ぶものは関数オブジェクトの参照と等価です。そして、関数の宣言は関数オブジェクトの生成と等価です。

リスト 6.8 に挙げた4つは形だけ見るとまったく違いますが大局的に見ると、実体(名なしのオブジェクト)の生成とそれを参照する名前を結びつけるコードという共通点があります。

リスト6.8 大局的に見ると実体の生成とそれを参照する名前

```
var obj = {};
var obj = new MyClass();
var obj = function() {};
function obj() {}
```

使う場面は多くありませんが、次のようにFunction関数をコンストラクタ呼び出しして関数オブジェクトを生成できます。

```
// 関数宣言（関数オブジェクトの生成）
js> var sum = Function('a', 'b', 'return Number(a) + Number(b);');   // 最後の引数が関数の本体。それより前の引数は関数の仮引数

// 関数の呼び出し
js> sum(3, 4);
7
```

関数はオブジェクトなので、当然、関数オブジェクトに対するプロパティの読み書きができます。

```
js> function f() {}     // 関数の中身はどうでもいいので空にします
js> f.foo = 'FOO';      // 関数オブジェクトfのfooプロパティに値を代入

js> print(f.foo);
FOO
```

プロパティに別の関数を代入すると、関数（オブジェクト）がメソッドを持つ関係も作れます。

```
// 上記コードの続き
js> f.doit = function() { print('doit called'); }
js> f.doit();
doit called
```

混乱しそうですが、変数と参照先オブジェクトの関係、関数オブジェクトは実行可能なコードを持つ、という事実をおさえておけば難しい話ではありません（図 6.2）。

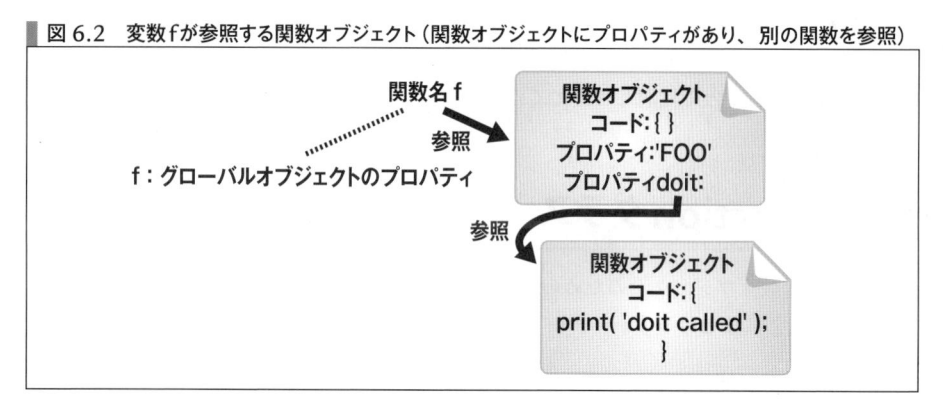

図 6.2　変数fが参照する関数オブジェクト（関数オブジェクトにプロパティがあり、別の関数を参照）

6-5-1　関数名とデバッグ容易性

「オブジェクトは本質的に名前がない」と説明してきました。関数はオブジェクトなので、関数オブジェクト自身も名前がありません。原理原則で言えば嘘ではありませんが、この説明には少し補

足が必要です。関数オブジェクト自身は内部に表示名を持てるからです。関数宣言文や関数リテラル式で関数名を指定した場合が該当します。

次のように記述した時、fn_nameの部分が関数オブジェクトの表示名になります。

```
function fn_name() {...}                // 関数宣言文
var fn = function fn_name() {...}       // 関数リテラル式
```

「関数の表示名」という表現は本書独自の用語です。一般的な関数名と区別するため敢えて用語を分けます。

関数名は関数オブジェクトの参照を持つ変数名です。一方、「関数の表示名」は関数オブジェクト自身に埋め込まれた名前です。「関数の表示名」だけでは関数呼び出しに使えませんが、関数宣言文の場合はfunctionの後ろに書いた名前は関数名にもなるので表面上は区別できません。内部的に関数名と関数の表示名が別個に存在するだけです。これは次のような意味のない些細なコードで確認できます。

```
js> function fn() {}      // 関数宣言文。関数の中はどうでもいいので空
js> var fn2 = fn;         // 関数名fn2でも呼べるようになる
js> fn = null;            // 変数fnの値をnull
js> fn2;                  // 「関数の表示名」はfnのまま
function fn() {
}
```

関数の表示名は関数オブジェクトをprintなどで表示した時に使われます。たとえばconstructorプロパティの参照先関数オブジェクトを表示した時に見える名前がそれです。更に有効性を発揮するのがデバッグ時のコールスタック時の表示です。

JavaScriptプログラミングでは関数宣言文より関数リテラル式を使う機会のほうが増える傾向にあります。この時、functionに続く関数の表示名を省略しがちです。しかし、デバッグ時に関数の表示名が助けになることがあるので検討してみてください。

6-6 Functionクラス

Functionクラスは関数オブジェクトのためのクラスです。Functionクラスの関数またはコンストラクタ呼び出しを**表6.2**にまとめます。

表6.2 Functionクラスの関数またはコンストラクタ呼び出し

関数またはコンストラクタ	説明
Function(p0, p1, ..., body)	引数p0,p1,...で関数本体がbody（文字列）のFunctionインスタンスを生成
new Function(p0, p1, ..., body)	引数p0,p1,...で関数本体がbody（文字列）のFunctionインスタンスを生成

特別な理由がない限り、これらを使うより関数宣言文もしくはリテラル表記による関数生成を推奨し

ます。
Functionクラスのプロパティを**表6.3**にまとめます。

表6.3　Functionクラスのプロパティプロパティ名

プロパティ名	説明
prototype	プロトタイプチェーン用
length	値は1

Function.prototypeオブジェクトのプロパティを**表6.4**にまとめます。

表6.4　Function.prototypeオブジェクトのプロパティプロパティ名

プロパティ名	説明
apply(thisArg, argArray)	argArrayの全要素を実引数にして関数を呼び出す。関数内のthis参照の参照先がthisArgオブジェクトになる
bind(thisArg[, arg0, arg1, ...])	新しい関数オブジェクトを返す。その関数を呼ぶと、arg0, arg1, ...が実引数、関数内のthis参照の参照先がthisArgオブジェクトになる
call(thisArg[, arg0, arg1, ...])	arg0, arg1, ...を実引数にして関数を呼び出す。関数内のthis参照の参照先がthisArgオブジェクトになる
caller	JavaScript独自拡張。関数が呼ばれた時、呼んだ側の関数
constructor	Functionクラスオブジェクトへの参照
isGenerator()	JavaScript独自拡張。関数がジェネレータであればtrueを返す[※1]
length	関数の仮引数の数
name	JavaScript独自拡張。関数の表示名[※2]
toSource()	JavaScript独自拡張。評価結果が関数生成になる文字列を返す
toString()	関数本体を文字列表現に変換して返す

※1　**7-1-13　ジェネレータ**を参照してください。
※2　**6-5-1　関数名とデバッグ容易性**を参照してください。

Functionクラスのインスタンスプロパティを**表6.5**にまとめます。

表6.5　Functionクラスのインスタンスプロパティ

プロパティ名	説明
(内部プロパティ)	関数本体のコード
caller	JavaScript独自拡張。関数が呼ばれた時、呼んだ側の関数
length	関数の引数の個数
name	JavaScript独自拡張。関数の表示名[※1]
prototype	プロトタイプチェーン用

※1　**6-5-1　関数名とデバッグ容易性**を参照してください。

6-6-1　Functionクラスの継承

　JavaScriptの関数はFunctionクラスのインスタンスオブジェクトです。プロトタイプ継承の用語を使うとJavaScriptの関数のプロトタイプオブジェクトはFunction.prototypeです。
　これは**図6.3**のように確認できます。図6.3は関数宣言文で書いていますが関数リテラルで書い

ても同じです。

図6.3 Functionクラスの継承の確認

```
js> function fn() {}

js> fn.constructor === Function;                    // コンストラクタ
true
js> fn.__proto__ === Function.prototype;            // プロトタイプオブジェクト
true
```

紛らわしいですがFunction関数もFunctionクラスのインスタンスオブジェクトです。自己参照的ですが次の関係があるだけです。

```
js> Function === Function.constructor;
true
js> Function.__proto__ === Function.prototype;
true
```

関数がFunctionオブジェクト（Functionクラス）からプロトタイプ継承する意味は、関数に対して表6.4のプロパティの読み込みアクセス（メソッド呼び出し）ができることを意味します。言葉にすると関係性が複雑ですが実用上の意味はこれだけです。

6-7　入れ子の関数宣言とクロージャ

6-7-1　クロージャの表層的な理解

クロージャ（closure）という言葉を初めて聞く人のために厳密さを捨て最初に表層的な理解を試みます。次のコード例を見てください。

```
js> var fn = f();     // 関数fの返り値を変数fnに代入
js> fn();             // fnの関数呼び出し
1
js> fn();
2
js> fn();
3
```

関数fの中身は後述します。今は気にしないでください。関数fの返り値は関数（オブジェクトの参照）です。これを変数fnに代入します。関数fnは呼び出す度に1ずつ増える数値を出力します。Java風に想像すると、オブジェクトがプライベートフィールドの内部カウンタを持ち、メソッドを呼ぶたびに内部カウンタが増加する実装のようです。ただし、見た目はただの関数呼び出しです。

関数fの中は次のようになっています。詳細は次節で説明します。

```
function f() {
  var cnt = 0;
  return function() { return ++cnt; }
}
```

クロージャを表層的に理解すると、状態を持つ関数です。表層的にクロージャを使うだけであれば、この理解でほとんど困ることはありません。あるいは関数を抜けた後にも生きているローカル変数という理解でも構いません。

上記例で言うと関数内のローカル変数cntが関数fの呼び出し後にも生きているという見方です。

6-7-2 クロージャの仕組み

■入れ子の関数宣言

関数宣言の中に別の関数宣言を書けること（入れ子の関数宣言）がクロージャの前提です。入れ子の関数宣言の簡単な例を次に示します。なお下記例は関数宣言文で書いていますが関数リテラル式で書いても同じです。

```
js> function f() {      // 入れ子の関数宣言を持つ関数
      function g() {
        print('g is called');
      }
      g();
    }
// 関数の呼び出し
js> f();
g is called
```

関数fの中に関数gの宣言と呼び出し行があります。関数fを呼ぶと間接的に関数gが呼ばれます。この動作自体は直感どおりで不思議な点はありません。不思議さはありませんが、今後のために内部動作を説明します。

トップレベルコードでの関数fの宣言は、関数オブジェクトの生成と変数fによる関数オブジェクトの参照を意味します。変数fはグローバルオブジェクトのプロパティです。以下、用語として変数を使わずプロパティで説明します。

JavaScriptでは関数を呼ぶたびにCallオブジェクトが暗黙に生成されます。関数f呼び出し時のCallオブジェクトを便宜上Call-fオブジェクトと呼ぶことにします。Callオブジェクトは関数呼び出しが終わると消滅します。

関数f内の関数gの宣言は関数gに対応する関数オブジェクトを生成します。名前gはCall-fオブ

173

JavaScript言語仕様

ジェクトのプロパティです。Callオブジェクトは関数呼び出しごとに独立しているので、関数gを呼ぶと別のCallオブジェクトが暗黙に生成されます。このCallオブジェクトを便宜上Call-gオブジェクトと呼ぶことにします。

関数gを抜けるとCall-gオブジェクトは自動で消滅します。同様に関数fを抜けるとCall-fオブジェクトが消滅します。この時、gが参照する関数オブジェクトは、プロパティgがCall-fオブジェクトとともに消滅するので、参照元がなくなる結果、消滅します（ガベージコレクションのため）。

■入れ子の関数とスコープ

次のように少しコードを改変します。

```
function f() {
  var n = 123;
  function g() {
    print('n is ' + n);
    print('g is called');
  }
  g();
}
```

```
// 関数の呼び出し
js> f();
n is 123
g is called
```

これも直感どおりの動作と言えるでしょう。見たままにスコープを考えると、入れ子に宣言した関数gは外側の関数fのローカル変数（この場合は変数n）にアクセス可能、と説明できます。**「5-4 変数名の解決」**で、関数内での変数名の解決はCallオブジェクトのプロパティ、グローバルオブジェクトのプロパティの順で探すと説明しました。入れ子の関数宣言をすると、内部の関数は自分自身が呼ばれた時のCallオブジェクトの次に、外側の関数のCallオブジェクトのプロパティを探します。この仕組みを**スコープチェーン**と呼びます。

■入れ子の関数を返す

更にコードを改変します。

```
function f() {
  var n = 123;
  function g() {
    print('n is ' + n);
    print('g is called');
  }
  return g;    // 内部で宣言した関数を返す（関数を呼び出さない）
}
```

```
// 関数の呼び出し
js> f();
function g() {
  print('n is ' + n);
  print('g is called');
}
```

　return g により関数 f は関数オブジェクト（の参照）を返します。関数 f の呼び出し結果は関数オブジェクトです。この時、関数 f に対応する Call オブジェクト（Call-f オブジェクト）は生成されますが（関数 f を抜けると消滅）、関数 g の呼び出しは起きていないので対応する Call オブジェクト（Call-g オブジェクト）はまだ生成されていないことに注意してください。

■クロージャ

　関数 f の返り値を別の変数に代入してみます。代入せずに直接関数呼び出しをしてもいいのですが、わかりやすさのために代入します。変数名は g2 にします。そして、g2 経由で関数を呼んでみます。

```
js> var g2 = f();    // 返された関数を代入
js> g2();            // 関数呼び出し（関数f内の関数g）
n is 123
g is called
```

　この結果は関数 g を関数 f の外側から呼べたことを意味します。更に関数 f のローカル変数 n が関数 f の呼び出し後も生きていることも意味します。表層だけを見ると Java など他の手続き型言語の常識に反します（一般に関数を抜けた後にローカル変数は無効です）。

　関数 f を呼んだ時の Call オブジェクト（Call-f オブジェクト）のプロパティ g が参照していた関数オブジェクト（何度も言いますがオブジェクトそのものは名なしです）を g2 が参照します。参照元がある限りオブジェクトはガベージコレクションの対象にならないので、名前 g2 が有効な限り、関数オブジェクトも生きています。この関数オブジェクトは Call-f オブジェクトへの参照を持ちます（スコープチェーンのために使います）。この結果、名前 g2 から参照されるこの関数オブジェクトが残る限り、Call-f オブジェクトも残ります。これが関数 f を抜けた後もローカル変数 n が生きている理由です。ここまでの関係を図 6.4 にします。

　次のように関数 f を 2 回呼ぶと g2 と g3 はそれぞれ異なる関数オブジェクトを参照します。そして、これらの関数オブジェクトはそれぞれ異なる Call-f オブジェクトを参照します。なぜなら Call オブジェクトは関数呼び出しごとに生成されるオブジェクトだからです。

```
js> var g2 = f();
js> var g3 = f();
```

　g2 と g3 が参照するそれぞれの関数を呼んだ時の違いを表面化させるため、多少技巧的ですがリスト 6.9 のようにコードを変更します。それぞれの Call-f オブジェクトが異なるので、それぞれのプロパティ（関数 f から見るとローカル変数 n）を g2 と g3 からアクセスできます。

JavaScript言語仕様

図 6.4 クロージャ

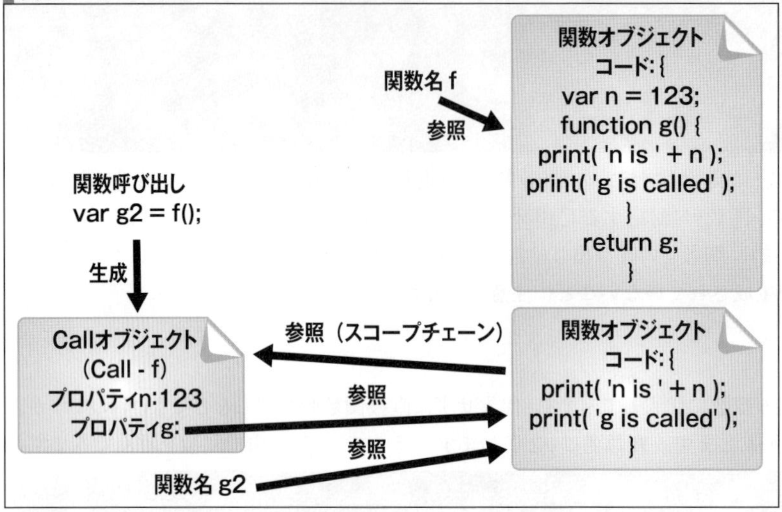

```
関数オブジェクト
コード:{
  var n = 123;
  function g() {
    print( 'n is ' + n );
    print( 'g is called' );
  }
  return g;
}
```

関数名 f → 参照

関数呼び出し
var g2 = f();
↓ 生成

Callオブジェクト
(Call - f)
プロパティn:123
プロパティg:

参照（スコープチェーン）

```
関数オブジェクト
コード:{
  print( 'n is ' + n );
  print( 'g is called' );
}
```

関数名 g2 → 参照

リスト 6.9 クロージャ

```javascript
function f(arg) {
  var n = 123 + Number(arg);
  function g() {
    print('n is ' + n);
    print('g is called');
  }
  return g;
}
```

```
// リスト6.9の呼び出し
js> var g2 = f(2);
js> var g3 = f(3);

js> g2();
n is 125
g is called

js> g3();
n is 126
g is called

js> var n = 7;     // グローバル変数nを定義しても結果には無関係
js> g3();
n is 126
g is called
```

■クロージャと環境

　内部動作を離れて現象を抽象的に見直してみます。g2 と g3 の呼び出し結果は異なります。これは同じコードから異なる状態を持つ関数を作れたことを意味します。これがクロージャです。少し専門用語を使うと、関数呼び出し時点における変数名解決の**環境**を保持した関数をクロージャと呼びます。

　本書は専門書ではないので、より緩い理解で、クロージャとは（一般用語としての）状態を持つ関数、と説明します。ただし、変数名解決の対応を保持しているだけで、オブジェクトの状態すべてを保持するのではないことは知っておいてください。つまりクロージャは（入れ子の外側の関数呼び出し時に暗黙に生成される）Call オブジェクトを保持しますが、Call オブジェクトのプロパティから参照される先のオブジェクトの状態までは保証しません。保証しないことで起きる落とし穴は次節で説明します。

　クロージャのイディオムとして次のように関数リテラル式をそのまま return 文に書くことが多いので覚えておいてください。

```
function f(arg) {
  var n = 123 + Number(arg);
  return function () {
    print('n is ' + n);
    print('g is called');
  };
}
```

6-7-3　クロージャの落とし穴

　もし関数f内に2つの関数宣言があると、2つは同じCall-fオブジェクトを参照します（**リスト6.10**）。これは JavaScript のクロージャで間違いやすい動作です。

リスト6.10　クロージャの落とし穴

```
function f(arg) {
  var n = 123 + Number(arg);
  function g() { print('n is ' + n); print('g is called'); }
  n++;
  function gg() { print('n is ' + n); print('gg is called'); }
  return [g, gg];
}
```

```
// リスト6.10の呼び出し
js> var g_and_gg = f(1);
js> g_and_gg[0]();    // クロージャgの呼び出し
n is 125
g is called

js> g_and_gg[1]();    // クロージャggの呼び出し
n is 125
gg is called
```

JavaScript言語仕様

関数gと関数ggはそれぞれローカル変数nを含む環境を保持します。関数gを宣言した時のnの値と関数ggを宣言した時のnの値は異なるので、クロージャgとクロージャggはそれぞれ異なるnの値を表示しそうです。しかし実際には同じ値を表示します。2つが同じCallオブジェクト（Call-fオブジェクト）を参照するからです。

6-7-4　名前空間の汚染を防ぐ

■モジュール

ここからいくつかクロージャを使う実践的な応用例を紹介します。

JavaScriptのトップレベルコード（関数の外）に書いた名前（変数名と関数名）はグローバルのスコープを持ちます。いわゆるグローバル変数やグローバル関数です。　本書**Part6**で紹介するCommonJSのようなモジュール機能を別途提供しない限り、JavaScriptの世界はコードを複数のソースファイルに分割してもお互いのグローバル名が見える世界です。JavaScriptの言語仕様にはいわゆるモジュールと呼ばれる言語機能がないからです。

現状のクライアントサイドJavaScriptでは1つのHTMLファイルの中で複数のJavaScriptファイルを読み込むと、お互いのグローバルな名前が衝突します。つまり、あるファイルで使った名前は別のファイルで使えません。ひとりで開発していても不便ですが、他人の作ったライブラリなどを使うと相当不便です。

またグローバル変数はコードの保守性を落とします。とは言えグローバル変数だけに問題を押しつけるのはやや早計です。たとえば言語仕様上はグローバル変数を作れないJavaでグローバル変数と同じ働きをする変数は容易に作れます。つまり単にグローバル変数を減らせば良いのではなく、不必要に広いスコープが悪だという認識を持つべきです。広いスコープの問題点は、コードのある部分を変更した時にその変更の影響範囲がわかりづらくなる点です。これがコードの保守性を悪くします。

■グローバル変数の回避

形式的にJavaScriptでグローバル変数の数を減らす方法は簡単です。次のようにグローバル関数とグローバル変数があったとします。

```
// グローバル関数
function sum(a, b) {
  return Number(a) + Number(b);
}

// グローバル変数
var position = { x:2, y:3 };
```

次のようにオブジェクトリテラルで生成したオブジェクトのプロパティにして名前をオブジェクトの中に閉じ込めると（形式的には）グローバル変数が減ります。

```
// オブジェクトリテラルの中に閉じ込める
var MyModule = {
  sum: function(a, b) {
    return Number(a) + Number(b);
  },
  position: { x:2, y:3 }
};
```

```
// 使う側
js> MyModule.sum(3, 3);
6
js> print(MyModule.position.x);
2
```

上記例はオブジェクトリテラルを使っていますが使わずに次のように書いても同じです。

```
var MyModule = {};   // new式で生成しても良い
MyModule.sum = function(a, b) { return Number(a) + Number(b); };
MyModule.position = { x:2, y:3 };
```

　この例のMyModuleに当たる名前を便宜上モジュール名と呼びます。この方針を徹底するとファイル1つあたりグローバル変数はモジュール名1つだけに減らせます。もちろんモジュール名の名前の衝突は残りますが、これは他のプログラミング言語にも残る問題です。

　オブジェクトの中に閉じ込める技法で名前の衝突の問題は回避できます。しかしグローバルな名前のもう1つの問題、そもそもスコープが広い問題は解決できていません。上記のコードの場合、MyModule.position.xという少し長い名前を書いてしまえばコードのどこからでもこの変数にアクセスできるからです。

■クロージャによる情報隠蔽

　JavaScriptは言語としていわゆる情報隠蔽を助ける構文を持ちませんが、クロージャを活用して外部から見えない名前を作成できます。具体例を**リスト6.11**に示します。なおリスト6.11は説明のためのコードなのでやっていることに意味はありません。

リスト6.11　クロージャを使うモジュール

```
// 関数リテラル（無名）をその場で呼び出す
// 関数リテラルの返り値は関数なので変数sumは関数
var sum = (function() {
            // 関数の外部からこの名前にアクセスできない
            // 事実上、プライベートな変数
            // 通常、関数の呼び出しが終わればアクセスできない名前だが
            // 返り値の無名関数の中から使える
            var position = { x:2, y:3 };

            // 同じく関数の外部からアクセスできないプライベート関数
```

次ページへ

179

Part 2 JavaScript言語仕様

前ページの続き

```
            // 名前をsumにしても問題ないが、余計な混乱を避けるためここでは別名にしている
            function sum_internal(a, b) {
              return Number(a) + Number(b);
            }

            // 上記2つの名前を強引に使うだけの恣意的な返り値
            return function(a, b) {
                    print('x = ', position.x);
                    return sum_internal(a, b); };
         }
      )();
```

```
// リスト6.11の呼び出し
js> sum(3, 4);
x =  2
7
```

リスト6.11を抽象化すると次の形式のコードです。関数スコープによる名前の閉じ込めと、クロージャで関数を抜けた後も生きている名前、という2つの特性を活用した情報隠蔽です。

```
(function() { 関数本体 })();
```

上記のように、関数リテラルをその場で呼び出すコードは、関数はどこかで宣言して必要に応じて呼び出すと思い込んでいると奇妙に見えます。しかしJavaScriptのイディオムなので覚えておいてください。

リスト6.11の関数リテラルの返り値は関数ですが、何を返しても同じ技法は使えます。たとえばリスト6.12のようにオブジェクトリテラルを返しても情報隠蔽の目的は達成できます。

リスト6.12　リスト6.11の返り値をオブジェクトリテラルに変更

```
var obj = (function() {
            // 関数の外部からこの名前にアクセスできない
            // 事実上、プライベートな変数
            var position = { x:2, y:3 };

            // 同じく関数の外部からアクセスできないプライベート関数
            function sum_internal(a, b) {
              return Number(a) + Number(b);
            }

            // 上記2つの名前を強引に使うだけの恣意的な返り値
            return {
              sum:function(a, b) { return sum_internal(a, b); },
              x:position.x
            };
         }
      )();
```

```
// リスト6.12の呼び出し
js> obj.sum(3, 4);
7

js> print(obj.x);
2
```

本節で使った技法はそのまま次節のクロージャを使ったクラスに使えます。

6-7-5 クロージャとクラス

「**5-7-3 コンストラクタとクラス定義**」の節でJavaScriptのクラス定義を紹介しました。コンストラクタ版のクラスには次の課題があります。

- プロパティ値のアクセス制御（privateやpublicなど）ができない

JavaScript自体にはアクセス制御の構文がありません。ただ関数スコープとクロージャを利用すればアクセス制御を実現できます。本節で紹介する技法を使うと、状態を変更できない不変オブジェクトも生成可能です。「**5-12 不変オブジェクト**」も参照してください。

基本的な考え方は前節のモジュールそのものです。前節のモジュールは関数を宣言してその場で呼び出しますが、クロージャを使うクラスはインスタンス生成のたびに呼び出せるようにします。と言っても形式上は単なる関数宣言です。「**5-7-3 コンストラクタとクラス定義**」のリスト5.9のMyClassと同等のクラスをクロージャで定義した例を示します（**リスト6.13**）。

リスト6.13　リスト5.9のMyClassのクロージャ版

```
// インスタンス生成を目的とする関数
function myclass(x, y) {
  return { show:function() { print(x, y); } };
}
```

```
// リスト6.13を使いインスタンス生成
js> var obj = myclass(3, 2);
js> obj.show();
3 2
```

別の具体例としてカウンタを表現するクラスを挙げます（**リスト6.14**）。コメントを見てクロージャを使うクラスの形をつかんでください。

リスト6.14　カウンタを表現するクラス

```
function counter_class(init) {        // 初期値をパラメータで受け取る
  var cnt = init || 0;                // デフォルトパラメータのイディオム（「変数の存在チェック」参照）

  // 必要であればここにプライベートな変数や関数を宣言

  return {
    // 公開メソッド
    show:function() { print(cnt); },
    up:function() { cnt++; return this; },    // return thisはメソッドチェーンに便利
    down:function() { cnt--; return this; }
  };
}
```

```
// リスト6.14の利用例
js> var counter1 = counter_class();
js> counter1.show();
0
js> counter1.up();
js> counter1.show();
1
js> var counter2 = counter_class(10);
js> counter2.up().up().up().show();      // メソッドチェーン
13
```

COLUMN

式クロージャ

　関数型プログラミングをサポートする式クロージャ（Expression closures）と呼ばれるJavaScript独自拡張があります。

　式クロージャは関数宣言式の省略構文です。次のように中身がreturnのみの関数宣言式のreturnと{}の記述を省略できます。

```
var sum = function(a, b) { return Number(a) + Number(b); }
```
を
```
var sum = function(a, b) Number(a) + Number(b);
```
と省略可能

6-8　コールバックパターン

6-8-1　コールバックと制御の反転

　コールバックと呼ばれるプログラミング技法があります。呼んでほしい関数やオブジェクトを渡し

ておき、必要に応じてそれらを呼んでもらう技法です。呼ぶ側と呼ばれる側の依存性が反転することから制御の反転（IoC:Inversion of Control）と呼ぶ人もいます。

　歴史的にJavaScriptプログラミングではコールバックの技法を多用します。これにはいくつかの理由があります。1つ目の理由はクライアントサイドJavaScriptが基本的にGUIプログラミングだという背景です。GUIプログラミングではイベントドリブンと呼ばれるプログラミングスタイルと相性が良いことが知られています。イベントドリブンはまさにコールバックパターンです。本書**Part3**で見るようにクライアントサイドJavaScriptのプログラミングはDOMのイベントをベースにしたイベントドリブンプログラミングになります。

　2つ目の理由はクライアントサイドJavaScriptでマルチスレッドプログラミングができないことに起因しています[注1]。コールバックは非同期処理と組み合わせることで並列処理を実現できます。並列処理の実現にマルチスレッドを利用できないため必然的にコールバックを使う技法が定着しています。最後の1つはJavaScriptに関数宣言式とクロージャがある点です。この理由は本節を読めばわかります。

　JavaScriptプログラミングは歴史的にコールバックを多用しますが、コールバックはJavaScript固有の話ではありません。筆者の考えでは、コールバックに類似のパターンはある規模以上のプログラミングでは普遍的に現れるものだと思っています。フレームワークプログラミング、イベントドリブン、プラグインのようなアーキテクチャのレベルから、オブザーバパターン、テンプレートメソッドパターンのようなデザインパターンで知られるコーディング技法のレベルまで、どれも不変な部分や抽象コードをコアに持ち、変わる部分や具象コードを外部に追い出し拡張する点で類似の構造を持っています。

6-8-2　JavaScriptとコールバック

　JavaScriptに話を戻します。ここではコールバックの実装方法を見ながら動作を説明します。より現実に近いコードは**本書Part3**以降で実例が現れるのでそちらを参照してください。本節はコールバックする側のコードも示すことでコールバックの仕組みを説明します。現実のプログラミングでは普通の開発者は呼ばれる側のみを実装します。しかし裏側の動作原理を知っておくことは役に立つはずです。

■コールバック関数

　リスト**6.15**はコールバックをエミュレートする簡単なコードです。事前にemitterオブジェクトにコールバック関数を登録（register）しておきます。onOpenイベントからコールバック関数が呼ばれます[注2]。emitterから見ると登録された関数を呼ぶだけですが、コールバックの文脈ではemitterを使う側の視点で見てください。使う側から見ると登録したコールバック関数が呼ばれる関係になります。

リスト6.15　単純な関数型のコールバック

```
var emitter = {
    // 複数のコールバック関数を登録できるように配列で管理
```

次ページへ

[注1] HTML5のWeb Workers（本書Part4参照）はクライアントサイドJavaScriptにマルチスレッドをもたらしますが、登場は最近の話です。

[注2] イベントドリブンでコールバック関数を呼ぶ側にはイベント発行（emit）やイベント発火（fire）の用語を使います。onの接頭辞は、呼ばれる側に使うのが普通なのでリスト6.15の用語は少し微妙ですが新語を抑えるためこうしています。

前ページの続き

リスト6.15　単純な関数型のコールバック

```
    callbacks:[],
    // コールバック関数の登録メソッド
    register:function(fn) {
            this.callbacks.push(fn);
        },
    // イベント発火処理
    onOpen:function() {
            for each (var f in this.callbacks) {
                f();
            }
        }
};
```

```
// リスト6.15の利用例

// コールバック関数の登録
js> emitter.register(function() { print('event handler1 is called'); });
js> emitter.register(function() { print('event handler2 is called'); });

// イベント発生のエミュレーション（コールバック関数の呼び出し）
js> emitter.onOpen();
event handler1 is called
event handler2 is called
```

■コールバックとメソッド

　リスト 6.15 のコールバック関数はただの関数なので状態を持てません。コールバック関数が状態を持てると利用の幅が広がります。コールバックされる側をオブジェクトにして、リスト 6.15 の emitter にメソッドを渡す形に変えたのが**リスト 6.16** です。コメントにもありますがこれは期待どおりの動作をしません。

リスト6.16　メソッドを渡すコールバック（期待どおりに動かない）

```
// リスト6.15のemitterを利用

function MyClass(msg) {
  this.msg = msg;
  this.show = function() { print(this.msg + ' is called'); }
}
```

```
// リスト6.16の利用例

// メソッドをコールバック関数に登録
js> var obj1 = new MyClass('listener1');
js> var obj2 = new MyClass('listener2');
js> emitter.register(obj1.show);
```

次ページへ

前ページの続き

```
js> emitter.register(obj2.show);

// イベント発生のエミュレーション (コールバック関数の呼び出し)
js> emitter.onOpen();
undefined is called        // 期待と違う結果 ('listener1 is called'を期待)
undefined is called        // 期待と違う結果 ('listener2 is called'を期待)
```

　リスト6.16は、コールバック関数の呼び出しでthis.msgを正しく表示できていません。JavaScriptのメソッド内のthis参照が正しくないためです。解決には2つ方法があります。1つはbindを使う方法で、もう1つがメソッドではなくオブジェクトを登録する方法です。後者はJavaScriptで一般的ではないためコラム「イベントリスナ風の実装」で紹介します。

　bindを使う実装を次に示します。

```
// リスト6.15のemitterを利用
// リスト6.16のMyClassを利用

// メソッドをコールバック関数に登録
js> var obj1 = new MyClass('listener1');
js> var obj2 = new MyClass('listener2');
js> emitter.register(obj1.show.bind(obj1));
js> emitter.register(obj2.show.bind(obj2));

// イベント発生のエミュレーション (コールバック関数の呼び出し)
js> emitter.onOpen();
listener1 is called
listener2 is called
```

　bindはECMAScript第5版で追加された機能です。Function.prototypeオブジェクトのメソッドです (表6.4参照)。bindの働きは「5-15 applyとcall」で紹介したapplyとcallと同じで、呼び出したメソッドでのthis参照を明示するために使います。関数に対してbindを呼ぶと新しい関数を返します。新しい関数は元関数と同じ内容を実行しますがthis参照がbindの第1引数に指定したオブジェクトになります。applyとcallは呼び出すとすぐに対象関数を呼び出しますが、bindはその場で呼ばずに関数 (クロージャ) を返します。

　bindはapplyもしくはcallを使えば独自に実装可能です。実際、ECMAScript第5版が出る以前から、prototype.jsなど著名なライブラリはbindの独自実装をapply/callで提供していました。興味があればそれらの実装も参照してください。

■クロージャとコールバック

　最後にクロージャを使うコールバックを紹介します。今までの苦労が嘘のようにあっさり書けます。かつ、オブジェクトのように状態も持てます。

```
// リスト6.15のemitterを利用

// クロージャをコールバック関数に登録
```

次ページへ

前ページの続き

```
js> emitter.register((function() { var msg = 'closure1'; return function() { print(msg + '
is called'); } })());
js> emitter.register((function() { var msg = 'closure2'; return function() { print(msg + '
is called'); } })());

// イベント発生のエミュレーション（コールバック関数の呼び出し）
js> emitter.onOpen();
closure1 is called
closure2 is called
```

COLUMN

イベントリスナ風の実装

　参考までにJavaなどで一般的に見られるイベントリスナ風の実装例を紹介します。イベントリスナ側で決まった名前のメソッド（下記ではMyClass内のonOpenメソッド）の実装が必要です。このような事前の取り決めを面倒と思うか、オブジェクトの役割が明確になって好ましいと思うかは人によります。歴史的にJavaScriptはこのスタイルのコールバックをあまり使いません（クロージャのほうが普通）。

```
var emitter = {
  callbacks:[],
  register:function(obj) {
        this.callbacks.push(obj);
      },
  onOpen:function() {
        for each (var obj in this.callbacks) {
          if ('onOpen' in obj) {
            obj.onOpen();     // メソッド呼び出しなのでthis参照は期待したオブジェクトを参照する
          }
        }
      }
};

// イベントリスナクラス
function MyClass(msg) {
  this.msg = msg;
  // onOpenメソッドの実装が必須（emitter内の 'onOpen' in obj に対応）
  this.onOpen = function() { print(this.msg + ' is called'); }
}
```

```
// イベントリスナオブジェクトの登録
js> var obj1 = new MyClass('listener1');
js> var obj2 = new MyClass('listener2');
js> emitter.register(obj1);
js> emitter.register(obj2);

// イベント発生のエミュレーション
js> emitter.onOpen();
listener1 is called
listener2 is called
```

7章 データ処理

配列、JSON処理、日付処理、正規表現をまとめます。実用上、特に配列と正規表現の活用は必須です。イディオムも含めてJavaScriptのデータ処理を説明します。

7-1 配列

配列は順序のある要素の集まりです。JavaScriptの配列の長さは可変です。要素を末尾に足せば配列長が自動で伸びます。また個々の要素の書き換えも自由です。もっともこれは驚く事実ではなく当然の話です。なぜならJavaScriptの配列はオブジェクトだからです。JavaScriptオブジェクトの性質をそのまま引き継いでいるだけです。この意味は後ほど改めて説明します。

7-1-1 JavaScriptの配列

JavaScriptの配列はリテラル表記とnew式の2つの方法で生成できます。new式での生成方法は次の節にまわし、配列リテラルの例を先に示します。

```
// 配列リテラルの例
js> var arr = [3, 4, 5];
js> typeof arr;    // 配列に対するtypeof演算の結果はobject
object
```

配列リテラルはブラケット([])の中に配列要素をカンマで区切って並べます。要素がない配列は長さゼロの配列です。長さゼロの配列を生成して後から要素を足すのはJavaScriptでは一般的です。

要素には任意の値やオブジェクト参照を指定できます。配列の要素の型を揃える必要はありません。変数にどんな型の値でも代入可能なことを知っていれば驚く事実ではありませんが、原則、要素の型を揃える必要があるJavaの配列とは異なる部分です。自由度が高いので便利ですが、意図しない型変換で不正な値が要素に紛れ込むバグも起きるので注意してください。

```
// 各要素の型を揃える必要はない
js> var s = 'bar';
js> var arr = [1, 'foo', s, true, null, undefined, {x:3, y:4}, [2, 'bar'], function(a, b)
{return Number(a) + Number(b);}];
js> print(arr);
1,foo,bar,true,,,[object Object],2,bar,function (a, b) {
    return Number(a) + Number(b);
}
```

要素の途中をスキップした配列リテラルも可能です。飛ばした要素の値はundefined値になります。

```
// 要素の途中をスキップした配列

js> var arr = [3,,5];
js> print(arr[0], arr[1], arr[2]);
3 undefined 5
```

次のようにカンマで終わる配列リテラルを書くと、ECMAScriptは最後のカンマを無視するようになっています。しかし古いInternet Explorerで問題の起きることが知られています。このため配列の最後のカンマは避けたほうが安全です。

```
js> var arr = [3,4,];
js> print(arr.length);     // ECMAScript準拠では最後のカンマを無視
2
```

7-1-2 配列の要素アクセス

配列の要素のアクセスはブラケット演算子（[]演算子）で行います。[]内には添字の数値を書きます。添字は0から始まります。要素のない添字を指定するとundefined値になります。

```
// 配列の使用例

js> var arr = [3, 4, 5];
js> print(arr[0], arr[1], arr[2], arr[3]);
3 4 5 undefined
```

添字には結果が数値になる任意の式を書けます。内部的には添字に書いた式を文字列として評価してから数値のように扱います。このため次のように数値に解釈できる文字列を添字に書いても動作します。しかし、この動作への依存はコードの可読性の観点から推奨しません。

```
// 前コードの続き

js> var s = '2';
js> print(arr[s]);        // インデックス2の要素にアクセス
5

js> print(arr[s + 1]); // arr['21']にアクセスしていることに注意（「4-31 算術演算子」参照）
undefined

js> var one = { toString:function() { return '1'; } };   // 文字列型に型変換すると'1'になるオブジェクト
js> print(arr[one]);     // インデックス1の要素にアクセス
4
```

ブラケット演算式を代入式の左辺に書くと要素を書き換えられます。

```
// 配列の要素の書き換え（前コードの続き）
js> arr[2] = arr[2] * 2;    // インデックス2の値を書き換え
10
js> print(arr);
3,4,10
```

代入式の左辺に要素数を越える添字を書くと、新しい要素の追加になります。途中の数字を飛ばした要素の追加もできます。この場合、途中の飛ばした要素にアクセスすると undefined 値が返ります。

```
// 前コードの続き
js> arr[3] = 20;        // 要素数が3の時、インデックス3（先頭から4番目）の要素に代入すると要素数が増える
20
js> print(arr);
3,4,10,20

js> arr[10] = 100;      // インデックス10（先頭から11番目）の要素に代入すると要素数が11になる
100
js> print(arr);
3,4,10,20,,,,,,,100
js> print(arr.length);
11
js> print(arr[4]);      // 飛ばした要素にアクセスするとundefined値が返る
undefined
```

7-1-3　配列の長さ

配列とドット演算子に続いて length を書くと配列の長さを得られます。配列の長さは配列の最後尾要素のインデックスに 1 を足した数です。少しわかりづらい表現をした理由は隙間のある配列を作った時、要素数と配列長は異なるからです。次の具体例を見てください。

```
js> var arr = [2,,,,3];       // 途中を飛ばした配列（要素数は2）
js> print(arr.length);        // 配列長は5。要素数と異なる
5
```

最後尾に要素を加えると length 値は自動で増分されます（図 7.1）。途中の要素を飛ばして追加しても最後の要素のインデックスに 1 を足した数になります。

図 7.1　配列の length 値の自動計算

```
js> var arr = ['zero', 'one', 'two'];
js> arr[arr.length] = 'three';    // arr.lengthを使い最後尾に要素を追加するイディオム
js> print(arr);
zero,one,two,three
```

次ページへ

前ページの続き

図 7.1 配列のlength値の自動計算

```
js> print(arr.length);      // 自動で増分
4

js> arr[100] = 'x';         // 途中の要素を飛ばし要素追加
js> print(arr.length);      // 自動で増分
101
```

　length値は明示的に変更も可能です（図 7.2）。書き換えると配列の長さが変わります。短く変更した場合、余った要素は切り捨てられます。長く変更した場合、増えた分の要素の値はundefined値になります。

図 7.2 配列の長さの変更

```
js> var arr = ['zero', 'one', 'two'];
js> arr.length = 2;         // 配列の長さを切り詰める
js> print(arr);             // 最後の要素がなくなる
zero,one

js> arr.length = 3;         // 配列の長さを元に戻す（伸ばす）
js> print(arr);             // 伸びた部分にはundefined値
zero,one,
js> typeof arr[2];
undefined
```

　内部的にはlengthプロパティなので次のようにブラケット演算子でもアクセス可能です。しかし記述が増えるだけで利点もないのであまり使いません。

```
js> print(arr['length']);
```

7-1-4　配列の要素の列挙

配列の要素を列挙するにはfor文が一番よく使われます。次に例を示します。

```
// 配列arrの全要素を列挙するイディオム
for (var i = 0, len = arr.length; i < len; i++) {
  print(arr[i]);
}
```

　for in 文やfor each in 文でも要素を列挙できますが順序の保証がありません。列挙の順序を保証したい場合はfor文を使ってください。
　for文のような繰り返し文（ループ文）以外の方法として、配列の各要素を順に呼び出すメソッドによる列挙の方法があります。ループ文が裏に隠れるためインナーループと呼ぶ人もいます。

COLUMN

配列の長さの上限

ECMAScriptでJavaScriptの配列の長さの上限は2の32乗です。JavaScriptの数値の上限値と異なるので注意してください。ただし2の32乗以上の数値は数値以外のただのプロパティ名として認識され、要素を追加できたかのように見えます。しかし、配列要素として扱われないのでlengthは自動で増分されません。この境界値を叩くとやっかいなバグになりますが、2の32乗を越える要素数を扱う配列は滅多にないので通常は気にする必要はありません。

```
js> var arr = [];
js> arr[Math.pow(2, 32) - 2] = '';
js> print(arr.length);                  // 配列長が2^32-1
4294967295

js> arr[Math.pow(2, 32) - 1] = '';      // 要素追加ができたように見えても...
js> print(arr.length);                  // 配列長は変わらない
4294967295

js> Object.keys(arr);
["4294967294", "4294967295"]            // 2^32-1はプロパティとしては存在するが配列要素として認識されていない
```

ECMAScript第5版にはこのようなインナーループ系のメソッドがいくつかあります。その中でももっとも代表的なforEachメソッドを紹介します。forEachメソッドの引数には各要素ごとに呼ばれる関数（コールバック関数）を指定します。

配列の全要素を列挙するコードは次のように書けます。

```
arr.forEach(function(e) { print(e); })
```

コールバック関数には3つの引数が渡ってきます。要素、インデックス値、配列オブジェクトです。具体例を以下に示します。

```
js> var arr = ['zero', 'one', 'two'];
// コールバック関数の引数
// 引数e：要素値
// 引数i：インデックス値
// 引数a：配列オブジェクト
js> arr.forEach(function(e,i,a) { print(i, e); });
0 zero
1 one
2 two
```

JavaScript言語仕様

forEachの第2引数にはコールバック関数内でのthis参照が参照するオブジェクトも指定できます。具体例は省略します。

7-1-5 多次元配列

配列の要素には何でも指定できるので配列の指定もできます。そして要素に配列を指定した場合、次のように[]演算子を連続して要素にアクセスできます。これで多次元配列を実現できます（勘の鋭い人は、自身を要素に持つ配列も実現可能なことに気づくでしょう）。

```
// 配列の要素が配列（多次元配列）
js> var arr_of_arr = [1, ['zero', 'one', 'two', 'three']];
js> print(arr_of_arr[1][1]);
one
```

7-1-6 配列はオブジェクト

JavaScriptの配列はオブジェクトです。内部的にはArrayオブジェクト（Arrayクラス）のインスタンスオブジェクトです。このためnew式でArrayコンストラクタを呼び出す配列生成も可能です。

Arrayコンストラクタに渡す引数はその数によって異なる解釈をされます。引数の数が1つでかつそれが数値の場合は配列の長さ（要素数）を意味し、引数の数が2つ以上の場合は個々の引数が配列の要素になります。図7.3 の具体例を見てください。

図 7.3　Arrayコンストラクタの呼び出し例
```
js> var arr = new Array(5);             // 引数が1つで数値の場合、引数が配列の長さ指定になる
js> print(arr);
,,,,

js> var arr = new Array(3, 4, 'foo');   // 引数が配列の要素になる
js> print(arr);
3,4,foo

js> var arr = new Array('5');           // 数値型への暗黙の型変換は起きないので、この引数は0番目の要
                                        //    素指定と解釈される
js> print(arr);
5
```

new式での配列生成を紹介しましたが、特に理由がなければ配列生成にはリテラル式を使ってください。リテラルのほうが表記が簡単だからです。配列リテラル式で生成した配列もArrayインスタンスオブジェクトです。これは次のように確認できます。

```
js> var arr = [];                       // 配列リテラルでオブジェクト生成
js> arr.constructor;                    // 実体はnew Array()で生成したものと変わらない
function Array() {
    [native code]
}
```

　new式での生成はコンストラクタの引数の数で意味が変わるのがバグの元です。思わぬバグを避けるためなるべく使わないことを勧めます。しかし、new式で書いたほうが良い場合が限定的に存在します。生成時に配列の長さを指定する場合です。

　たとえば、要素数が100で個々の要素が未定の配列をリテラルで書けなくはありませんが（[]の中に,を100個書きます）煩雑すぎるのでこのような場合はnew式が良いでしょう。ちなみに要素を追加すると配列の長さは自動で伸びるので、作成時に配列長の指定は必須ではありません。指定するのは効率が良くなることの期待と、配列の意図を明確にするコード可読性向上が主な理由です。

　配列オブジェクトのメソッド呼び出し例は次のようになります。呼べるメソッドは次の「**7-1-7 Arrayクラス**」を見てください。

```
// 配列オブジェクトのメソッド呼び出し例

js> var arr = ['zero', 'one', 'two'];
js> arr.join('_');                      // joinメソッドの呼び出し
"zero,one_two"

js> [3, 4, 5].join('_');                // 配列リテラルに直接メソッド呼び出しも可能
3_4_5
```

　配列の要素アクセスに使うブラケット演算子の実体は、オブジェクトのプロパティアクセスそのものです。つまり内部的にはインデックス値の0や1の数値が配列オブジェクトのプロパティ名になっています。これは図7.4のように様々な手段で確認可能です。

　図7.4を見てわかるようにlengthもプロパティ名の1つです。ただしfor文では列挙されません。lengthプロパティのenumerable属性が偽だからです。enumerable属性については「**5-10 プロパティの属性**」を参照してください。

図7.4　配列のプロパティ

```
js> var arr = ['zero', 'one', 'two'];

js> for (var n in arr) { print(n); }    // インデックス値の列挙 = プロパティ名の列挙
0
1
2

js> Object.keys(arr);                   // プロパティ名の列挙
["0", "1", "2"]
```

次ページへ

前ページの続き

図 7.4　配列のプロパティ

```
js> Object.getOwnPropertyNames(arr);        // プロパティ名の列挙（enumerable属性を無視）
["length", "0", "1", "2"]

js> '0' in arr;                             // インデックス0の存在チェック
true

js> 0 in arr;                               // 数値0は文字列'0'に型変換されてチェック
true

js> 3 in arr;                               // インデックス3の存在チェック
false

js> 'length' in arr;                        // lengthプロパティの存在チェック
true
```

「5-9 連想配列としてのオブジェクト」でJavaScriptのオブジェクトは連想配列として使えると説明しました。この文脈のまま説明すると、JavaScriptの配列は連想配列のキーがたまたま連続する数値の場合と見なせます。ちなみに、配列オブジェクトに正の整数以外を指定して[]演算をすると、そのままプロパティ名として解釈してプロパティアクセスします。次の例を見てください。

```
js> var arr = ['zero', 'one', 'two'];
js> arr.x = 'X';                            // 配列オブジェクトにプロパティxを追加
js> for (var p in arr) { print(p); }
0
1
2
x
```

配列オブジェクトであることの意味は後述する「7-1-8 配列オブジェクトの意味」で改めて説明します。

7-1-7　Arrayクラス

Arrayクラスは配列オブジェクトのためのクラスです。Arrayクラスの関数またはコンストラクタ呼び出しを**表 7.1**にまとめます。

表 7.1　Arrayクラスの関数またはコンストラクタ呼び出し

関数またはコンストラクタ	説明
Array([item0, item1, ...])	引数を要素とする配列インスタンスを生成
new Array([item0, item1, ...])	引数を要素とする配列インスタンスを生成
Array(len)	引数lenの長さの配列インスタンスを生成
new Array(len)	引数lenの長さの配列インスタンスを生成

Arrayクラスのプロパティを**表 7.2**にまとめます。Array.isArray(arg)のように使います。

表 7.2　Array クラスのプロパティ

プロパティ名	説明
prototype	プロトタイプチェーン用
length	値は 1
isArray(arg)	引数 arg が配列インスタンスであれば真を返す

Array.prototype オブジェクトのプロパティを**表 7.3** にまとめます。

表 7.3　Array.prototype オブジェクトのプロパティ

プロパティ名	説明
constructor	Array クラスオブジェクトへの参照
concat([item0, item1,...])	配列に引数を要素として連結した新しい配列を生成。引数が配列の場合、配列同士の連結
every(callbackfn[, thisArg])	配列の各要素に順に関数 callbackfn を適用。callbackfn が false を返すと終了
filter(callbackfn[, thisArg])	配列の各要素に順に関数 callbackfn を適用し、返り値が true の場合の要素の新しい配列を返す
forEach(callbackfn[, thisArg])	配列の各要素に順に関数 callbackfn を適用
indexOf(searchElement, [fromIndex])	searchElement と一致する最初の要素のインデックスを返す。第 2 引数で検索開始インデックスを指定可能。見つからない場合、-1 を返す
join(separator)	配列の要素間にセパレータを挟んだ文字列値を生成
lastIndexOf(searchElement[, fromIndex])	最後尾から searchElement を探し最初に一致する要素のインデックスを返す。第 2 引数で検索開始インデックスを指定可能。見つからない場合、-1 を返す
map(callbackfn[, thisArg])	配列の各要素に順に関数 callbackfn を適用し、それぞれの結果が要素の新しい配列を返す
pop()	配列の最後の要素を削除して返す
push([item0, item1, ...])	引数を配列の最後尾に追加
reduce(callbackfn[, initialValue])	配列の各要素と直前の関数呼び出し結果を引数にして順に関数 callbackfn を適用して最後の関数呼び出し結果を返す
reduceRight(callbackfn[, initialValue])	reduce 操作を配列の最後尾から行う
reverse()	配列の要素を逆順に入れ換える
shift()	配列の先頭の要素を削除して返す
slice(start, end)	インデックス start から end までの要素を持つ新しい配列を生成
some(callbackfn[, thisArg])	配列の各要素に順に関数 callbackfn を適用。callbackfn が true を返すと終了
sort(comparefn)	配列の要素をソートする
splice(start, delCount, [item0, item1, ...])	インデックス start から delCount 個の要素を削除。第 3 引数以降が指定された場合、それらを配列のその位置に挿入
toLocaleString()	配列をロケール依存の文字列値に変換
toSource()	JavaScript 独自拡張。評価結果が配列生成になる文字列を返す
toString()	配列を文字列値に変換
unshift([item0, item1, ...])	引数を配列の先頭に追加

Array クラスのインスタンスプロパティを**表 7.4** にまとめます。

表 7.4　Array クラスのインスタンスプロパティ

プロパティ名	説明
0 以上の整数値	配列要素
length	配列の長さ

7-1-8　配列オブジェクトの意味

「7-1-6 配列はオブジェクト」で、配列がオブジェクトで、要素アクセスに使うインデックスの数値がプロパティ名だと説明しました。

では次のようなオブジェクトリテラル式で生成したオブジェクトは配列と同じでしょうか。

```
js> var fake_arr = { 0:'zero', 1:'one', 2:'two', length:3 };    // fake_arr = ['zero',
'one', 'two'] と同じ?
js> print(fake_arr[1]);                                         // これだけ見ると同じに見える
one
```

結論を言うとこのオブジェクト（連想配列）は配列ではありません。

1つめの違いはlengthプロパティのenumerable属性です。

もう1つの違いは配列のlengthプロパティ値の自動増分です。配列の場合、要素を追加していくとlengthプロパティが自動で増加します。pushメソッドやunshiftメソッドで増加させるだけであれば上記fake_arrオブジェクトでもエミュレート可能ですが、要素への代入だけでlengthプロパティ値を増やすのはエミュレートできません。

7-1-9　配列のイディオム

本節はいくつか配列に関連するイディオムを紹介します。

■ソート

sortメソッドで配列の要素値のソートができます。引数なしでsortメソッドを呼ぶと文字列としてソートします。文字列としてのソートはUnicodeのコードポイント値の大小比較です。大小比較の規則は**「3-3-3 文字列型の比較」**を参照してください。具体例を下記に示します。

```
js> var arr = ['one', 'two', 'three', 'four', 'five', 'six'];
js> arr.sort();
["five", "four", "one", "six", "three", "two"]
```

ソートによって配列自体が変更されます。この意味は後述します。

文字列以外の配列をソートするにはsortメソッドの引数に比較関数を渡します。数値の配列であれば次の比較関数を使います。デフォルトの文字列ソートで数値をソートすると一桁の数値は期待どおりの動作をします。しかしたとえば10は2より小さくなってしまいます（'10' > '2'の結果を確認してみてください）。一桁しか動作確認せず動いたと勘違いしないように注意してください。

```
// 数値の配列のソート
js> var arr = [1, 0, 20, 100, 55];
js> arr.sort(function(a,b){ return a - b; });
[0, 1, 20, 55, 100]
```

sortメソッドの引数に渡す比較関数はソート時に要素ごとに呼ばれます。2つの要素値を引数で受けて比較結果を返します。比較結果は、xとyを比較する時、xがyより大きければ正の値を返します。つまりソートした時[注1]にxがyより後に来る関係であれば正の値を返します。逆の関係であれば負の値を返します。同じ順序になる値であればゼロを返します。

説明だけ聞くと難しそうですが、数値であれば上記のように減算結果を返せばこの仕様を満たします。

sortメソッドは配列自体を変更して要素を並び替えます。対象となるオブジェクトを書き換えるメソッドを破壊的なメソッドと呼びます。JavaScriptの配列には破壊的なメソッドが多数あります。以下は破壊的なメソッドです。

- pop、push、reverse、shift、sort、splice、unshift

JavaScriptだけしか知らないとソートで配列の要素の順序が変わるのは当然と思ってしまうかもしれません。しかし対象の配列を変更せずソート済みの新しい配列を返す非破壊的な実装も可能です。一般に破壊的なメソッドは、バグの元になるため使用を避けるべきです[注2]。なお**「5-12 不変オブジェクト」**で紹介したfreezeメソッドを使うと配列の意図しない変更を防止できます。

freezeした配列は次のようにsortメソッドがエラーで失敗します。

```
js> var arr = ['one', 'two', 'three'];
js> Object.freeze(arr);
js> arr.sort();
TypeError: arr.sort() is read-only
```

■配列を使う文字列生成

次にpushとjoinを組み合わせた文字列生成のイディオムを紹介します。部分文字列を連結して新しい文字列を作るために配列を利用できます。部分文字列を配列にpushして最後にjoinで1つの文字列に連結します。文字列を連結演算（+演算や+=演算）で連結するよりも速いと言われています。

しかし、この速度差は処理系で変わりうるので盲目的に信じすぎるのは危険です。必要であれば自分で計測してください。ただ世の中で広く信じられているので、既存コードにこの技法は多く残っています。このため使う必要がなくなってもコードを読める必要はあります。具体例を次に示します。

```
js> var arr = [];
js> arr.push('<div>');
js> arr.push(Date());
js> arr.push('</div>');
js> arr.join('');
"<div>Sun May 22 2011 14:29:01 GMT+0900 (JST)</div>"
```

joinの引数は文字列を連結する時の区切り文字です。上記例は空文字を渡しているので事実上区切り文字がありません。joinに引数を渡さない場合のデフォルトの区切り文字は,（カンマ）文字です。

（注1） 正確には昇順のソートです。一般に昇順がソートのデフォルト動作です。
（注2） 破壊的なソート実装にも利点はあります。それは効率です。メモリ効率は確実に良く、速度もたいていは良くなります。

joinの逆変換に当たるのがStringクラスのsplitメソッドです。文字列を区切り文字で分割して、部分文字列を要素とする配列を返します。splitの第1引数には区切り文字を示す文字列値または正規表現を指定します。

空白文字で区切って配列を生成する具体例を次に示します。

```
js> var str = 'Sun May 22 2011 14:45:04 GMT+0900 (JST)';
js> str.split(' ');        // 空白文字で文字列を分割
["Sun", "May", "22", "2011", "14:45:04", "GMT+0900", "(JST)"]

js> str.split(/\s/);       // 空白文字（正規表現で指定）で文字列を分割
["Sun", "May", "22", "2011", "14:45:04", "GMT+0900", "(JST)"]
```

■配列のコピー

配列のコピーについて考えます。配列に限らず、コピーと破壊的な操作にまつわるバグは誰もが必ずいつかは遭遇するものです。

代入は参照の代入なので配列の要素のコピーはしません。同じ実体としての配列を別の変数から参照するだけです。配列はオブジェクトなので必然的な結果です（「**5-2 変数と参照**」を参照）。具体例を下記に示します。

```
js> var arr = [3, 5, 4];
js> var arr2 = arr;        // 変数arr2から同じ要素が見える
js> print(arr2);
3,5,4

js> arr2[0] = 123;         // 変数arr2から配列の要素を書き換える
js> print(arr);            // 変数arrから変更が見える
123,5,4
```

配列の要素をコピーするにはconcatメソッドもしくはsliceメソッドを使います。
concatメソッドとsliceメソッドを使う例をそれぞれ紹介します（**図7.5**、**7.6**）。

図7.5　concatメソッドで配列のコピー

```
js> var arr = [3, 5, 4];
js> var arr2 = [].concat(arr);
js> print(arr2);           // 変数arr2から同じ要素が見える
3,5,4

js> arr2[0] = 123;         // 変数arr2から配列の要素を書き換える
js> print(arr);            // 変数arrから変更は見えない（要素をコピーしているから）
3,5,4
```

図7.6　sliceメソッドで配列のコピー

```
js> var arr = [3, 5, 4];
js> var arr2 = arr.slice(0, arr.length);
js> print(arr2);                    // 変数arr2から同じ要素が見える
3,5,4

js> arr2[0] = 123;                  // 変数arr2から配列の要素を書き換える
js> print(arr);                     // 変数arrから変更は見えない（要素をコピーしているから）
3,5,4
```

　一般にオブジェクトや配列の実体のコピーは、deepコピーとshallowコピーと呼ばれる2つの動作があります。

　deepコピーは完全な複製で、たとえばオブジェクトのプロパティが別オブジェクトを参照していれば参照先オブジェクトも含めてコピーします。

　shallowコピーはプロパティ値や要素値だけのコピーで、その先の参照先まではコピーしません。concatとsliceが行うコピーはshallowコピーです。これは次のように確認できます。

```
js> var arr = [ {x:2} ];            // オブジェクト参照を要素に持つ配列
js> var arr2 = [].concat(arr);      // concatで要素のコピー
js> arr2[0].x = 123;                // 変数arr2から見える要素の参照先オブジェクトを変更
js> print(arr[0].x);                // 変数arrから変更が見える（shallowコピーだから）
123
```

　deepコピーが必要であれば自分で実装する必要があります。ただ実際にdeepコピーが必要な場面はほとんどありません。

■要素の削除

　配列の要素を削除するにはdelete演算を使えます。しかしdeleteで要素を削除すると、隙間要素として存在が残ります。削除した要素の部分を詰めた配列にするには、spliceメソッドを使います。図7.7の例を見てください。

図7.7　要素の削除（spliceメソッド）

```
js> var arr = ['zero', 'one', 'xxx', 'two', 'three'];
js> delete arr[2];         // deleteで削除しただけでは
js> print(arr);            // インデックス2番目は空きのまま
zero,one,,two,three

js> arr.splice(2, 1);      // インデックス2番目から1つの要素を削除
js> print(arr);            // 削除された場所を詰めた配列になっている
zero,one,two,three
```

■フィルタ処理

「**7-1-4 配列の要素の列挙**」でforEachメソッドを紹介しました。要素を列挙するという手続きに注目するのではなく、配列をモノの集まりとして1つの対象でとらえて、そこに操作を施すと見なします。あるいは、別の見方をするとある集合から別の集合を生み出す変換とも見なせます。

最初の集合を入力、生み出された集合を出力ととらえると、変換処理自体が1つの関数に見なせます。ある意味、これは単なる見立ての違いです。しかし、見立ての違いは重要です。見立てを変えて変換処理と見なすと、配列要素を列挙するforループ処理だけでは見えなかった、フィルタ処理やパイプ処理につながる関連が見えてきます。

フィルタ処理やパイプ処理は、多段につなげられると便利です。配列のメソッドで多段につなぐ処理はメソッドチェーンで実現します。恣意的で特に何の役にも立たない例ですが具体例を以下に示します。

```
js> var arr = ['zero', 'one', 'two', 'three', 'four'];

// map: 要素の文字列長を新しい要素とする配列に変換
// filter: 要素の数値が偶数のものだけを抜き出す変換
js> arr.map(function(e) { return e.length; }).filter(function(e) { return e % 2 == 0; });
[4, 4]
```

表7.3を見るとこのようなフィルタ処理につかえるメソッドが多数あります。これらをイテレータ系メソッドと呼ぶ人もいます。配列の要素をループで列挙するコードを書きたくなったら、これらのメソッドで書き下せないか考えてみてください。

利点の1つはコードが簡潔になることです。もう1つのささやかな利点は破壊的な操作に敏感になれることです。フィルタ処理でメソッドチェーンしていくと途中で破壊的な操作を避けるようになるからです。

7-1-10 配列の内部

JavaScript以外の多くの言語の配列は、暗黙に連続したメモリ領域を意味します。この暗黙の内部実装で、効率的なメモリ使用と高速な要素アクセスが期待できます。一方、JavaScriptの配列の実体はオブジェクトなので素朴な実装では連続したメモリ領域になりません。

他のプログラミング言語の経験者であればJavaScriptの配列の効率が悪い可能性を心配するかもしれません。JavaScriptの配列が連続したメモリ領域を使うかは実装次第です。ほぼ確実に連続メモリ領域を使う他のプログラミング言語に比べてやや不安ですが、現実的にはすべてのJavaScript処理系が実用性のために処理系ごとの工夫をしています。

処理系の配列内部実装を探るには**リスト 7.1**と**リスト 7.2**を比較してみると推測できます。ちなみにこれらのコードの1e7は10の7乗です。指数表記の数値リテラル（表3.6参照）はパフォーマンス計測コードで有用なので覚えておくと便利です。

■ リスト 7.1　配列の大量要素アクセス

```
var arr = [];
for (var i = 0; i < 1e7; i++) {
  arr[i] = '';
}
```

■ リスト 7.2　リスト 7.1 のオブジェクト版

```
var arr = {};   // オブジェクト
for (var i = 0; i < 1e7; i++) {
  arr[i] = '';
}
```

処理系によってはリスト 7.1 とリスト 7.2 の実行速度に差がでます。これは配列が連続したメモリ領域になっていることを示唆します。一方、もし配列が必ず内部的に連続したメモリを確保すると次のコードはギガバイトのオーダーのメモリを確保するはずです。しかし一般的な処理系ではそのようなことは起きません。

```
js> var arr = [];
js> arr[1e9] = '';    // もし配列が連続したメモリ領域を確保するなら大量にメモリを消費するはず
```

普及している JavaScript 処理系は、小さな配列 (小さな値のインデックス) には連続したメモリ領域を確保し、大きなインデックス値には通常のオブジェクトのプロパティ相当の処理をすることが多いようです[注3]。

なお JavaScript 独自拡張で Int32Array や Int8Array のような提案があることを付記しておきます (下記リンク参照)。

https://developer.mozilla.org/en/JavaScript_typed_arrays

7-1-11　配列風のオブジェクト

「配列オブジェクトの意味」の節で説明したようにプロパティ名が数値のオブジェクトと配列は (内部はともかく) 利用の視点での違いはごく僅かです。JavaScript にはこのように配列ではない配列風オブジェクトが存在します。有名なのは関数の実引数にアクセスできる arguments オブジェクトです。DOM の API には配列風のオブジェクトが多くあります。

配列風オブジェクトは要素を for 文で列挙できるのでこの点では配列と同じように使えます。通常、Array クラスのメソッドを使えませんが、JavaScript 独自拡張 (JavaScript1.6) で次の条件を満たすオブジェクト (配列風オブジェクト) に対してクラスメソッド風な呼び方で Array クラスのメソッドを呼べます (図 7.8)。

[注3]　あくまで実装依存の話です。

JavaScript言語仕様

- オブジェクトがlengthプロパティを持つ
- オブジェクトが数値プロパティを持つ

図7.8　配列風オブジェクトに対するArrayクラスのメソッド呼び出し（JavaScript独自拡張）

```
js> var fake_arr = { 0:'zero', 1:'one', 2:'two', length:3 };    // 配列風オブジェクト

js> fake_arr.join(',');                      // 普通にArrayクラスのメソッドを呼ぶとエラー
TypeError: fake_arr.join is not a function

js> Array.join(fake_arr, ',');               // クラスメソッド風にArrayクラスのメソッドを呼べる
"zero,one,two"

js> Array.push(fake_arr, 'three');           // pushをすると自動的にlengthプロパティも増加
js> print(fake_arr.length);
4
js> Array.join(fake_arr, ',');
"zero,one,two,three"
```

より汎用的な解法として次のような方法もあります。

```
js> Array.prototype.join.call(fake_arr, ',');
"zero,one,two"
```

7-1-12　イテレータ

　イテレータと呼ばれる概念はJavaScript固有の概念ではなくプログラミング一般に見られる概念です。イテレータをひと言で説明すると、繰り返しのみに働きを特化したオブジェクトです。

　細部を切り捨て、ある働きのみに機能を限定することを抽象化と呼びます。イテレータは繰り返しを抽象化した言語機能です。繰り返し処理を抽象化していくと、次の処理に進む、という機能だけが必要になります。モノの集まりから次の要素を取り出す、と読み替えても構いません。

　IteratorクラスというJavaScript独自拡張があります。コンストラクタ呼び出しまたはIterator関数の呼び出しでインスタンスオブジェクトを生成できます。この時、第1引数に列挙したい対象オブジェクトを渡します。

　以下に例を示します。第2引数の意味は後述します。

```
// イテレータオブジェクトの生成方法

js> var arr = ['zero', 'one', 'two'];
js> var it = new Iterator(arr, true);    // it = Iterator(arr, true)でも可
```

　イテレータオブジェクトはnextメソッドを持ちます。nextメソッドは(対象の)モノの集まりから次の要素を返します。この時、Iteratorコンストラクタの第2引数のフラグで動作が変わります。動作の違いは**図7.9**を見てください。

図 7.9　イテレータの例

```
js> var arr = ['zero', 'one', 'two'];

// キーのみ（第2引数がtrue）
js> var it = new Iterator(arr, true);
js> it.next();
"0"
js> it.next();
"1"
js> it.next();
"2"
js> it.next();
uncaught exception: [object StopIteration]

// キー、バリューペア（第2引数がfalse）
js> var it = new Iterator(arr, false);
js> it.next();
[0, 'zero']
js> it.next();
[1, 'one']
js> it.next();
[2, 'two']
js> it.next();
uncaught exception: [object StopIteration]
```

Iteratorオブジェクトは**図7.10**のようにfor in文で使います。

図 7.10　for in文で使うIteratorオブジェクト

```
js> var arr = ['zero', 'one', 'two'];

js> it = new Iterator(arr, true);
js> for (var k in it) { print(k); }
0
1
2

js> var it = new Iterator(arr, false);
js> for (var pair in it) { print(pair); }
0,zero
1,one
2,two
```

　既存オブジェクトや配列に対してIteratorを使うのは実はそれほど有用ではありません。なぜならfor in文やfor each in文が既に充分に抽象化した繰り返し構文を提供しているからです。
　では、何に有用かと言うと、独自に作成したイテレータを使う場合です。階乗を返す独自イテレータを**リスト7.3**に示します。

リスト 7.3 はおまじないのコードが多く JavaScript らしいコードではありません。端的に言って簡単なことを難しく書いています。同じコードは次節のジェネレータを使うとより簡潔に記述できるので、ここでできることだけを理解しておいてください。

リスト7.3　階乗を返す独自イテレータ

```javascript
// イテレータの対象オブジェクト
function Factorial(max) {                          // 引数で上限指定（無限ループを防ぐため）
  this.max = max;
}

// 独自のイテレータ
function FactorialIterator(factorial) {
  this.max = factorial.max;
  this.count = this.current = 1;
}

// イテレータの実装
FactorialIterator.prototype.next
 = function() {
     if (this.count > this.max) {
       throw StopIteration;
     } else {
       return this.current *= this.count++;        // n!の計算
     }
   };

// FactorialとFactorialIteratorの関連づけ
// __iterator__プロパティは特別なプロパティ
Factorial.prototype.__iterator__ = function() { return new FactorialIterator(this); }
```

```
// リスト7.3の呼び出し
js> var obj = new Factorial(5);
js> for (var n in obj) { print(n); }
1
2
6
24
120
```

7-1-13　ジェネレータ

ジェネレータはイテレータと同じく JavaScript 独自拡張で、繰り返しのための言語機能です。ジェネレータは見た目は普通の関数です。ジェネレータと普通の関数の違いは内部で yield 呼び出しをしているか否かのみです。yield 呼び出しを内部で行う関数は暗黙にジェネレータになります。なお yield は JavaScript の予約語になっています。

ジェネレータの具体例を紹介するために普通の関数と比較します。**リスト 7.4** は引数で与えた最大値まで階乗を出力します。for ループ内の print 関数で階乗の計算結果を出力します。

リスト 7.4　階乗を出力 (print) する関数

```
function factorial_printer(max) {
  var cur = 1;
  for (var n = 1; n <= max; n++) {
    cur *= n;
    print('cur = ' + cur);
  }
}
```

```
// リスト7.4の呼び出し
js> factorial_printer(5);
cur = 1
cur = 2
cur = 6
cur = 24
cur = 120
```

リスト 7.4 の関数 factorial_printer 内の print の前に yield 呼び出しを入れた関数が**リスト 7.5** の関数 factorial_generator です。違いが yield だけなので見た目は普通の関数に見えます。しかし factorial_generator を普通の関数のように呼び出しても何も出力されません。何が起きたかは別として print の実行がされていないことは確実です。

関数 factorial_generator を呼び出すとオブジェクトを返します。このオブジェクトをジェネレータイテレータと呼びます。ジェネレータイテレータに対して next メソッドを呼び出すとジェネレータの中のループが 1 回まわります。

リスト 7.5　ジェネレータの例

```
function factorial_generator(max) {
  var cur = 1;
  for (var n = 1; n <= max; n++) {
    cur *= n;
    yield(cur);
    print('cur = ' + cur);
  }
}
```

```
// リスト7.5の呼び出し
// 呼び出しても何も起きない (ジェネレータイテレータが返ってくるだけ)
js> factorial_generator(5);
({})

// ジェネレータイテレータのnextメソッドを呼ぶとfactorial_generator内のループが1回進む
js> var g = factorial_generator(5);
js> print(g.next());
```

前ページの続き

```
1
js> print(g.next());
cur = 1
2
js> print(g.next());
cur = 2
6
js> print(g.next());
cur = 24
120
js> print(g.next());
cur = 120
uncaught exception: [object StopIteration]
```

ジェネレータイテレータは内部的にイテレータなので、nextメソッド呼び出しをfor inループに隠蔽できます。次のように階乗をすべて出力できます。

```
// ジェネレータイテレータはfor in文で呼べる
js> var g = factorial_generator(5);
js> for (var n in g) { print('n = ' + n); }
n = 1
cur = 1
n = 2
cur = 2
n = 6
cur = 6
n = 24
cur = 24
n = 120
cur = 120
```

　ジェネレータの直感的な理解はyieldで停止中の関数です。これを外部からnextメソッドで動作を進めます。ジェネレータの多くはリスト7.5のようにループのコードですがループは必須ではありません。
　リスト7.5の説明でnextメソッド呼び出しのたびにジェネレータの中のループが1回まわると説明しました。正確にはループとは無関係です。次のyield呼び出しまでジェネレータの中を実行します。リスト7.5ではyieldの後にprintを書きましたが、printをyieldの前に書いても最初のg.next()の呼び出しで1を出力します。つまりジェネレータを呼び出した瞬間にはジェネレータ内の実行は一切行いません。nextメソッドの呼び出しで初めてジェネレータを実行し、yieldのあるところで停止します。

7-1-14　配列の内包

　配列の内包（Array Comprehensions）はジェネレータで配列を生成できる機能です。これもJavaScript独自拡張です。
　先に示したリスト7.5のfactorial_generatorを使い、次のように配列を生成できます。ただし

factorial_generator 内の print(cur); の行は削っています。

```
// リスト7.5のfactorial_generatorを利用
js> var factorial_arr = [i for each (i in factorial_generator(10))];
js> print(factorial_arr);
1,2,6,24,120,720,5040,40320,362880,3628800
```

次のように演算やifによるフィルタも可能です。

```
js> var factorial_arr = [i+1 for each (i in factorial_generator(10))];
js> print(factorial_arr);
[2, 3, 7, 25, 121, 721, 5041, 40321, 362881, 3628801]

js> var factorial_arr = [i for each (i in factorial_generator(10)) if (i > 100)];
js> print(factorial_arr);
[120, 720, 5040, 40320, 362880, 3628800]
```

7-2 JSON

JSON は JavaScript Object Notation の略で、JavaScript のリテラル表記をベースにしたデータフォーマット形式です。RFC4627 が仕様です。ECMAScript 第5版も JSON を仕様に含めています。

JSON は4つの基本型と2つの構造化型を表現可能です。

基本型は文字列値型、数値型、ブーリアン型、null 型の4つの型です。構造化型はオブジェクトと配列の2つの型です。

オブジェクトは JavaScript オブジェクトと同じと考えてください。つまり名前と値のペアを要素とする集合です。配列は順序が定義された要素の集合です。

JSON の仕様を表にまとめます (**表7.5**)。事実上、JavaScript のリテラル表記のサブセットです。相違点は表7.5の注意点を参照してください。

表7.5　JSONの仕様

型	表記例	注意点
文字列値	"foobar"	シングルクォーテーションは使えません。文字列のデフォルトエンコーディングはUTF-8です
数値	123.4	10進数表記のみです
ブーリアン値	trueまたはfalse	
null 値	null	
オブジェクト	{ "x":1, "v":"foo" }	プロパティ名は文字列表記のみ ({x:1}のようなリテラルは不可)
配列	[1, 2, "foo"]	配列の要素には任意の型の値を指定可能

7-2-1 JSON文字列

現実のプログラミングで多い操作は、JSON フォーマット形式の文字列 (以後、JSON 文字列と呼

びます）とJavaScriptオブジェクトの間の相互変換です。たとえば、JSONデータを外部に送信する場合、内部のオブジェクトをJSON文字列に変換して送ります。JSONデータを受信した場合、JSON文字列からJavaScriptオブジェクトに変換できれば値を読み取る特別なAPIが不要になります。

■JSON文字列のパース

本節で説明するネイティブJSONが現れる以前、JSON文字列からJavaScriptオブジェクトへの変換に**eval関数**を使う手段がありました。eval関数は与えられた文字列をJavaScriptコードと見なして実行（評価）します。結果的にJavaScriptオブジェクトのリテラル表記のサブセットのJSON文字列を与えるとオブジェクトを返します。しかし問題もあります。

与えた文字列をコードとして評価するので、文や関数呼び出しもすべて実行します。外部から信用できないJSONデータを受け取った時に危険です。更にeval関数にはもう1つ些細な問題もあります。eval('{"x":1}')がエラーになることです。

eval関数は引数をJavaScriptの文として解釈するので、{"x":1}をオブジェクトリテラルではなくブロック文の中にラベルxがある文と解釈します。これをオブジェクトリテラルとして解釈させるには、eval('({"x":1})')のように丸カッコで囲む必要があります。

このような問題を解消するには、文字列をJavaScriptの文ではなくJSON文字列として解釈する必要があります。このような背景の下、JSON文字列をパースするライブラリが登場しました。代表的な実装がjson2.js[注4]です。

JSONの広まりとともに外部ライブラリの形ではなくJavaScript処理系がJSONパーサのAPIを提供するようになりました。実装を追認する形でECMAScript第5版でネイティブJSONとしてAPIが規定されました。ネイティブJSONのAPIを使うとeval関数のようなコード評価ではなく、純粋にJSON文字列のパースのみができます。

7-2-2 JSONオブジェクト

JSONオブジェクトはネイティブJSONを扱うオブジェクトです。コンストラクタ呼び出しはできません。Java的な用語を使うとクラスメソッドを直接使うユーティリティクラス相当です。

JSONオブジェクトのプロパティを表7.6に、JSONオブジェクトの利用例を図7.11に示します。

表7.6 JSONオブジェクトのプロパティ

プロパティ名	説明
parse(text[, reviver])	引数textのJSON文字列をパースしてJavaScriptオブジェクトを返す。reviverはプロパティ単位で呼ばれるコールバック関数で返り値がプロパティ値になる
stringify(value[, replacer[, space]])	引数valueをJSON文字列に変換。replacerはプロパティ単位で呼ばれるコールバック関数で返り値がプロパティ値になる。spaceは出力時のインデント用文字列

(注4) http://www.JSON.org/json2.js

図7.11 JSONオブジェクトの利用例

```
// JSON文字列からオブジェクトに変換
js> var s = '{"x":1, "y":2, "val":"foobar"}';    // JSON文字列
js> var obj = JSON.parse(s);
js> print(obj.x);
1

// オブジェクトからJSON文字列に変換
js> JSON.stringify({x:1, y:2, val:'foobar'});
"{\"x\":1,\"y\":2,\"val\":\"foobar\"}"

// 配列のJSON文字列から配列オブジェクトに変換
js> var arr = JSON.parse("[4, 3, 5]");
js> print(arr);
4,3,5
js> Array.isArray(arr);
true

// 文字列型のJSON文字列から数値に変換
js> var s = JSON.parse('"foo"');
js> typeof s;
"string"

// 数値型のJSON文字列から数値に変換
js> var n = JSON.parse(3);
js> typeof n;
"number"
```

不正な形式のJSON文字列をパースしようとすると次のようにエラーになります。特にシングルクォーテーションで囲んだ文字列とオブジェクトのプロパティ名には注意が必要です。

```
js> var s = JSON.parse("'foo'");    // シングルクォーテーションの文字列はエラー
SyntaxError: JSON.parse

js> var arr = JSON.parse("{x:1}");    // プロパティ名が文字列でないとエラー
SyntaxError: JSON.parse
```

7-3 日付処理

Dateクラスは日付時刻を操作するクラスです。簡単な使用例を示します。

```
js> var dt = new Date();    // 引数なしでコンストラクタを呼ぶと現在時刻のDateインスタンスを生成
js> print(dt);
Sat May 07 2011 03:15:21 GMT+0900 (JST)
```

内部的には、時刻は基準時からの経過ミリ秒の整数で表現します。基準時はGMTの1970年1月1日の0時0分です。この基準時をepoch（エポック）と呼ぶことから、基準時からの経過時間をエポックミリ秒あるいは**エポック値**と呼びます。JavaScriptの数値は53ビットの範囲で正負の整数を表現可能なので、基準時の過去と未来の充分に長い時間（285616年）を表現可能です（負数のエポックミリ秒は基準時から過去を示します）。

日付処理は極論すると**表7.7**の4つの形式の間の相互変換に行き着きます。

表7.7　日付データの表現形式

名称	主な用途
エポック値	データベースの格納値。相互変換のハブ。経過時間の計算
Dateクラス	JavaScriptコードでの内部表現。月処理、週処理、曜日判定
文字列	利用者への表示用（和暦など）。利用者からの入力値。ネットワーク交換用
年月日などの数値	利用者への表示用。利用者からの入力値

エポック値はただの数値です。ある面では扱いやすいのですが数値自体でできることは限られます。引き算で経過時間を取得できますがせいぜい意味のある演算はこの程度です。たとえば1ヶ月後の値を得るためにエポック値に数値を加算するような処理は書いてはいけません。容易に想像できるように30日分のミリ秒を足すか31日分のミリ秒を足すか、閏年を考慮して2月のミリ秒の場合分けなど考え始めると切りがないからです。

このような日付処理の煩雑さを隠蔽するのがDateクラスの役割です。エポック値とDateオブジェクトの相互変換は容易です。

文字列と数値の表現形式は事実上入出力用の形式です。現実的には可能な限り入出力に近いところでDateオブジェクトもしくはエポック値に変換します。文字列や数値形式はロケールやタイムゾーンに依存するので、この点でも扱いを最小限にするほうが無難です。

エポック値はロケールにもタイムゾーンにも依存しない数値です。Dateオブジェクトもエポック値と1対1に対応するので同じくロケールとタイムゾーンに依存しません。その代わり、Dateオブジェクトから文字列や数値として値を取り出す時にロケールやタイムゾーンが影響します。その日付が何曜日かを判定する曜日処理（これはタイムゾーンに依存します）、日付の表示方法（2011/1/1や2011年1月1日などロケールに依存）、祝日判定（ロケールなどに依存）などなど、日付処理の困難さの多くが凝縮されています。

現実にはクライアントサイドJavaScriptで日付処理の複雑な処理はあまり行われません。クライアントサイドで処理するとクライアント側のロケールやタイムゾーンの下で動きます。これが意味のある場合もありますが多くの場合は混乱の元だからです。

7-3-1　Dateクラス

Dateクラスの関数またはコンストラクタ呼び出しを**表7.8**にまとめます。

表7.8 Dateクラスの関数またはコンストラクタ呼び出し

関数またはコンストラクタ	説明
Date()	現在時刻の文字列を返す
new Date([year[, month[, date[, hours[, minutes[, seconds[, ms]]]]]]])	引数の指定時刻のDateインスタンスを返す
new Date(value)	引数をエポックミリ秒に解釈したDateインスタンスを返す
new Date()	現在時刻のDateインスタンスを返す

JavaScriptに限りませんがmonthは0から始まるので注意してください。つまり2012年1月1日を示すDateオブジェクトは次のように生成します。

```
js> var dt = new Date(2012,0,1);      // 2012年1月1日
js> print(dt);
Sun Jan 01 2012 00:00:00 GMT+0900 (JST)
```

Dateクラスのプロパティを**表7.9**にまとめます。Date.now()のように使います。

表7.9 Dateクラスのプロパティ

プロパティ名	説明
prototype	プロトタイプチェーン用
length	値は7
now()	現在時刻のエポックミリ秒を返す
parse(string)	引数の文字列をパースしてエポックミリ秒を返す
UTC(year, month[, date[, hours[, minutes[, seconds[, ms]]]]])	引数の指定時刻のエポックミリ秒を返す

Date.prototypeオブジェクトのプロパティを**表7.10**にまとめます。

表7.10 Date.prototypeオブジェクトのプロパティ

プロパティ名	説明
constructor	Dateクラスオブジェクトへの参照
getDate()	日の数値を返す。日は1始まり。ローカル時刻
getDay()	曜日の数値を返す。曜日は日曜日始まり。日曜日が0、土曜日が6。ローカル時刻
getFullYear()	年の数値を返す。ローカル時刻
getHours()	時の数値を返す。時は0始まり。ローカル時刻
getMilliseconds()	ミリ秒の数値を返す。ミリ秒は0始まり。ローカル時刻
getMinutes()	分の数値を返す。分は0始まり。ローカル時刻
getMonth()	月の数値を返す。月は0始まり。1月が0、12月が11。ローカル時刻
getSeconds()	秒の数値を返す。秒は0始まり。ローカル時刻
getTime()	数値表現を返す。事実上、エポックミリ秒の取得
getTimezoneOffset()	タイムゾーンのオフセットを返す。単位は分
getUTCDate()	日の数値を返す。日は1始まり。UTC
getUTCDay())	曜日の数値を返す。曜日は日曜日始まり。日曜日が0、土曜日が6。UTC
getUTCFullYear()	年の数値を返す。UTC
getUTCHours()	時の数値を返す。時は0始まり。UTC
getUTCMinutes()	分の数値を返す。分は0始まり。UTC
getUTCMonth()	月の数値を返す。月は0始まり。1月が0、12月が11。UTC
getUTCSeconds()	秒の数値を返す。秒は0始まり。UTC
getUTCMilliseconds()	ミリ秒の数値を返す。ミリ秒は0始まり。UTC
setDate(date)	引数で指定した日(1-31)にセットする。ローカル時刻

次ページへ

前ページの続き

プロパティ名	説明
setFullYear(year[, month[, date]])	引数で指定した年にセットする。ローカル時刻
setHours(hour[, min[, sec[, ms]]])	引数で指定した時にセットする。ローカル時刻
setMilliseconds(ms)	引数で指定したミリ秒にセットする。ローカル時刻
setMinutes(min[, sec[, ms]])	引数で指定した分にセットする。ローカル時刻
setMonth(month[, date])	引数で指定した月 (0-11) にセットする。ローカル時刻
setSeconds(sec[, ms])	引数で指定した秒にセットする。ローカル時刻
setTime(time)	引数で指定したエポックミリ秒にセットする
setUTCDate(date)	引数で指定した日 (1-31) にセットする。UTC
setUTCFullYear(year[, month[, date]])	引数で指定した年にセットする。UTC
setUTCHours(hour[, min[, sec[, ms]]])	引数で指定した時にセットする。UTC
setUTCMilliseconds(ms)	引数で指定したミリ秒にセットする。UTC
setUTCMinutes(min[, sec[, ms]])	引数で指定した分にセットする。UTC
setUTCMonth(month[, date])	引数で指定した月 (0-11) にセットする。UTC
setUTCSeconds(sec[, ms])	引数で指定した秒にセットする。UTC
toDateString()	Dateインスタンスの日付を文字列値に変換。ローカル時刻
toJSON(key)	DateインスタンスからJSON式の文字列値に変換
toISOString()	DateインスタンスからISO8601 形式の文字列値に変換
toLocaleDateString()	Dateインスタンスの日付をロケール依存の文字列値に変換。ローカル時刻
toLocaleFormat(format)	JavaScript独自拡張。format文字列で指定したフォーマットでロケール依存の文字列値に変換。ローカル時刻
toLocaleString()	Dateインスタンスからロケール依存の文字列値に変換。ローカル時刻
toLocaleTimeString()	Dateインスタンスの時刻をロケール依存の文字列値に変換。ローカル時刻
toSource()	JavaScript独自拡張。評価結果がDateインスタンス生成になる文字列を返す
toString()	Dateインスタンスから文字列値に変換。ローカル時刻
toTimeString()	Dateインスタンスの時刻を文字列値に変換。ローカル時刻
toUTCString()	Dateインスタンスから文字列値に変換。UTC
valueOf()	Dateインスタンスから数値に変換。事実上、エポックミリ秒の取得

Dateクラスのインスタンスプロパティを表7.11にまとめます。

表7.11 Dateクラスのインスタンスプロパティ

プロパティ名	説明
[内部値]	日付値
Dateクラス	JavaScriptコードでの内部表現。月処理、週処理、曜日判定

7-4　正規表現

7-4-1　正規表現とは

　正規表現は文字列のパターンマッチングに特化した言語です。正規表現は英語でregular expressionです。しばしばregex（レジックスと発音）と省略表記します。JavaScriptで正規表現を使うには、正規表現オブジェクトを使います。

　正規表現は言語の一種ですが、JavaScriptのような汎用プログラミング言語ではなく、用途を特化した言語です。用途を特化したプログラミング言語をDSL（Domain Specific Language）と呼ぶこ

とがあります。正規表現は、プログラミング言語史上、もっとも成功したDSLの1つです。正規表現の主な応用分野は検索（search）と置換（replace）です。

　文字列のパターンマッチングの1つの例は、文字列の中から部分文字列を探す場合です。たとえば、"you love JavaScript"という文字列の中から"JavaScript"という単語を探すのは、パターンマッチングの1例です。

　この例は単純なので正規表現ではなく文字列クラスのメソッドを使うほうが簡単です。しかし、"you love JavaScript"の文字列の中から1で始まりeで終わる単語を探す場合はどうでしょう。面倒なコードになることが予想できるでしょう。

　この問題に対する正規表現を使う解法を説明します。まず「1で始まりeで終わる単語」を表現する記述を用意します。正規表現で「1で始まりeで終わる単語」を表記すると \bl\w*e\b と謎めいた表記になります。この表記の意味は後ほど説明しますが、こうして正規表現の記法で記述した \bl\w*e\b の文字列をパターンと呼びます。

　パターンを受け取り、対象文字列の中からパターンを探すのが正規表現エンジンの役目です。エンジンの内部は、文字列を先頭から1文字1文字調べるコードを発展させたものです。実際には効率化のために様々な工夫がありますが、一般の開発者は正規表現エンジンの内部を気にする必要はありません。正規表現エンジンはJavaScript処理系に隠蔽されているからです。

■正規表現の解法

　パターンマッチングという問題に対して、パターンを記述する記法（言語）を用意して、対象文字列とパターンを正規表現エンジンに渡して探させるのが、正規表現を使った問題解決の手法です。

　文字列を先頭から調べていく解法は、言わば、問題に対して手続きを書き下す解法です。手続きを汎用的にするには、数多くの外部パラメータを与える必要があります。それは大量のフラグ変数かもしれませんし、複雑なメソッドへの引数かもしれませんし、大量のコールバック関数かもしれません。正規表現のアプローチはこれと異なる解法です。正規表現から得られる教訓は、パラメータを受け取る手続きの代わりに解法を記述する言語を用意する視点です。手続きをエンジン内部に隠蔽して、エンジンを言語の解釈器として位置づけます。エンジンの作成は大変かもしれませんが、1度作ってしまえば、個々の問題の複雑さは言語の記述に移動します。このアプローチは高度なプログラミング技法ですが、頭の片隅に置いておいて損はありません。

7-4-2　正規表現の用語

正規表現の用語を整理します。
- パターン
- 入力シーケンス
- マッチ

探したい規則をパターン（pattern）と呼びます。パターンを探す対象文字列を入力シーケンスと呼

びます。前節の例を使うと「lで始まりeで終わる単語」がパターンで、"you love JavaScript" が入力シーケンスです。

入力シーケンスの中でパターンに一致する文字列が見つかることをマッチ（match）すると言います。最初のマッチで打ち切るかすべてのマッチを検出するかはAPIによります。見つかった文字列そのものや見つかった位置をマッチと呼ぶ場合もあります。

7-4-3 正規表現の文法

正規表現は言語の一種なので文法を持ちます。しかし、JavaScriptから想像するような文法とは異なります。言語という視点よりも、あくまでパターンマッチングのための記法の1つと見なすほうが理解しやすいと思います[注5]。

■パターン文字列の構成要素

正規表現のパターン文字列の構成要素はメタ文字とリテラル文字に分けられます。正規表現のリテラル文字はパターンの中に書いた文字がそのままの文字として解釈されます。たとえば"book"という文字列は正規表現のパターン文字列の1つであり、このパターンは次のような入力シーケンスにマッチします。

- "book"
- "books"
- "buy a book"
- "notebook"

正規表現エンジンは"book"を単語として解釈しません。"notebook"などにもマッチするので注意してください。リテラル文字だけではStringクラスのindexOfメソッドと同程度のことしかできません。正規表現を活用するにはメタ文字を使いこなす必要があります。

表7.12にECMAScript第5版で規定された正規表現メタ文字を挙げます。

表7.12　JavaScript正規表現のメタ文字（ECMAScript第5版）

メタ文字	意味
.	任意の1文字
\s	空白文字
\S	非空白文字
\w	単語構成文字（英数字とアンダースコア文字）
\W	非単語構成文字
\d	数字
\D	数字以外の文字

次ページへ

（注5）　正規表現をすべて説明すると1冊の本になるので本書は一部のみを説明します。

前ページの続き

メタ文字	意味
\b	単語境界
\B	非単語境界
^	行頭
$	行末
X?	Xの0文字または1文字の繰り返し
X??	Xの0文字または1文字の繰り返し（非貪欲）
X*	Xの0文字以上の繰り返し
X*?	Xの0文字以上の繰り返し（非貪欲）
X+	Xの1文字以上の繰り返し
X+?	Xの1文字以上の繰り返し（非貪欲）
X{n}	Xのn回の繰り返し
X{n}?	Xのn回の繰り返し（非貪欲）
X{n,}	Xのn回以上の繰り返し
X{n,}?	Xのn回以上の繰り返し（非貪欲）
X{n,m}	Xのn回からm回の繰り返し
X{n,m}?	Xのn回からm回の繰り返し（非貪欲）
X|Y	XまたはY
[XYZ]	XまたはYまたはZの1文字
[^XYZ]	XでもYでもZでもない1文字
(X)	グループ化（参照可能）
\数字	マッチグループの参照
(?:X)	グループ化のみ（参照しない）
X(?=Y)	Xの後にYが続く場合にマッチ
X(?!Y)	Xの後にYが続かない場合にマッチ

　メタ文字に使う記号をメタ記号扱いしたくない場合はバックスラッシュ文字でエスケープします。たとえばドット文字（.）にマッチさせたいパターンには\.と書きます。

　バックスラッシュ文字にマッチするパターンを書くには\\と書きます。その他にもJavaScript文字列と似たようなエスケープシーケンスが使えます（**表7.13**）。

表7.13 JavaScript正規表現のエスケープシーケンス

特殊文字（エスケープシーケンス）	意味
\n	改行（LF）
\t	タブ
\r	改行（CR）
\f	フィード
\v	垂直タブ
\cX	制御文字。\cAは0x01、\cBは0x02など
\xXX	Latin-1のコードポイント（Xは0から9の数値もしくはaからfのアルファベット）
\uXXXX	Unicodeのコードポイント（Xは0から9の数値もしくはaからfのアルファベット）

　正規表現には**表7.14**のフラグを指定できます。指定方法は次節で説明します。

表7.14 JavaScript正規表現のフラグ

フラグ	説明
g	グローバルマッチ。詳細は後述
i	英字の大文字小文字を無視。
m	マルチライン。^と$がそれぞれ改行の先頭や末尾にもマッチするようになる

7-4-4 JavaScriptの正規表現

JavaScriptで正規表現を扱うには正規表現オブジェクトを使います。正規表現オブジェクトは**RegExpクラス**のインスタンスオブジェクトです。簡単な使用例を示します。

```
// RegExpの利用例
js> var reg = new RegExp('^[0-9]');      // 正規表現 ^[0-9] パターンのRegExpインスタンスを生成
js> reg.test('foo');                      // 入力シーケンス'foo'に対してマッチ
false                                     // 結果は偽
js> reg.test('123');                      // 入力シーケンス'123'に対してマッチ
true                                      // 結果は真
```

RegExpインスタンスはリテラル表記でも生成できます。次のように2つの/（スラッシュ文字）の間に正規表現パターンを記述します。

```
// 正規表現リテラル
js> var reg = /^[0-9]/;                   // new RegExp('^[0-9]')と同じ
js> reg.constructor;                      // 確認
function RegExp() {
    [native code]
}
```

正規表現のフラグはコンストラクタの場合は第2引数で、リテラルの場合はスラッシュ文字2つの後ろに文字列で指定します。具体例を次に示します。

```
// グローバルマッチのフラグを指定
var reg = /^[0-9]/g;
new RegExp('^[0-9]', 'g');

// 複数フラグを指定
var reg = /^[0-9]/gi;
new RegExp('^[0-9]', 'gi');
```

正規表現オブジェクトの生成にはnew式でもリテラル式でも動作に違いはありませんが、表記の簡易さからリテラル表記を推奨します。ただし実行時に正規表現の文字列を組み立てる必要があればRegExpのコンストラクタ呼び出しを使う必要があります。

文字列で表記する正規表現には注意点があります。JavaScriptの文字列値にバックスラッシュ文字を表記するにはエスケープが必要な点です。

```
// 先頭空白文字の正規表現パターン
js> var reg = /^\s+/;

// 同じパターンを文字列で与えると\sのバックスラッシュ文字をエスケープする必要がある
js> var reg = new RegExp('^\\s+');
```

RegExpクラスの関数またはコンストラクタ呼び出しを**表7.15**に、プロパティを**表7.16**にまとめます。

表7.15　RegExpクラスの関数またはコンストラクタ呼び出し

関数またはコンストラクタ	説明
RegExp(pattern, flags)	正規表現patternのRegExpインスタンスを生成
new RegExp(pattern, flags)	正規表現patternのRegExpインスタンスを生成

表7.16　RegExpクラスのプロパティ

プロパティ名	説明
prototype	プロトタイプチェーン用
length	値は2

RegExp.prototypeオブジェクトのプロパティを**表7.17**にまとめます。具体例は次の節で説明します。

表7.17　RegExp.prototypeオブジェクトのプロパティ

プロパティ名	説明
constructor	RegExpクラスオブジェクトへの参照
exec(string)	入力シーケンスstringに対する正規表現のマッチ結果を返す
test(string)	入力シーケンスstringに対する正規表現のマッチ結果に応じたブーリアン値を返す
toSource()	JavaScript独自拡張。評価結果がRegExpインスタンス生成になる文字列を返す
toString()	正規表現を文字列表現に変換。文字列は / / の間に正規表現を囲んだ形式

RegExpクラスのインスタンスプロパティを**表7.18**にまとめます。

表7.18　RegExpクラスのインスタンスプロパティ

プロパティ名	説明
[内部値]	正規表現パターンの内部表現
ignoreCase	正規表現のフラグの1つ
global	正規表現のフラグの1つ
lastIndex	次のマッチを開始する位置を示す文字列のインデックス

プロパティ名	説明
multiline	正規表現のフラグの1つ
source	正規表現パターンの文字列

7-4-5　正規表現プログラミング

■testメソッドとexecメソッド

　正規表現オブジェクトで実際に使うメソッドはexecとtestの2つです。testメソッドから説明します。

　testメソッドは、入力シーケンスにパターンがマッチすれば真を返し、マッチしなければ偽を返します。具体例は前節の冒頭のコード例を見てください。

　execメソッドは少し複雑です。execメソッドは入力シーケンスにパターンがマッチすれば結果オブジェクト（配列）を返します。マッチしなければnull値を返します。このため返り値のnull値判定をすればtestメソッドと同じ結果を得られます。マッチの有無だけを知るにはtestメソッドを使うほうが効率的です。

■execメソッドの返り値

　execメソッドの返り値はマッチの結果を示す配列です。この返り値の意味を知るには正規表現のグループ化の知識が必要です。正規表現のグループ化とは正規表現にマッチした文字列の中の部分文字列を参照する機能のことです（前方参照と呼びます）。参照できる部分文字列をグループと呼びます。グループ化は、パターン内の1部を丸カッコで囲んで指定します。丸カッコはパターンの中にいくつでも書けます。マッチした文字列の中で丸カッコに対応する部分文字列を前方参照できます。前方参照は1から数えるインデックスで指定します。説明だけでは複雑なので図7.12の例を見てください。

　execメソッドの返り値は、配列の0番目の要素が入力シーケンスの中で最初にマッチした文字列で、配列の1番目以降の要素がグループ前方参照の部分文字列です。グローバルフラグ（表7.14参照）なしの場合を図7.12に示します。

　正規表現 /(\w+)\s(\w+)/ のマッチの意味はグループ化を外しても同じです。グループ化の丸カッコを外すと /\w+\s\w+/ です。1文字以上の単語構成文字、空白文字、1文字以上の単語構成文字のパターンにマッチします。日常語に直すと英単語、空白、英単語と考えても構いません。このパターンを 'abc def ghi jkl' の入力シーケンスにマッチさせると先頭のふたつの英単語にマッチします。正規表現のグループ化で英単語それぞれを前方参照できます。つまりグループ参照の1番目が 'abc' で、グループ参照の2番目が 'def' です。結果としてexecメソッドの返り値の配列要素は図7.12のようになります。

図 7.12　execメソッドの具体例（グローバルフラグなし）

```
js> var text = 'abc def ghi jkl';
js> var reg = /(\w+)\s(\w+)/;   // (\w+)がグループ化の指定（2つ）
js> reg.exec(text);
["abc def", "abc", "def"]       // 配列の0番目の要素はマッチ全体の文字列。配列の1番目以降はグループ参照の部分文字列
```

グローバルフラグありの場合、繰り返しexecメソッドを呼んで次のマッチを探せます。内部的にはRegExpオブジェクトのlastIndexプロパティ値を更新して繰り返しの検索に備えます。

具体例を図7.13に示します。マッチが見つからないとexecメソッドはnullを返すので、一般にループの中で繰り返し検索をできます。

図 7.13　execメソッドの具体例（グローバルフラグあり）

```
js> var text = 'abc def ghi jkl';
js> var reg = /(\w+)\s(\w+)/g;

js> reg.exec(text);              // 1度目の検索
["abc def", "abc", "def"]        // 配列の0番目の要素はマッチ全体の文字列。配列の1番目以降はグループ参照の部分文字列
js> reg.exec(text);              // 2度目の検索（1度目のマッチの次から検索）
["ghi jkl", "ghi", "jkl"]
js> reg.exec(text);              // 見つからないとnull
null
```

7-4-6　文字列オブジェクトと正規表現オブジェクト

Stringオブジェクトに正規表現オブジェクトを引数にとるメソッドがいくつかあります。表3.4から抜粋します（**表7.19**）。

表 7.19　正規表現を引数に取るStringオブジェクトのメソッド

プロパティ名	説明
match(regexp)	正規表現regexpのマッチ結果を返す
replace(searchValue, replaceValue)	searchValue（正規表現または文字列値）をreplaceValue（文字列または関数）で置換した文字列を返す
search(regexp)	正規表現regexpがマッチした位置のインデックスを返す
split(separator, limit)	引数separatorの文字列もしくは正規表現で文字列を分割して、文字列値の配列を返す

searchメソッドの動作は簡単です。文字列中で指定した正規表現パターンにマッチした位置を返します。見つからなければ-1を返します。

文字列の分割（split）は、指定パターンを区切り文字として、文字列を分割する処理のことです。結果は文字列の配列で得られます。たとえば、文字列が"abc,def,ghi"で区切り文字のパターンをカ

ンマ (,) にすると、"abc"、"def"、"ghi" の 3 つの文字列に分割します。区切りの指定に正規表現のパターンを指定できます。split メソッドの具体例は**「7-1-9 配列のイディオム」**を参照してください。

search と split では正規表現のグローバルフラグは影響しません（無視されます）。

replace と match はグローバルフラグで動作が変わります。先に replace を説明します。replace は文字列の中の部分文字列を別の文字列で置換します。replace の第 1 引数に正規表現を指定できます。正規表現にマッチした部分が置換対象になります。正規表現をグローバルフラグありで指定するとパターンにマッチした部分文字列をすべて置換します。グローバルフラグなしの場合、マッチした最初の部分文字列のみ置換します。また、第 1 引数の正規表現でグループ化を使うと、第 2 引数の文字列の中でグループ前方参照を示す記号を使えます。前方参照のためには $1、$2 のように $ と数字を書きます。その他は表記は**表 7.20** を参照してください。replace の具体例を**図 7.14** に示します。

表 7.20　replace で使える前方参照

前方参照	説明
$&	マッチした文字列
$数字	グループの前方参照。数字は 1 から開始
$`	マッチの前の文字列
$'	マッチの後ろの文字列

図 7.14　replace の具体例

```
js> var text = 'abc def ghi jkl';

// 空白文字をカンマ文字に置換
js> text.replace(/\s/, ',');        // グローバルフラグなし
"abc,def ghi jkl"

js> text.replace(/\s/g, ',');       // グローバルフラグあり
"abc,def,ghi,jkl"

// 空白の直前の文字をグループ化してカンマ文字の後ろに移動
js> text.replace(/(.)\s/g, ",$1");
"ab,cde,fgh,ijkl"

// 第2引数に関数を渡すとマッチごとにコールバックされる
// コールバック関数の第1引数にマッチ全体、第2引数以降はグループの前方参照
// コールバック関数の返り値が置換文字列
// 下記例は上記と同じ置換をする
js> text.replace(/(.)\s/g, function(m0,m1) { return ',' + m1; } );
"ab,cde,fgh,ijkl"
```

matchメソッドはパターンにマッチした部分文字列を要素に持つ配列を返します。グローバルフラグの有無で返り値の意味が変わります。グローバルフラグがある場合は、入力シーケンスの中でマッチしたすべての部分文字列を要素に持つ配列を返します。グローバルフラグがない場合は、配列の0番目の要素が最初にマッチした部分文字列で、配列の1番目以降の要素はグループ参照の部分文字列です。これはRegExpのexecメソッドの返り値と同じです。

具体例を図7.15に示します。

図7.15　matchの具体例

```
js> var text = 'abc def ghi jkl';

// グローバルフラグあり
js> text.match(/\w/g);
["a", "b", "c", "d", "e", "f", "g", "h", "i", "j", "k", "l"]
js> text.match(/\w+/g);
["abc", "def", "ghi", "jkl"]
js> text.match(/(\w+)\s(\w+)/g);
[ "abc def", "ghi jkl" ]      // マッチしたすべての部分文字列を要素に持つ配列

// グローバルフラグなし
js> text.match(/(\w+)\s(\w+)/);
["abc def", "abc", "def"]     // 配列の0番目の要素はマッチ全体の文字列。
                              //   配列の1番目以降はグループ参照の部分文字列
```

COLUMN

ECMAScript第5版のstrict mode

ECMAScript第5版にstrict modeが導入されました。コードの先頭行に以下のディレクティブを記述します。関数の先頭行に書くと、その関数のみがstrict modeになります。

```
'use strict';
"use strict";
```

見てわかるようにディレクティブはただの文字列なのでstrict modeをサポートしていない環境では無意味な文として無視されます。

strict modeはJavaScriptの言語仕様にいくつかの制約をもたらします。つまり通常のJavaScriptで許可された書き方の一部をエラーにします。striict modeはJavaScriptが持つ多くの落とし穴を防げます。たとえstrict modeを使わなくても、言語の落とし穴を知るためにstrict modeを学ぶ意味があります。

strict modeの代表的な制約を以下にまとめます。

- 暗黙のグローバル変数を禁止
- 関数内でthis参照がグローバルオブジェクトを参照しない
- NaN、Infinity、undefinedのグローバル変数を読み込み専用
- 同名のプロパティ名を禁止
- 同名の仮引数名を禁止
- arguments.calleeアクセスの禁止
- FunctionオブジェクトのcallerプロパティのアクセR禁止
- with文の禁止
- evalが新しいシンボルを作らない

Part 3

クライアントサイドJavaScript

本PartではWebブラウザで実行されるJavaScriptについて説明します。Webブラウザで実行されるJavaScriptで特有の知識について広く理解することを目的とします。

8章 クライアントサイドJavaScriptとHTML

クライアントサイドJavaScriptの開発方法、実行方法やデバッグ手法について説明します。クライアントサイドJavaScriptを開発・実行・デバッグするために特別な道具は必要ありません。Webブラウザとテキストエディタがあればすぐに開発をはじめられます。

8-1 クライアントサイドJavaScriptの重要性

8-1-1 Webアプリケーションの発達

インターネットの発展により複雑な機能を提供するWebページが作成されるようになりました。これらのWebページは一般に単なる文書ではなくアプリケーションであるという意味からWebアプリケーションと称されます。

■Webアプリケーションの機能

Webアプリケーションの機能を実現するためには2つの場所で処理を実行します。すなわち、サーバサイドとクライアントサイド（Webブラウザ）です。サーバサイドの処理は、Java, Perl, Python, Ruby, SQLなどといった多様な言語で実装されます。それに対してクライアントサイドの機能を記述するための言語は基本的にJavaScriptのみと考えて構わないでしょう。

JavaScript以外でクライアントサイドの機能を実現するための技術としてはAdobe FlashやSilverlightがあります。しかし、これらは特定の実行環境でのみ動作が可能であるという制限があるため、より広く使われるWebアプリケーションを作成・提供したいと考えたときにはJavaScriptを選択したほうが良いでしょう。

また、JavaScriptにはサーバサイドで実行されるものもありますがこのパートでは取り扱いません。このパートでJavaScriptと記述してある場合、それはすべてクライアントサイドJavaScriptのことを意味します。サーバサイドJavaScriptは本書Part6で扱います

現在、様々なWebアプリケーションで提供されている基本機能を列挙します。

- ドラッグアンドドロップ
- 非同期読み込み
- キーボードショートカット（キーボードアクセス）
- アニメーション

これらの機能は基本的にJavaScriptで実装されています。一般のデスクトップアプリケーションと遜色ないほどの機能を提供するWebアプリケーションも実現されつつあります。

また、Google Chromeの拡張機能やWebアプリに代表されるようにWebページ以外でもクライアントサイドJavaScriptは多く使われるようになってきました。結果としてJavaScriptで実現できる機能の幅が広がりJavaScriptでプログラムを記述する機会が増えました。

8-1-2　JavaScriptの高速化

Webアプリケーションの発達に不可欠なJavaScriptですが、かつては実行速度が遅く、複雑な機能を現実的な速度で実現できませんでした。しかし、Webブラウザに搭載されているJavaScriptの実行エンジンの性能強化により現在では多様な機能を提供できるだけの速度は確保されています。

さらにWebブラウザ自体の開発も活発に行われるようになりました。Google ChromeやFirefoxは6週間ごとにバージョンアップするようなリリースサイクルで開発されています。Internet Explorer6から7がリリースされるまではおそよ5年もの期間があったことを考えるとWebブラウザ開発がいかに活発になっているのかわかると思います。

この高速リリースサイクルのおかげでJavaScriptの実行エンジンの機能が大幅に強化されJavaScriptの高速化が実現しました。同時にHTML5やCSS3といった新しい仕様の実装もすすみ、Webブラウザだけで可能な処理も増えています。HTML5については次の**Part4**で説明します。

8-1-3　JavaScriptの役割

JavaScriptの役割のひとつに、アプリケーションの見た目のわかりやすさや使いやすさといったユーザ体験を提供することがあります。1つの機能を実現する方法は多種多様ですが、ユーザが求めるのはより直感的に扱え、さらに言えば使っていて楽しい方法です。JavaScriptが実現するのはまさにこの部分です。

JavaScriptは優れたユーザインターフェースの実現に注力すべきで、JavaScriptだけですべての機能を実現すべきではありません。理由としては、

- 多くのブラウザではJavaScriptを実行しないという設定が可能である
- ユーザ独自でJavaScriptを追加実行する機能を持つブラウザがある

ことが挙げられます。

つまり、Webアプリケーションの提供側が意図したとおりにJavaScriptを実行できないことがあるということです。JavaScriptでできることとできないことを理解して、サーバーサイド・クライアントサイドそれぞれで適切な機能を実装するようにしましょう。

8-2 HTMLとJavaScript

8-2-1 Webページを表示するときの処理の流れ

JavaScriptの話の前に、まずはWebブラウザがWebページを表示する際の流れをおさらいします。Webブラウザで以下のようなWebページを表示する際、ブラウザでどのような処理が行われているのかを確認します。

サンプルは、CSSとJavaScriptファイルが別ファイルとして存在しており、ページには画像を表示するだけの単純なWebページです（**リスト8.1**）。

リスト8.1　基本的なHTML

```html
<!DOCTYPE HTML>
<html lang="en">
<head>
  <meta charset="UTF-8">
  <title>Sample Page</title>
  <link rel="stylesheet" type="text/css" href="/css/sample.css">
  <script src="/js/sample.js"></script>
</head>
<body>
  <img src="/images/sample.png">
</body>
</html>
```

このページにWebブラウザでアクセスしたときにWebブラウザは以下の処理を実行します。

- HTMLをパースする
- 外部JavaScriptファイルおよびCSSファイルのロード
- JavaScriptがパースされた時点で実行
- DOMツリーの構築完了
- 画像ファイルなどの外部リソースをロード
- すべて完了

ポイントはDOMツリー構築完了後に画像ファイルなどをダウンロードするところです。詳細については後述しますが、DOMツリーが構築された時点でJavaScriptを実行することで、ユーザにとっての待ち時間を減らすことができます。

8-2-2 JavaScriptの記述方法と実行タイミング

ブラウザがWebページに正常にアクセスすると、サーバからHTMLページが取得できます。Web

ブラウザはこのHTML文書を解析し、画面に表示します。

　HTML文書内に特定の記述方法でJavaScriptを記述することによりJavaScriptが実行されます。記述方法は複数あり、それぞれ実行タイミングが異なります。以下に記述方法の一覧を記します。

- `<script>`タグ
- 外部JavaScriptファイルの読み込み
- onload
- DOMContentLoaded
- 動的ロード

次項よりこのそれぞれの記述方法と実行タイミングについて説明します。

■ `<script>`タグ

　`<script>`タグ内にJavaScriptを記述する方法がもっとも単純な方法です。

　JavaScriptが実行されるのは、その`<script>`タグが解析された直後です。ここで注意すべきことは、`<script>`タグ以降のDOM要素を操作できないということです。

　`<script>`タグが解析された直後に実行されるので、`<script>`タグ以降のDOM要素はまだ構築されていないからです。`<script>`タグ内でそれ以降に記述されているDOM要素を取得しようとしても取得できません（**リスト8.2**）。

リスト8.2　操作できない要素

```
<div id="a"></div>
<script>
  var a = document.getElementById('a');
  alert(a !== null); // => true
  var b = document.getElementById('b');
  alert(b !== null); // => false
</script>
<div id="b"></div>
```

　このような事態を回避する一番簡単な方法は、bodyの閉じタグの直前に`<script>`タグを記述することです（**リスト8.3**）。この場合、他のすべてのDOM要素を解析したあとに`<script>`タグを読み込むことになるので、そのHTML文書に記述されたすべてのDOM要素の操作が可能になります。

　ただし、この場合でもbody自体に対する操作は避けるべきです。この時点では`<body>`タグはまだ閉じられていないことを考えれば理解できる話だと思います。

　body自体に対する操作を行いたい場合は、後述するonloadやDOMContentLoadedのタイミングで実行するようにしましょう。

リスト8.3　すべての要素を操作可能にする方法

```
<body>
  <div id="a"></div>
```

次ページへ

Part 3 クライアントサイドJavaScript

前ページの続き

リスト8.3　すべての要素を操作可能にする方法

```html
<div id="b"></div>
<script>
  var a = document.getElementById('a');
  alert(a !== null); // => true
  var b = document.getElementById('b');
  alert(b !== null); // => true
</script>
</body>
```

■外部JavaScriptファイルの読み込み

　scriptタグ内に直接JavaScriptを記述する方法は単純でいいのですが、実際にWebアプリケーションを作成する際にそのような方法を取ることはほとんどありません。多くの場合、JavaScriptだけ別のファイルとして用意しておいて、それをHTMLファイルから読み込むという方法をとります。その場合は**リスト8.4**のように記述します。

リスト8.4　外部JavaScriptファイル読み込み

```html
<head>
  <script src="http://example.com/js/sample.js"></script>
</head>
```

　この場合、"http://example.com/js/sample.js"というファイルを読み込んで実行します。ファイルを読み込むタイミングは<script>タグが解析された直後で、ファイル内のJavaScriptが実行されるのはファイルが読み込み終わった直後です。

　<script>タグには**defer属性**、**async属性**を指定できます（**リスト8.5**）。defer属性を設定することでそのscriptタグの評価を他のすべての<script>タグの評価終了後に遅延できます。async属性が指定されている場合は非同期で外部ファイルを読み込み、読み込み完了後に逐次実行していきます。

リスト8.5　defer属性とasync属性

```html
<script src="http://example.com/js/sample1.js" defer></script>
<script src="http://example.com/js/sample2.js" async></script>
```

　外部ファイルに分ける方法にはいくつかの利点があります。
　1つはJavaScriptファイルをブラウザにキャッシュさせることです。JavaScriptファイルの内容変更がそう多くないのなら、一度ダウンロードしたJavaScriptのファイルをキャッシュしておいて2回目のアクセス以降は不要なダウンロードを避けることができて高速化につながります。
　また、HTMLとCSS, JavaScriptのファイルを別々にすることでチームでの作業が行い易くなります。HTMLやCSSは主にデザインを担当する人が記述し、JavaScriptは機能を担当する人が記述するというような場合です。

さらに細かいことを言えば、一般的なエディタでは1つのファイルに対して1つのシンタックスハイライトしか適用できません。つまり、HTMLとCSSとJavaScriptが1つのファイル内に記述されているとき、適用しているシンタックスハイライトによってはコードがほとんど色分けされず可読性が下がるということもあります。

これを避けるためにも別々のファイルに分割したほうがよいでしょう。

■ onload

onloadイベントハンドラに処理を記述することで、ページの読み込み完了後に処理を実行できます。ページすべてを読み込んだ後で実行されるので、すべてのDOM要素を操作できます。イベントの扱いの詳細については後述します。

HTML内に直接記述する場合は**リスト8.6**のように<body>タグに記述します。外部JavaScriptファイルに記述する場合は**リスト8.7**のようにします。

リスト8.6　onloadイベントハンドラ

```
<body onload="alert('hello')">
```

リスト8.7　外部JavaScriptファイルでonloadイベントハンドラ

```
window.onload = function () { alert('hello'); };
```

onloadイベントハンドラとして記述した場合は、HTML文書内に記述されたすべての画像ファイルを読み込んだ後で実行されることに注意しなければなりません。そのためページ内に巨大な画像ファイルが指定されている場合に、JavaScriptが実行されるまでに必要以上に時間がかかることがあります。

JavaScriptで画像を加工することがない場合や画像の大きさによって処理が変わるということがない場合は、画像の読み込み完了を待つ必要はありません。画像の読み込みを待つのと同時にJavaScriptの実行を行ったほうがユーザの体感時間は短くなります。

■ DOMContentLoaded

前述のonloadで問題となるJavaScript実行までの時間を解決するのがDOMContentLoadedです。DOMContentLoadedはHTMLの解析が終わった直後に発生するイベントです。このイベントに対して、イベントリスナとして処理を設定することで不要な待ち時間を減らしてJavaScriptを実行できます(**リスト8.8**)。

リスト8.8　DOMContentLoadedイベントを監視する

```
document.addEventListener('DOMContentLoaded', function () {
  alert('hello');
}, false);
```

DOMContentLoadedの問題はInternet Explorer8以前で動作しない点です。ただし、Internet

クライアントサイド JavaScript

Explorerで同様の機能を実現するための方法もあります。

具体的にはdoScroll( )メソッドがエラーにならなくなるまで待ってから処理を実行するというものです（**リスト 8.9**）。これはDOMツリーの構築中はdoScroll( )メソッドがエラーを起こすという現象を利用しています。

リスト 8.9　IEでDOMContentLoadedイベントをエミュレート

```
function IEContentLoaded(callback) {
  (function () {
    try {
      document.documentElement.doScroll('left');
    } catch(error) {
      setTimeout(arguments.callee, 0);
      return;
    }
    callback();
  }());
}
IEContentLoaded(function () {
  alert('hello');
});
```

■**動的ロード**

JavaScriptでscript要素を生成することで動的にJavaScriptファイルをロードできます（**リスト 8.10**）。

リスト 8.10　JavaScriptの動的ロード

```
var script = document.createElement('script');
script.src = 'other-javascript.js';
document.getElementsByTagName('head')[0].appendChild(script);
```

この方法を用いた場合、JavaScriptファイルのダウンロードから実行が開始されるまではその他の処理をブロックしません。これは大きな利点です。ページ内にscript要素が直接記述されている場合は、そのJavaScriptファイルをダウンロードしている間、ほかの画像ファイルやCSSファイルのダウンロードをブロックしてしまいます。しかしながらこの動的ロードを利用するとほかのファイルのダウンロードをブロックすことなく処理が進みます。

8-2-3　実行タイミングまとめ

JavaScriptの実行タイミングを考えると、もっとも適切な方法はDOMContentLoadedです。Internet Explorerで同じ機能を実現するときに工夫が必要ですが問題がなければDOMContentLoadedで

実装するのが良いでしょう。

8-3 実行環境と開発環境

8-3-1 実行環境

JavaScriptの実行環境としてもっとも身近なものはもちろんWebブラウザです。有名なWebブラウザとしては、Internet Explorer、Mozilla Firefox、Google Chrome、Safari、Operaがあります。

8-3-2 開発環境

JavaScriptを記述するために必要なものはEmacsやVimなどに代表されるエディタだけです。またEclipseやNetBeansのような汎用IDEにもJavaScript開発のための機能はあるのでそれらを利用しても良いでしょう。また有償になりますがWebStormというJavaScript + HTML開発専用のIDEもあります。

8-4 デバッグ

プログラムを書くうえでデバッグは避けては通れません。特に最近では大規模なJavaScriptプログラムを記述することも多くなってきたのでデバッグしやすいプログラムを書くことも重要になってきています。ここではJavaScriptのデバッグ方法についてまとめます。

8-4-1 alert

JavaScriptの中にalert文を記述しておく単純な方法です。Webブラウザを開いたときにalertダイアログが表示されます。いわゆるprintfデバッグのJavaScript版です。

この方法はどのWebブラウザでも利用可能です。またalertダイアログが表示されている間はすべてのJavaScriptの実行が停止されます。したがってalertを大量に仕込むことによってステップ実行のようなことが可能になります。ただし、いちいちalertダイアログを閉じる必要があるのであまり便利なものとは言えません。さらに、間違って無限ループの中でalertを実行するとWebブラウザのプロセスを直接終了させないとウィンドウを閉じられないという事態に陥るので注意が必要です。

また、**リスト8.11**のようにオブジェクトのtoString()メソッドをオーバーライドすることでalertダイアログに表示される文字列を変更できます。

リスト8.11 alertの表示文字列を変更する

```
var Foo = function (text) {
```

次ページへ

クライアントサイド JavaScript

前ページの続き

リスト 8.11　alertの表示文字列を変更する

```
  this.text = text;
};

var foo = new Foo('Hello, alert.');
alert(foo); // => [object Object] と表示される
foo.toString = function () {
  return this.text;
};
alert(foo); // => Hello, alert. と表示される
```

8-4-2　console

最近のWebブラウザにはJavaScriptを実行するためのコンソール機能が標準で搭載されているものがあります。もともとはFirefox用のアドオンであるFirebugで実装されていた機能だったのですが、Firebugを利用して開発する開発者が多かったためにSafariやGoogle Chromeなどでは標準でコンソールを搭載するようになりました。

consolo.log('foo bar')というような記述をJavaScript内に含めておくと、そのコンソールにfoo barと表示されることになります。alertを利用する場合と本質的には同じですが、consoloを利用する場合はいちいちダイアログを閉じるような操作は必要ないのでalertよりも使い勝手がよいでしょう。またalertよりも詳細なデータが表示できます。

ただし、Internet Explorerなど標準でconsoleオブジェクトが存在しないブラウザでは当然エラーになります。

■ダミーconsoleオブジェクト

実際に使う場合にはconsoleのコードを除去したものにすべきですが、開発中にちょっとテストしたい時にわざわざconsoleのコードを除去するのも面倒です。そこでInternet Explorerなどのconsoleオブジェクトが存在しないブラウザでもエラーを生じさせないためにダミーのconsoleオブジェクトを埋め込むという手段をとることもあります。

Firebug 1.7.2のconsoleオブジェクトが持つすべてのメソッドを持つダミーのconsoleオブジェクトは**リスト 8.12**のようにして作成できます。これを最初に読み込むJavaScriptの先頭に書いておけばconsoleの呼び出しでエラーになることはなくなるでしょう。実際にリリースするときはconsole.logなどのコードと一緒にこのコードも除去するようにしましょう。もちろん残しておいても大きな害はないのですが、少しでもコード量を削減してパフォーマンスを向上させたいと考えるのならば除去すべきです。

リスト 8.12　ダミーconsoleオブジェクト

```
if (!window.console) {
  (function (win) {
    var names = [
      'assert', 'clear', 'count', 'debug', 'dir', 'dirxml',
```

次ページへ

前ページの続き

リスト8.12　ダミーconsoleオブジェクト

```
      'error', 'exception', 'group', 'groupCollapsed', 'groupEnd',
      'info', 'log', 'notifyFirebug', 'profile', 'profileEnd',
      'table', 'time', 'timeEnd', 'trace', 'warn'];
    var consoleMock = {};
    for (var i = 0, len = names.length; i < len; i++) {
      consoleMock[names[i]] = function () {};
    }
    win.console = consoleMock;
  })(window);
}
```

■メッセージやオブジェクトを表示する

次のメソッドはほぼ同じ機能もっており、メッセージやオブジェクトを引数に取り、その内容をコンソールに出力します。引数はいくつでも指定でき、指定された引数すべてを出力します。

- console.log( )
- console.debug( )
- console.error( )
- console.warn( )
- console.info( )

基本的にはlog( )メソッドを使っておけば十分です。debug( )メソッドを使うとJavaScriptファイルの何行目で出力されたのかがわかるので大量にconsole.log( )系のメソッドを埋め込む場合は便利です。

error( ), warn( ), info( )も行数が表示されます。debug( )との違いは表示されるアイコンや文字の色が異なったりするだけなので、それほど意識して使うことは多くないでしょう。

また、第1引数に書式を指定すると第2引数以降のオブジェクトを使ってその書式にフォーマットして表示してくれます（**リスト8.13**）。ログメッセージを分かりやすく表示するために利用できます。

リスト8.13　フォーマット

```
console.log('%s is %d.', 'The Answer to (the Ultimate Question of) life, the universe, and everything', 42);
// => The Answer to (the Ultimate Question of) life, the universe, and everything is 42.
```

■オブジェクトを解析して表示する

console.dir( )メソッドは、引数にわたされたオブジェクトをダンプして見やすく表示します。console.dirxml( )メソッドは、DOM要素をHTMLとして表示します。どちらもconsole.log( )などで出力するときよりも見やすく表示されますが、ログが一気に長くなるので、他のログが流れてしまうことに注意してください。

■スタックトレースを表示する

console.trace( )メソッドを使うと、その関数がどこから呼ばれたのか表示されます。トリガーに

なったのがどのオブジェクトのどのイベントであるかまでわかります。

　イベントドリブンプログラミングで処理を記述している場合、どの関数がどのタイミングでどこから呼ばれるのかを完全に把握することが難しくなってきます。そういったときにconsole.trace( )メソッドを使うと呼び出し元の経路がすべてわかるので便利です。

■時間、回数、パフォーマンスを計測する

　console.time( )メソッドからconsole.timeEnd( )メソッドまでの間の時間を計測してくれます（**リスト8.14**）。それぞれの引数に名前を指定します。同じ名前が指定されたものがペアとなり、その間の経過時間が出力されます。表示される時間の単位はミリ秒です。

リスト8.14　console.time()

```
console.time('foo');
alert('foo計測開始');
console.time('baz');
alert('baz計測開始');
console.timeEnd('baz');
alert('baz計測終了');
console.timeEnd('foo');
alert('foo計測終了');
```

console.count( )を使うとその行が何度実行されたかがわかります（**リスト8.15**）。

リスト8.15　console.count()

```
for (var i = 0; i < 100; i++) {
  console.count('foo');
  if (i % 10 === 0) {
    console.count('bar');
  }
}
```

```
foo: 100
bar: 10
```

　また、console.profile( ), console.profileEnd( )を使うとより詳細な計測結果を表示してくれます。それぞれの関数が何回実行されたかという情報や、合計の実行時間などが計測・集計されます。ただし、プロファイル中はプロファイル自体にそれなりにCPUを使用するので、普段よりも悪い数字が出ることになります。しかし、相対的にどの関数が多く呼ばれて時間がかかっているのかということはわかるのでパフォーマンスチューニングを行うときは欠かせない機能でしょう。

■アサーションを使う

　console.assert( )を使うと指定した条件がfalseになるときだけログに出力されます。たとえばnullが渡るはずがない引数がnullで無いことを確認するために以下のように使用します（**リスト8.16**）。

リスト8.16 console.assert()

```
function foo(notNullObj) {
  console.assert(notNullObj != null, 'notNullObj is null or undefined');
  // some code
}

foo(1);      // => アサーションに引っかからない。正しい呼び方
foo(null);   // => アサーションに引っかかる。誤った呼び方
foo();       // => アサーションに引っかかる。誤った呼び方
```

引数にnullが渡るということはその関数の使い方が間違っているというような場合は、アサーションでチェックを行います。

8-4-3 onerror

JavaScriptでエラーが起きるとWindowオブジェクトのonerrorプロパティに格納されている関数が実行されるようになります。この関数には3つの引数が渡されます。第1引数はエラーメッセージ、第2引数はエラーが発生したJavaScriptを含むドキュメントのURL、第3引数はエラーが発生した箇所の行数です。またこの関数の返り値としてtrueを返すと、Webブラウザはエラーをログに出力するといった標準のエラー処理を行わないようになります。

開発途中でテストをしているときはonerrorイベントハンドラで、専用のログを出力してサーバに投げるようにしておくとデバッグのヒントになって便利です。

8-4-4 Firebug, Web Inspector (Developer Tools), Opera Dragonfly

DOMの中身や、サーバとの通信内容などをグラフィカルに表示してくれる開発ツールが最近のブラウザには標準で搭載されています。このような開発ツールの草分けはFirefoxのアドオンであるFirebugです。後発の開発ツールは基本的にFirebugが実装していた機能と同等の機能を有しています。よく利用される機能を以下に列挙します。

- HTML／CSSの内容確認と編集
- JavaScriptコンソール
- JavaScriptデバッガ
- JavaScriptプロファイラ
- ネットワーク監視

クライアントサイドでの処理が増加した最近のWeb開発にはこれらの機能は必要不可欠になっています。積極的に利用して使いこなせるようになりましょう。

Part 3 クライアントサイドJavaScript

■JavaScriptデバッガ

JavaScriptデバッガを使えばブレークポイントを設定してその箇所からプログラムをステップ実行したり変数の状態監視などを楽に行うことができます。

またソースコード内に**debugger**と記述しておけば、その位置まで処理がすすんだ時点でデバッガが起動します（**リスト 8.17**）。あらかじめソースコード内にブレークポイントを設定しておくようなものです。

リスト 8.17　JavaScriptデバッガをソースコードから起動させる

```
function foo() {
  //... 何かの処理
  debugger; // ここまできたらデバッガが起動する
  //... 何かの処理
}
```

■JavaScriptプロファイラを使う上での注意点

プロファイラとはどの関数の実行にどれだけの時間がかかったのかを計測して表示してくれる機能です。JavaScriptコードを改善しパフォーマンスを上げるためには不可欠なものです。

プロファイラを利用する上で注意が必要なのは**anonymous function**の存在です。日本語では**無名関数**や**匿名関数**と呼ばれるものです。JavaScriptは関数をファーストクラスオブジェクトとして扱えるため、関数自体に名前をつけなくても実行できます。イベントリスナを登録するときに**リスト 8.18**のような記述をすることがよくあります。

リスト 8.18　無名関数によるイベントリスナ

```
foo.addEventListener('click', function (event) {
  // fooがクリックされたときに実行する処理
}, false);
```

ここで、

```
function (event) {}
```

という記述が無名関数になります。

プロファイラ上ではanonymous functionとして表示されます。無名関数を使用しているのが1箇所だけなら他と混同することがないので問題はありませんが、多数のイベントリスナが登録されている場合、どの関数なのかの判断がつきません。

これを回避するためには**リスト 8.19** や **リスト 8.20** のような記述に変更します。これによりanonymous functionではなく名前のついた関数になり、プロファイラもきちんと識別して表示してくれます。

リスト 8.19　名前付き関数によるイベントリスナ

```
// barという名前をつける
foo.addEventListener('click', function bar(event) {
  // fooがクリックされたときに実行する処理
}, false);
```

リスト 8.20　名前付き関数によるイベントリスナ

```
// barという関数を別に定義しておく
function bar(event) {
    // fooがクリックされたときに実行する処理
}
foo.addEventListener('click', bar, false);
```

以上の記述方法ならすべての開発ツールで名前付き関数として表示します。

ただし**リスト 8.21** のような記述をした場合、Internet Explorer 8 の開発者ツールでは名前付き関数として表示しません。anonymous function になってしまいます。

リスト 8.21　関数オブジェクトによるイベントリスナ

```
// barという関数オブジェクトを用意しておく
var bar = function (event) {
    // fooがクリックされたときに実行する処理
}
foo.addEventListener('click', bar, false);
```

■ネットワーク監視

　ネットワーク監視機能を利用すると、AJAXを多用するようなWebページを作成するときに各リクエストが正しく送られているかを確認できます。各リクエストのリクエストヘッダ、リクエストパラメータ、ポストデータ、レスポンスヘッダ、レスポンスボディなどそのリクエストに関するデータはほとんど取得できます。

　また、HTMLファイルや画像ファイル、JavaScriptファイルなど、Webページを構成する様々なリソースを取得するのにどれだけ時間がかかったかを計測することもできます。

8-5　クロスブラウザ対応

　様々なWebブラウザによるアクセスがある場合、JavaScriptやCSSの記述には十分に注意しなければなりません。

　Webブラウザを構成するものとしてはHTMLレンダリングエンジンとJavaScriptエンジンがあります。HTMLレンダリングエンジンはHTMLやCSSを解析してその結果を適切な形に表現するものです。そしてJavaScriptエンジンはJavaScriptを解析して実行するためのものです。

問題は、主要なWebブラウザそれぞれで採用しているHTMLレンダリングエンジンとJavaScriptエンジンが異なることです。このため、同じWebページにアクセスしたときでも使用しているWebブラウザによって微妙に表示や挙動が異なるという事態になります。**表8.1**にブラウザを構成するエンジンをまとめます。

Part 3 クライアントサイドJavaScript

表8.1 Webブラウザを構成するエンジン

Webブラウザ	レンダリングエンジン	JavaScriptエンジン
Internet Explorer	Trident	JScript
Mozilla Firefox	Gecko	SpiderMonkey
Google Chrome	WebKit	V8
Safari	WebKit	JavaScriptCore
Opera	Presto	Charakan

このような異なるブラウザでアクセスされた場合にできるだけ同じ挙動、同じ表現ができるように対策することをクロスブラウザ対策と言います。

8-5-1 対応すべきブラウザ

世の中には様々なWebブラウザが存在しており、そのすべてに対応することは費用対効果を考えても意味はないでしょう。

対応すべきWebブラウザは、ユーザがどのWebブラウザを利用しているかに依存します。単純にWebブのシェアを考えると以下のWebブラウザに対応していれば十分ということになります。

- Internet Explorer 6 以降
- Firefox（最新と1つ前のバージョン）
- Google Chrome（最新バージョン）
- Safari（最新バージョン）
- Opera（最新バージョン）

しかし、このWebブラウザのシェアは変動していくものですし、クロスブラウザ対策には開発コストもかかります。たとえば、会社や学校内のシステムだけで利用するWebページならばWebブラウザの種類がある程度限定されることが多いので、その場合は想定外のWebブラウザについてはクロスブラウザ対策の対象から外してしまっても問題ないでしょう。

対応すべきWebブラウザのなかで厄介なものがInternet Explorerの存在です。Internet ExplorerにはECMA-262には記述されていない独自実装の要素が多くあります。Internet Explorer対策という問題についてはすでに多くの開発者の手によって対策が講じられており、その情報は多くあります。そのため単純に同じ挙動をするように実装するだけならば大きな問題にはならないでしょう。しかしながら、JavaScriptによって複雑な挙動を実現しようと考えている場合には問題となることがあります。

特にInternet Explorer 6は最新のブラウザと比較してJavaScriptの処理速度が圧倒的に遅いです。この処理速度の遅さが問題になるようなWebページを作成する場合は思い切ってInternet Explorer 6はサポートしないと明示することも1つの手です。もっとも、Internet Explorer 9ではWeb標準に準拠した実装を推し進めているため最新のブラウザだけを対象にする場合にはクロスブラウザ問題はほとんどないと言ってもいいでしょう。

8-5-2 実装方法

クロスブラウザに対応したコードの記述方法について説明します。ブラウザの種類やバージョンで条件分岐して処理を分けるだけですが、具体的には条件としては何を使えばいいのでしょうか。これには大きく2通りの方法があります。

すなわち、ユーザエージェントの種類で条件分岐するか、機能の有無で条件分岐するか、です。この2つは似ているようで異なる条件です。

■ユーザエージェントで判断する

ユーザエージェントとはクライアントアプリケーションを特定するための文字列です。Webブラウザだけで利用される言葉ではなく、検索エンジンのクローラでも利用されますし、その他のシステムでも利用されます。しかし、ここではユーザエージェントと言ったらWebブラウザのユーザエージェントのことを意図して記述します。

ユーザエージェントはNavigatorオブジェクトのuserAgentプロパティで取得できます。この値はブラウザの種類とバージョン、およびOSの種類とバージョンで決まるのが一般的です。そして、その値によって処理を分けてクロスブラウザを実現します。

Navigatorオブジェクトには appName, appCodeName, appVersion というプロパティもありますが、これらの値を使っても正確にブラウザを判別することはできません。たとえばFirefox 4の場合、各プロパティの値は表8.2 のようになっています。

表8.2　Navigatorオブジェクトのプロパティの値

プロパティ	値
appName	Netscape
appCodeName	Mozilla
appVersion	5.0 (Windows)

これは、かつてこれらの値を利用してブラウザを判定していたWebページが現在のWebブラウザでも正常に動くようにという配慮によるものです。互換性を保つことは重要ですが、その配慮のおかげで現状としてはこれらの値を使ってブラウザを正確に判断することができなくなってしまいました。現状でブラウザを正確に判断しようと思うとやはりuserAgentの値に頼ることになります。

Firefox 4のuserAgentの値は以下のとおりです。この値ならばどのブラウザのどのバージョンなのかということを正確に判定できます。

Mozilla/5.0 (Windows NT 6.1; WOW64; rv:2.0.1) Gecko/20100101 Firefox/4.0.1

代表的なブラウザについてのユーザエージェントを表8.3 に列挙します。なおOSは64bit Windows 7 とします。

Part 3 クライアントサイドJavaScript

表8.3 ユーザエージェントの値

ブラウザ	ユーザエージェント
Internet Explorer 9	Mozilla/5.0 (compatible; MSIE 9.0; Windows NT 6.1; WOW64; Trident/5.0; SLCC2; .NET CLR 2.0.50727; .NET CLR 3.5.30729; .NET CLR 3.0.30729; Media Center PC 6.0; .NET4.0C; .NET4.0E)
Firefox 4	Mozilla/5.0 (Windows NT 6.1; WOW64; rv:2.0.1) Gecko/20100101 Firefox/4.0.1
Safari 5	Mozilla/5.0 (Windows; U; Windows NT 6.1; ja-JP) AppleWebKit/533.21.1 (KHTML, like Gecko) Version/5.0.5 Safari/533.21.1
Google Chrome 12	Mozilla/5.0 (Windows NT 6.1; WOW64) AppleWebKit/534.30 (KHTML, like Gecko) Chrome/12.0.742.91 Safari/534.30
Opera 11.11	Opera/9.80 (Windows NT 6.1; U; ja) Presto/2.8.131 Version/11.11

　ユーザエージェントはOSの種類によっても異なるのが普通です。クロスブラウザは基本的にはブラウザの種類だけで処理を分けます。OS違いの同一ブラウザでレンダリングエンジンやJavaScriptエンジンが異なることはまずありません。ただし、まれにOSに依存した描画の違いが発生することがあるのでその点は注意しておいてください。

　この値を使って処理を分ける具体的な記述は**リスト8.22**のようになります。

リスト8.22　ユーザエージェントによるクロスブラウザ対策

```
// クロスブラウザのイベントリスナ登録メソッド
var addEvent(target, name, fn) = function() {
  // Webページにアクセスしているブラウザが Internet Explorerか
  var isIE = navigator.userAgent.indexOf('MSIE') > 0;
  if (isIE) {
    // IEにはaddEventListener()メソッドは存在しないので代わりにattachEvent()メソッドを使う
    addEvent = function(target, name, fn) {
      target.attachEvent('on'+name, fn);
    };
  } else {
    // IE以外ではaddEventListener()メソッドを使う
    addEvent = function(target, name, fn) {
      target.addEventListener(name, fn, false);
    };
  }
  addEvent(target, name, fn);
}
```

■機能の有無で判断する

　ユーザエージェントで処理を分岐するにはそのユーザエージェントがどの機能を有しているのか（どの関数を使えるのか）を知っている必要があります。また、過去のブラウザについては今後の機能追加はおそらくないので問題はありませんが、現在開発が進められているブラウザについては新しい機能が実装されることは当然あります。

　つまりWebブラウザのバージョンアップによって新しい機能が使えるようになるたびにソースコードを改修することになります。またWebブラウザによってはユーザエージェントを自由に設定

できる機能を持ったものもあります（本体にはその機能がなくとも拡張機能として利用できるものも含めます）。基本的にはユーザエージェントを書き換えるようなことをしている場合までの動作保証は必要ありませんが、そのような場合でも正常に動作させようと思ったらユーザエージェントだけでは処理を分岐させるための条件として不十分であることがわかります。このように、ユーザエージェントによる条件分岐では避けられない問題があるのです。

　ユーザエージェントと利用できる機能の関係が将来にわたって保証されていない以上、ユーザエージェントで処理を分けるよりも機能の有無で処理を分けるほうが確実です。たとえば前節で示したクロスブラウザのイベントリスナ登録メソッドは、**addEventListener( )** メソッドを持っているならそれを使い、**attachEvent( )** メソッドを持っているならそれを使うという処理にしたほうが自然でしょう。この場合は**リスト 8.23** のように記述できます。

リスト 8.23　機能テストによるクロスブラウザ対策

```
// クロスブラウザのイベントリスナ登録メソッド
var addEvent(target, name, fn) = function () {
  if (window.addEventListener) {
    // addEventListener()メソッドがある場合はそれを使う
    addEvent = function (target, name, fn) {
      target.addEventListener(name, fn, false);
    };
  } else if (window.attachEvent) {
    // attachEvent()メソッドがある場合はそれを使う
    addEvent = function (target, name, fn) {
      target.attachEvent('on'+name, fn);
    };
  }
  addEvent(target, name, fn);
}
```

■ユーザエージェントと機能のどちらで判断すべきか

　どちらの情報を利用してもほとんど間違いなく正しい分岐処理を記述することはできます。ただし、前述したとおり、ユーザエージェントによる条件分岐よりも機能の有無による条件分岐のほうが確実なので基本は機能の有無で条件分岐すべきだと考えます。

　ではユーザエージェントの情報を使うことはないのかというとそんなことはなく、特定のブラウザの特定のバージョンだけ処理を変えたいというときはユーザエージェントを使うしかありません。たとえば、利用可能な関数の違いではなく、CSSの解釈の違いなどのレンダリングエンジンの挙動の違いが問題になるような場合です。具体的にはIE6ではこの処理、IE7以上ではこの処理というような条件分岐が必要になることはよくあります。そのような場合はユーザエージェントの値を使って処理を分岐させましょう。

　ユーザエージェントによる条件分岐のもう1つの利点は、条件判断が一度で済むということです。前述の例ではイベントリスナを登録するメソッドしか設定していませんが、他のメソッドも同じ分岐内で定義してしまうこともできます。ユーザエージェントと利用できる機能が明確に関連付けられて

いるならば、ユーザエージェントによる判断だけで、機能の有無の複数の判断の代わりをすることができるわけです。といっても各機能ごとに判断したところで大きなタイムロスにはならないので、やはり基本的には機能の有無による判断で十分でしょう。

8-6　Windowオブジェクト

クライアントサイドJavaScriptでは**Window**オブジェクトがグローバルオブジェクトになります。Windowオブジェクトはまさに Webブラウザによって表示されているウィンドウそのものに対応するオブジェクトです。

WindowオブジェクトがJavaScriptで扱うことができるオブジェクト構造の最上位オブジェクトです。Windowオブジェクトのプロパティとしては以下のものがあります。

- navigator
- location
- history
- screen
- frames
- document
- parent, top, self

8-6-1　Navigatorオブジェクト

Windowオブジェクトのnavigatorプロパティは Navigatorオブジェクトです。Navigatorオブジェクトはブラウザのバージョンやブラウザで利用可能なプラグイン、使用言語などブラウザに関する様々な情報が格納されています。

Navigatorオブジェクトがもつ情報のなかでもっとも多く利用されるのがuserAgentプロパティです。クロスブラウザ対策に必要なブラウザの特定をuserAgentプロパティで行います。userAgentプロパティにの扱いについては、「**8-5 クロスブラウザ対策**」を参照してください。

8-6-2　Locationオブジェクト

Windowオブジェクトのlocationプロパティは Locationオブジェクトです。Locationオブジェクトは現在表示しているURLに関する情報が格納されています。

■hrefプロパティ

hrefプロパティで表示しているページの完全なURLを参照することができます。ブラウザのアド

8章 クライアントサイドJavaScriptとHTML

レスバーに表示されているものと同じ文字列です（最近のブラウザの中にはプロトコルやクエリパラメータを非表示にするものもあるので異なる場合もありますが）。

hrefプロパティに新しい値を設定すれば、別のページに遷移します。

```
location.href = 'http://foobar.example.com';
```

hrefプロパティはURLを完全に格納していますが、プロトコルやホスト名など、URLの各要素を別々に格納しているプロパティもあります。これらのプロパティの値を組み合わせればhrefプロパティの値になります。Locationオブジェクトのプロパティを**表 8.4**にまとめます[注1]。

表 8.4　Locationオブジェクトのプロパティ

プロパティ名	説明	例
protocol	プロトコル	http:
host, hostname	ホスト名	example.com
port	ポート番号	8080
pathname	パス	/foo
search	クエリパラメータ	?q=bar
hash	ハッシュトークン	#baz

■assign()メソッド

replace()メソッドを実行すると表示しているページを別のページに移動します。これはhrefプロパティに値をセットするのと同じ挙動になります。

```
location.assign('http://foobar.example.com');
```

■replace()メソッド

replace()メソッドを実行すると表示しているページを別のページに変更します。

```
location.repalce('http://foobar.example.com');
```

replace()メソッドを実行すると前述のhrefプロパティに値を設定する場合と同様にページを遷移することになりますが、ブラウザの履歴の扱いという点で挙動が異なっています。hrefプロパティの書き換えはブラウザの履歴にも残るため、戻るボタンで元のページに戻ることができます。

これに対してreplace()メソッドはブラウザの履歴には残りません。よって「戻る」ボタンで元のページに戻ることもできません。この履歴の扱いの違いを理解して、hrefプロパティを書き換えるかreplace()メソッドを使用するかを決定しましょう。

■reload()メソッド

reload()メソッドを実行すると表示しているページを再読込します。引数に渡すboolean値によって再読込の挙動が変わります。trueを渡したときはブラウザのキャッシュは無視して強制リロードが実行されます。falseを渡したときはブラウザのキャッシュを利用して再読込します。

[注1] 例はURLがhttp://example.com:8080/foo?q=bar#bazのとき

```
location.reload(true);      // => ブラウザキャッシュを無視して再読込
location.reload(false);     // => ブラウザキャッシュを利用して再読込
location.reload();          // => location.reload(false);と同じ
```

8-6-3 Historyオブジェクト

Windowオブジェクトのhistoryプロパティは Historyオブジェクトです。

Historyオブジェクトのback( )メソッドやforward( )メソッドを使うとブラウザの履歴を戻ったり進んだりすることができます。これはブラウザの戻るボタンや進むボタンを押したときと同じことです。

またgo( )メソッドでも同様の挙動が実現可能です。go( )メソッドは引数に渡される整数値ぶんだけ履歴を進んだり戻ったりします。正の値が渡されたときは進んで、負の値が渡されたときは戻ります。

```
history.back();         // 履歴を戻る
history.forward();      // 履歴を進める
history.go(1);          // 履歴を1回分進める。history.forward();と同じ
history.go(-2);         // 履歴を2回分戻る
```

8-6-4 Screenオブジェクト

Windowオブジェクトのscreenプロパティは Screenオブジェクトです。

Screenオブジェクトには画面の大きさや色数などの情報が格納されています。この値を使えば大きいディスプレイ用表示と小さいディスプレイ用の表示を分けたりすることもできます。

なお、ウィンドウを画面の中心に移動させるというような処理も可能になりますが、勝手にウィンドウが移動するような処理はユーザにとって好ましくないことがほとんどなので気をつけましょう。最近のクライアントサイドJavaScriptでScreenオブジェクトが有効に利用されるような用途はほとんどありません。

8-6-5 Windowオブジェクトへの参照

■windowプロパティ

Windowオブジェクトへの参照はwindowプロパティで取得できます。windowプロパティが参照するオブジェクトがJavaScript内でグローバルオブジェクトになります。

つまり、クライアントサイドJavaScriptで操作するすべての関数やオブジェクトは、windowプロパティが参照するオブジェクトのプロパティとして存在します。

■framesプロパティ

ウィンドウ内に複数のフレームが存在しているとき、framesプロパティにそのフレームへの参照

が格納されます。フレームが存在しない場合は、framesプロパティには空の配列が格納されます。フレームを作成するには、<frameset>タグと<frame>タグを使うか、あるいは<iframe>タグを使います。どちらで作成した場合もJavaScriptから参照するときは同じように扱えます。

フレーム自身もWindowオブジェクトになるので、

```
window.frames[1].frames[2]
```

というようにフレームの中にあるフレーム（以下、サブフレームと呼ぶ）への参照を得ることもできます。

■selfプロパティ

自分自身のWindowオブジェクトを参照するにはselfプロパティを使います。selfプロパティはwindowプロパティと同じWindowオブジェクトを参照します。

■parentプロパティ

サブフレームから親フレームへの参照は、parentプロパティで取得できます。親フレームが存在しない場合、parentプロパティは自身のWindowオブジェクトへの参照になります。

■topプロパティ

フレームが入れ子になっているときに最上位のフレームを参照するためには、topプロパティを使用します。自身が最上位のフレームならばtopプロパティは自身のWindowオブジェクトへの参照になります。

以上をまとめると自分自身が最上位のWindowオブジェクトの場合、window, self, parent, topはすべて同じWindowオブジェクトへの参照になることがわかります。

8-6-6 Documentオブジェクト

WindowオブジェクトのdocumentプロパティはDocumentオブジェクトです。Documentオブジェクトの詳細については「9章 DOM」で説明します。

DOMの範囲に含まれないDocumentオブジェクトの機能として、**Cookie**の操作があります。HTML5のWeb StorageやIndexed DatabaseによってWebブラウザも独自にデータを保持できるようになりましたが、これが実装されるまではCookieがデータを保持する唯一の仕組みでした。DocumentオブジェクトのcookieプロパティでCookieの読み書きができます。

9章 DOM

HTMLをJavaScriptから操作するときにはDOMという形式で操作します。DOMという標準的な方法を利用することでどのブラウザからも同じようにHTMLドキュメントを操作できます。DOMについて理解し、Webページを自在に操作できるようになりましょう。

9-1 DOMとは

Webページの内容をJavaScriptで操作することを考えた場合、文書の内容や構造はプログラムから取り扱いやすいような形で表現されていたほうが良いはずです。たとえばHTMLのソースそのものを文字列で表現してその文字列の内容を変更することでも操作はできますが、それよりも、"idがfooの<div>タグ"や"すべての<a>タグ"などというようなかたまりで操作できたほうがプログラムとしても読みやすいですし、記述するほうも簡単です。そのための仕様がDOM (Document Object Model) です。

DOMとはHTMLドキュメントやXMLドキュメントをプログラムから利用するためのAPIです。DOMではHTMLドキュメントやXMLドキュメントをオブジェクトのツリー状の集合として取り扱います。このツリーをDOMツリーと呼びます。

DOMツリーの中のひとつひとつのオブジェクトはノードと呼ばれます。ノードはツリー構造になっているため、ある1つのノードから他のノードを参照するときは親ノード、子ノード、兄弟ノード、先祖ノード、子孫ノードなどと呼ぶことになります。

DOMの仕様はLevel 1〜3がW3Cにより定義されています。

9-1-1 DOM Level 1

DOM Level 1にはCoreとHTMLの2つのモジュールから構成されています（**表9.1**）。DOM Level 1 CoreはDOMツリーを操作する多くのメソッドを含みます。メソッドの詳細については後述しますが**表9.2**のような基本的なメソッドがDOM Level 1 Coreで定義されています。

表 9.1 DOM Level 1 のモジュール一覧

モジュール	説明
Core	HTMLに限らない一般的なDOM操作についての仕様
HTML	HTML文書に特有のメソッドについての仕様

表9.2 DOM Level 1 Core

メソッド名	説明
getElementsByTagName	タグ名を指定して要素を取得する
createElement	要素を作成する
appendChild	要素を挿入する

9-1-2　DOM Level 2

　DOM Level 2 は DOM Level 1 よりもずっと多くのモジュールを含みます。DOM Level 1 にもある Core モジュールと HTML モジュールの拡張や addEventListener( ) メソッドなどイベントの扱いに関する Events モジュールなどがあります。

　CSS も DOM Level 2 で定義されています。表9.3 に DOM Level 2 のモジュールを列挙します。残念なことに Internet Explorer 8 以下は DOM Level 2 に準拠していません。Firefox や Google Chrome といったモダンブラウザは DOM Level 2 までほぼ完全に対応しています。

表9.3　DOM Level 2 のモジュール一覧

モジュール	説明
Core	Level 1 Core の拡張
HTML	Level 1 HTML の拡張
Views	文書の表示状態(表現)についての仕様
Events	キャプチャリング、バブリング、キャンセルなどのイベントシステムの仕様
Style	スタイルシートについての仕様
Traversal and Range	DOM ツリーをたどる方法や範囲指定についての仕様

9-1-3　DOM Level 3

　DOM Level 3 は表9.4 に示すモジュールで構成されています。この中で Events モジュールはまだ勧告の段階にはありません。しかし Events モジュールで定義される内容はモダンブラウザでは先行して実装されています。

表9.4　DOM Level 3 のモジュール一覧

モジュール	説明
Core	Level 2 Core の拡張
Load and Save	文書構造の読み込みと書き出しについての仕様
Validation	文書構造が正当であることを検証するための仕様
XPath	XPath についての仕様
Events	Level 2 Events の拡張。キーボードイベントをサポート

> **COLUMN**
>
> ## DOM Level 0
>
> 　DOMが規定される以前にWebブラウザが共通して実装していたオブジェクトモデルをDOM Level 0と呼びます。DOM Level 0はレガシーDOMとも呼ばれます。DOM Level 0は正確には標準として定められているわけではないのですが、互換性の問題で現在のブラウザも機能を実装しています。Window、Document、Navigator、Location、HistoryなどオブジェクトがDOM Level 0に含まれます。ただし、Documentオブジェクトが持つAPIについてはDOM Level 1で定義されている部分もあるのですべてがDOM Level 0というわけでもありません。
>
> 　また、DOM Level 0自体は標準となる仕様が存在しているわけではありませんが、DOM Level 0の範囲のオブジェクトは、HTML 5の仕様として記述されています。かつてはブラウザベンダーが独自に実装していた機能についても現在では何らかの標準となる仕様があることがほとんどです。標準が規定される前に実装をしているような機能もありますが、それについても草稿はあるはずです。またそのようにブラウザが先行実装している機能については、DOM標準で定義するプロパティ名と名称が重複しないようにベンダーごとにプレフィクスをつけて実装しています。CSSのプロパティやJavaScriptの関数名で使われることが多いです。たとえばFirefoxならばmozというプレフィクスを使い、Google ChromeやSafariが利用しているWebkitの場合はwebkitというプレフィクスを使っています。

9-1-4　DOMの記述

　DOMの記述は以下のように表記します。

```
インターフェース名.メソッド名()
```

```
インターフェース名.プロパティ名
```

　冗長な記述になりますが、どのインターフェースをもつオブジェクトを操作しているのかを把握してJavaScriptを記述したほうがより理解が進むと思うのでこのような方法をとります。またメソッド名の後ろには()をつけてメソッドであることを把握しやすくします。

9-2　DOMの基礎

9-2-1　タグ、要素、ノード

　HTMLやDOMについて話をするときに、タグ、要素、ノードが混同されて使用されることが多いので、ここで一度定義を確認しておきます。

■**タグ**

　タグとは文書構造を指定するためのマークアップとして記述される文字列のことです。開始タグ

と終了タグがあるのが普通です。終了タグは、<p>タグのように省略できるものもありますし、<input>タグのように終了タグが存在しないものもあります（**リスト9.1**）。タグはあくまでも記述上の話に過ぎないので、DOMについての話の中では使うことはそれほど多くありません。

リスト9.1　タグ

```
<div><!-- divの開始タグ -->
    <p>  <!-- pの終了タグは省略可能 -->
    <input type="button"> <!-- inputは開始タグだけで終了タグはない -->
</div><!-- divの終了タグ -->
```

■要素、ノード

　混同しやすいのが要素とノードです。要素とノードはちょうど継承関係にあり、ノードがスーパータイプです。ノードにはnodeTypeという属性があり、この値がELEMENT_NODE (1)のものが要素になります。HTMLドキュメントで主に利用されるノードについて**表9.5**にまとめます[注1]。

表9.5　HTMLドキュメントで利用されるノード

ノード	ノードタイプ定数	ノードタイプの値	インターフェース
要素ノード	ELEMENT_NODE	1	Element
属性ノード	ATTRIBUTE_NODE	2	Attr
テキストノード	TEXT_NODE	3	Text
コメントノード	COMMENT_NODE	8	Comment
文書ノード	DOCUMENT_NODE	9	Document

9-2-2　DOM操作

　JavaScriptの役割はWebページに機能をもたらすことです。機能を実現するためにはDOM操作が欠かせません。ある特定のDOM要素を選択しそのDOMの内容や属性を書き換えたり新しいDOM要素を作成したりしてユーザに視覚的なフィードバックを与えることでインタラクティブな機能が実現されます。以降で、DOM操作を選択（**9-3 ノードの選択**）、作成（**9-4 ノードの作成・追加**）、変更（**9-5 ノードの内容変更**）、削除（**9-6 ノードの削除**）に分けて説明していきます。

9-2-3　Documentオブジェクト

　DocumentオブジェクトはDOMツリー構造のルートノードです。ルートノードではありますが、それに対応するタグがHTMLドキュメントに記述されているわけではありません。たとえば、<html>タグや、<body>タグはそれぞれDocumentオブジェクトのdocumentElementプロパティやbodyプロパティに対応しますが、Documentオブジェクト自体に対応するタグは存在しません。DocumentオブジェクトはそのHTMLドキュメント全体を表現するオブジェクトだからです。

[注1]　本章では要素と記述するのは要素ノードを対象にしたときだけです。要素ノードに限定されないノード全般に関わる話についてはノードと表記します。

クライアントサイド JavaScript

DocumentオブジェクトはJavaScript内においてdocumentというグローバル変数でアクセスできます。正確にはdocumentはwindowオブジェクトのプロパティとして存在しています。しかしながらwindowオブジェクトはグローバルオブジェクトなので、そのプロパティにアクセスするときはwindow.を省略して記述できます。

実はHTMLドキュメントのJavaScriptで記述するすべてのグローバル変数はwindowオブジェクトのプロパティになります。以下のコードでそれを確認できます。

```
var global_variable = 'Global Variable';
alert(window.global_variable === global_variable); // => true
```

ちなみにwindowオブジェクトはDOMツリー構造には含まれません。前述したとおりDocumentオブジェクトがDOMツリー構造のルートノードです。後述する方法でDocumentオブジェクトの親ノードを取得しようとしてもできません。

9-3　ノードの選択

9-3-1　IDによる検索

JavaScriptでHTMLドキュメントの特定のノードを選択する際にもっとも多く使われる方法がDocument.getElementById()メソッドです。このメソッドは次のように記述します。

```
var element = document.getElementById('foo');
```

これでfooというIDを持つ要素を取得できます。IDはDOMツリーの中で一意でなければなりません。もし同一のIDが複数存在した場合の挙動については規定されていません。ただし、ほとんどのブラウザでは最初に見つかった要素を返すような実装になっています。

だからと言ってこの実装を期待して処理を記述するのは誤りなので、IDは一意になるように記述しなければいけません（**リスト9.2**）。

リスト9.2　同一IDが存在する場合のgetElementById()メソッド

```
<div id="foo">first</div>
<div id="foo">second</div>
<script>
  var element = document.getElementById('foo');
  alert(element.innerHTML); // => ほとんどのブラウザではfirstになる。しかし仕様としては不定である
</script>
```

9-3-2 タグ名による検索

次のようにElement.getElementsByTagName( )メソッドを使用すると指定したタグ名のノードがすべて取得できます。タグ名にはワイルドカードとしての'*'も指定できます。'*'を指定した場合はすべての要素を取得できます。

```
var spanElements = document.getElementsByTagName('span'); // span要素だけを取得する
var allElements = document.getElementsByTagName('*');     // すべての要素を取得する
```

Document.getElementById( )はDocumentオブジェクトだけのメソッドでしたがElement.getElementsByTagName( )はDocumentオブジェクトとElementオブジェクト両方のメソッドです。あるElementオブジェクトのgetElementsByTagName( )メソッドを実行した場合、そのElementオブジェクトの子孫ノードの中から特定のタグ名を持つ要素が取得されます(**リスト9.3**)。

リスト9.3　getElementById()とgetElementsByTagName()

```
<body>
<p id='foo'>
  <span>a</span>
  <span>b</span>
  <span>c</span>
</p>
<p id='bar'>
  <span>x</span>
</p>
<script>
  var foo = document.getElementById('foo');
  // ElementオブジェクトにgetElementById()メソッドは存在しない
  alert(foo.getElementById) // => undefined
  // ElementオブジェクトにgetElementsByTagName()メソッドは存在する
  alert(foo.getElementsByTagName) // => function getElementsByTagName() { [native code] }
  // fooの子孫ノードの中からspan要素を取得する
  var fooSpans = foo.getElementsByTagName('span');
  alert(fooSpans.length); // => 3
  // ドキュメント全体からspan要素を取得する
  var allSpans = document.getElementsByTagName('span');
  alert(allSpans.length); // => 4
</script>
</body>
```

■ライブオブジェクトの特徴

ここで注意が必要なのは、getElementsByTagName( )で取得できるオブジェクトは**NodeList**オブジェクトであることです。単純なNodeオブジェクトの配列ではありません。またNodeListオブジェクトはライブオブジェクトであることも大きな特徴です。たとえば**リスト9.4**のようなコードがあるとします。

クライアントサイドJavaScript

リスト9.4　ライブオブジェクト

```
<div id="foo">
  <span>first</span>
  <span>second</span>
</div>
<script>
  var elems = document.getElementsByTagName('span');
  alert(elems.length); // => 2
  var newSpan = document.createElement('span');
  newSpan.appendChild(document.createTextNode('third'));
  var foo = document.getElementById('foo');
  foo.appendChild(newSpan);
  alert(elems.length); // => 3
</script>
```

　このとき最初に取得した時点でelems.lengthは2になっています。これは自明でしょう。その後、JavaScriptで新たにspan要素を追加したあとでelems.lengthを表示させると3になっています。
　spanを追加したあとでさらにgetElementsByTagName( )を実行したのなら問題ないですが、spanを追加する前に取得していたNodeListオブジェクトがspanを追加した後の状態も知っていることに違和感を覚える人もいるでしょう。これがライブオブジェクトの特徴です。
　ライブオブジェクトは常にDOMツリー実体への参照を持っています。これによりDOMツリーへ加えられた変更はライブオブジェクトからも参照できるのです。

■ライブオブジェクトを操作する上での注意点

　ライブオブジェクトを使用する上で気をつけなければならないのは、**リスト9.5**のようなforループを実行するときです。

リスト9.5　ライブオブジェクトの罠

```
<div>sample text</div>
<script>
  var divs = document.getElementsByTagName('div');
  var newDiv;
  for (var i = 0; i < divs.length; i++) {
    newDiv = document.createElement('div');
    newDiv.appendChild(document.createTextNode('new div'));
    divs[i].appendChild(newDiv);
  }
</script>
```

　ここではdiv要素の一覧を取得してforループの中でそのdiv要素に新しいdiv要素を作成して追加しています。したがってループの継続条件で使っているdivs.lengthの値が1つ大きくなり、ループから抜けられなくなります。この場合はdivs.lengthを最初に評価しておけば無限ループを避けられます（**リスト9.6**）。

リスト9.6 ライブオブジェクトの罠回避

```
<div>sample text</div>
<script>
  var divs = document.getElementsByTagName('div');
  var newDiv;
  // divs.lengthを最初に取得しておきそれをループの継続条件に使う
  for (var i = 0, len = divs.length; i < len; i++) {
    newDiv = document.createElement('div');
    newDiv.appendChild(document.createTextNode('new div'));
    divs[i].appendChild(newDiv);
  }
</script>
```

■ライブオブジェクトのパフォーマンス

ライブオブジェクトを便利と捉えるかどうかは場合によりますが、単純にパフォーマンスを考えると不利な実装です。getElementsByTagName()で取得したものを使う場合と、一度Arrayに変換してから使う場合では後者の方がパフォーマンス的に優れています。

Arrayに変換するにはArray.prototype.slice()メソッドをNodeListオブジェクトに対して適用します(**リスト9.7**)。

リスト9.7 getElementsByTagName()の返り値

```
var nodeList = document.getElementsByTagName('span');
alert(nodeList instanceof NodeList);             // => true
alert(nodeList instanceof Array);                // => false
var array = Array.prototype.slice.call(nodeList); // NodeListオブジェクトをArrayオブジェクト
                                                  //   に変換する
alert(array instanceof NodeList);                // => false
alert(array instanceof Array);                   // => true
```

ただしこの方法はInternet Explorer 8以前では通用しません。Array.prototype.slice()をElement.getElementsByTagName()の結果に適用しようとするとエラーになります。したがってArrayに変換するには地道に要素をセットしていく必要があります。さらに言えばInternet Explorer 8以前では、Element.getElementsByTagName()で取得されるオブジェクトはNodeListオブジェクトではなく**HTMLCollection**オブジェクトです。これはDOM Level 1の定義に反しています。Element.getElementsByTagName()はNodeListを返すのが正しいです。ちなみにHTMLCollectionもライブオブジェクトなのでその部分はNodeListと同じです(**リスト9.8**)。

リスト9.8 Internet ExplorerでのgetElementsByTagName()

```
// Internet Explorer 8以前で実行する場合
var htmlCollection = document.getElementsByTagName('span');
alert(htmlCollection instanceof HTMLCollection);  // => true
alert(htmlCollection instanceof NodeList);        // => false
```

次ページへ

前ページの続き

リスト9.8　Internet ExplorerでのgetElementsByTagName()

```
alert(htmlCollection instanceof Array);    // => false
var array = new Array(htmlCollection.length);
for (var i = 0, len = htmlCollection.length; i < len; i++) {
  array[i] = htmlCollection[i];
}
```

NodeListのパフォーマンスを確認するために**リスト9.9**のようなコードを実行してみます。

リスト9.9　NodeListの操作方法によるパフォーマンスの違い

```
<div>
<!-- <span>タグを1000個記述する -->
</div>
<script>
  var elems, len;
  // NodeListをそのまま使用 + 毎回lengthを取得
  console.time('NodeListをそのまま使用 + 毎回lengthを取得');
  elems = document.getElementsByTagName('span');
  for (var i = 0; i < 1000; i++) {
    for (var j = 0; j < elems.length; j++) {
      elems[j];
    }
  }
  console.timeEnd('NodeListをそのまま使用 + 毎回lengthを取得');
  // NodeListをそのまま使用
  console.time('NodeListをそのまま使用');
  elems = document.getElementsByTagName('span');
  len = elems.length;
  for (var i = 0; i < 1000; i++) {
    for (var j = 0; j < len; j++) {
      elems[j];
    }
  }
  console.timeEnd('NodeListをそのまま使用');
  // Arrayに変換してから使用 + 毎回lengthを取得
  console.time('Arrayに変換してから使用 + 毎回lengthを取得');
  // Internet Explorer 8以前ではエラー
  elems = Array.prototype.slice.call(document.getElementsByTagName('span'));
  for (var i = 0; i < 1000; i++) {
    for (var j = 0; j < elems.length; j++) {
      elems[j];
    }
  }
  console.timeEnd('Arrayに変換してから使用 + 毎回lengthを取得');
  // Arrayに変換してから使用
  console.time('Arrayに変換してから使用');
  // Internet Explorer 8以前ではエラー
```

次ページへ

前ページの続き

リスト9.9　NodeListの操作方法によるパフォーマンスの違い

```
    elems = Array.prototype.slice.call(document.getElementsByTagName('span'));
    len = elems.length;
    for (var i = 0; i < 1000; i++) {
      for (var j = 0; j < len; j++) {
        elems[j];
      }
    }
    console.timeEnd('Arrayに変換してから使用');
</script>
```

　結果は次のようになりました。NodeListオブジェクトでは要素の取得もそうですがlengthプロパティの参照にもコストがかかっていることがわかります。
　このことからNodeListをforループで扱う場合はArrayオブジェクトに変換してから利用したほうが良いことが理解できるでしょう。

```
NodeListをそのまま使用 + 毎回lengthを取得: 276ms
NodeListをそのまま使用: 155ms
Arrayに変換してから使用 + 毎回lengthを取得: 22ms
Arrayに変換してから使用: 20ms
```

　NodeListのほかにもライブオブジェクトは存在します。前述したとおりHTMLCollectionがライブオブジェクトです。Internet Explorer8以前ではgetElementsByTagName()がHTMLCollectionを返すと述べましたが、文書中のフォームオブジェクトの配列を格納しているdocument.formsなどもHTMLCollectionです。DOM Level 1で定義されているHTMLCollectionを**表9.6**に一覧します。

表9.6　DOM Level 1で定義されているHTMLCollection

HTMLCollection	説明
document.images	文書中のimg要素一覧
document.applets	文書中のJavaアプレットオブジェクト一覧
document.links	文書中のリンク要素(a要素でhref属性が設定されているもの)一覧
document.forms	文書中のform要素一覧
document.anchors	文書中のアンカー要素(a要素でname属性が設定されているもの)一覧
form.elements	フォーム内のinput要素一覧
map.areas	イメージマップ内のarea要素一覧
table.rows	テーブル内のtr要素一覧
table.tBodies	テーブル内のtbody要素一覧
tableSection.rows	テーブルセクション(thead要素、tfoot要素)内のtr要素一覧
row.cells	テーブルの行内のtd要素とth要素一覧

　ライブオブジェクトはパフォーマンス的に問題があるのでライブラリではArrayに変換してから返すものも多くあります。このあたりはうまく隠蔽されているので通常はそれほど気にする必要はありませんが、予想と違う挙動を示したときはオブジェクトがライブオブジェクトであるかどうかを確認してみましょう。意外とこういったところに罠が潜んでいます。
　JavaScriptは変数の型をそれほど意識しなくても記述できますが、実際にはオブジェクトはなんら

かの型を持っていることを忘れないようにしましょう。

9-3-3　名前による検索

HTMLDocument.getElementsByName( ) メソッドにより name 属性の値で要素を絞り込んで取得できます。name 属性は form タグや input タグなどでしか指定しないため、getElementById( ) に比べれば使用頻度は低いでしょう。

9-3-4　クラス名による検索

HTMLElement.getElementsByClassName( ) メソッドを使用すると指定したクラス名の要素を取得できます（**リスト 9.10**）。クラス名は複数の値を指定できます。複数のクラス名を指定したい場合は空白区切りの文字列を指定します。'classA classB' という具合です。この場合、classA と classB 両方が指定された要素だけが取得されます。

使用するうえで気にする必要はありませんが、このメソッドは DOM Core や DOM HTML で規定されているわけではなく HTML5 の仕様として規定されています。

HTML5 で規定されているということからもわかると思いますが、これはモダンブラウザしか実装されていません。Internet Explorer 8 以前では使用きません。もっとも、汎用 JavaScript ライブラリの多くは getElementsByClassName( ) に相当するメソッドを実装しているので、ライブラリを利用すれば Internet Explorer 8 以下でも同様の操作は簡単に行えます。

リスト 9.10　getElementsByClassName()メソッド

```
<body>
<p id='foo'>
  <span class='matched'>a</span>
  <span class='matched unmatched'>b</span>
  <span class='unmatched'>c</span>
</p>
<p id='bar'>
  <span class='matched'>x</span>
</p>
<script>
  var foo = document.getElementById('foo');
  // fooの子孫ノードの中からクラスにmatchedが指定されている要素を取得する
  var fooMatched = foo.getElementsByClassName('matched');
  alert(fooMatched.length); // => 2
  // 複数のクラス名を指定する場合は空白区切りで指定する
  alert(foo.getElementsByClassName('matched unmatched').length); // => 1
  // 複数指定する場合、クラス名の順番は考慮されない
  alert(foo.getElementsByClassName('unmatched matched').length); // => 1
  // ドキュメント全体からクラス名にmatchedが指定されている要素を取得する
  var allMatched = document.getElementsByClassName('matched');
  alert(allMatched.length); // => 3
</script>
</body>
```

9-3-5 親、子、兄弟

あるノードの親ノードや子ノード、兄弟ノードを取得する方法を説明します。ノードはプロパティとして他のノードへの参照を持っています（**表9.7**）。

表9.7 関連するノードを参照するためのプロパティ

プロパティ名	取得できるノード
parentNode	親ノード
childNodes	子ノードリスト
firstChild	最初の子ノード
lastChild	最後の子ノード
nextSibling	次のノード
previousSibling	1つ前のノード

また空白もテキストノードとして扱われます。これには改行も含まれます。HTMLを記述する場合は可読性を考えてタグごとに改行を入れるのが普通ですが、その場合改行のところに空白ノードが存在することになります。したがって、firstChildとしたときにはまず空白ノードが取得されます。firstChildなどのプロパティを直接参照するような場合には、注意しておかなければなりません（**リスト9.11**）。

リスト9.11 関連ノードを参照するためのプロパティ使用例

```
<body>
  <div id="a">
    <div id="b"></div>
    <div id="my">
      <div id="c">
        <div id="d"></div>
      </div>
      <div id="e"></div>
    </div>
    <div id="f"></div><div id="g"></div>
  </div>
  <script>
    var my = document.getElementById('my');
    var elem;
    elem = my.parentNode;
    alert(elem.id); // => 'a'
    // 子要素
    elem = my.firstChild;
    alert(elem.id); // => undefined // 空白ノードが選択されている
    elem = elem.nextSibling;
    alert(elem.id); // => 'c'
    elem = my.lastChild;
    alert(elem.id); // => undefined // 空白ノードが選択されている
    elem = elem.previousSibling;
    alert(elem.id); // => 'e'
    var children = my.childNodes;
    alert(children[0].id); // => undefined // 空白ノードが選択されている
    alert(children[1].id); // => 'c'
    alert(children[2].id); // => undefined // 空白ノードが選択されている
    alert(children[3].id); // => 'e'
```

次ページへ

Part 3 クライアントサイドJavaScript

前ページの続き

リスト9.11　関連ノードを参照するためのプロパティ使用例

```
    //兄弟要素
    elem = my.previousSibling.previousSibling;
    alert(elem.id); // => 'b'
    elem = my.nextSibling.nextSibling;
    alert(elem.id); // => 'f'
    elem = elem.nextSibling;
    alert(elem.id); // => 'g' // div#fとdiv#gの間には空白や改行はないのでdiv#fのnextSiblingは
div#gになる
  </script>
</body>
```

　ここで注意が必要なのは、childNodesで取得できるオブジェクトはNodeListオブジェクトであることです。NodeListオブジェクトなのでライブオブジェクトです。前述したとおりライブオブジェクトはパフォーマンス的に不利なのでchildNodesが大きくなると予想される場合はArrayに変換してから使うようにしましょう。

　さて、上記のfirstChildなどでは空白ノードも含んでしまうため、直感的に期待するノードとは別のノードが取得されてしまいます。ノードを列挙して変更を加えていく場合には空白ノードかどうかを調べる必要が出てくるので不便です。そこで、空白ノードやコメントノードを除外して要素だけを取得するためのAPIが規定され、最近のブラウザには実装されています（**表9.8**）。

表9.8　関連する要素を参照するためのプロパティ

プロパティ名	取得できる要素
children	子要素リスト
firstElementChild	最初の子要素
lastElementChild	最後の子要素
nextElementSibling	次の要素
previousElementSibling	1つ前の要素
childElementCount	子要素の数

　children以外はElement Traversal APIというものです。childrenはElement Traversal APIではありませんが主要なブラウザはすべて実装しているので代わりに利用できます。childrenはInternet Explorerにも実装されていますが、Internet Explorerのchildrenは空白ノードを含んだNodeListを返すので注意してください。Internet Explorerはかくも小難しいWebブラウザなのです。

　前述の例をTraversal APIを利用して書き直すと**リスト9.12**のようになります。空白ノードが無視されるためfirstChildなどを使うよりも直感的に扱えることがわかります。

リスト9.12　関連要素を参照するためのプロパティ使用例

```
<body>
  <div id="a">
    <div id="b"></div>
    <div id="my-id">
      <div id="c">
        <div id="d"></div>
      </div>
```

次ページへ

258　パーフェクトJavaScript

前ページの続き

リスト9.12　関連要素を参照するためのプロパティ使用例

```
      <div id="e"></div>
    </div>
    <div id="f"></div><div id="g"></div>
  </div>
  <script>
    var my = document.getElementById('my-id');
    var elem;
    elem = my.parentNode;
    alert(elem.id);              // => 'a'
    // 子要素
    elem = my.firstElementChild;
    alert(elem.id);              // => 'c'
    elem = my.lastElementChild;
    alert(elem.id);              // => 'e'
    var children = my.children;
    alert(children[0].id);       // => 'c'
    alert(children[1].id);       // => 'e'

    //兄弟要素
    elem = my.previousElementSibling;
    alert(elem.id);              // => 'b'
    elem = my.nextElementSibling;
    alert(elem.id);              // => 'f'
    elem = elem.nextElementSibling;
    alert(elem.id);              // => 'g'
  </script>
</body>
```

9-3-6　XPath

　前述した、getElementById()やchildNodesなどを用いればすべてのノードへアクセスできますが、取得したいノードを指定する方法としては不十分です。より柔軟にノードを指定して取得する方法としてXPathによる指定があります。

　XPathを使うと、mainというidが指定されたdiv要素の中にある、contentというclassが指定された3番目のp要素の中にある、hrefがhttp://example.com/ではじまるa要素といった複雑な指定が簡単に行なえます（**リスト9.13**）。

リスト9.13　XPathの対象HTML構造

```
<div id="main">
  <p class="content">
    <a class="link" href="http://example.com/">1st link</a>
  </p>
  <p class="dummy"></p>
  <p class="content">
    <a href="http://example.com/">2nd link</a>
  </p>
  <p class="content">
    <a href="http://foobar.example.com/">3rd link</a>
```

次ページへ

前ページの続き

リスト9.13　XPathの対象HTML構造

```
    <a href="http://example.com/">4th link</a>
  </p>
  <a href="http://example.com/">5th link</a>
</div>
```

リスト9.13のようなHTMLがあるときに前述のとおり指定すると4th linkと記述されているa要素が取得されるはずです。これをXPathで表現すると**リスト9.14**のようになります。

リスト9.14　XPathの使用例

```
<script>
var result = document.evaluate(
  // idがmainのdiv  /classにcontentを含むp要素の3番目  /hrefがhttp://example.com/から始まるa要素
  '///div[@id="main"]/p[contains(@class, "content")][3]/a[starts-with(@href, "http://example.com/")]',
  document,
  null,
  XPathResult.ORDERED_NODE_SNAPSHOT_TYPE,
  null
);
alert(result.snapshotLength); // => 1
var elem = result.snapshotItem(0);
alert(elem.innerHTML); // => 4th link
</script>
```

　このようにXPathを使えば柔軟な指定でDOM要素を特定して取得できます。Document.evaluate( )メソッドは引数を5つ受け取るため、わかりにくいですが、慣れてしまえば簡単です。
　第1引数は評価するXPath式を文字列で指定します。
　第2引数は文書内のノードを指定します。ここで指定されたノード内でXPath式を評価してマッチするものを返します。documentを指定すれば文書全体から検索します。検索したい範囲が分かっている場合は適切に指定したほうが無駄な検索が実行されないのため、パフォーマンス向上が見込めます。
　第3引数は名前空間URIを返す関数が指定できます。これは名前空間接頭辞を利用するXML文書で使用するもので、HTML文書では使用しません。nullを渡しましょう。
　第4引数は評価した結果をどのようなオブジェクトとして返すかを指定する値です。evaluate( )メソッドの返り値はXPathResultオブジェクトですが、XPathResultオブジェクトはいくつかの型を持っており、その型を指定します。指定できる値は0から9までで、すべてXPathResultインターフェースに定数として定義されています。
　それぞれの値を指定したときに返されるオブジェクトを**表9.9**にまとめます。

表 9.9　evaluateメソッドの第 4 引数の値と返り値の関係

定数	値	返されるオブジェクト
ANY_TYPE	0	評価結果に応じて適切な型を格納した結果の集合。結果がノード集合ならば、UNORDERED_NODE_ITERATOR_TYPEを指定したときと同じオブジェクトになる
NUMBER_TYPE	1	数値
STRING_TYPE	2	文字列
BOOLEAN_TYPE	3	真偽値
UNORDERED_NODE_ITERATOR_TYPE	4	ノード集合のイテレータ。順番は不定
ORDERED_NODE_ITERATOR_TYPE	5	ノード集合のイテレータ。順番は文書内に現れる順番に一致
UNORDERED_NODE_SNAPSHOT_TYPE	6	ノード集合のスナップショット。順番は不定
ORDERED_NODE_SNAPSHOT_TYPE	7	ノード集合のスナップショット。順番は文書内に現れる順番に一致
ANY_UNORDERED_NODE_TYPE	8	式にマッチしたノードのうちのどれか 1 つ。式にマッチした最初のノードとは限らない
FIRST_ORDERED_NODE_TYPE	9	文書内で式にマッチした最初のノード

　返り値がイテレータの場合とスナップショットの場合の違いは、evaluate( )メソッドを実行したあとに文書に加えた変更の扱われ方にあります。イテレータの場合は、イテレータ取得後に文書が変更を加えてからiterateNext( )メソッドを実行すると例外が発生します。スナップショットの場合は、例外が起きたりはしませんが、あくまでもevaluate( )メソッドを実行した時点での結果で反復処理します（**リスト 9.15**）。

リスト 9.15　イテレータとスナップショットの違い

```
// イテレータを取得
var iterator = document.evaluate(
  '//div[@id="main"]/p',
  document,
  null,
  XPathResult.ORDERED_NODE_ITERATOR_TYPE,
  null
);

// イテレータを取得したあとに条件にマッチするノードを文書に追加する
var newParagraph = document.createElement('p');
document.getElementById('main').appendChild(newParagraph);
newParagraph.appendChild(document.createTextNode('This is a new paragraph.'));
try {
  node = iterator.iterateNext(); // INVALID_STATE_ERRという例外が発生する
} catch (e) {
  console.log(e);
}

// スナップショットを取得
var snapshot = document.evaluate(
  '//div[@id="main"]/p',
  document,
  null,
  XPathResult.ORDERED_NODE_SNAPSHOT_TYPE,
  null
);

// スナップショットを取得したあとに条件にマッチするノードを文書に追加する
var anotherParagraph = document.createElement('p');
```

次ページへ

前ページの続き

リスト9.15　イテレータとスナップショットの違い

```
document.getElementById('main').appendChild(anotherParagraph);
newParagraph.appendChild(document.createTextNode('This is another paragraph.'));
for (var i = 0; i < snapshot.snapshotLength; i++) {
    console.log(snapshot.snapshotItem(i) === anotherParagraph);
    // すべてfalseになる
    // つまりanotherParagraphはsnapshotに含まれていない
    // 例外も発生しない
}
```

第4引数の値としてよく使われる値はORDERED_NODE_SNAPSHOT_TYPEです。

最後の第5引数には既存のXPathResultオブジェクトを指定します。これが指定されるとそのXPathResultオブジェクトを再利用します。指定しない場合は新しいXPathResultオブジェクトが作成されます。これもnullを指定しておけば問題ないでしょう。

XPathを使うときに注意すべきことはInternet Explorerでは使用できないということです。Internet Explorer 9でも使えません。ただし、Internet ExplorerでもXPathを使用可能にするためのライブラリ（JavaScript-XPath）があるのでそれを利用すればよいでしょう。

JavaScript-XPathは以下のURLからダウンロードできます。

```
http://coderepos.org/share/wiki/JavaScript-XPath
```

9-3-7　Selectors API

XPathを使えば柔軟な指定方法で要素を取得できますが、XPathは多少取り扱い方が複雑です。XPathよりもシンプルでかつかなり柔軟に要素を指定し取得する方法としてSelectors APIがあります。

Selectors APIではCSSで要素を指定するときと同様の指定方法で要素が取得できます。したがってgetElementById( )やgetElementsByTagName( )と同様の操作も簡単に記述できます（**リスト9.16**）。**querySelectorAll( )**は該当する要素をすべて取得します。それに対して、**querySelector( )**はたとえ複数の要素が該当したとしても最初の一要素だけを返します。

リスト9.16　Selectors APIの使用例

```
var a = document.querySelector('#foo');
var b = document.getElementById('foo');
alert(a === b); // => true
var c = document.querySelectorAll('div');
var d = document.getElementsByTagName('div');
alert(c[0] === d[0]); // => true
```

また、Selectors APIを使ってXPathの使用例（リスト9.14）で示したものと同じ要素を取得するにはリスト9.17のように記述できます。CSSセレクタに慣れている人にとってはXPathよりも読み解きやすいでしょう。

リスト9.17　Selectors APIの使用例2

```
<script>
  var elem = document.querySelector(
    'div#main > p.content:nth-of-type(4) > a[href^="http://example.com/"]');
  alert(elem.innerHTML); // => 4th link
</script>
```

　querySelectorAll( )で取得されるオブジェクトは、getElementsByTagName( )やchildNodesなど取得できるNodeListオブジェクトとは異なるオブジェクトであることも重要な点です。querySelectorAll( )で取得されるオブジェクトは**StaticNodeList**オブジェクトです。

　NodeListとStaticNodeListの違いは、オブジェクトに対して加えた変更がHTMLドキュメントに反映されるかどうかです。NodeListオブジェクトに対して変更を加えるとそれはHTMLドキュメントに対しても反映されます。しかし、StaticNodeListオブジェクトに対して変更を加えてもHTMLドキュメントには反映されません。この点を押さえておかないとNodeListを操作するときと同じようにStaticNodeListを操作していては期待どおりの挙動にならないことがあるかもしれません。

9-4　ノードの作成・追加

　ノードを作成するにはDocument.createElement( )メソッドやDocument.createTextNode( )メソッドを使います。また、あまり使うことはありませんが、Document.createComment( )メソッドでコメントを作成できます。

　ノードを作成しただけではHTMLドキュメントにとっては何の変化もありません。作成したノードをDOMツリーに追加して初めてWebブラウザに表示されます。

　あるノードの最後の子要素として追加する場合はNode.appendChild( )メソッドを使います。また、ある要素の位置にノードを挿入する場合はNode.insertBefore( )メソッドを使います（**リスト9.18**）。

リスト9.18　ノードの作成・追加

```
var elem = document.createElement('div');                    // div要素を作成
var text = document.createTextNode('This is a new div element.');   // テキストノードを作成
document.body.appendChild(elem);                             // body 直下に作成したdiv要素を追加
elem.appendChild(text);                                      // 作成したdiv要素にテキストノードを追加
var comment = document.createComment('this is comment');     //コメントノードを作成
document.body.insertBefore(comment, elem);                   // elemの前にコメントノードを挿入
```

9-5　ノードの内容変更

　取得したノードのプロパティを書き換えることによって、その変更はHTMLドキュメントにも反

映されます。あるいはNode.replaceChild( )メソッドを利用してノードを置換できます(**リスト9.19**)。

リスト9.19　ノードの置換

```
var newNode = document.createElement('div');
var oldNode = document.getElementById('foo');
var parentNode = oldNode.parentNode;
parentNode.replaceChild(newNode, oldNode);
```

9-6　ノードの削除

ノードを削除する場合はNode.removeChild( )メソッドを利用します(**リスト9.20**)。

リスト9.20　ノードの削除

```
var elem = document.getElementById('foo');
elem.parentNode.removeChild(elem);
```

9-7　innerHTML／textContent

9-7-1　innerHTML

これまでに述べてきたような方法を使えばHTMLドキュメントを自在に変更できます。しかし、多くの要素を含むような変更を加える場合に、いちいちcreateElement( )やappendChild( )を記述するのは冗長なのでもっと簡単に記述する方法もあります。それがHTMLElementのinnerHTMLプロパティを使うことです。

innerHTMLプロパティに値を設定するとブラウザはその内容をパースし、解析結果をその要素の子要素とします(**リスト9.21**)。

ただし、innerHTMLプロパティはDOMの仕様として定義されているわけではなく、HTML5の仕様として定義されています。Internet Explorerで古くから実装されていたため、ほとんどのWebブラウザでinnerHTMLは利用できます。

リスト9.21　innerHTMLの使用例

```
var elem = document.getElementById('foo');
elem.innerHTML = '<div>This is a new div element.</div>';
```

9-7-2　textContent

innerHTMLプロパティはHTML文字列として参照できますがtextContentプロパティは子要素まで含めてテキスト部分だけを取得・設定できます(**リスト9.22**)。したがってtextContentプロパティを設定すると、子要素はすべて削除されテキストノードに置き換わります。

同様のプロパティはInternet ExplorerではinnerTextプロパティとして存在しています。また、textContentプロパティはDOM Level 3 Coreに定義されています。

リスト9.22　textContentの使用例

```
var elem = document.getElementById('foo');
elem.textContent = '<div>Is this a new div element?</div>';
// => div要素は作成されない。このまま文字列としてブラウザに表示される
```

9-8　DOM操作のパフォーマンス

クライアントサイドJavaScriptにおいてDOM操作は欠かすことができません。内容を書き換えたり、見た目を変更する場合、当然ブラウザは画面を再描画します。再描画はそれなりにコストのかかる処理なので、不要な再描画は避けるべきです。

たとえば10個のdiv要素を画面に追加する場合を考えましょう。単純に**リスト9.23**のように記述した場合、10回再描画が行われます。

リスト9.23　パフォーマンスの悪い記述例

```
var parent = document.getElementById('parent');
for (var i = 0; i < 10; i++) {
  var child = document.createElement('div');
  // 親要素に子要素を追加する。追加するたびに再描画が実行される
  parent.appendChild(child);
}
```

これに対し、**リスト9.24**のようにDocumentFragmentを利用すると再描画の回数を1回にすることができます。

リスト9.24　DocumentFragmentの利用

```
var fragment = document.createDocumentFragment();
for (var i = 0; i < 10; i++) {
  var child = document.createElement('div');
  // DocumentFragmentに対して子要素を追加する
  fragment.appendChild(child);
}

// 親要素にDocumentFragmentを追加する
// DocumentFragmentを追加しているが、実際に追加されるのはDocumentFragmentの子要素だけ
document.getElementById('parent').appendChild(fragment);
```

このようにDocumentFragmentに対して変更を加えておいて最後に実際のdocumentオブジェクトに対して操作することで不要な再描画を避けられます。

10章 イベント

本章ではクライアントサイドJavaScriptでもっとも重要なポイントの1つであるイベントの取り扱いについて説明します。JavaScriptで様々な機能を実現するためには適切にイベントを取り扱うことが不可欠です。

10-1 イベントドリブンプログラミング

　JavaScriptプログラミングで一番重要なことはイベントの取り扱い方です。一般的なGUIアプリケーションと同じくWebアプリにおいてもイベントドリブンプログラミングで挙動を実装します。イベントドリブンプログラミングでは、あるイベントに対してどのような処理をするのかを登録してきます。

　イベントに対する処理を登録しておいて、あとはブラウザがイベントを起こすたびにその登録した処理が実行されます。登録する処理のことをイベントハンドラあるいはイベントリスナと呼びます。

　Webアプリでのイベントの代表的なものは、ある要素をクリックする、ある要素の上にマウスを動かす、キーボードで特定のキーを押す、などがあります。またページが読み込まれたり、あるいは別のページに遷移するときに起こるイベントもあります。これらのユーザの操作にしたがってWebブラウザは対応するイベントを発火します。そして発火したイベントに対するイベントハンドラを実行していきます。

　したがってJavaScriptプログラミングはイベントを捕捉したい要素を取得して、その要素に対してイベントハンドラを登録することが基本になります。

　標準のイベントモデルはDOM Level 2で定義されています。多くのモダンブラウザはこれに準拠した実装を行っています。しかし、Internet Explorerのバージョン8までは独自のイベントモデルを実装しています。機能的には標準のイベントモデルと大きな差はありませんが、APIとしては別物なので注意が必要です。ここでは、標準のイベントモデルに沿った記述を行います。Internet Explorerに対応するための記述はクロスブラウザの項目を参照してください。

10-2 イベントハンドラ／イベントリスナの設定

　イベントに対する処理自体をイベントハンドラまたはイベントリスナと呼びますが、イベントリスナとイベントハンドラの違いはその設定方法にあります。また設定方法の違いに起因して、イベントハンドラは1つの要素・イベントについて1つしか設定できません。それに対して、イベントリスナは複数設定できます。

イベントに対する処理の設定方法を以下に列挙します。

- HTML要素の属性に指定する(イベントハンドラ)
- DOM要素のプロパティに指定する(イベントハンドラ)
- EventTarget.addEventListener()を利用する(イベントリスナ)

以降で、それぞれの方法について詳しく説明していきます。

10-2-1　HTML要素の属性に指定する

イベントハンドラを設定するもっとも単純な方法は、HTMLの属性として指定することです。以下の例はクリックするとbarとbazというメッセージをアラートダイアログに表示するボタンの例です。

```
<input id="foo" type="button" value="foo" onclick="alert('bar');alert('baz')">
```

ここではonclickイベントハンドラに対して実行するJavaScriptコードを文字列で指定しています。コードが複数行になる場合はセミコロンで区切ります。もちろん関数を別に定義しておいて、その関数を実行するようにしても問題ありません。

この方法の利点は、単純であることに加えてロードされた時点で確実にイベントハンドラが設定されていることです。後述する方法を使った場合は、要素がロードされた時点ではまだイベントハンドラの登録が済んでおらず、その時点でユーザが何かイベントを起こす操作を行ったとしても実行されません。それに対して、HTML要素の属性に指定する方法だとイベントハンドラが設定されていることが保証されます。

表記上の注意になりますが、ここではonclickとすべて小文字で表記しています。HTMLは大文字と小文字を区別しないのでこれはonClickなどと記述してあっても同じ挙動になります。ただし、XHTMLでは大文字と小文字の区別する点を考慮し、互換性を保つ意味でonclickのようにすべて小文字にしておいたほうが良いでしょう。

イベントハンドラの一覧を表10.1に列挙します。

表10.1　イベントハンドラ

イベントハンドラ名	発火タイミング
onclick	マウスをクリックした
ondblclick	マウスをダブルクリックした
onmousedown	マウスボタンを押した
onmouseup	押されたマウスボタンを離した
onmousemove	マウスポインタが要素の上を移動した
onmouseout	マウスポインタが要素の上から離れた
onmouseover	マウスポインタが要素の上に乗った
onkeydown	キーを押した
onkeypress	キーを押した
onkeyup	押されたキーを離した
onchange	input要素の内容が変更された

次ページへ

クライアントサイドJavaScript

前ページの続き

イベントハンドラ名	発火タイミング
onblur	input要素のフォーカスが他に移った
onfocus	input要素のフォーカスがあたった
onselect	テキストが選択された
onsubmit	フォームのサブミットボタンが押された
onreset	フォームのリセットボタンが押された
onload	ロードが完了した
onunload	文書がアンロードされた（ページを遷移するときなど）
onabort	画像の読み込みが中断された
onerror	画像の読み込み中にエラーが発生した
onresize	ウィンドウサイズが変更された

　イベントハンドラの返り値としてfalseを返すとそのイベントのデフォルトの動作をキャンセルします。たとえばonsubmitイベントハンドラでfalseを返すとフォームの内容は送信されません。これはonsubmitイベントハンドラでフォームの内容を検証し、不正な内容のときにfalseを返してフォームを送信させない、といった使い方ができます。また、**リスト10.1**の例のように<a>タグのonclickイベントハンドラでfalseを返すとページ遷移しなくなります。

リスト10.1　イベントハンドラでfalseを返す

```
<script>
  function stop(event) {
    alert('Stop page transfer');
    return false;
  }
</script>
<a id="foo" href="http://example.com" onclick="return stop();">example.com</a>
```

10-2-2　DOM要素のプロパティに指定する

　HTMLファイルとJavaScriptファイルが別々になっている場合には、HTMLファイルの中に記述するJavaScriptのコードをできるだけ少なくしたほうが保守性は高くなります。したがってイベントハンドラの設定もJavaScript内で完結するように記述したほうがよいでしょう。
　イベントハンドラはノードのプロパティに設定できます（**リスト10.2**）。

リスト10.2　イベントハンドラをプロパティに設定する

```
var btn = document.getElementById('foo');
function sayFoo() {
  alert('foo');
}

btn.onclick = sayFoo;
```

　イベントハンドラに設定するものは関数そのものであることに注意してください。次のように実行し

た返り値を設定しようとしたり、HTMLタグで設定したように文字列で指定しても正しく動作しません。

```
btn.onclick = sayFoo();        // 関数を実行した返り値を設定することになるので誤り
btn.onclick = "sayFoo()";      // 関数の実行を文字列としても実行されない
btn.onclick = sayFoo;          // 関数自体を設定しているので正しく動作する
```

　HTMLタグの属性に記述する場合とは異なり、ここではすべて小文字で記述しなければなりません。また、プロパティを設定すると、HTMLタグの属性に記述したものは上書きされます。したがって、HTMLタグの属性として指定したものはそのままにしてJavaScriptで処理を追加したい、というようなことはプロパティに指定するだけだと難しいです。それを簡単に解決する方法がDOM Level2 Eventsで定義されています。これについては次節で説明します。

10-2-3　EventTarget.addEventListener()を利用する

■イベントリスナの登録

　これまでに記述した方法でも様々な処理をイベントに対して登録できますが、ある要素のあるイベントに対して1つの処理しか設定できないという欠点があります。

　1つの処理しか設定できない場合、複雑な挙動の設定が難しくなります。その欠点を補うためにはDOM Level 2で定義されているEventTarget.addEventListener()を使います（**リスト10.4**）。ただし前述したとおりこのメソッドはInternet Explorer 8以前では使用できません。その代わりにInternet ExplorerではattachEvent()メソッドが利用できます。これについては**「8-5 クロスブラウザ対策」**を参照してください。

リスト10.4　イベントリスナの登録

```
var btn = document.getElementById('foo');
btn.addEventListener('click', function (e) {
  alert('foo')
}, false);
```

　イベントリスナを登録するときには後述する、キャプチャリングフェーズとバブリングフェーズのどちらで実行するのかを第3引数で指定できます。DOM Level2ではこの引数は必須パラメータです。DOM Level 3ではこの引数を省略した場合にはバブリングフェーズで実行されます。前述のHTML要素の属性に指定する方法やDOM要素のプロパティに指定する方法で設定されたイベントハンドラもバブリングフェーズで実行されます。キャプチャリングフェーズで実行する処理を設定したい場合はEventTarget.addEventListener()メソッドを利用するしかありません。また、Internet Explorerで利用するattachEvent()メソッドにはこれに相当する引数はありません。Internet Explorerではイベントリスナは常にバブリングフェーズで実行されます。

クライアントサイド JavaScript

■ イベントリスナの実行順序

　addEventListener()メソッドを使うと、特定の要素の特定のイベントに対して複数のイベントリスナを設定できます。複数のイベントリスナを登録した場合、イベントリスナの実行順序が気になるところですが、DOM Level 2まではこれの定義はありませんでした。DOM Level 3 で、登録順に実行されると定義されています。実際、現状ではほとんどのブラウザは登録された順番に実行するようになっています。そうは言っても順番を気にする必要がある処理は、別々のイベントリスナに分割したりせず、1つのイベントリスナの中で処理すべきでしょう。

　また、イベントターゲット、イベントタイプ、フェーズの組み合わせが同じものに対して、同じイベントリスナを複数登録することはできません。あとから登録したほうは無視されます。この場合、イベントリスナの登録順序も変化しないため、イベントリスナの実行順序も変わりません。

リスト 10.5　同一イベントリスナの登録

```
var btn = document.getElementById('foo');
function sayHello() {
  alert('Hello');
}
btn.addEventListener('click', sayHello, false);
btn.addEventListener('click', sayHello, false);  // 同じイベントリスナは無視される
btn.addEventListener('click', sayHello, true);   // フェーズが異なれば別のものとして登録される
```

リスト 10.6　イベントリスナの実行順序

```
var btn = document.getElementById('foo');
function sayFoo() {
  alert('foo');
}
function sayBar() {
  alert('bar');
}
function sayBaz() {
  alert('baz');
}
btn.addEventListener('click', sayFoo, false);
btn.addEventListener('click', sayBar, false);
btn.addEventListener('click', sayBaz, false);
btn.addEventListener('click', sayFoo, false); // これは無視されるのが仕様

// ボタンをクリックしたときに期待する挙動は、foo, bar, bazの順にダイアログが表示されること
// Firefox, Google Chrome, Safariの場合は期待どおりに動作する
// Operaの場合はbar, baz, fooとなり、2回目のbtn.addEventListener('click', sayFoo, false)で登録
順序が変更されていることがわかる
```

■ イベントリスナオブジェクト

　イベントリスナとしては単なる関数を指定するのが普通ですが、ブラウザによってはhandleEvent()メソッドを実装したオブジェクトを指定することもできます（**リスト 10.7**）。

リスト 10.7　イベントリスナにオブジェクトを登録する

```
var btn = document.getElementById('foo');
var eventListener = {
  message: 'This is an event listener object.',
  handleEvent: function (e) {
    alert(this.message);
  }
};
btn.addEventListener('click', eventListener, false);
// ボタンクリック時に'This is an event listener object.'というメッセージダイアログが表示される
```

　もともとDOM Level2 Eventsでは、EventListenerインターフェースはhandleEvent( )メソッドをもつと定義されているだけです。Javaなどの関数をファーストクラスオブジェクトとして扱えない言語の場合はこれに従います。ですが、DOM Level 2 Eventsの付録として定義されているECMAScript Language BindingではEventListenerオブジェクトは単なる関数だとしています。

　これによりJavaScriptではaddEventListener( )メソッドに関数を渡せます。DOM Level 3ではEventListenerは関数かあるいはオブジェクトを受け取ると記述されていますが、いまのところまだ決定していません。したがってJavaScriptでaddEventListener( )メソッドにオブジェクトを渡せるのはDOMの定義に反していると言えます。ただし、現状で有力なブラウザではすでに利用可能なように実装されているので、使用しても特に問題はないでしょう。

　イベントリスナにはイベントオブジェクトが引数として渡されます。このイベントオブジェクトについては後述します。

　以降の説明のために言葉を2つ定義しておきます。1つはイベントターゲットです。これはイベントが発火した要素で、イベントオブジェクトのtargetプロパティで参照できます。もう1つがリスナーターゲットです。これはイベントリスナが登録されている要素で、イベントオブジェクトのcurrentTargetプロパティで参照できます。

10-2-4　イベントハンドラ／イベントリスナ内でのthis

　イベントハンドラ内でのthisが参照するオブジェクトは、イベントハンドラを設定した要素自身になります。たとえば次のような記述の場合は特に問題はないでしょう。

```
document.getElementById('foo').onclick = function () { /* thisは#fooの要素 */ };
```

　しかし、次のような場合、thisとしてlibを期待するかもしれませんが、やはりthisはイベントハンドラを設定した要素になります。

```
var Listener = function () {};
lib.handleClick = function (event) { /* thisはlib? */ };
document.getElementById('foo').onclick = lib.handleClick;
// => lib.handleClick内でのthisはlibではなく#fooの要素
```

lib.handleClick内でthisとしてlibを参照したい場合は、次のように無名関数でラップして設定します。

```
document.getElementById('foo').onclick = function (event) {
  lib.handleClick(event);
  // => lib.handleClick内でのthisはlibになる
};
```

以上のことはイベントリスナについても同様です。JavaScriptでのthisの取り扱いには十分に注意が必要です。またJavaScriptでthisの参照を差し替える方法については「**6-8-2 JavaScriptとコールバック**」を参照してください。

10-3　イベント発火

イベントは主にユーザの操作が引き金となって発生します。ユーザがWebページを閲覧している際にもっとも多く発生するイベントはmousemoveイベントです。これはマウスポインタが動いている間じゅう発生し続けます。したがって、mousemoveイベントに対する処理を設定するとマウスの動き自体が緩慢なものになってしまう可能性があります。mousemoveイベントに対してイベントハンドラ/イベントリスナを設定するときはこのような点を十分に注意しましょう。

10-4　イベントの伝播

HTMLドキュメントをWebブラウザ上で表示した場合はHTML要素が入れ子になって表示されています。たとえば以下のように、<div>要素の中に<button>要素がある場合などです。ここでsampleというボタンをクリックした場合は、そのボタンをイベントターゲットとしたイベントが発生します。

```
<html>
  <body>
    <div id="foo">
      <button id="bar">sample</button>
    </div>
  </body>
</html>
```

このときイベントはキャプチャリングフェーズ、ターゲットフェーズ、バブリングフェーズという3つのフェーズに分かれて処理されます（**図10.1**）。

10-4-1　キャプチャリングフェーズ

Windowオブジェクトからはじまり、DOMツリーを下にたどってイベントが伝播していくフェー

図10.1 イベントフロー

```
window
  document
    html
      body
        div
          button
            クリックイベント発火
```

①キャプチャリングフェーズ
③バブリングフェーズ
②ターゲットフェーズ

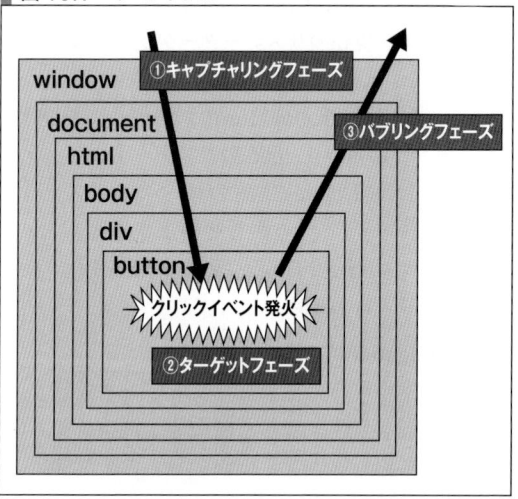

ズです。キャプチャリングフェーズで実行されるように、登録されたイベントリスナがある場合はこのタイミングで処理が実行されます。

10-4-2 ターゲットフェーズ

　イベントターゲットに登録されているイベントリスナ実行されるフェーズです。HTMLタグの属性としてイベントハンドラが設定されている場合や、オブジェクトのプロパティとしてイベントハンドラが設定されている場合はここで実行されます。

10-4-3 バブリングフェーズ

　イベントターゲットからDOMツリーを上にたどっていくフェーズです。最後にはWindowオブジェクトまでイベントが伝播されます。このツリー上のノードに登録されたイベントリスナがこのタイミングで実行されていきます。

　ただし、イベントによってはバブリングしないイベントもあります。たとえばclickイベントはどの要素が必要とするか不明なため、DOMツリーを辿ってイベントを伝播させる必要がありますが、focusイベントはまさにその要素だけで必要なイベントなので、イベントを伝播させても意味はありません。したがってfocusイベントはバブリングしません。

10-4-4 キャンセル

■伝播のキャンセル

　イベントを伝播させないようにすることもできます。これにはイベントリスナ内でEvent.stopPropagation( )

メソッドを実行します。stopPropagation( )メソッドは、次以降に伝播されるリスナーターゲットに設定されているイベントリスナが実行されなくなるだけで、現在のリスナーターゲットに設定されているほかのイベントリスナは実行されます。

　ほかのイベントリスナの実行を中止させるstopImmediatePropagation( )メソッドがDOM Level 3で導入されました。stopPropagation( )メソッドとは異なり、現在のリスナーターゲットに設定されているほかのイベントリスナも実行されません。DOM Level 2まではイベントリスナの実行順序が定義されていなかったためこのようにほかのイベントリスナの実行を中止させるメソッドはありませんでしたが、DOM Level 3ではイベントリスナは登録順に実行されると定義されているので、このようなメソッドも意味を持つようになります（**リスト10.8**）。

リスト10.8　stopPropagation()とstopImmediatePropagation()の違い

```javascript
var btn = document.getElementById('foo');
function sayFoo(event) {
  alert('foo');
  event.stopPropagation();
}
function sayBar(event) {
  alert('bar');
  event.stopImmediatePropagation();
}
function sayBaz(event) {
  alert('baz');
}
btn.addEventListener('click', sayFoo, false);
btn.addEventListener('click', sayBar, false);
btn.addEventListener('click', sayBaz, false);
// ボタンをクリックするとfoo、barのダイアログは表示されるが、bazのダイアログは表示されない
```

■標準処理のキャンセル

　さらに、Webブラウザが標準的に実装している処理を実行させないということもできます。これにはEvent.preventDefault( )メソッドを使います。

　たとえば、通常<a>要素をクリックした場合にはそのリンク先のページに遷移するという挙動をしますが、Event.preventDefault( )メソッドを実行すると、この動作が実行されなくなります。preventDefault( )メソッドは、HTMLタグの属性やDOMのプロパティで指定するイベントハンドラでfalseを返すのと同じような意味を持ちます（**リスト10.9**）。

リスト10.9　preventDefault()メソッドの例

```html
<a id="foo" href="http://example.com">example.com</a>
<script>
  var link = document.getElementById('foo');
  function sayFoo(event) {
    alert('foo');
```

次ページへ

前ページの続き

リスト 10.9　preventDefault()メソッドの例

```
    event.preventDefault();
  }
  link.addEventListener('click', sayFoo, false);
  // preventDefault()でデフォルトの動作がキャンセルされているため、ページ遷移することはない
</script>
```

　イベントの中にはpreventDefault()メソッドで中止できないイベントもあります。フォーカスが他の要素に移ったときに発火するblurイベントなどがそれにあたります。

　stopPropagation()メソッドやpreventDefault()メソッドはバブリングフェーズだけでなくほかのフェーズでも利用可能です。

10-5　イベントが持つ要素

　イベントリスナ/イベントハンドラには発生したイベント自体が引数として渡されます。したがってイベントリスナでは発生したイベントの種類やイベントが発生したノードによって処理を分岐できます。イベントオブジェクトはEventインターフェースを実装しています。

　Eventインターフェースはいくつかのプロパティ(**表10.2**)とメソッド(**表10.3**)が定義されています。

表10.2　Eventインターフェースのプロパティ一覧

プロパティ	説明
type	イベントタイプの名前。イベントリスナを設定するときに利用するclickなどの名前がこれにあたる
target	イベントを発火した要素への参照。本章ではイベントターゲットと呼ぶ
currentTarget	現在処理を行っているイベントリスナが登録されている要素。targetプロパティと似ているが異なる。キャプチャリングフェーズやバブリングフェーズで実行されるイベントリスナ内ではcurrentTargetとtargetは異なるノードを指し示すことになる。本章ではリスナーターゲットと呼ぶ
eventPhase	イベント伝播のどのフェーズにあるのか
timeStamp	イベントの発生時間
bubbles	バブリングフェーズならtrue、それ以外ならfalseを返す
cancelable	preventDefault()メソッドが実行できるイベントの場合はtrue、それ以外ならfalseを返す

表10.3　Eventインターフェースのメソッド一覧

メソッド	説明
stopPropagation()	イベントの伝播を中止するメソッド
preventDefault()	デフォルトの動作を中止するメソッド
stopImmediatePropagation()	ほかのイベントリスナの実行を中止するメソッド。DOM Level 3で導入

10-6 標準イベント

10-6-1 DOM Level 2 で定義されているイベント

DOM Level 2 で定義されているイベントタイプは以下の 4 つの分類で定義されています。それぞれに定義されているイベントタイプを表 10.4 〜 10.7 に示します。

- HTMLEvent
- MouseEvent
- UIEvent
- MutationEvent

表 10.4 〜 10.7 で「バブリング」はイベント伝播で DOM ツリーをバブリングするかどうか、「デフォルト」は preventDefault() メソッドでキャンセルできるデフォルト動作を持っているかどうかを意味します。

表 10.4 HTMLEvent一覧

イベントタイプ	バブリング	デフォルト	発火タイミング
load	×	×	文書のロードが完了した
unload	×	×	文書がアンロードされた（ページ遷移したときなど）
abort	○	×	画像の読み込みが中断された
error	○	×	エラーが起きた
select	○	×	input要素やtextarea要素でテキストが選択された
change	○	×	input要素の内容が変更された
submit	○	○	フォームがサブミットされた
reset	○	×	フォームがリセットされた
focus	×	×	要素がフォーカスを得た
blur	×	×	要素がフォーカスを失った
resize	○	×	ウィンドウサイズが変更された
scroll	○	×	ウィンドウがスクロールした

表 10.5 MouseEvent一覧

イベントタイプ	バブリング	デフォルト	発火タイミング
click	○	○	要素がクリックされた
mousedown	○	○	マウスボタンが要素上で押下された
mouseup	○	○	押下されていたマウスボタンが要素上で離された
mouseout	○	○	マウスポインタが要素の上から離れた
mouseover	○	○	マウスポインタが要素の上に乗った
mousemove	○	×	マウスポインタが要素の上を移動した

表 10.6　UIEvent 一覧

イベントタイプ	バブリング	デフォルト	発火タイミング
DOMFocusIn	○	×	要素にフォーカスを得た
DOMFocusOut	○	×	要素がフォーカスを失った
DOMActivate	○	○	マウスクリックやキーの押下により要素が活性化された

表 10.7　MutationEvent 一覧

イベントタイプ	バブリング	デフォルト	発火タイミング
DOMSubtreeModified	○	×	文書に何らかの変更が加えられた
DOMNodeInserted	○	×	子ノードが追加された（追加された後に発火）
DOMNodeRemoved	○	×	子ノードが削除された（削除される前に発火）
DOMNodeInsertedIntoDocument	×	×	文書にノードが追加された（追加された後に発火）
DOMNodeRemovedFromDocument	×	×	文書からノードが削除された（削除される前に発火）
DOMAttrModified	○	×	ノードで何らかの属性が変更された
DOMCharacterDataModified	○	×	ノードの中の文字データが変更された

10-6-2　DOM Level 3 で定義されているイベント

DOM Level 3 で定義されているイベントタイプは以下のような分類で定義されています。

- UIEvent
- FocusEvent
- MouseEvent
- WheelEvent
- TextEvent
- KeyboardEvent
- CompositionEvent
- MutationEvent（非推奨）
- MutationNameEvent（非推奨）

　DOM Level 2 には存在しなかったキーボードイベントが追加されています。DOM Level 3 Events はまだ勧告されていませんが、キーボード入力に対するイベントは各ブラウザで実装されています。ただし、キーボードイベントはブラウザによって仕様が異なる部分があるので注意が必要です。これについては後述します。

　非推奨である「MutationEvent」「MutationNameEvent」を除くイベントを**表 10.8 ～ 10.14** に示します。表で「バブリング」はイベント伝播で DOM ツリーをバブリングするかどうか、「デフォルト」は preventDefault( ) メソッドでキャンセルできるデフォルト動作を持っているかどうか、「非同期」はそのイベントが非同期的に実行されるかどうかを意味します。非同期が×になっているイベントでは、

Part 3 クライアントサイドJavaScript

のイベントに登録されたイベントリスナの処理が終わるまで次の処理に進まないので、ループの中でそのイベントが発火するような場合は特に注意が必要です。また、同じタイミングで発火する複数のイベントが定義されていますが（たとえばfocusとfocusinなど）、バブリングするかどうかに違いがあったりするので目的に応じて適切なイベントを選択するようにしましょう。

表10.8　Level 3 UIEvent一覧

イベントタイプ	非同期	バブリング	デフォルト	発火タイミング
DOMActivate	×	○	○	要素が活性化された（非推奨。clickイベントを使う）
load	○	×	×	文書のロードが完了した
unload	×	×	×	文書がアンロードされた（ページ遷移したときなど）
abort	×	×	×	画像の読み込みが中断された
error	○	×	×	エラーが起きた
select	×	○	×	input要素やtextarea要素でテキストが選択された
resize	×	×	×	ウィンドウサイズが変更された
scroll	○	×	×（※1）	要素がスクロールした

表10.9　Level 3 FocusEvent一覧

イベントタイプ	非同期	バブリング	デフォルト	発火タイミング
focus	×	×	×	要素がフォーカスを得た
blur	×	×	×	要素がフォーカスを失った
focusin	×	○	×	要素がフォーカスを得た
focusout	×	○	×	要素がフォーカスを失った
DOMFocusIn	×	○	×	要素がフォーカスを得た（非推奨。focusまたはfocusinイベントを使う）
DOMFocusOut	×	○	×	要素がフォーカスを失った（非推奨。blurまたはfocusoutイベントを使う）

表10.10　Level 3 MouseEvent一覧

イベントタイプ	非同期	バブリング	デフォルト	発火タイミング
click	×	○	○	要素がクリックされた
dblclick	×	○	○	要素がダブルクリックされた
mousedown	×	○	○	マウスボタンが要素上で押下された
mouseup	×	○	○	押下されていたマウスボタンが要素上で放された
mouseenter	×	×	×	マウスポインタが要素の上に乗った
mouseleave	×	×	×	マウスポインタが要素の上から離れた
mouseover	×	○	○	マウスポインタが要素の上に乗った
mouseout	×	○	○	マウスポインタが要素の上から離れた
mousemove	×	○	○	マウスポインタが要素の上を移動した

表10.11　Level 3 WheelEvent一覧

イベントタイプ	非同期	バブリング	デフォルト	発火タイミング
wheel	○	○	○	マウスホイールが回された（※1）

※1　documentオブジェクトで発火したときだけはwindowにバブリングする

表 10.12　Level 3 TextEvent 一覧

イベントタイプ	非同期	バブリング	デフォルト	発火タイミング
textinput	×	○	○	文字が入力された

表 10.13　Level 3 KeyboardEvent 一覧

イベントタイプ	非同期	バブリング	デフォルト	発火タイミング
keydown	×	○	○	キーが押下された
keypress	×	○	○	キーが押下されて文字が入力された
keyup	×	○	○	押下されていたキーが離された

表 10.14　Level 3 CompositionEvent 一覧

イベントタイプ	非同期	バブリング	デフォルト	発火タイミング
compositionstart	×	○	○	IMEで変換を開始した
compositionupdate	×	○	×	IMEで変換候補を選択した
compositionend	×	○	×	IMEで変換を確定した

　DOM Level 3 ではイベントの発火順序についても言及されています。たとえばイベントタイプの多い MouseEvent の場合、発火順序は次のようになります。

■マウスポインタの移動中に発火するイベントの順序
❶ mousemove
❷ mouseover
❸ mouseenter
❹ mousemove
❺ mouseout
❻ mouseleave

■ダブルクリック時に発火するイベントの順序
❶ mousedown
❷ mousemove（必要があれば）
❸ mouseup
❹ click
❺ mousemove（必要があれば）
❻ mousedown
❼ mousemove（必要があれば）
❽ mouseup
❾ click
❿ dblclick

10-7 独自イベント

標準として定義されているイベント以外に、独自でイベントを定義して発火可能です。この場合、createEvent() メソッドでイベントオブジェクトを生成し、そのイベントオブジェクトを対象となるノードの dispatchEvent() メソッドでディスパッチします。これにより、対象となるノードに設定されたイベントハンドラ/イベントリスナが呼び出されます。Internet Explorer の場合、createEvent() メソッド、dispatchEvent() メソッドの代わりに createEventObject() メソッド、fireEvent() メソッドを使います（**リスト 10.12**）。

リスト 10.12　独自イベントを発火させる

```
var event = document.createEvent('Events');
event.initEvent('myevent', true, true);
var target = document.getElementById('foo');
target.addEventListener('myevent', function () {
  alert('My event is fired');
}, false);
target.dispatchEvent(event);
```

initEvent() メソッドの第 1 引数はイベントタイプを指定します。

dispatchEvent() メソッドを使う上で注意すべき点は、dispatchEvent() メソッドが同期的に実行される点です。キューに積んで次の処理に移ったりせず、すぐに対応するイベントリスナが実行されます。そして dispatchEvent() メソッドは対応するイベントリスナの返り値を返します。

setTimeout() メソッドを利用すれば、dispatchEvent() を非同期で実行することもできます（**リスト 10.13**）。

リスト 10.13　dispatchEvent() を非同期で実行する

```
window.setTimeout(function () {
  target.dispatchEvent(event);
}, 10);
```

dispatchEvent() は同期的に実行されるのだから、明示的にイベントリスナを呼び出しても同じ挙動をします。ならば、なぜ dispatchEvent() を使って独自イベントを発火させるのでしょうか。これは、イベントを発火させることで処理の追加が容易になるからです。コールバック関数を設定する独自の関数があるよりも、DOM の標準として規定されている addEventListener() メソッドでコールバック処理を追加できるほうが汎用性が高く、他のモジュールとの連携も可能になります。

11章 実践 クライアントサイドJavaScript

DOM操作とイベントの扱いがクライアントサイドJavaScriptの基本です。これさえきちんと理解できていればあとはそれほど難しい話ではありません。ただし、Webアプリを作る上で必須となる知識としては不十分です。ここではそれを補うためにスタイルの操作、AJAX、フォームの取り扱いについて説明します。

11-1 スタイル

ページの内容とは別にページの見た目を操作するのがスタイルの操作です。スタイルを適切に操作することで見やすく、わかりやすく、かっこいいWebアプリを作成できるようになりましょう。そうはいっても見やすさやかっこよさは主にデザイナが担当する静的なデザイン分野であり、必要となるのはCSSの知識です。JavaScriptによって動的にスタイルを変更することでわかりやすさを強化できます。

JavaScriptによる動的なスタイル変更の目的はユーザに対する視覚フィードバックです。たとえばクリックできる要素の上にマウスポインタが移動したときにポインタのアイコンを変更しDOM要素の色を変えれば、ユーザにクリック可能であることを伝えることができるはずです。DOM要素にマウスオーバーしたときはmouseoverイベントが発火するので、そのイベントに対してマウスポインタを変更しDOM要素の色を変えるという内容のイベントリスナを登録すればこれが実現できます。

11-1-1 スタイル変更方法

スタイルの変更方法には以下の方法があります。

- classNameプロパティでclass名を変更する
- classListプロパティでclass名を変更する
- styleプロパティを変更する
- スタイルシートそのものを変更する

どの方法を用いてもスタイルの変更は可能ですが、用途に合った方法で実現するようにしましょう。

■ classNameプロパティでclass名を変更する

スタイルを操作する方法としてもっとも使いやすい方法はDOM要素のclass名の変更です。変更前と変更後のclass名に対応するスタイルをあらかじめCSSで定義しておいて、JavaScriptでclass名

Part 3 クライアントサイドJavaScript

を切り替えます。class名はclassNameプロパティで設定できます。例を**リスト11.1**に示します。この例ではクリックするたびに文字の色と背景色が切り替わります。

リスト11.1 classNameプロパティによるclass名の変更

```html
<!DOCTYPE HTML>
<html lang="ja">
  <head>
    <meta charset="UTF-8">
    <title>class名を変更する</title>
    <style>
      .foo-before {
        background-color: white;
        color: black;
      }
      .foo-after {
        background-color: black;
        color: white;
      }
    </style>
  </head>
  <body>
    <div id="foo" class="foo-before">Click me.</div>
    <script>
      var foo = document.getElementById('foo');
      foo.onclick = function toggleStyle() {
        this.className = (this.className === 'foo-before') ? 'foo-after' : 'foo-before';
      };
    </script>
  </body>
</html>
```

class名を変更する方法で注意すべき点は、class名を変更することでどの要素が影響を受けるのかを把握しておくことです。たとえば**リスト11.2**のような場合、1つの要素のclass名を変更することで隣接要素や子孫要素のスタイルも変更されます。このとき該当する要素の数が多すぎるとパフォーマンスの問題になるかもしれません。ただし、パフォーマンスのことを考慮すれば、そもそも隣接要素や子要素を指定したCSSの書き方を問題視して、それらの要素に対して別個class名を割り当ててスタイルを操作するほうが良いでしょう。

リスト11.2 class名を変更して関連要素のスタイルを変更する

```html
<!DOCTYPE HTML>
<html lang="ja">
  <head>
    <meta charset="UTF-8">
    <title>class名を変更して関連要素のスタイルを変更する</title>
```

次ページへ

前ページの続き

リスト11.2　class名を変更して関連要素のスタイルを変更する

```html
    <style>
      .foo-before {
        background-color: white;
        color: black;
      }
      .foo-before  p {
        text-decoration: none;
      }
      .foo-before + div {
        text-decoration: none;
      }

      .foo-after {
        background-color: black;
        color: white;
      }
      .foo-after p {
        text-decoration: underline;
      }
      .foo-after + div {
        text-decoration: line-through;
      }
    </style>
  </head>
  <body>
    <div id="foo" class="foo-before">
      <p>one</p>
      <p>two</p>
      <p>three</p>
      <p>four</p>
    </div>
    <div>
      This is sample text.
    </div>
    <script>
      var foo = document.getElementById('foo');
      foo.onclick = function toggleStyle() {
        this.className = (this.className === 'foo-before') ? 'foo-after' : 'foo-before';
      };
    </script>
  </body>
</html>
```

■classListプロパティでclass名を変更する

　HTML5で追加されるclassListプロパティを操作することでclass名を変更することもできます。これ

を使うとclassNameプロパティを操作するよりも分かりやすくclass名を操作できます（**リスト11.3**）。

リスト11.3　class名を変更して関連要素のスタイルを変更する

```
<script>
  var foo = document.getElementById('foo');
  foo.onclick = function toggleStyle() {
    this.classList.toggle('foo-after');
    this.classList.toggle('foo-before');
  };
</script>
```

classListプロパティで利用できるメソッドを**表11.1**にまとめます。classListプロパティはDOM TokenListインターフェースを実装しています。

表11.1　classListプロパティで利用可能なメソッド

メソッド名	説明
contains(clazz)	class名にclazzが含まれているかどうか
add(clazz)	class名にclazzを追加する
remove(clazz)	class名からclazzを削除する
toggle(clazz)	class名にclazzが含まれている場合は削除、そうでない場合は追加する

■ styleプロパティを変更する

　DOM要素のstyleプロパティの値を直接変更してスタイルを変更することもできます。この場合はclass名を変更する場合と異なり、スタイルの変更範囲は明確にその要素に限定されます。また、styleプロパティで指定した内容はCSSで!importantが付与されているものを除いて最優先で適用されます。

　styleプロパティの各プロパティ名はCSSで指定する属性名からハイフン(-)を取り除きハイフンの次の文字を大文字にしたものです。たとえばCSSでmargin-topと指定する場合、JavaScriptではmarginTopで指定します。ハイフンがJavaScriptではマイナス記号として解釈されるためにこのような違いがあります。またfloat属性についても、floatがJavaScriptの予約語となっているので利用できません。float属性をJavaScriptで変更したい場合は、cssFloatプロパティを指定して変更します。

　styleプロパティを変更する例を**リスト11.4**に示します。

リスト11.4　styleプロパティを変更する

```
<!DOCTYPE HTML>
<html lang="ja">
  <head>
    <meta charset="UTF-8">
    <title>styleプロパティを変更する</title>
    <style>
    #foo {
      background-color: white;
      color: black;
    }
```

次ページへ

前ページの続き

リスト11.4　styleプロパティを変更する

```html
    </style>
  </head>
  <body>
    <div id="foo">This is foo. Click me.</div>
    <div id="bar">This is bar.</div>
    <script>
      var foo = document.getElementById('foo');
      foo.onclick = function toggleStyle() {
        var style = this.style;
        if (!style.cssFloat) {
          style.cssFloat = 'left';
          style.backgroundColor = 'black';
          style.color = 'white';
        } else {
          style.cssFloat = '';
          style.backgroundColor = 'white';
          style.color = 'black';
        }
      };
    </script>
  </body>
</html>
```

　styleプロパティを変更する方法で注意すべきことは、機能とデザインの分離ができないことです。styleプロパティの変更をどのように取り扱うかの問題にもなりますが、色を変更するだけというような操作の場合、その色をどのように変えるのかという決定はデザインの問題であり、機能の問題ではありません。機能としては、スタイルが変わるということだけが指定できれば十分でしょう。したがってJavaScript側ではスタイルの変更そのものを意識しておけばよく、どのようにスタイルが変更されるのかという点はCSS側で制御してやるべきだと考えます。

　実際、保守の観点や、チームでWebページを作成するときを考えると、デザイン部分を切り離されていたほうが有利になることが多いです。構造はHTML、機能はJavaScript、デザインはCSSというように意識して記述を分離しておくと全体の見通しがよくなります。

■スタイルシートそのものを変更する

　スタイルシートそのものの有効・無効の設定も可能です。link要素、style要素のdisabledプロパティをtrueにするとスタイルシートを無効にできます（**リスト11.5**）。

リスト11.5　スタイルシートそのものを変更する

```html
<!DOCTYPE HTML>
<html lang="ja">
  <head>
    <meta charset="UTF-8">
    <title>スタイルシートそのものを変更する</title>
```

次ページへ

Part 3 クライアントサイドJavaScript

前ページの続き

リスト11.5　スタイルシートそのものを変更する

```html
    <link rel="stylesheet" type="text/css" href="style-a.css" id="style-a" disabled="true">
    <link rel="stylesheet" type="text/css" href="style-b.css" id="style-b" disabled="true">
    <style id="style-c" disabled="true">
      #foo {
        background-color: #999;
      }
    </style>
    <script>
      function change(id, enable) {
        // チェックボックスでチェックをいれたスタイルを有効にする
        document.getElementById(id).disabled = !enable;
      }
      window.addEventListener('load', function () {
        // 初期化処理としてすべてのスタイルを無効にする
        var styles = document.styleSheets;
        for (var i = 0; i < styles.length; i++) {
          styles[i].disabled = true;
        }
      }, false);
    </script>
  </head>
  <body>
    <div id="foo">This is sample.</div>
    <input type="checkbox" onchange="change('style-a', this.checked)">
    <input type="checkbox" onchange="change('style-b', this.checked)">
    <input type="checkbox" onchange="change('style-c', this.checked)">
  </body>
</html>

<!--
/* style-a.cssの中身 */
#foo {
  font-size: x-large;
}

/* style-b.cssの中身 */
#foo {
  text-decoration: underline;
}
-->
```

　スタイルシートの有効・無効の切り替えはページ全体のスタイルを切り替えるときに利用します。たとえば、あらかじめいくつかのスタイルテーマを用意しておいて、ユーザに好きなテーマを選ん

でもらってページを表示する場合です。

テーマを切り替えるような場合以外では、わざわざスタイルシートの有効・無効を使って要素のスタイルを変更する必要はありません。素直にclass名の変更か、styleプロパティの値を変更しましょう。

11-1-2 位置の指定

スタイルを変更する際、文字の大きさや背景の色を変更するというような処理はとくに難しいこともなく理解できるでしょうが、DOM要素の位置を変更する場合は知っておかなければならないことがあります。DOM要素を任意の位置に配置できるだけの知識はWebページで複雑なレイアウトを実現する助けとなるでしょう。

配置を指定する上で重要なポイントはposition属性とマウスポインタの位置です。あとは、DOM要素の幅と高さの取り扱いについて知っておくべきです。

■position属性

position属性には以下のどれかの値が指定できます。

- static
- fixed
- absolute
- relative

このうちstatic以外が設定されている場合は、top, bottom, left, rightプロパティで配置を指定可能になります。

■static

position属性のデフォルト値です。HTMLに記述されたタグにしたがって要素の配置が決まります。topやleftなどのプロパティで位置を指定できません。

■fixed

fixedを指定した場合、ブラウザウィンドウを基準とした相対位置で指定できます。ブラウザウィンドウに対する位置なので、Webページをスクロールしても画面上の位置は変動しません。常に同じ位置に表示されることになります。

Internet Explorer 6では利用できません。

■absolute

absoluteが指定された場合、その要素を含む要素からの相対位置を指定できます。通常はbody要素に対する相対位置になりますが、static以外が指定された要素の入れ子になっている場合は、そ

の要素を基準とした相対位置になります。

■relative

relativeが指定された場合、HTMLに記述されたタグにしたがって配置されたあと、その位置を基準とした相対位置で配置できます。

ただし、relativeを指定した上でtopやleftを指定することはあまりありません。よくある使い方としては、absoluteの基準となる要素に指定する方法です。absoluteの項で記述したように、absoluteの基準となるのは、その要素を含む要素の中でstatic以外のposition属性が指定された要素です。relativeが指定されている要素は、それ自体の配置はstaticが指定されている場合と変りないので動的に正しい位置に配置できます。その上で、relative指定の要素からの相対位置で配置を指定することで思いどおりの配置が可能になります。

11-1-3 位置

マウスでクリックした位置の近くにボックスを表示させるという機能を実現するためには、クリックした位置を知る必要があります。MouseEventが発火した際のEventオブジェクトにはその位置を習得するためのいくつかのプロパティがあります。このときに問題となるのが、クリックした位置がどの点を基準としたものかということです。

```
function onclick(event) {
    // eventオブジェクトからマウスポインタの位置を取得して処理をする
}
```

■スクリーン座標

screenX, screenYプロパティでスクリーン座標が取得できます。スクリーン座標は、コンピュータのディスプレイの左上を原点とする座標系です。ディスプレイ上の座標なので、有効に利用できる場面はほとんどありません。

■ウィンドウ座標

clientX, clientYプロパティでウィンドウ座標が取得できます。ウィンドウ座標は、ブラウザの表示領域の左上を原点とする座標系です。この座標系では、文書・要素のスクロール量に関係なく、表示されている位置そのものの値が得られます。

■ドキュメント座標

pageX, pageYプロパティで文書内での位置が取得できます。ドキュメント座標は、ドキュメントの左上を原点とする座標系です。ウィンドウ座標とは異なり、表示されている位置ではなく文書全体の中での位置の値が得られます。

screenXやclientXはDOMで定義されていますがpageXは定義されていません。Webブラウザの独自実装です。Internet Explorer 8以下では利用できません。

■特定の要素内での相対座標

layerX, layerYプロパティあるいはoffsetX, offsetYプロパティでイベントが発火した要素内での相対座標を取得できます。これらプロパティはDOMでは定義されているものではなくWebブラウザの独自実装です。

直接、相対座標を取得できるわけではありませんが、Element.getBoundingClientRect()を利用する方法もあります。このメソッドはCSSOM View Moduleというドキュメントの表示方法に関する仕様で定義されています。getBoundingClientRect()を使うと、ウィンドウ座標での要素の領域情報を取得できます。領域情報というは、左からの距離（left）、上からの距離（top）、幅（width）、高さ（height）です。この値と、clientX, clientYの値を使えば**リスト11.6**のようにして要素内での相対座標を取得できます。

まとめとしてクリックした位置に要素を表示させる例を**リスト11.7**に示します。

リスト11.6　要素内での相対座標を求める

```javascript
function onclick(event) {
  var x = event.clientX;       // ウィンドウ座標系でのマウスポインタのx座標
  var y = event.clientY;       // ウィンドウ座標系でのマウスポインタのy座標
  var r = event.target.getBoundingClientRect(); // ウィンドウ座標系でのクリックした要素の領域情報
  x -= r.left;     // クリックした要素内でのマウスポインタのx座標
  y -= r.top;      // クリックした要素内でのマウスポインタのy座標
}
```

リスト11.7　クリックした位置に要素を表示する例

```html
<div id="foo" style="width: 2000px; height: 2000px; position: relative;">
  <div id="message" style="position: absolute; background: lightgray; width: 100px;">Hello, World!</div>
</div>
<script>
var foo = document.getElementById('foo');
function getPosition(event) {
  var x = event.clientX;
  var y = event.clientY;
  var r = event.target.getBoundingClientRect();
  x -= r.left;
  y -= r.top;
  return { x: x, y: y };
}
foo.addEventListener('click', function (event) {
  var message = document.getElementById('message');
  if (event.target === message) {
    // message自体がクリックされたときはなにもしない
```

次ページへ

前ページの続き

リスト 11.7　クリックした位置に要素を表示する例

```
    return;
  }
  var pos = getPosition(event);
  message.style.left = pos.x;
  message.style.top = pos.y;
}, false);
</script>
```

11-1-4　アニメーション

　定期的にスタイルを少しずつ変化させることでアニメーションが実現できます。移動アニメーションなら position: absolute が指定された要素で left プロパティの値を少しずつ変更します。フェードイン・フェードアウトを実現するには要素の透明度(opacity)の値を少しずつ変更します。

　定期的にスタイルを変更させるためには、もちろん定期的に JavaScript を実行すればよいわけです。定期的に JavaScript を実行するための関数として、setInterval があります。setInterval は指定された時間が経過するごとに指定された関数が実行されるという関数です。例を**リスト 11.8**に示します。

リスト 11.8　アニメーション

```
<div id="foo" style="position: absolute">This is sample.</div>
<script>
var elem = document.getElementById('foo');
var frame = 0;
setInterval(function () {
  frame += 1;
  elem.style.left = frame * 10 + 'px';
}, 100); // 100ミリ秒ごとに10ピクセルずつ右に移動していく
</script>
```

　また、CSS3 を利用すると、JavaScript を利用することなく様々なアニメーションを記述できます。ブラウザの実装にもよりますが、JavaScript によるアニメーションよりも CSS によるアニメーションのほうがパフォーマンスが優れています。したがって最近のスマートフォンの Web ブラウザなど CSS3 が利用できるブラウザを対象とする場合は積極的に CSS アニメーションを利用していくべきでしょう。

11-2　AJAX

　AJAX とは Asynchronous JavaScript + XML の略称です。実際には、AJAX という言葉は「ページ遷移せずに、コンテンツを非同期にロードし、ページを書き換える技術」という意味で使われます。実際に扱うデータも XML だけでなく JSON や単なるテキストであることも多いです。AJAX という言葉は、Jesse James Garrett 氏によって 2005 年に付けられました。ただし、AJAX を利用し

たWebサイトはそれ以前にも存在していました。GoogleによるGmailがAJAXを利用した好例として知られることもあり、AJAXは急速に世界中に広がったのです。

AJAXの「発見」以降、JavaScriptが再評価され、JavaScriptを高度に利用するWebページの数は爆発的に増えました。

11-2-1　非同期処理の利点

AJAXのポイントは非同期処理にあります。非同期処理の利点は、ユーザに無駄な待ち時間を発生させないことです。同期処理の場合、サーバからのレスポンスを受けて処理を完了するまでユーザは何もできないまま待たなければなりません。サーバからのレスポンスが遅ければページが固まったと思わせることになります。ユーザ体験を第一に考えれば同期処理よりも非同期処理のほうが有利であることはすぐに理解できるでしょう。JavaScriptはイベントドリブンプログラミングによる非同期処理を多用する言語なので、非同期処理については難しい話ではありません。

11-2-2　XMLHttpRequest

JavaScriptからサーバに対して動的にリクエストを送るにはXMLHttpRequestオブジェクトを利用します。ただし、XMLHttpRequestはまだ標準化されていないことに一応注意しておきましょう。「一応」と述べたのは、モダンブラウザはもちろんInternet Explorer 7以降ではAPIも全て共通化されているからで、事実上標準が存在すると考えて問題ないでしょう。問題となるのはInternet Explorer 6ですが、これについてもオブジェクトの生成方法が異なるだけで、オブジェクト自体が持つメソッドはほかのブラウザの実装と共通です。Internet Explorer 6でXMLHttpRequestの代替オブジェクトを作るには**リスト11.9**のようにします。

リスト11.9　クロスブラウザXMLHttpRequest

```
if (!window.XMLHttpRequest) {
  // Internet Explorer 6
  XMLHttpRequest = function () {
    var objs = ['MSXML2.XMLHTTP.6.0', 'MSXML2.XMLHTTP.3.0', 'MSXML2.XMLHTTP',
'Microsoft.XMLHTTP'];
    for (var i = 0; i < objs.length; i++) {
      var obj = objs[i];
      try {
        return new ActiveXObject(obj);
      } catch (ignore) {
      }
    }
    throw new Error('Cannot create XMLHttpRequest object.');
  }
}
var xhr = new XMLHttpRequest();
```

11-2-3 基本的な処理の流れ

XMLHttpRequestを使った基本的な処理の流れを説明します。

■XMLHttpRequestオブジェクトの生成

XMLHttpRequestオブジェクトの生成方法は前節で述べました。XMLHttpRequestオブジェクトができたら、あとは、サーバのURLを指定して、リクエストを送信します（**リスト11.10**）。

リスト11.10　リクエストを送信する

```javascript
var xhr = new XMLHttpRequest();
xhr.onreadystatechange = function() {
  if (xhr.readyState == 4) {
    if (xhr.status == 200) {
      alert(xhr.responseText);
    }
  }
};
xhr.open('GET', 'http://example.com/something');
xhr.setRequestHeader('If-Modified-Since', 'Thu, 01 Jun 1970 00:00:00 GMT');
xhr.send(null);
```

onreadystatechangeイベントハンドラはXMLHttpRequestオブジェクトの状態が変化したときに呼び出されるイベントハンドラです。状態を表すreadyStateは0から4の値を取り、4はサーバからレスポンスを受信し終えたという状態を意味します。0から4までの意味を**表11.2**に示します。

表11.2　readyStateの意味

readyState	意味
0	open()が呼び出される前
1	send()が呼び出される前
2	サーバからレスポンスが返ってくる前
3	サーバからのレスポンスを受けている最中
4	サーバからのレスポンス受信完了

statusにはレスポンスのステータスコードが格納されます。通信が正常に完了した場合は200になります。HTTPレスポンスのステータスコードについては他の書籍を参照してください。

responseTextにはサーバからのレスポンスが文字列で格納されています。レスポンスがXMLの場合はresponseXMLにDOMオブジェクトとして格納されています。その場に適したレスポンスを利用すればいいのですが、レスポンスの形式を問わずresponseTextには値が格納されるので、responseTextの値を利用しておけば大きな問題にはならないでしょう。もちろんレスポンスがXML形式の時にはresponseXMLを参照すべきですが、最近のはやりとしては転送量削減や取り扱いの容易さからJSON形式でやりとりを行うことも多いです。このあたりはサーバ側の処理にも依存するのでどうすることもできない場合もあるのですが、選択が可能ならばJSON形式によるデータの

やり取りを推奨します。

　open( )に渡している引数は、HTTPメソッドと通信先サーバのURLです。

　ここではopen( )に引数を2つしか渡していませんが、実際にはあと3つ引数を指定できます。

　まず第3引数ですが、ここにfalseを渡すとXMLHttpRequestは同期通信を行います。デフォルトの値はtrueでこの場合は非同期通信になります。同期通信なので当然その間は他の操作はできなくなります。ユーザの操作性を考えれば同期通信を行う利点はほとんどないでしょう。

　第4引数と第5引数はそれぞれユーザIDとパスワードです。これは認証を必要とするサーバに対するリクエストの際に利用されます。

　open( )は、メソッド名からサーバとのコネクションを作成しそうなものですが、特に何をするわけではありません。単にHTTPメソッドやURLを保存するだけです。

　次のsetRequestHeader( )はリクエストヘッダを設定するメソッドです。通信先サーバに対応するCookieは自動的に送信されるので明示的に設定する必要はありません。もちろん明示的に異なる値を設定するとことは可能です。

　実際にサーバへリクエストを送信するのがsend( )です。POSTメソッドの際は、引数に指定したデータがサーバに送信されます。GETメソッドやHEADメソッドなどデータを送信する必要のないHTTPメソッドの場合は、nullを指定します。

11-2-4　同期通信

　XMLHttpRequestによる同期通信についても説明しておきます。同期通信を行う場合はonreadystatechangeイベントハンドラを設定する必要はありません。send( )を実行した時点で処理が待機されるので、send( )のあとに続けてレスポンスに対する処理を記述すればいいのです（**リスト11.11**）。

リスト11.11　XMLHttpRequestによる同期通信

```
var xhr = new XMLHttpRequest();
xhr.open('GET', 'http://example.com/something', false); //第三引数にfalseを指定して同期通信する
xhr.setRequestHeader('If-Modified-Since', 'Thu, 01 Jun 1970 00:00:00 GMT');
xhr.send(null); // ここでクライアント側の処理は待機となる
// ここにくるときはレスポンスの受信は完了している
if (xhr.status === 200) {
  alert(xhr.responseText);
}
```

　同期通信のときの記述のほうが実際の通信の時間軸に沿った記述になるのでわかりやすいですが、実際に使うことはほとんどないでしょう。クライアントサイドJavaScriptの肝はいかにユーザを待たせないか、どれだけユーザに快適な体験を提供できるかなので、同期通信による待機時間の発生は避けるべきです。

11-2-5 タイムアウト

同期通信の場合、通信に時間がかかるとsend( )メソッドで待ちが発生することになり、他の処理が行えなくなります。この場合は一定時間でレスポンスが取得できなかったらリクエストをキャンセルする必要があります。これをリクエストのタイムアウトと呼びます。

XMLHttpRequestは基本的に非同期通信を行うため、通信にどれほど時間がかかったとしてもユーザの操作に影響は与えませんが、それでも適切にタイムアウトを設定したほうが良い場面はあります。

たとえば、一定時間ごとにリクエストを送ってページの内容を書き換えるような処理を行う場合です。レスポンスが返ってくる前に次のリクエストを送っていると多くの通信が生じることになります。これは、クライアント・サーバの両者にとって良いことではなりません。前のリクエストが返るまで次のリクエストは送らないという処理を実装しても良いのですが、単純にリクエストにタイムアウトを設定しても、複数のリクエストが同時期に生じているという状況は回避できます（**図11.1**）。

図11.1　タイムアウトによるコネクション増大の抑制

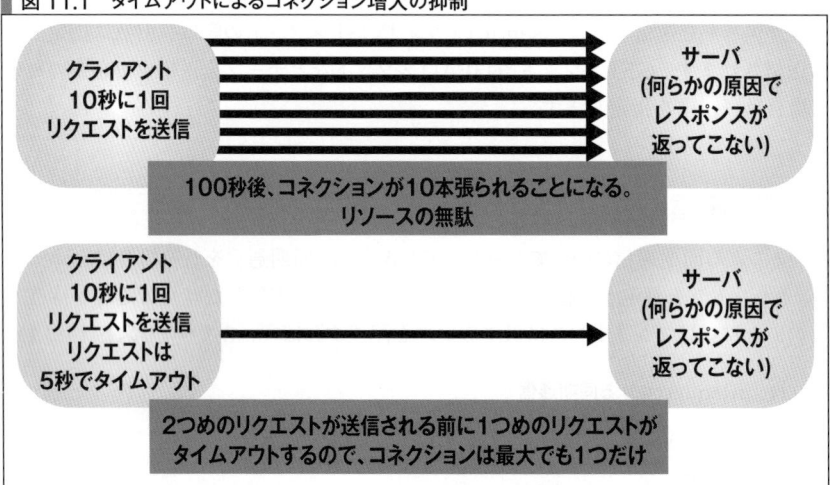

リクエストのキャンセル自体はabort( )メソッドを実行するだけです。したがってsetTimeout( )メソッドで一定時間後にabort( )メソッドを実行することでタイムアウトを実現します。また、一定時間内にレスポンスが返ってきた場合はclearTimeout( )メソッドでabort( )の実行をキャンセルします（**リスト11.12**）。

リスト11.12　タイムアウト処理

```
var xhr = new XMLHttpRequest();
var timerId = window.setTimeout(function() {
  xhr.abort();
}, 5000); // 5秒でタイムアウトさせる

xhr.onreadystatechange = function() {
```

次ページへ

前ページの続き

リスト11.12 タイムアウト処理

```
    if (request.readyState === 4) {
      // タイムアウト処理をキャンセルする
      window.clearTimeout(timerId);
    }
  };
```

11-2-6 レスポンス

■汎用的なレスポンス

　XMLHttpRequestのレスポンスはresponseTextプロパティで参照できます。このプロパティはContent typeがtext/plainでないときも設定されています。レスポンスのbodyの内容がそのまま設定されているので、たとえばHTMLそのものを受け取った場合は、特定の要素のinnerHTMLプロパティにresponseTextの内容を設定できます（**リスト11.13**）。

リスト11.13 汎用的なレスポンス

```
var xhr = XMLHttpRequest();
//...
var dom = document.getElementById('foo');
foo.innerHTML = xhr.responseText;
```

■XMLによるレスポンス

　XMLHttpRequestという名前のとおりXMLHttpRequestのレスポンスとしてXMLを受け取ることもあります。これらを受け取る場合、responseTextプロパティよりもresponseXMLプロパティを使ったほうがいいでしょう。responseXMLプロパティはXMLを解析した結果を参照することができます（**リスト11.14**）。

リスト11.14 XMLによるレスポンス

```
var xhr = XMLHttpRequest();
//...
var xml = xhr.responseXML;

// xmlの中身はこのようになっているとする
// <result>
//     <apiversion>1.0</apiversion>
//     <value>foo</value>
// </result>
alert(xml.getElementsByTagName('value')[0].firstChild.nodeValue); // => foo
```

■JSONによるレスポンス

　最近ではJSONを返すAPIが多く利用されるようになっています。XML自体が冗長な記述をする

ためにレスポンスの大きさは大きくなるうえに、XMLをJavaScriptで操作するのもやはり冗長な記述になり簡単に書くことができないためXMLよりも取り扱いが簡単なJSONのほうが受け入れられやすかったのでしょう。

　responseXMLプロパティど同様にresponseJSONプロパティがあると便利ですが、残念ながら存在しません。JSONを受け取る場合は、responseTextプロパティの内容をJSONに変換する必要があります。このときは、JSON.parse( )メソッドを使います（**リスト11.15**）。

リスト11.15　JSONによるレスポンス

```
var xhr = XMLHttpRequest();
//...
var json = JSON.parse(xhr.responseText);

// jsonの中身はこのようになっているとする
// {
//     "apiversion": 1.0,
//     "value": "foo"
// }
alert(json.value); // => foo
```

　JSON.parseがブラウザに実装される前はevalを使ってresponseTextを評価する方法が使われていましたが、不正なJSON文字列が与えられ場合などページのデータを壊したり、書き換えてしまうものがあるかもしれません。そのようなリスクを避けるためにもJSON.parse( )メソッドを使うべきです。Internet Explorer 7以前ではJSON.parse( )メソッドがブラウザに実装されていないので、その場合は、http://www.json.org/ のjson2.jsを利用するなどして、安全にJSONをパースする方法を利用しましょう。

11-2-7　クロスオリジン制限

　クロスオリジン制限は異なるオリジンに対する通信が制限されているという意味です。オリジンとは、URLのプロトコル（http: または https:)、ホスト名、ポート番号で構成される要素です。Webの世界ではセキュリティの観点からオリジンが同じ場合だけ通信が許可されます。これを同一オリジンポリシーと言います。

　HTML内にiframeを配置するなどして異なるドメインの文書を1つの画面に表示させることができますが、JavaScriptがアクセスできるのは、あくまでも同一オリジンの文書だけです。文書自体とiframeのURLが異なる場合、文書自体に含まれるJavaScriptからiframe内のDOMを操作することはできませんし、その逆もできません。これがない場合、異なるドメインのCookieを取得するなどセキュリティに問題が発生することになります。

　XMLHttpRequestにおける同一オリジンポリシーとは、XMLHttpRequestオブジェクトがリクエストを送信できるのはXMLHttpRequestオブジェクトを利用する文書をダウンロードしたサーバに

限定するというものです。ただし、サーバ側でリクエストを転送すれば異なるドメインのサーバにもリクエストを送信することはできます。

11-2-8 クロスオリジン通信

クロスオリジンとは異なるオリジンに対してリクエストを発行することを意味します。しかしながら、前述した同一オリジンポリシーがあるため通常のXMLHttpRequestでは異なるオリジンに対してリクエストを送ることができません。サーバ側でリクエストを転送する方法やFlashを使うことで異なるドメインに対してリクエストを送ることもできますが、JavaScriptで実現する方法もあります。

クロスオリジン通信と同じような意味でクロスドメイン通信という言葉が使われることがあります。前述したとおり、オリジンとはスキーム、ドメイン、ポート番号で構成されるものなのです。したがってクロスドメイン通信はクロスオリジン通信のサブセットにあたります。

JavaScriptでクロスオリジン通信を実現するための方法としては以下のような手法が確立されています。

- JSONP
- iframeハック
- window.postMessage()
- XMLHttpRequest level 2

これらについて次項から説明してきます。

11-2-9 JSONP

XMLHttpRequestはクロスオリジン通信できませんが、scriptタグはscrプロパティに別ドメインのJavaScriptファイルをを指定してもロードできます。そこで、JavaScriptで動的にscriptタグを作成すれば、別ドメインのデータを動的に読み込むことができるわけです。しかし、単純にデータを取得するだけではクライアントサイドで利用することができません。そこでJSONPというアイデアが生まれました。JavaScriptライブラリMochiKitの作者であるBob Ippolito氏によって提案されました[注1]。

JSONPはJSON with Paddingの略です。ここでいうPaddingとはJSONデータに関数名を付加するということを意味しています。

サーバはJSONに以下のような関数名を付加したデータを返します。

```
callback({
  "foo": "This is foo",
  "bar": "This is bar",
  "baz": "This is baz"
});
```

(注1) http://bob.pythonmac.org/archives/2005/12/05/remote-json-jsonp/

Part 3 クライアントサイドJavaScript

それをクライアントが評価するとき、クライアント側でその関数（上記例ではcallbackという関数）が定義されていればその関数が実行されることになります。つまり、サーバからデータを取得して、関数の引数として渡してもらうところまでやってしまおうというのがJSONPのアイデアです。このアイデアはJavaScriptでクロスオリジン通信を行う方法として様々なWebページで利用されました。

JSONPを利用した例は**リスト11.16**のようになります。

リスト11.16　JSONPの利用例

```
<script>
function foo(json) {
  // jsonデータを使ってなにかやる
}

function loadData() {
  var elem = document.createElement('script');
  // callback関数としてfooを指定する
  // JSONPを利用したAPIではcallback関数の名前を指定できることが多い
  elem.src = 'http://api.example.com/some-data&callback=foo';
  // scriptタグをheadに追加する
  // このときDOMが再構築され、scriptタグのsrcの内容がロードされる
  // ロードされるとfoo関数が実行される
  document.getElementByTagName('head')[0].appendChild(elem);
}
</script>
```

JSONPの課題としてはPOSTメソッドを利用することができないというものがあります。scriptタグを動的に生成してデータを読み込んでいるだけなので、クライアントからデータを投げることはできません。クライアントからクロスオリジンでデータをPOSTしたいという場合は他の手段をとる必要があります。

11-2-10　iframeハック

iframeを利用したクロスオリジン通信はちょっと複雑です。登場する要素は以下のとおりです。括弧内がそれぞれが属するドメインを示しています。親ページと孫iframeが同じドメインであることが重要です。同一オリジンポリシーがあるため異なるドメインのiframeの中身のDOM要素を操作することはできません。iframeの中からも親のDOM要素を操作することはできません。しかしながら、親ページとiframeが同一オリジンであるならば互いにDOMを操作することができるのです（**図11.2**）。

- 親ページ（my.example.com）
- 子iframe（other.example.com）
- 孫iframe（my.example.com）

図11.2 iframeハックによるクロスオリジン通信

my.example.com
- 親ページ
  - 子iframe
    src=子ページ#データ
- 孫ページ
  - <script>
    親ページのDOMを操作
    親ページの関数を実行
    </script>

other.example.com
- 子ページ（API）
  - 孫iframe
    src=孫ページ#結果

① リクエスト
iframeに子ページをロード
データをハッシュフラグメントとして渡す
iframeなのでクロスオリジン制限はない

② レスポンス
iframeに孫ページをロード
結果をハッシュフラグメントとして渡す
iframeなのでクロスオリジン制限はない

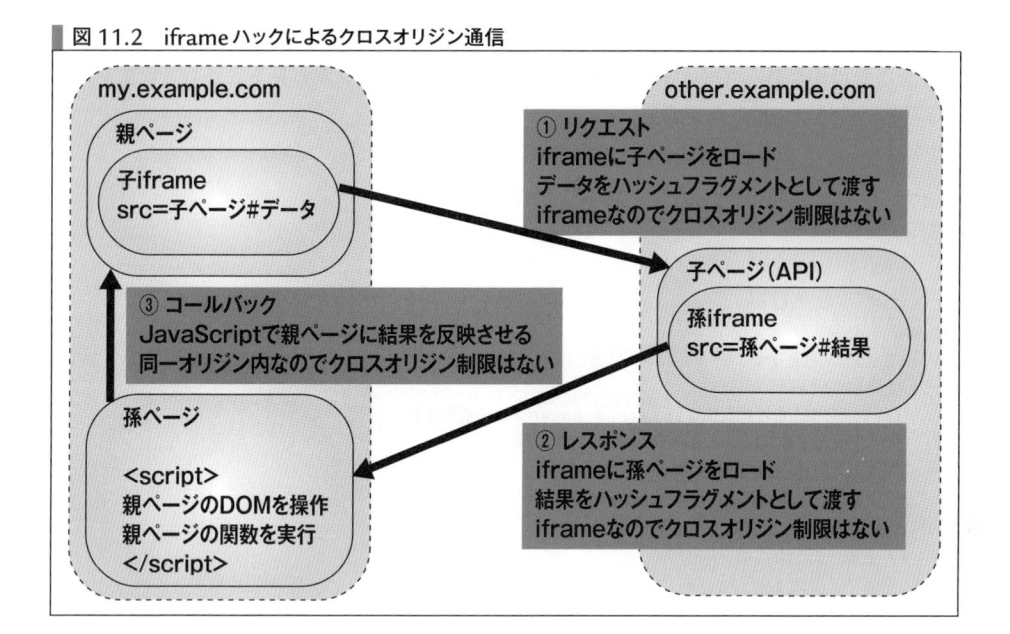

③ コールバック
JavaScriptで親ページに結果を反映させる
同一オリジン内なのでクロスオリジン制限はない

■APIリクエスト

　まず、my.example.comのページからother.example.comにあるhtmlを指定してiframeを作成します。このときURLにハッシュフラグメントを含めることがポイントです。ハッシュフラグメントにAPI呼び出しに利用したいデータを指定するのです。

■レスポンス

　other.example.comのページでは、XMLHttpRequestを利用したりしてother.example.comの機能を呼び出してデータを取得します。この時点でとりあえずクロスオリジンで機能を呼び出すことはできました。あとはデータをもとのmy.example.comのページに戻してやる必要があります。そのためにother.example.comのページ内にmy.example.comのページを指定したiframeを作成します。これが孫iframeです。この孫iframeのURLにもハッシュフラグメントを指定します。親ページがother.example.comの子iframeを作成したときと同様に、ハッシュフラグメントにデータを格納するわけです。

■コールバック

　孫iframeと親ページは同じmy.example.comのページなので、孫iframeから親ページの関数を実行できます。そこで、孫iframeのonloadで親ページの関数を呼び出します。これでcallbackが実現されます。もちろん関数を呼び出すときは子iframeから渡されたlocation.hashの値を引数に渡します。子iframeがどのページを呼び出すかについては、最初に子iframeを作成するときに指定

299

Part 3 クライアントサイドJavaScript

するときにハッシュフラグメントに指定することになります。子iframeはそのときに指定されたページのiframeを自身の中に作ってやればいいわけです。これで親ページから見るとクロスオリジン通信を行ったのと同じ結果が得られます。

以上のサンプルコードを**リスト 11.17 ～ 11.19** に示します。

リスト 11.17　iframeを利用したクロスオリジン通信（親ページ）

```html
<html>
  <head>
    <title>親ページ</title>
    <script>
    // クロスオリジン通信を行ってデータを取得する関数
    function getData() {
      // 子iframeのURLとしてother.example.comのページを指定する
      // パラメータとして#以降にデータを指定する
      frames[0].location.href =
        'http://other.example.com/api.html#' +
        '{' +
          // これが本来実行したいAPI
          '"api": "http://other.example.com/some-data",' +
          // 子iframeの中で指定してもらう孫iframeのURL
          '"callback": "http://my.example.com/callback.html"' +
        '}';
    }

    // クロスオリジン通信のcallbackとして実行される関数
    // 孫iframeから呼び出される
    function callback(param) {
      document.getElementById("result").innerHTML = param;
      frames[0].frames[0].location.href = 'dummy.gif';
    }
    </script>
  </head>
  <body>
    <input type="button" value="other.example.comからデータ取得" onclick="getData()">
    <div id="result"></div>
    <iframe id="child-frame" src="dummy.gif" style="display: none;"></iframe>
  </body>
</html>
```

リスト 11.18　iframeを利用したクロスオリジン通信（子iframe）

```html
<html>
  <head>
    <title>子iframe</title>
    <script>
    function executeApi() {
      // location.hashの先頭1文字(#)を取り除いて残りをJSONとしてパースする
      var param = JSON.parse(location.hash.substring(1));
```

次ページへ

前ページの続き

リスト11.18　iframeを利用したクロスオリジン通信（子iframe）

```
      var xhr = new XHMHttpRequest();
      xhr.onreadystatechange = function() {
        if (xhr.readyState == 4 && xhr.status == 200) {
          var iframe = document.getElementById('grandchild-iframe');
          iframe.location.href = param.callback + '#' + xhr.responseText;
        }
      };
      xhr.open(param.api, 'GET');
      xhr.send(null);
    }
    </script>
  </head>
  <body onload='executeApi()'>
    <iframe id="grandchild-iframe" src="dummy.gif" style="display: none;"></iframe>
  </body>
</html>
```

リスト11.19　iframeを利用したクロスオリジン通信（孫iframe）

```
<html>
  <head>
    <title>孫iframe</title>
    <script>
    window.onload = function() {
      window.top.callback(location.hash);
    }
    </script>
  </head>
  <body></body>
</html>
```

　iframeを使ったクロスオリジン通信は複雑になりますが、Internet Explorerでも問題なく動くという点は評価できますし、JSONPを使った方法よりも安全です。JSONPを使った方法ではサーバ側が悪意を持っていた場合に対処することができませんが、iframeを使った方法だと自ドメインにある孫iframeを経由しない限り親ページを操作することができないので安全なのです。

11-2-11　window.postMessage

　HTML5で定義されているwindow.postMessageを使って安全にクロスオリジン通信を行うことができます（**リスト11.20、11.21**）。

リスト11.20　postMessageによるクロスオリジン通信（親ページ）

```
<html>
  <head>
    <title>親ページ</title>
    <script>
```

次ページへ

前ページの続き

■ リスト11.20　postMessageによるクロスオリジン通信（親ページ）

```
    // クロスオリジン通信を行ってデータを取得する関数
    function getData() {
      // 子iframeに対してpostMessageする
      frames[0].postMessage('http://other.example.com/some-data', 'http://other.example.com');
    }
    // クロスオリジン通信のcallbackとして実行される関数
    // 子iframeから投げられるメッセージに対して設定している
    window.addEventListener('message', function(event) {
      if (event.origin !== 'http://other.example.com') {
        return;
      }
      // event.dataに結果が格納されている
      document.getElementById("result").innerHTML = event.data;
    }, false);
    </script>
  </head>
  <body>
    <input type="button" value="other.example.comからデータ取得" onclick="getData()">
    <div id="result"></div>
    // 子iframeのURLとしてother.example.comのページを指定する
    <iframe id="child-frame" src="http://other.example.com/api.html" style="display: none;"></iframe>
  </body>
</html>
```

■ リスト11.21　postMessageによるクロスオリジン通信（子iframe）

```
<html>
  <head>
    <title>子iframe</title>
    <script>
    window.addEventListener('message', function(event) {
      if (event.origin !== 'my.example.com') {
        return;
      }
      var xhr = new XHMHttpRequest();
      xhr.onreadystatechange = function() {
        if (xhr.readyState == 4 && xhr.status == 200) {
          // メッセージとしてresponseTextを返している
          event.source.postMessage(xhr.responseText, 'http://my.example.com');
        }
      };
      var url = event.data;
      xhr.open(url, 'GET');
      xhr.send(null);
    }, false);
    </script>
  </head>
  <body></body>
</html>
```

11-2-12 XMLHttpRequest Level 2

XMLHttpRequestではクロスオリジン通信ができないと述べましたが、それはLevel 1の話で、XMLHttpRequest Level 2ではクロスオリジン通信が可能とする機能が追加されています。ただし、クロスオリジンを行うにはサーバ側の許可が必要で、"Access-Control-Allow-Origin"というHTTPヘッダをレスポンスに含めることでアクセス可能なドメインを指定することになります。"Access-Control-Allow-Origin"ヘッダの値として"*"と指定されている場合、すべてのドメインからのアクセスを許可するという意味になります。

XMLHttpRequestでクロスオリジン通信を行う場合、標準ではCookieは送信されません。Cookieを送信するためには**withCredentials**プロパティにtrueを指定する必要がります（**リスト 11.22**）。

リスト 11.22　XMLHttpRequest Level 2

```
var xhr = new XMLHttpRequest();
xhr.open('GET', 'http://other.example.com', true);
xhr.withCredentials = true; // Cookieを送るように指定
xhr.onreadystatechange = function () {
    // 何らかの処理
};
xhr.send();
```

11-2-13 クロスオリジン通信のセキュリティ問題

クロスオリジン通信を行って異なるドメインからデータを取得する方法はすでに当たり前のように利用されています。しかしながら、同一オリジンポリシーがあることからわかるように、異なるドメインと通信を行うということはセキュリティリスクを追うことになります。

信頼できるドメインとだけ通信するのはもちろんですが、かつて安全だったドメインがいつまでも安全という保証はありません。個人情報を取り扱うようなWebサイトを構築する場合は特にセキュリティには関心を向けましょう。

11-3 フォーム

フォームは主にユーザ登録など、データをサーバに送信して登録する処理に利用されます。ユーザ登録などいろいろな情報（ユーザID、パスワード、メールアドレス、etc）をまとめてサーバに送るときはフォームを利用するのが簡単かつ、HTMLとして正しい記述方法です。

ただし、フォーム処理にはいくつかの制限があり、それを回避するためにフォームを利用しない状況もあります。

フォームの制限として一番大きいのはsubmitするとページ遷移が発生することです。AJAXは

Part 3 クライアントサイドJavaScript

ページ遷移を発生させずにページを書き換える技術です。フォームはsubmitすると必ずページ遷移が発生するのでAJAXの思想とは相反する部分があるのです。後述しますが、フォームでsubmitした際にページ遷移を発生させない方法はあります。しかし、その方法を使ってまでフォームを使う必要があるのか良く考えて使うようにしましょう。たとえばTwitterで新しくツイートをポストするときはフォームは使っていません。XMLHttpRequestでデータを送信しているだけです。

AJAXにより、フォームを使わなくてもサーバとのデータのやり取りを行う方法は確立されましたが、それでもフォームがなくなることはありません。ここではフォームをJavaScriptを使ってより機能的にする方法を述べます。単純にデータをサーバに送信するだけでなく、よりユーザフレンドリーなフォームを実現することを目標とします。

11-3-1 フォーム要素

フォーム要素はHTMLFormElementというHTMLElementを継承したインターフェースをもちます。HTMLFormElementインターフェースで定義されているプロパティを**表11.3**にまとめます。

表11.3　HTMLFormElementのプロパティ

プロパティ名	説明
elements	form内のinput要素一覧
length	form内のinput要素の数
name	formの名前。JavaScriptから参照するときに利用する
acceptCharset	formがサポートする文字セット
action	formのaction要素
enctype	formのcontent type
method	データを送信するときに使用するHTTPメソッド
target	actionの結果を書きこむ対象
submit()	データを送信する
reset()	formを初期状態に戻す

acceptCharset, action, enctype, methodはデータをサーバにポストするときのメタ情報が設定できます。これらの値は書き換え可能です。したがって、押されたボタンによって別のURLにリクエストを送るということも可能になります。

elementsはフォーム内のコントロール要素を参照します。フォームコントロール要素の詳細については後述します。各フォームコントロール要素はHTMLとして記述されている順番に参照されます。またフォーム要素自体はdocument.formsで参照できます。これもHTMLに記述された順番どおりに参照されます（**リスト11.23**）。

リスト11.23　フォームの参照

```
<body>
  <form>
    <input type="text">
    <input type="password">
```

次ページへ

前ページの続き

リスト11.23　フォームの参照

```
    <input type="email"><!-- この要素の値を取得したい -->
  </form>
  <script>
    var email = document.fomrs[0].elements[2].value;
    alert(email);
  </script>
</body>
```

　しかしながら、HTMLに記述された順番に処理が左右されるのはあまりいいことではありません。HTMLの記述が少し変更になっただけで正常に動作しなくなるおそれがあります。そこで<form>タグや<input>タグにはname属性があり、このname属性の値で参照することができます。この方法ならば名前が変わることが無い限りスクリプトの動作は影響を受けません（**リスト11.24**）。

リスト11.24　名前によるフォームの参照

```
<form name="user">
  <input name="username" type="text">
  <input name="password" type="password">
  <input name="email" type="email"><!-- この要素の値を取得したい -->
</form>
<script>
  var email = document.user.email.value;
  alert(email);
</script>
```

　submit( ) メソッドを実行するとsubmitボタンを押したときと同じようにデータがサーバに送信されます。ただし、submitボタンを押したときとは違い、submitイベントは発火しません。したがってonsubmitイベントハンドラも実行されません。これは**reset( )** メソッドとresetボタンについても同様です。onresetイベントハンドラが実行されるのはresetボタンが押されたときだけで、reset( )メソッドを呼び出したときは実行されません。

　onsubmitイベントハンドラがfalseを返すとフォームのデータはサーバに送信されません。後述する「内容の検証」をonsubmitイベントハンドラで実行して、内容に不備があるときはfalseを返して無用なデータ送信を避けるようにしましょう。また同じようにonresetイベントハンドラがfalseを返すと、フォームはリセットされません。

11-3-2　フォームコントロール要素

　フォームで入力を受け付ける要素をフォームコントロール要素と呼びます。フォームコントロール要素としてよく使われるものはinput要素、select要素、button要素、textarea要素などがあります。これらの要素はすべて異なるインターフェースを持ちますが、共通するプロパティがいくつかあります。

それらフォームコントロール要素が共通してもつプロパティを**表 11.4**にまとめます。

表 11.4　フォームコントロール要素の共通プロパティ

プロパティ	説明
form	要素が属するフォーム要素
disabled	要素を無効とするか
name	要素の名前
type	要素のタイプ
value	要素の値
focus()	要素にフォーカスを当てる[※1]
blur()	要素からフォーカスを外す[※1]

※1　button要素には存在しないプロパティ

　disabledプロパティの値がtrueの場合、そのフォームコントロール要素は無効となり入力ができなくなります。disabledプロパティを適切に設定することで特定の条件を満たした場合のみ入力可能とする、というような制御が可能になります。

　focus( )メソッドや**blur( )**メソッドを呼び出すことで、JavaScript内で特定の要素にフォーカスを当てたり、外したりすることができます。submit( )メソッドやreset( )メソッドとは異なり、これらのメソッドを実行したときはfocusイベント、blurイベントが発火します。

11-3-3　内容の検証

■内容の検証の必要性

　入力が必須である項目に値が入力されていることや、入力可能な文字数を超えていないかなどをJavaScriptを使ってチェックすることはよくあります。もちろん最終的にはサーバサイドでチェックするべきですが、その前段階としてクライアントサイドでもチェックするわけです。これにはいくつか利点があります。

　まず、クライアントサイドだけでチェックが完結するため、サーバとの通信によるタイムロスが無いことが挙げられます。サーバにデータを送信して、データをチェックして、データが不正だったというレスポンスを受けてから描画するよりも、クライアントサイドでデータをチェックして不正だと描画するほうがパフォーマンスは優れているでしょう。

　また、明らかに誤ったデータをサーバに送信することを防ぎ、サーバサイドの処理を軽減することにもつながります。

　ただし、最終的にはサーバサイドでデータをチェックするということを忘れてはいけません。JavaScriptはクライアントサイドでいくらでも書き換えが可能なので、そのようなものに依存していてはデータの整合性を守ることなどできるはずがありません。

■内容の検証のタイミング

内容を検証するタイミングは様々です。1つはもちろんsubmitボタンを押されたときです。submitボタンを押されたタイミングでform内の全ての要素の値を検証して不備のあるデータが見つかったらfalseを返し、データ送信をキャンセルします。

あるいは、データが入力された直後にデータを検証することもあります。入力可能文字数が制限されている場合に、1文字入力するごとに文字数を数えて、文字数が制限を超えた時点で背景の色を変更するといったフィードバックをユーザに与えます。あるいは、ユーザIDとなどの重複が許されないデータを入力させる場合は、入力後にサーバと通信して、すでに存在するユーザIDであるかどうかをチェックすることもあります。

このようなチェックをする場合も他のJavaScriptの処理と大差はありません。イベントと処理をひもづけて、処理の結果をフィードバックするだけです。input要素はいろいろなイベントを発火するので、細かく挙動を制御することができます。

11-3-4 検証に利用できるイベント

■submit

フォームを取り扱ううえでもっとも重要なイベントはsubmitイベントです。前述したとおり、submit( )メソッドを呼び出したときは発火しません。

submitイベントのイベントハンドラだけがフォームの送信をキャンセルできます。また、内容の検証をする最後のイベントでもあるため、たとえ各要素ごとのイベントで内容を検証していたとしても、submitイベントのタイミングでもう一度すべての要素の検証を行ってもいいでしょう。

■focus, blur

input要素にフォーカスが当たるタイミングでfocusイベントが発火します。blurイベントはフォーカスが外れたタイミングで発火します。

focusイベントではそのinput要素の背景色を変更するなどしてユーザにどのinputを操作しているのか視覚的に理解できるようにするといいでしょう。blurイベントでは逆に背景色をもとに戻すといった処理を行います。ただし、最近のブラウザだとフォーカスの当たっている要素を強調するものも多いので、無理にやる必要もありません。

blurイベントが発火した要素については入力が完了したとみなすこともできるので、このタイミングで内容の検証を行うことも妥当です。ただしこの場合、すでに次の要素の入力にフォーカスが移っているのでUXを考慮するとフィードバックをどう表示するかが難しいところです。

■change

input要素の値が変更されたタイミングで発火します。テキストボックスでも使えないことはないのですが、主にチェックボックスやラジオボタンなど、どれかの値を選択するinput要素で利用されます。

テキストボックスで使えないというのは、テキストボックスでchangeイベントが発火するタイミングが利用しづらいものだからです。テキストボックスにおけるchangeイベントは、テキストボックスからフォーカスが外れたときに、valueプロパティの値がフォーカスがあたったときと異なっている場合のみ発火します。したがって入力している最中に発火することはありません。changeイベントなのだから、1文字入力してvalueが変更になるごとに発火すべきだと期待するのですが、そうなっていないのです。

■ keydown, keyup, keypress

キーボード入力があるたびに発火するのがkeydown, keyup, keypressイベントです。keydownはキーが押下されたとき、keyupは押下されたキーが放されたとき、keypressはキーが押下されて文字が入力されたときに発火します。しかし、キーボード関係のイベントの挙動ははブラウザやプラットフォームによって異なるため扱いにくいイベントです。さらにkeydown/keyupイベントとkeypressイベントで取得できるkeyCode/charCodeが異なります。

■ input

input要素に何か入力があった場合に発火するのがinputイベントです。テキストボックスなら1文字入力されるごとに発火します。changeイベントで期待した挙動をしてくれます。ただし、inputイベントとはHTML5の仕様として定義されているものであり、Internet Explorer 8以下では対応していません。

inputイベントはkeypressイベントなどのキーボード入力によって発火するイベントとは異なり、値が変更されたときだけ発火します。つまりカーソルキーでキャレットの位置を変更してもinputイベントは発火しません。またkeypressイベントは、入力した文字をバックスペースで削除したときは発火しないのに対し、inputイベントは削除時も発火します。

■ 11-3-5　フォームを使ってページ遷移を発生させない方法

form要素には**target**プロパティがあります。formは、このtargetプロパティに指定されたフレームやウィンドウにsubmitの結果のレスポンスを描画します。targetプロパティに値が設定されていなければそれは自分自身が属するフレームおよびウィンドウになるので、ページ遷移が発生します。targetプロパティに設定できる値を表11.5にまとめます。

表11.5　formのtargetプロパティ

値	結果を表示する場所
_blank	新規ウィンドウ
_self	現在のフレーム（ウィンドウ）
_parent	親フレーム
_top	フレーム分割を解除してウィンドウ全体に表示
フレーム名、ウィンドウ名	指定された任意のフレーム（ウィンドウ）

ページ遷移を発生させないためには現在のウィンドウ以外のウィンドウをtargetに指定すればいいわけです。ただし新しくウィンドウが開いたりするのは見た目にもよくありませんし、そもそもブラウザのポップアップブロックによって妨げられる可能性もあります。そこでtargetとして、空のiframeを指定します。そのiframeは幅、高さを0にして表示させないことにします。

結果ページにはparentウィンドウを操作するJavaScriptを実行するようにしておきます。これによりページ遷移を発生させずにformを利用することができます(**リスト 11.25**)。

リスト 11.25　フォームを利用した通信

```
<script>
  // formをsubmitした結果ページから呼び出される関数
  function onComplete () {
    alert('complete.');
  }
</script>
<!-- 送信結果の書込み先としてresultという名前のframeを指定する -->
<form target="result" action="register">
  <input type="text">
  <input type="submit" value="post">
</form>
<!-- 送信結果を書きこむiframe -->
<iframe name="result" style="width: 0; height: 0; border: none;"></iframe>


<!-- 結果ページ -->
<!DOCTYPE HTML>
<html lang="ja">
<head>
  <meta charset="UTF-8">
  <script>
    // parent ウィンドウの onComplete 関数を実行する。
    parent.onComplete();
  </script>
</head>
<body>
</body>
</html>
```

ただし、やはりハック的な感じがするのは否めません。

12章 ライブラリ

ライブラリを使うことで、定型的な処理やクロスブラウザ対策などの煩雑な記述をなくし、機能だけをシンプルに実装できるようになります。本章ではメソッドチェーンやプラグインシステムで人気の高いjQueryを中心にライブラリの利用方法を説明します。

12-1 ライブラリを使うべき理由

クライアントサイドJavaScriptで一番労力を割かなければならないのはクロスブラウザ対策、もっと言ってしまえばInternet Explorer対策です。Internet Explorer6, 7, 8でそれぞれ微妙に異なる挙動を示す上、それぞれのブラウザシェアを考えると無視できないという非常に厄介な存在です。もっともInternet Explorer6に関してはすでに大手のWebサイトでもサポートの対象外としているので無視してしまってもいいかもしれません。たとえばYahoo! JAPANはInternet Explorer6のサポートを終了していますし、GoogleもGoogle Appsのサポートブラウザは Google Chrome, Firefox, Safari, Internet Explorer の最新のバージョンおよびその1つ前のバージョンだけとしています。

しかしながら、たとえInternet Explorer6を無視したとしてもまだInternet Explorerの呪縛から逃れることはできません。その対応を各開発者がそれぞれ別個に行うのは無駄です。すでに多くのWebサイトで利用されているライブラリを使うことで一番面倒なクロスブラウザ対策にかける労力を少しでも減らすべきです。ただし、そうは言ってもライブラリも完璧ではありません。ライブラリがカバーしきれない範囲では自分でクロスブラウザ対応のコードを記述する必要があります。ライブラリを使いこなした上で、いざというときは自分でブラウザの挙動を理解して処理を記述できるようになることが重要なのです。

本格的なWebアプリを構築する上でライブラリの使用は不可欠です。ですが、ライブラリの使用方法だけを知っているだけでは問題が発生したときに解決するだけの力をつけることはできません。そこでやはりこれまでに述べてきたような知識は最低限持っておくべきです。その上でライブラリを使用することの利点を理解し、賢く利用していきましょう。

12-2 jQueryの特徴

jQueryはいま世界でもっとも多く利用されているJavaScriptライブラリです。作者はJohn Resig氏です。jQueryの公式サイトは以下のURLでアクセスできます。執筆時点での最新バージョンは1.6.2です。jQueryはMITライセンスで配布されています。

http://jquery.com/

jQueryは以下のような特徴を持ちます。

- 圧縮後で31KBと軽量であること
- メソッドチェーンによる記述
- CSS3セレクタや独自セレクタによる要素の取得
- プラグインによる拡張性の高さ

jQuery本体にはUIコンポーネントは含まれていません。jQueryで利用できるUIコンポーネントはjQuery UIとして独立しています。jQuery UIの公式サイトのURLは次になります。本書ではjQuery本体について取り上げ、jQuery UIについては取り上げません。jQueryの基本的な使い方を知るにはjQueryを知れば十分だからです。

http://jqueryui.com/

12-3　jQueryの基本

12-3-1　記述例

jQueryを使うと、独自のセレクタやメソッドチェーンの効果でJavaScriptとは異なる言語であるかのように記述できます。たとえばクラスfooである最初のdiv要素がクリックされたときにリンクを作成して追加する処理は**リスト12.1**のように記述できます。

リスト12.1　jQueryの記述例

```
<button class='foo'>このボタンがクリックされたときにリンクを追加する</button>
<button class='foo'>このボタンでは反応しない</button>
<script>
// class="foo"の最初のbutton要素がクリックされたときの処理を設定する
$('button.foo:first').click(function () {
  $('<div><a></a></div>')             // div要素を作成。div要素の子要素としてa要素がある
                                       // このとき選択しているものはdiv要素
  .find('a')                           // a要素を選択する。選択しているものがdiv要素からa要素に移る
    .text('jQuery.com')                // a要素のテキストとしてjQuery.comを設定
    .attr('href','http://jquery.com')  // a要素のhref属性としてhttp://jquery.comを設定
  .end()                               // a要素の選択を終了する
                                       // a要素を選択する前に選択していたdiv要素が選択された状態に戻る
  .appendTo('body');                   // div要素ををbodyに追加
});
</script>
```

Part 3 クライアントサイドJavaScript

　この例の挙動は特に意味のあるものではありませんが、jQueryによって簡潔に記述できることは分かると思います。ある要素でイベントが発火したときに別の要素を操作するという、JavaScriptで多用される処理をこれだけの記述量で再現できます。これまでに説明してきたgetElementById( )やfirstChildなどのDOM APIは一切出てきません。jQueryはDOM APIをできるだけ隠蔽し、新たに定義し直しているといっても過言ではありません。

　比較として先ほどの例をjQueryを使用せずに標準のJavaScriptとDOM APIだけを使用した場合を**リスト12.2**に示します。

リスト12.2　jQueryを利用しない例

```html
<button class='foo'>このボタンがクリックされたときにリンクを追加する</button>
<button class='foo'>このボタンでは反応しない</button>
<script>
// クリックされたときに実行される処理
var onClick = function () {
  var div = document.createElement('div');
  var a = document.createElement('a');
  a.appendChild(document.createTextNode('jQuery.com'));
  a.href = 'http://jquery.com';
  div.appendChild(a);
  document.body.appendChild(div);
};

// getElementsByTagName()ですべてのbutton要素を取得する
var buttons = document.getElementsByTagName('button');
// 取得されたbutton要素のなかでクラスにfooを含む最初の要素に
// クリックイベントに対するイベントリスナを設定する
for (var i = 0, len = buttons.length; i < len; i++) {
  if (buttons[i].className.match(/(^|\s)foo(\s|$)/)) {
    buttons[i].addEventListener('click', onClick, false);
    break;
  }
}
</script>
```

　この程度の処理ではまだ記述が複雑になるというレベルではないかもしれませんが、少なくとも記述量は倍程度に増えています。jQueryを利用したときは現れなかった変数、DOM API、if文やfor文といった制御構文が登場しているせいで記述量が増えているわけです。変数や制御構文が登場するということはそれだけバグが混入するポイントが増えるということなので、これらを少なくできるなら少なくしたほうが良いでしょう。

12-3-2　メソッドチェーン

■メソッドチェーンとは

　先ほどの記述例（リスト12.1）において、イベントリスナの中身は実質1行で記述されています。

セミコロンが出てくるのは一番最後のappendTo( )メソッドの終わりのところだけで、そこまではすべてドット演算子でメソッドがつながっています。なぜこのような記述が行えるのでしょうか。

jQueryオブジェクトのほとんどのメソッドはjQueryオブジェクトを返します。したがって、jQueryオブジェクトを返すメソッドを実行すれば、その返り値に対してさらにjQueryオブジェクトのメソッドを実行できます。このようにしてメソッドをつなげて記述する方法をメソッドチェーンと呼びます。

■メソッドチェーン中のjQueryオブジェクト

注意として、メソッドを実行するjQueryオブジェクトと、メソッドの返り値のjQueryオブジェクトは常に同一のオブジェクトであるというわけではありません。メソッド内で新しくjQueryオブジェクトを作成してそれを返している場合があります。したがってメソッドチェーンを単純に別々の行に分けるだけでは期待した動作にはなりません（**リスト 12.3**）。正しく動作させるためには、対象となるjQueryオブジェクトを適切に切り替えなければなりません（**リスト 12.4**）。

jQueryでは返り値のjQueryオブジェクトを変更することで、メソッドチェーンの中で操作対象の切り替えを実現しています。find( )メソッドのように要素を選択するためのメソッドを実行すると、そこで対象にしている要素セットが切り替わります。また、end( )メソッドを実行すると、選択中の要素セットが1つ前の状態に戻ります。end( )メソッドを使うことで、対象の要素セットを適切に切り替えながらメソッドチェーンを長くつなげることができるようになります。ただし、end( )メソッドを適切に使いこなすには、1つ前の状態がなにであったかを把握しておく必要があります。そうでないと、end( )メソッドの返り値がどの要素を対象にしたものになるのかわからなくなって、期待した動作にならなくなります。メソッドチェーンでつなげて記述できるのは便利ですが、何をどう操作しているのかはきちんと意識して記述しましょう。

リスト 12.3　メソッドチェーンを使わない正しくない記述

```
// リスト12.1のイベントリスナをメソッドチェーンを使わずに記述する
// 単純にもとのオブジェクトに対してメソッドを順番に実行するだけでは期待した動作にならない
var elem = $('<div><a></a></div>');
elem.find('a');                            // a要素を選択するがelemの参照がa要素に切り替わるわけではない
elem.text('jQuery.com');                   // div要素に対する操作
elem.attr('href','http://jquery.com');     // div要素に対する操作。リンクにならない
elem.end();
elem.appendTo('body');
```

リスト 12.4　メソッドチェーンを使わない正しい記述

```
// リスト12.1のイベントリスナをメソッドチェーンを使わずに記述する
// divとaの2つの要素を対象に操作しているので期待どおりに動作する
var div = $('<div><a></a></div>');
var a = div.find('a');
a.text('jQuery.com');
a.attr('href','http://jquery.com');
// a.end()はメソッドチェーンを使わない場合は意味がないので記述しない
div.appendTo('body');
```

Part 3 クライアントサイドJavaScript

COLUMN

メソッドチェーンのデメリット

　jQueryを利用すると、JavaScriptの主な役目である**DOMツリーの中から要素を選択して操作する**という一連の処理を極めて簡潔に記述できます。このように便利なメソッドチェーンですが、メソッドチェーンにもデメリットはあります。それはデバッグ時にブレークポイントが設定できないという問題です。

　メソッドチェーンで連鎖している間の特定のポイントにブレークポイントを設定できません。ブレークポイントを設定してデバッガで処理を追わなければならないほど複雑な処理を記述しないという場合なら問題はないかもしれませんが、いざというときに困るかもしれません。最近ではJavaScriptデバッガの進化も目を見張るものがあるので使えるのなら使いたいものです。

12-4　$関数

　前述した例を見てもわかるとおり、jQueryの$関数（jQuery関数）は引数によってさまざまな処理を行います。jQueryの$関数はその場のコンテキストに合わせて最適な処理を行うようになっているのです。$関数の機能を以下にまとめます。

12-4-1　セレクタにマッチする要素を抽出する

　$関数にCSSセレクタを渡すと、それにマッチする要素を抽出します。また第2引数で、検索する範囲を指定できます。ブラウザがCSS2やCSS3で導入されたセレクタに対応していなくても使うことができます。

```
// CSSセレクタでid="foo"の要素の子要素からclass="bar"のdiv要素を抽出する
$('#foo div.bar');

// 同じくid="foo"の要素の子要素からclass="bar"のdiv要素を抽出する
$('div.bar', '#foo');

// 以下のように指定しても同じ
var foo = document.getElementById('foo');
$('div.bar', foo);
```

　また、CSSセレクタのほかにjQuery独自のセレクタを使うこともできます。セレクタに利用可能な構文は後述します。

12-4-2　新しくDOM要素を作成する

　$関数にhtmlのタグとして解釈できる文字列を渡すと、その要素を作成できます。

```
$('<div> 新しい div 要素 </div>');
```

12-4-3　既存のDOM要素をjQueryオブジェクトに変換する

$関数に既存のDOM要素を渡すとその要素をjQueryオブジェクトに変換します。

```
// body要素をjQueryオブジェクトに変換する
$(document.body);
```

12-4-4　DOM構築後のイベントリスナを設定する

$関数に関数オブジェクトを渡すと、その関数がDOM構築後に実行されることになります。後述しますが、これはdocumentのreadyイベントにイベントリスナを設定する記述と同等の意味になります。

```
$(function () {
// DOM構築後の処理
});

// これと同じ
$(document).ready(function () {
// DOM構築後の処理
});
```

12-5　jQueryによるDOM操作

12-5-1　要素の選択

要素の選択には$関数を使います。CSSセレクタも含めてjQueryで利用可能なセレクタを**表12.1**にまとめます。jQueryの独自セレクタは「独自」項目が○になっているものです。

表12.1　jQueryで利用可能なセレクタ

セレクタ構文	独自	選択される要素
*	-	すべての要素
#id	-	指定したidの要素
.class	-	指定したclassの要素
tag	-	タグ名がtagである要素
セレクタ1, セレクタ2, セレクタN	-	指定した複数のセレクタのうちのどれかにマッチした要素
parent > child	-	セレクタparentにマッチする要素直下の子要素で、セレクタchildにマッチする要素
ancestor descendant	-	セレクタancestorにマッチする要素の子要素で、セレクタdescendantにマッチする要素
prev + next	-	セレクタprevにマッチする要素の直後の兄弟要素で、かつ、セレクタnextにマッチする要素
prev ~ siblings	-	セレクタprevにマッチする要素の後にある兄弟要素で、かつ、セレクタsiblingsにマッチする要素
[attr]	-	属性attrを持つ要素

次ページへ

Part 3 クライアントサイドJavaScript

前ページの続き

セレクタ構文	独自	選択される要素
[attr="val"]	-	属性attrの値がvalである要素
[attr!="val"]	○	属性attrの値がvalでない要素
[attr^="val"]	-	属性attrの値がvalで始まる要素
[attr$="val"]	-	属性attrの値がvalで終わる要素
[attr*="val"]	-	属性attrの値がvalを含む要素
[attr~="val"]	-	属性attrの値を空白区切りしたもののうちのどれかがvalである要素
[attr!="val"]	-	属性attrの値がvalであるか、あるいは、値がval-ではじまる要素[※1]
[属性セレクタ1][属性セレクタ2] [属性セレクタN]	-	指定した複数の属性セレクタすべてにマッチする要素
:contains(text)	-	テキストの内容にtextを含む要素
:empty	-	子要素（テキストも含める）を持たない要素
:parent	○	子要素（テキストも含める）を持つ要素
:has(sel)	○	セレクタselにマッチする要素を子要素に持つ要素
:header	○	h1～h6要素
:animated	○	アニメーション中の要素
:not(sel)	-	セレクタselにマッチしない要素
:first	○	最初の要素
:last	○	最後の要素
:even	○	偶数番目の要素
:odd	○	奇数番目の要素
:eq(n)	○	n番目の要素
:gt(n)	○	n番目より後の要素（n番目の要素は含まない）
:lt(n)	○	n番目より前の要素（n番目の要素は含まない）
:first-child	-	最初の子要素
:last-child	-	最後の子要素
:nth-child(n)	-	n番目の子要素
:only-child	-	兄弟要素を持たない要素
:hidden	○	非表示の要素[※2]
:visible	○	非表示ではない要素[※2]
:focus	-	フォーカスがあたっている要素
:disabled	-	利用不可の状態になっている要素
:enabled	-	利用可能な状態になっている要素
:checked	○	チェックがついている要素
:selected	○	option要素の中で選択されているもの
:input	○	input, textarea, select, button要素
:checkbox	○	type="checkbox"の要素
:radio	○	type="radio"の要素
:file	○	type="file"の要素
:image	○	type="image"の要素
:text	○	type="text"の要素
:password	○	type="password"の要素
:button	○	button要素またはtype="button"の要素
:submit	○	type="submit"の要素
:reset	○	type="reset"の要素

※1 主に言語コードを選択するために利用されます。たとえば、日本語ページのリンクを選択するためにa[hreflang|="ja"]のように指定します。この場合、hreflangにjaやja-JPが指定されているものが取得できます。

※2 非表示と判断される要素は以下のどれかの条件にマッチするものです。
- CSSで"display: none"が指定されている
- type="hidden"のinput要素
- 幅と高さが0である
- 親要素が非表示である

CSSで"visibility: hidden"や"opatcity: 0"が指定されているだけのものは非表示とは判断されません。

また現在選択している要素セットを起点にして、さらに絞り込みを行ったり、あるいは相対的に関連を指定した要素の選択もできます。そのために利用できるメソッドを**表12.2**にまとめます。

表12.2　要素を選択するためのメソッド

メソッド	説明
find(sel)	すべての子要素の中からセレクタselにマッチする要素を選択
contents()	テキストノードを含めて直下の子要素をすべて選択
children([sel])	直下の子要素を選択。セレクタselによるフィルタリングが可能
siblings([sel])	すべての兄弟要素を取得。セレクタselによるフィルタリングが可能
next([sel])	直後の要素を取得。セレクタselによるフィルタリングが可能
nextAll([sel])	後にあるすべての兄弟要素を選択。セレクタselによるフィルタリングが可能
nextUntil([until,] [sel])	後につづくすべての兄弟要素を選択。セレクタuntilが指定された場合は、そのセレクタにマッチする要素までを選択。セレクタselによるフィルタリングが可能
prev([sel])	直前の要素を取得。セレクタselによるフィルタリングが可能
prevAll([sel])	前にすべての兄弟要素を選択。セレクタselによるフィルタリングが可能
prevUntil([sel])	前にあるすべての兄弟要素を選択。セレクタuntilが指定された場合は、そのセレクタにマッチする要素までを選択。セレクタselによるフィルタリングが可能
parent([sel])	直上の親要素を選択。セレクタselによるフィルタリングが可能
parents([sel])	すべての先祖要素を選択。セレクタselによるフィルタリングが可能
parentsUntil ([until,] [sel])	すべての先祖要素を選択。セレクタuntilが指定された場合は、そのセレクタがマッチする要素までの先祖要素を選択。セレクタselが指定された場合は、そのセレクタにマッチするものだけを選択
offsetParent()	positionが指定されている直近の親要素を選択
closest (sel, [context])	自分自身を起点としてDOMツリーを上に辿り、セレクタselにマッチする最初の要素を選択。これには自分自身も対象に含む。要素contextが指定された場合は、その要素内に存在していることが条件に加わる
filter(sel)	セレクタselにマッチする要素を選択。selに関数を指定した場合は、その関数がtrueを返すものを選択 [※1]
not(sel)	セレクタselにマッチしない要素を選択。selに関数を指定した場合は、その関数がfalseを返すものを選択 [※1]
eq(n)	n番目の要素を選択。nに負の値が指定された場合は、最後から数えてn番目の要素を選択
has(sel)	セレクタselにマッチする子要素を持つ要素を選択
first()	最初の要素を選択
last()	最後の要素を選択
slice (start, [end])	start番目からend番目までの要素を選択。endが指定されない場合は要素セットの最後までを選択。負の値が指定されたら要素セットの最後から数えた番号で選択
is(sel)	セレクタselにマッチするかどうかを判定。返り値はBoolean
map (func(n, elem))	コールバック関数funcで各要素を処理した結果を返す。コールバック関数の引数は、要素のindexとDOM要素自体
add(sel)	現在の要素セットにセレクタselにマッチする要素セットを追加
andSelf()	現在の要素セットに1つ前の状態の要素セットを追加
end()	要素セットの選択を1つ前の状態にもどす

※1　関数には要素のindexが引数として渡されます。また関数内でthisが参照するものはそのDOM要素そのものです

12-5-2　要素の作成・追加・置換・削除

要素の作成には$関数を使います。また、append( )メソッドを使うと、要素の追加と作成を同時に実行できます。置換はreplaceWith( )メソッドなどを使い、削除にはremove( )メソッドなどを使います。要素の操作に関するメソッドを**表12.3**にまとめます。

表 12.3　要素の操作するためのメソッド

メソッド	説明
append(content, [content])	contentを子要素の末尾に追加する
append(func(index, htmlStr))	関数funcの結果を子要素の末尾に追加する。関数、要素のインデックスとHTML文字列を受け取り、HTML文字列を返す
appendTo(target)	targetの子要素の末尾に現在の要素セットを追加する
prepend(content, [content])	contentを子要素の末尾に追加する
prepend(func(index, htmlStr))	関数funcの結果を子要素の先頭に追加する。関数、要素のインデックスとHTML文字列を受け取り、HTML文字列を返す
prependTo(target)	targetの子要素の先頭に現在の要素セットを追加する
html(htmlStr)	HTML文字列htmlStrからDOMを作成し、要素にセットする
html(func(index, htmlStr))	関数funcの結果を要素にセットする。関数、要素のインデックスとHTML文字列を受け取り、HTML文字列を返す
text(str)	文字列strを要素にセットする
text(func(index, str))	関数funcの結果を要素にセットする。関数、要素のインデックスと文字列を受け取り、文字列を返す
after(content, [content])	contentを要素の後方に追加する
after(func(index))	関数funcの結果を要素の後方に追加する。関数は、インデックスを受け取りHTML文字列を返す
before(content, [content])	contentを要素の前方に追加する
before(func(index))	関数funcの結果を要素の前方に追加。関数は、インデックスを受け取りHTML文字列を返す
insertAfter(target)	targetの後方に要素を追加する
insertBefore(target)	targetの前方に要素を追加する
replaceWith(content)	要素をcontentで置換する
replaceWith(func)	要素を関数funcの返り値で置換する。関数は、HTML文字列を返す
replaceAll(target)	targetをすべて現在の要素で置換する
wrap(content)	contentで要素を囲む
wrap(func(index))	関数funcの返り値で要素を囲む。関数は、要素のインデックスを受け取りHTMLかjQueryオブジェクトを返す
wrapInner(content)	contentで要素の中身を囲む
wrapInner(func(index))	関数funcの返り値で要素の中身を囲む。関数は、要素のインデックスを受け取りHTMLかjQueryオブジェクトを返す
wrapAll(content)	contentで要素セット全体を囲む
unwrap()	要素を囲んでいるものを削除する
remove([sel])	要素セットの中からセレクタselにマッチするものを削除する。セレクタが指定されない場合はすべて削除する
detach([sel])	remove()と同様。ただしイベントリスナの設定は残す
empty()	要素を空にする
clone([withDataAndEvents,] [deepDataAndEvents])	要素をコピーする。第1引数がtrueの場合(デフォルトtrue)はイベントリスナもコピーする。第2引数がtrueの場合(デフォルトfalse)、子要素もコピーする

12-6　jQueryによるイベント処理

12-6-1　イベントリスナの登録・削除

■ bind()／unbind()

　jQueryでイベントリスナを登録するためにはbind()メソッドを使います。イベントタイプとイベントリスナを渡します。イベントタイプとイベントリスナのマップを渡して複数のイベントリスナを一括で登録することもできます。

イベントリスナの削除にはunbind( )メソッドを使います。引数にはイベントタイプと関数を指定します。引数を指定しない場合、要素に設定されているすべてのイベントリスナが削除されます。bind( )メソッドとunbind( )メソッドの例を**リスト12.5**に示します。

リスト12.5 jQueryによるイベントリスナの登録

```
<div class='foo'>foo</div>
<div class='bar'>bar</div>
<div class='baz'>baz</div>
<script>
// clickイベントにイベントリスナを登録する
$('.foo').bind('click', function () {
  $(this).text('Hello!');
});
// 複数のイベントリスナを一括で登録する
$('.bar').bind({
  'mouseover': function () {
    $(this).text('Hi!');
  },
  'mouseout': function () {
    $(this).text('Bye!');
  }
});
// bazがクリックされたとき、barのmouseoutイベントのイベントリスナを削除する
$('.baz').bind('click', function () {
  $('.bar').unbind('mouseout');
});
</script>
```

■ **live( )／die( )**

live( )メソッドを使ってもイベントリスナの登録ができます。使い方はbind( )と同じです。

bind( )とlive( )の違いは、bind( )はbind( )実行時点で存在していた要素に対してのみイベントリスナが作用するのに対し、live( )はlive( )実行後に追加された要素に対しても作用する点です。イベントリスナ設定後に追加した要素に対してもイベントリスナが作用するのは、live( )がdocumentオブジェクトに対してイベントリスナを設定しているからです。documentオブジェクトに設定したイベントリスナが、バブリングしてきたイベントをチェックして、live( )で指定したセレクタやイベントタイプにマッチしたら登録されているイベントリスナを実行するという処理になっています。

live( )で設定したイベントリスナを解除するにはdie( )メソッドを使います。これもunbind( )と同じ使い方です。

■ **delegate( )／undelegate( )**

live( )では、実際にイベントリスナが設定されているのはdocumentオブジェクトであると説明しましたが、delegate( )メソッドを使うとdocumentオブジェクト以外のオブジェクトに対してイベン

クライアントサイドJavaScript

トリスナを設定するlive()が実行できます。つまり、次の2行は機能的には同じ意味になります。

```
$('.foo').live('click', function () { /* 処理 */ });
$(document).delegate('.foo', 'click', function () { /* 処理 */ });
```

機能的には同じと書きましたが、パフォーマンス的にはlive()よりもdelegate()のほうが優れています。これは、live()は$('.foo')の時点でクラスfooの要素を検索しますが、delegate()ではそのような検索は実行されないからです。クラスfooという情報が必要になるのは、イベントが発火して、そのイベントターゲットが条件にマッチするか調べる時点なので、イベントリスナを設定する時点でクラスfooの要素を検索する必要は無いのです。よって、無駄な要素探索が実行されないdelegate()のほうがパフォーマンスが優れていると言えます。

delegate()で設定したイベントリスナを解除するにはundelegate()メソッドを使います。

■one()

one()メソッドはbind()の特殊形です。one()で登録したイベントリスナは一度だけ実行されます。one()の使い方はbine()と同じです。

12-6-2　イベント専用のイベントリスナ登録メソッド

標準的なイベントについては専用のメソッドが用意されているのでそちらを利用することもできます。専用のメソッドが用意されているイベントは以下のとおりです。各イベントの意味は「**10-6-2 DOM Level 3 で定義されているイベント**」を参照してください。

- click
- mouseup
- mouseover
- keydown
- change
- focusin
- submit
- load

- dblclick
- mousemove
- mouseleave
- keypress
- blur
- focusout
- resize
- unload

- mousedown
- mouseout
- mouseenter
- keyup
- focus
- select
- scroll
- error

これらのメソッドは、第1引数にイベントリスナに渡すデータのマップ（省略可能）、第2引数にイベントリスナを受け取ります。第1引数に指定したマップはEventオブジェクトのdataプロパティで参照できます。またこれらのメソッドを引数なしで実行すると、そのイベントを発火します。使用例を**リスト12.6**に示します。

リスト 12.6　イベント専用のイベントリスナ登録メソッド

```
<div class='foo'>Click Me!</div>
<div class='bar'>Double Click Me!</div>
<script>
// clickイベントにイベントリスナを登録する
$('.foo').click({ message: 'Hello!' }, function (event) {
  alert(event.data.message); // => Hello! とアラート表示される
});
// .barがダブルクリックされたときに.fooのclickイベントを発火する
$('.bar').dblclick(function () {
  $('.foo').click();
});
</script>
```

12-6-3　ready()メソッド

jQueryでDOM構築後の処理を設定するには**リスト 12.7**のようにready()メソッドを使います。

リスト 12.7　jQureyによるJavaScriptの基本

```
$(document).ready(function () {
// documentオブジェクトのreadyイベントで実行する処理を記述する。
// つまりは初期化処理（多くは他の要素のイベントハンドラの設定）を記述する。
// readyイベントが発火するタイミングはDOMContentLoadedイベントが発火するタイミングと同じ
});

//または以下のように省略した記述も可能
$(function () {
});
```

12-7　jQueryによるスタイル操作

jQueryにはスタイルを操作するのに便利なメソッドも用意されています。クラス名を変更するメソッドからアニメーションまで、簡単に操作できます。

12-7-1　基本的なスタイル操作

要素に設定されているクラス名やCSSのプロパティを変更するといった基本的なスタイル操作を行うメソッドを**表 12.4**にまとめます。

表 12.4　基本的なスタイル操作

メソッド	説明
css(prop)	CSSプロパティpropの値を取得する
css(prop, val)	CSSプロパティpropにvalueを設定する

次ページへ

クライアントサイド JavaScript

前ページの続き

メソッド	説明
css(prop, func(index, val))	CSSプロパティpropに関数funcの返り値を設定する。 関数は、要素のインデックスと現在のpropの値を受け取り、設定する値を返す
css(props)	CSSプロパティを複数まとめて設定する。propsはプロパティ名と値のマップ
addClass(clazz)	クラスclazzを要素に追加する
addClass(func(index, clazz))	関数funcの返り値をクラスに追加する。 関数は、要素のインデックスと現在のクラスを受け取り、追加するクラスを返す
removeClass([clazz])	クラスclazzを要素から削除する。引数の指定がない場合、すべてのクラスを削除する
removeClass(func(index, clazz))	関数funcの返り値をクラスから削除する。 関数は、要素のインデックスと現在のクラスを受け取り、削除するクラスを返す
toggleClass(clazz)	要素がクラスclazzを持っている場合は削除、持っていない場合は追加する
toggleClass(func(index, clazz))	関数funcの返り値を要素が持っている場合は削除、持っていない場合は追加する。関数は、要素のインデックスと現在のクラスを受け取り、トグルするクラスを返す
hasClass(clazz)	要素がクラスclazzを持っているかどうかを判定する。返り値はBoolean
height()	borderやpaddingなどを含まない要素の高さを取得する。単位はpx
innerHeight()	paddingを含めた要素の高さを取得する。単位はpx
outerHeight([includeMargin])	borderまで含めた要素の高さを取得する。 引数にtrueが設定された場合、marginまで含めた要素の高さを取得する。単位はpx
width()	borderやpaddingなどを含まない要素の幅を取得する。単位はpx
innerWidth()	paddingを含めた要素の幅を取得する。単位はpx
outerWidth([includeMargin])	borderまで含めた要素の幅を取得する。 引数にtrueを渡した場合、marginまで含めた要素の幅を取得する。単位はpx
height(val)	要素の高さを設定する。引数に数値を渡した場合、ピクセル値として処理される
height(func(index, h))	関数funcの返り値を高さとして設定する。 関数は、要素のインデックスと現在の高さを受け取り、設定する高さを返す
width(val)	要素の幅を設定する。引数に数値を渡した場合、ピクセル値として処理される
width(func(index, w))	関数funcの返り値を幅として設定する。 関数は、要素のインデックスと現在の幅を受け取り、設定する幅を返す
offset()	要素のドキュメント座標での位置を取得する[※1]
position()	要素の、position属性が指定された最初の親要素からの相対位置を取得する[※1]
offset(pos)	要素のドキュメント座標での位置を設定する[※1]
offset(func(index, pos))	関数の返り値を、要素のドキュメント座標の位置に設定する。 関数は、要素のインデックスと現在の位置を受け取り、設定する位置を返す[※1]
scrollTop()	要素の縦スクロール位置を取得する。単位はpx
scrollTop(val)	要素の縦スクロール位置を数値で設定する。単位はpx
scrollLeft()	要素の縦スクロール位置を取得する。単位はpx
scrollLeft(val)	要素の縦スクロール位置を数値で設定する。単位はpx

※1 位置はtopプロパティとleftプロパティを持つオブジェクト。それぞれのプロパティの値は数値（単位はpx）

スタイルを操作するメソッドの中でも **css( )** メソッドは汎用的に使えます。css( )メソッドにプロパティ名と値を渡して実行する場合に、値として"+=10"や"-=20"のような指定を行うこともできます。たとえばdiv要素のmarginを10px大きくしたいという場合は次のように記述できます。

```
$('div').css('margin', '+=10');
```

12-7-2 アニメーション

単純なスタイル変更ではなく、アニメーションをともなってスタイルを変更させるメソッドも複数用意

されています。これらのメソッドの多くが受け取ることができる引数として、アニメーション完了までの時間（duration）、アニメーションの加減速（easing）、アニメーション完了時処理（callback）があります。

■ duration

　durationはアニメーション完了までの時間を指定します。単位はミリ秒です。値を指定しない場合は400ミリ秒になります。また、直接数値を指定するのではなく、slowとfastというキーワードを指定も可能です。slowは600ミリ秒、fastは200ミリ秒を指定するのと同じです。

■ easing

　easingはアニメーションで変化させる値の変化量を設定するキーワードを指定します。標準ではswingとlinearというキーワードが利用できます。値を指定しない場合はswingになります。
　swingは「最初はゆっくり、中間は速く、最後はゆっくり」という値の変化をします。具体的には数学のcos関数を使って実装されています。
　linearは経過時間に比例して値が線形に変化します。たとえば1秒かけて100px移動する場合、0.1秒経過した時点では10px、0.5秒経過した時点では50px、0.99秒経過した時点では99px移動していることになります。
　jQuery UIを利用すると指定可能なキーワードが増えます。

■ callback

　callbackはアニメーション完了時に実行されるコールバック関数を指定します。このコールバック関数は何も引数を受け取りません。コールバック関数内でのthisは、アニメーションしているDOM要素になります。
　表12.5にアニメーションに利用できるメソッドをまとめます。また、jQuery UIを利用するとさらに多彩なアニメーションを簡単に実行できるようになります。

表12.5　アニメーション

メソッド	説明
hide([duration,] [easing,] [callback])	要素を非表示にする
show([duration,] [easing,] [callback])	要素を表示する
toggle([duration,] [easing,] [callback])	要素の表示・非表示を切り替える
fadeIn([duration,] [easing,] [callback])	要素をフェードインする
fadeOut([duration,] [easing,] [callback])	要素をフェードアウトする
fadeToggle([duration,] [easing,] [callback])	要素が非表示の場合はフェードイン、表示の場合はフェードアウトする
fadeTo(duration, opacity, [easing,] [callback])	要素を不透明度opacityまで変化させる
slideDown([duration,] [easing,] [callback])	要素をスライドダウンする
slideUp([duration,] [easing,] [callback])	要素をスライドアップする
slideToggle([duration,] [easing,] [callback])	要素が非表示の場合はスライドダウン、表示の場合はスライドアップする
animate(props, [duration,] [easing,] [callback])	要素のCSSをpropsの状態まで変化させる
stop([clearQueue,] [jumpToEnd])	アニメーションを停止する
queue([queueName])	キューを取得する
queue([queueName], newQueue)	キューに処理を追加する

次ページへ

クライアントサイド JavaScript

前ページの続き

メソッド	説明
dequeue([queueName])	キューの先頭要素を取り除いて、それを実行する
delay(duration, [queueName])	キューの処理を時間durationだけ停止する
clearQueue([queueName])	キューを空にする

jQueryで実行されるアニメーション全体に関わるプロパティとしてjQuery.fx.intervalとjQuery.fx.offがあります。

■jQuery.fx.interval

jQuery.fx.intervalはアニメーションのフレーム間隔を指定します。デフォルトは13ミリ秒です。この値を大きくするとアニメーションががくがくしたものになります。小さい値にするとアニメーションがより滑らかになりますが、もちろんCPUなどのクライアントPCの性能に依存します。各アニメーションごとにフレーム間隔を設定することはできません。

■jQuery.fx.off

jQuery.fx.offにtrueを指定するとすべてのアニメーション効果が無効になります。これはモバイル環境など、クライアントの性能が低い場合など特定の環境におけるユーザビリティを考慮して用意されているプロパティです。jQuery.fx.offがtrueになっている場合、各アニメーションで指定する実行時間はすべて無視されます。

12-8　jQueryによるAJAX

12-8-1　AJAX()関数

jQueryでAJAX処理にはjQuery.ajax( )関数を使います。ajax( )関数には引数を2つ指定します。第1引数に対象のURLを指定します。第2引数にはパラメータや使用するHTTPメソッド、コールバック関数などを指定したオブジェクトを渡します（**リスト 12.8**）。また、第1引数を省略して、第2引数のオブジェクトのプロパティとしてURLを指定することもできます。

リスト 12.8　jQueryによるAJAX処理

```javascript
$.ajax('/foo', {
  type: 'GET',
  success: function (data, status, xhr) {
    // 成功したときの処理
  },
  error: function (xhr, status, errorThrown) {
    // 失敗したときの処理
  }
});
```

第2引数に渡すオブジェクトに設定可能な主なプロパティを表12.6にまとめます。

表12.6 ajax()関数に指定可能なプロパティ

プロパティ名	説明
url	リクエストの送信先URL
type	使用するHTTPメソッド
timeout	タイムアウト時間。単位はミリ秒
async	非同期通信を行うかどうか
crossDomain	クロスオリジン通信をするかどうか
isLocal	ファイルシステムなど、ローカル環境へのアクセスのときはtrue
data	送信するデータのオブジェクトまたは文字列
processData	dataをクエリ文字列に変換せずに送信するかどうか
traditinal	dataをクエリ文字列に変換するときのシリアライズ方式を指定するプロパティ。trueを指定した場合、入れ子になったオブジェクトをシリアライズしない古い方式で変換する
headers	リクエストヘッダ
ifModified	trueを指定した場合、データが変更されている場合のみリクエストを成功させる
cache	ブラウザキャッシュを使うかどうか
dataType	レスポンスデータの種類を文字列で指定する。xml, html, script, json, jsonp, textのうちのどれかを指定する。コールバック関数にはここで指定したタイプに変換したデータが渡される
accepts	Acceptヘッダに設定するため値のマップ。キーがdataType, 値がAcceptヘッダに設定する値
mimeType	Content-Typeヘッダを強制的に上書きする値
contents	レスポンスデータの種類をContent-Typeヘッダから判定するための正規表現のマップ（キーがdataType, 値が正規表現）
converters	レスポンスデータをパースする関数のマップ。キーは、変換前後のデータタイプを空白で連結した文字列(textからhtmlへの変換なら"text html")、値は関数
context	コールバック関数内でthisが参照するオブジェクト
beforeSend(xhr, settings)	送信前に実行されるコールバック関数。この関数がfalseを返すとリクエストの送信がキャンセルされる
success(data, status, xhr)	通信成功時に実行されるコールバック関数
error(xhr, status)	通信失敗時に実行されるコールバック関数
complete(xhr, status)	通信完了時に実行されるコールバック関数。成功時も失敗時も実行される
dataFilter(data, type)	レスポンスデータをフィルタリングするコールバック関数。success()の前に実行され、結果がsuccess()にdataとして渡される
statusCode	ステータスコードごとのコールバック関数を指定するマップ。キーがステータスコードで値が関数
jsonp	JSONPリクエストを送る場合に使う、コールバック関数名を指定するためのパラメータ名。指定しない場合はcallbackというパラメータ名になる
jsonpCallback	JSONPリクエストのコールバック関数名。指定しない場合は自動で決定される
scriptCharset	script読み込み時のキャラクタセットを指定する。dataTypeがjsonpかscriptのときだけ有効
global	AJAXに関連するグローバルイベントを発火するか
xhr	XMLHttpRequestオブジェクトを作成するためのファクトリ関数
xhrFields	XMLHttpRequestオブジェクトに設定するプロパティのマップ
username	認証が必要なアクセスに利用するユーザー名
password	認証が必要なアクセスに利用するパスワード

12-8-2 AJAX()のラッパー関数

ajax()関数にはいろいろなオプションが指定できますが、よく使われる設定や処理については専用のラッパー関数が用意されています。ラッパー関数を表12.7にまとめます。

表12.7　ajax()関数のラッパー関数

関数	説明
get(url, [data,] [success(data, status, xhr)] [dataType])	GETメソッドで通信する。 送信データ、成功時のコールバック関数、レスポンスのデータタイプを指定可能
post(url, [data,] [success(data, status, xhr)] [dataType])	POSTメソッドで通信する。引数はget()関数と同じ
getJSON(url, [data,] [success(data, status, xhr)])	JSONデータをGETメソッドで取得する。 送信データ、通信成功時のコールバック関数を指定可能
getScript(url, [success(data, status, xhr)])	JavaScriptをGETメソッドで取得し、実行する。 通信成功時のコールバック関数を指定可能

　また、**ajaxSetup( )** 関数を使うとajax( )関数で指定可能なオプションのデフォルト値を変更できます。ajaxSetup( )で細かいオプションを設定しておき、実際に通信を行うときはラッパー関数を使う、という利用方法が可能です。

12-8-3　グローバルイベント

　ajax( )関数を使うといくつかのイベントが発火します。これらのイベントはどの要素にも適用されるためグローバルイベントと呼ばれます。グローバルイベントを発火させたくない場合は、ajax( )関数のオプションでglobalプロパティにfalseを指定します。

　グローバルイベントに対するイベントリスナーを登録するためのメソッドを**表12.8**にまとめます。

表12.8　グローバルイベントのイベントリスナー登録メソッド

メソッド名	リスナー実行タイミング
ajaxStart(func())	AJAX通信が開始したとき。 複数のAJAX通信が同時に実行される場合でも、1回しか実行されない
ajaxSend(func(event, xhr, options))	リクエスト送信前
ajaxSuccess(func(event, xhr, options))	通信が成功したとき
ajaxError(func(event, xhr, options, error))	通信が失敗したとき
ajaxComplete(func(event, xhr, options))	成功、失敗に関係なく通信が完了したとき
ajaxStop(func())	すべてのAJAX通信が終了したとき

12-9　Deferred

　Deferredは非同期処理を直列に記述、実行するための仕組みです。

　同期処理の場合、それぞれの処理は記述した順番通りに実行され、1つの処理が終わるまで次の処理が実行されることはありません。それに対して、非同期処理の場合、順番に記述したとしても複数の処理が同時に実行されるため非同期処理Aが終わったら非同期処理Bを実行して、という処理の順番を指定するのが難しくなります。後続する処理をコールバック関数に指定することによって処理の順序を指定することもできますが、コールバック関数が複数ネストするなど記述が複雑になりがちです。また、AとBの処理が終わってからCの処理を行う、というような記述をしようと思う

とさらに複雑さを増します。そのような処理を簡単に記述するための仕組みがDeferredです。

12-9-1　Deferredの基本

まずはDeferredを使った記述例を**リスト12.9**に示します。これは非同期処理fooが完了した後に別の処理barを実行する記述です。

リスト12.9　Deferredを使った記述例

```
function foo() {
  var d = $.Deferred();  // Deferredオブジェクトを作成
  // 非同期処理
  setTimeout(function () {
    d.resolve(); // Deferredに処理が終わったことを報告する
  }, 1000);
  return d.promise(); // Promiseオブジェクトを返す
}
function bar() {
  alert('bar');
};

// foo完了してからbarを実行する
foo().then(bar);
```

リスト12.9ではDeferredオブジェクトとPromiseオブジェクトが登場します。

■Deferredオブジェクト

Deferredオブジェクトはunresolved, resolved, rejectedのいずれかの状態をもつオブジェクトです。初期状態はunresolvedです。状態がunresolvedである限り、後続の処理は実行されません。状態がresolvedまたはrejectedになってはじめて後続の処理が実行されます。

内部的なDeferredの仕組みは、コールバック関数を登録しておいて、Deferredオブジェクトの状態が変化したときにその関数を実行するというものです。しかし、Deferredを利用したコードを読むときは、そのような実装は気にする必要はなく、何かの処理が完了したら次の処理を実行すると読めるはずです。Deferredはいわば非同期処理の連鎖をわかりやすいソースコードとして読み書きするための仕組みなのです。よって以下ではDeferredを利用する側からの視点で説明します。したがって、後続処理の実体は単なるコールバック関数なのですが、ここでは後続関数と呼ぶことにします。

■Promiseオブジェクト

PromiseオブジェクトはDeferredオブジェクトから一部のメソッドを削除したオブジェクトです。これは、Deferredオブジェクトをそのまま返したときに、返した先で勝手に状態遷移させられるのを防ぐためです。状態の管理はあくまでもDeferredオブジェクトを最初に作成したオーナーが行うべきです。

12-9-2 状態遷移

Deferredオブジェクトの初期状態はunresolvedです。これをresolvedに遷移させるメソッドが**resolve( )**です。同様にrejectedに遷移させるメソッドは**reject( )**です。両方とも任意の引数を受け取ります。ここで指定した引数はそのまま後続関数に渡されます。

また、resolveWith( ), rejectWith( ) メソッドもあります。これは第1引数に後続関数内でthisが参照するオブジェクトを受け取ります。第2引数にはそのまま後続関数に渡される引数の配列を受け取ります。

Deferredオブジェクトは一度状態遷移したあとで、別の状態に再度遷移するということはありません。状態が遷移するのは一度限りです。また、isResolved( )やisRejected( ) メソッドで状態を調べることができます。

状態を遷移させるメソッドの使用例を**リスト12.10**に記述します。

リスト12.10　状態遷移メソッド

```
var foo = function () {
  var d = $.Deferred();
  setTimeout(function () {
    // 状態をresolvedにする
    // 引数を3つ指定する
    d.resolve('This is', 'resolved', 'deferred.');
  }, 500);
  return d.promise();
};

var bar = function () {
  var d = $.Deferred();
  setTimeout(function () {
    // 状態をrejectedにする
    // 後続関数内でのthisと引数を2つ指定する
    d.rejectWith({
      message: 'This is %s %s'
    }, ['rejected', 'deferred.']);
  }, 500);
  return d.promise();
};

// done()はresolvedのときに実行される後続関数を指定するメソッド
foo().done(function (arg1, arg2, arg3) {
  console.log('%s %s %s', arg1, arg2, arg3);
});

// fail()はrejectedのときに実行される後続関数を指定するメソッド
bar().fail(function (arg1, arg2) {
  console.log(this.message, arg1, arg2);
});


/*
consoleに表示される結果

This is resolved deferred.
This is rejected deferred.
*/
```

12-9-3 後続関数

後続関数を指定するためのメソッドには、then( ), done( ), fail( ), always( ), pipe( )があります。

■then(), done(), fail(), always()

done( )は状態がresolvedになった場合に実行する処理を指定します。fail( )はrejectedになった場合の処理です。then( )は両方を指定します。then( )の第1引数がresolvedの場合の処理、第2引数がrejectedの場合の処理です。always( )で指定した処理はresolved, rejected両方で実行されます。

それぞれのメソッドを複数回実行することもできます。その場合、メソッドを実行した順番どおりに後続関数は実行されます。また、すでに状態がresolvedになっているDeferredオブジェクトに対してdone( )メソッドを実行すると即座に後続関数が実行されます。

リスト12.11に使用例を示します。

リスト12.11　後続関数指定メソッド

```
var foo = function () {
  var d = $.Deferred();
  setTimeout(function () {
    // rejected状態にする
    d.reject('foo'); // 後続関数に'foo'を渡すように設定
  }, 500);
  return d.promise();
};

foo()
.done(function (arg) {
  console.log(arg + ' success 1');
})
.fail(function (arg) {
  console.log(arg + ' failure 1');
})
.then(function (arg) {
  console.log(arg + ' success 2');
}, function (arg) {
  console.log(arg + ' failure 2');
})
.always(function (arg) {
  console.log(arg + ' complete 1');
})
.always(function (arg) {
  console.log(arg + ' complete 2');
});

/*
consoleに表示される結果

foo failure 1
```

次ページへ

前ページの続き

リスト12.11　後続関数指定メソッド

```
foo failure 2
foo complete 1
foo complete 2
*/
```

■pipe()

　pipe()はthen()と同じく状態がresolvedになった場合の処理と、rejectedになった場合の処理の2つを引数に受け取ります。ただし、pipe()はその他のメソッドとは少し使用方法が異なります。

　pipe()には2つの機能があります。1つは引数の値の変更です。done()メソッドで指定する後続関数が受け取る引数はDeferredオブジェクトのresolve()メソッドに渡したものがそのまま使われますが、pipe()を通すとその引数の値を変更できます（**リスト12.12**）。

リスト12.12　pipe()による引数の値の変更

```
var d = $.Deferred();
var filtered = d.pipe(function (arg) {
  return arg * 100;
});
d.resolve(100);

filtered.done(function (arg) {
  alert(arg); // => 10000
});
```

　そしてもう1つの機能がDeferredオブジェクトのチェーンです。

　done()やfail()はあくまでも起点となったDeferredオブジェクトの状態に依存して実行されます。たとえば**リスト12.13**の処理を考えます。

リスト12.13　done()による後続関数の実行

```
var foo = function () {
  // Deferredオブジェクトを作成する
  var d = $.Deferred();
  // 非同期処理
  setTimeout(function () {
    alert('foo');
    d.resolve();
  }, 500);
  return d.promise();
};

var bar = function () {
  // Deferredオブジェクトを作成する
  var d = $.Deferred();
  // 非同期処理
  setTimeout(function () {
    alert('bar');
    d.resolve();
  }, 1000);
  return d.promise();
};
```

次ページへ

前ページの続き

リスト12.13　done()による後続関数の実行

```
var baz = function () {
  // 同期処理
  alert('baz');
};

// アラートはfoo, baz, barの順番で表示される
foo().done(bar).done(baz);
```

　リスト12.13の処理ではfoo, bar, bazの順番にアラートが表示されることを期待するかもしれませんが、実際にはfoo, baz, barの順番で表示されます。なぜならば、done()で設定する後続関数はあくまでもfooで作成されたDeferredオブジェクトの状態に依存するからです。これは、fooがアラート表示された時点でbar()とbaz()は実行可能になり順番に実行されるという意味です。そしてbarがアラート表示されるのは1秒後であるのに対して、bazは即座にアラート表示されるので、bazのほうが先に表示されます。baz()が実行可能になるのはbarがアラート表示された時点ではなく、あくまでもfooがアラート表示された時点だということが重要です。つまり、done()で指定した後続関数内で新たにDeferredオブジェクトを作成してもその後続の処理には影響がありません。これは、fail()、then()、always()も同じです。

　これに対してpipe()を使うと期待通りの挙動が実現できます（**リスト12.14**）。

リスト12.14　pipe()による後続関数の実行

```
// アラートはfoo, bar, bazの順番で表示される
foo().pipe(bar).done(baz);
```

　pipe()以降はpipe()で指定した後続関数の返り値であるDeferredオブジェクト（Promiseオブジェクト）が基準になります。これがDeferredオブジェクトのチェーンです。pipe()で指定した後続関数がnullを返す場合は、その前の状態のDeferredオブジェクトがそのまま使われます。

12-9-4　並列処理

　when()関数を使うと、複数の非同期処理がすべて完了するまで後続の処理を遅延させることができます。例を**リスト12.15**に示します。ここではAJAX関数を使っていますが、実はAJAX関数の返り値もDeferredオブジェクト(Promiseオブジェクト)です。したがってAJAX関数の引数でコールバック関数を指定しなくても、done()やfail()を使って通信完了時の処理を指定可能です。

　リスト12.15の例では、AJAXでfooとbarの両方を取得し、成功したら「ロード成功」、失敗したら「ロード失敗」のアラートを表示します。

リスト12.15　when()関数による並列処理

```
$.when($.get('/foo'), $.get('/bar'))
.done(function () {
  alert('ロード成功');
```

次ページへ

前ページの続き

リスト12.15　when()関数による並列処理

```
})
.fail(function () {
  alert('ロード失敗');
});
```

when()関数で複数のDeferredオブジェクトが指定されたとき、1つはresolvedになり別のものはrejectedとなったという場合、後続関数としてはdone()で指定したものとfail()で指定したもののどちらが呼ばれるのでしょうか。この場合は、fail()で指定したものが呼ばれます。

done()で指定した後続関数は、すべてのDeferredオブジェクトがresolvedになったときだけ実行されます。1つでもrejectedになったらその時点で全体をrejectedとして扱いfail()で指定した後続の処理が実行されます。

12-10　jQueryプラグイン

jQueryにはさまざまなプラグインが存在します。プラグインが簡単に作成でき、また他人が作成したプラグインを簡単に利用出来ることもjQuery人気の後押しとなりました。

jQueryには本当に多くのプラグインが存在しています。およそ考えつきそうなUIや機能を実現するためのプラグインはおそらくすでに存在しています。したがって自分でプラグインを作成しなくてもほとんどの場合は検索するだけで事足りるでしょう。jQueryプラグインは以下のURLで検索・入手できます。執筆時点で5700ほどのプラグインが登録されています。この数字からもjQueryの人気がうかがえます。

http://plugins.jquery.com/

12-10-1　jQueryプラグインの利用

jQueryでプラグインを利用するには、jQueryライブラリを読み込んだあとでプラグインのJavaScriptライブラリを読み込むだけです。例としてJason Frame氏によるtipsyというプラグイン（http://onehackoranother.com/projects/jquery/tipsy/）を使ってプラグインの利用方法について説明します。

tipsyは吹出しでツールチップを表示するシンプルなプラグインです。要素のtitle属性に設定された値をツールチップとして表示します。ただし、設定によっては別の属性の値を表示させることもできます。また、ツールチップを表示させる方向を指定したり、表示するときおよび消えるときにフェードイン・フェードアウトさせることもできます。

tipsyを利用したコードの例を**リスト12.16**に示します。

リスト12.16　jQueryプラグインの利用例

```
<!DOCTYPE HTML>
<html lang="ja">
<head>
```

次ページへ

前ページの続き

リスト12.16　jQueryプラグインの利用例

```html
<meta charset="UTF-8">
<link rel="stylesheet" type="text/css" href="tipsy/stylesheets/tipsy.css" />
<!-- jQuery本体を先に読み込む -->
<script src="jquery.js"></script>
<!-- jQuery本体よりもあとにtipsyプラグインのファイルを読み込む -->
<script src="tipsy/javascripts/jquery.tipsy.js"></script>
<script>
  $(function () {
    // tipsyプラグインによってjQueryオブジェクトが拡張されてtipsyメソッドが使えるようになっている
```

実行すると**図12.1**のようになります。

図12.1　jQueryプラグインの利用例

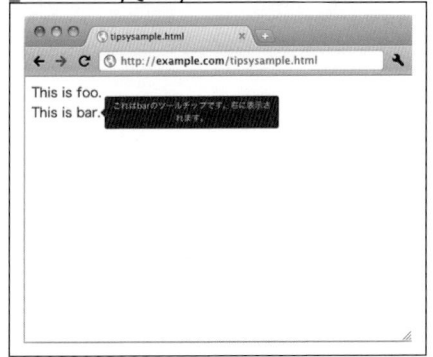

12-10-2　jQueryプラグインの作成

jQueryのプラグインはjQuery.fnを拡張することで実現されています。jQueryのプラグインを作るには**リスト12.17**のようにします。

リスト12.17　jQueryプラグインの雛形

```javascript
(function ($) {
  $.fn.myplugin = function (method) {
    var methods = {
      init : function (options) {
        this.myplugin.settings = $.extend({}, this.myplugin.defaults, options)
        return this.each(function () {
          // 初期化処理
        });
      },
      someMethod: function () {
        // プラグイン特有の関数
      }
    }
```

次ページへ

前ページの続き

リスト12.17　jQueryプラグインの雛形

```
    if (methods[method]) {
      return methods[method].apply(this, Array.prototype.slice.call(arguments, 1));
    } else if (typeof method === 'object' || !method) {
      return methods.init.apply(this, arguments);
    } else {
      $.error('Method "' + method + '" does not exist in myplugin plugin!');
    }
  }

  $.fn.myplugin.defaults = {
    foo: 'bar'
  }
  $.fn.myplugin.settings = {}
}(jQuery));
```

このプラグインは次のようにして実行できます。

```
$('selector')
  .myplugin({ foo: 'baz' }) // プラグインの設定
  .myplugin('someMethod'); // someMethodを実行する
```

12-11　他のライブラリとの共存

12-11-1　$オブジェクトの衝突

　jQueryはグローバルスコープにjQueryというオブジェクトと$というオブジェクトを作成します。この他には余計なオブジェクトを作成しませんし、prototypeも汚染しないため随分と扱いやすいライブラリではあります。しかし、$という名前は多くのJavaScriptライブラリで利用されている名前です。

　もともとはPrototype.jsが$をDocument.getElementById()の別名のようなセレクタ関数として利用していたため、$をセレクタ関数として利用するJavaScriptのイディオムはすっかり定着してしまいました。よく目にする$関数のイディオムは以下のようなものです。

```
function $(element) {
  return document.getElementById(element);
}
```

　Prototype.js以降のJavaScriptライブラリも$関数をセレクタメソッドなどの多用するメソッドとして定義しています。そのため複数のライブラリを共存させようとすると$という名前は衝突する可能性が高いです。たとえばjQueryとPrototype.jsの両方を利用する場合、$関数が参照するのはあ

から定義されたほうのオブジェクトになります（**リスト 12.18**）。

リスト 12.18　jQueryとPrototype.jsの共存

```
<!-- jQueryが先、Prototype.jsが後 -->
<script src="https://ajax.googleapis.com/ajax/libs/jquery/1.6.2/jquery.js"></script>
<script src="https://ajax.googleapis.com/ajax/libs/prototype/1.7.0.0/prototype.js"></script>
<script>
  alert($); // => Prototypeの$関数が表示される
</script>


<!-- Prototype.jsが先、jQueryが後 -->
<script src="https://ajax.googleapis.com/ajax/libs/prototype/1.7.0.0/prototype.js"></script>
<script src="https://ajax.googleapis.com/ajax/libs/jquery/1.6.2/jquery.js"></script>
<script>
  alert($); // => jQueryの$関数が表示される
</script>
```

12-11-2　$オブジェクトの衝突回避

jQueryには名前衝突を回避するために**noConflict( )**メソッドがあります。noConflict( )メソッドを使用するとjQueryが定義するwindow.$オブジェクトは削除され、もともと定義されていた$オブジェクトが利用できるようになります（**リスト 12.19**）。ちなみにPrototype.jsには名前衝突を回避する術はないので、jQueryで回避するしかありません。

リスト 12.19　名前衝突回避

```
jQuery.noConflict();                // window.$を削除する
var $j = jQuery.noConflict(true);   // window.$とwindow.jQueryの両方を削除する。返り値は
                                    jQueryオブジェクト
```

　noConflict(true) を使うことはまずないでしょう。使う場合があるとすれば、自分でwindow.jQueryオブジェクトを定義している場合か、異なるバージョンのjQueryを共存させる場合です。これはどちらも避けたほうがいいでしょう。わざわざjQueryと名前衝突するオブジェクトを作成する必要はありませんし、複数のjQueryを共存させなければならない状況は別の方法で回避すべきです。またwindow.jQueryが未定義の状態だとjQueryプラグインを追加できなくなります。よって、noConflict( ) は引数なしで実行するまでにとどめておいてください。

12-12　ライブラリの利用方法

ライブラリの利用にはそのライブラリであるJavaScriptファイルを読み込まなければなりません。ライブラリは再配布可能なライセンスで提供されているはずなので自分のサーバにライブラリファイルを置いて、ユーザーがそこにアクセスするようにしてももちろん問題ありません。しかし、わざわざ自分のサーバにライブラリを置かなくても、**Google Libraries API**を利用することでJavaScriptライブラリを読み込むことができます。

http://code.google.com/apis/libraries/

Google Libraries APIはJavaScriptライブラリのコンテンツデリバリネットワーク（CDN）です。Googleが提供しているので、ネットワークやサーバが問題になることはほぼないでしょう。少なくとも自分で用意できるサーバやネットワークよりは信頼できると思います。

執筆時点でGoogle Libraries APIが提供しているJavaScriptライブラリを**表12.9**にまとめます。有名なJavaScriptライブラリはほとんど網羅されています。

表12.9　Google Libraries APIが提供しているJavaScriptライブラリ

ライブラリ	説明
Chrome Frame	Google Chrome Frame(Internet Explorerの実行エンジンをGoogle Chromeと同等にするプラグイン)がインストールされているかチェックするためのライブラリ
Dojo	フルスタックのJavaScriptライブラリ
Ext Core	Ext JSのコア部分。Ext JSは豊富なUIコンポーネントが特徴のライブラリ
jQuery	メソッドチェーンによるシンプルな記述によるDOM操作が特徴
jQuery UI	jQueryにUIエフェクトやUIコンポーネントを追加するライブラリ
MooTools	中上級者向けに設計された、軽量なライブラリ
Prototype.js	最初に流行したJavaScriptライブラリ
script.aculo.us	PrototypeにアニメーションなどのUIエフェクトを追加するライブラリ
SWFObject	Adobe FlashをHTMLに埋め込むためのライブラリ
YUI Library	Yahoo!が提供するフルスタックのライブラリ
WebFont Loader	Webフォントを利用するためのライブラリ

また、GoogleだけでなくMicrosoftも同様のCDNサービスを提供していますが、Microsoftの場合はjQueryだけを提供しています。よってjQuery以外のライブラリを利用するときはGoogle Libraries APIを利用しましょう。

また表12.9に載っていないライブラリのCDNサービスとしてcdnjs.comというサービスもあります。このサービスではGoogleのCDNサービスでは配信されるほど有名ではないライブラリが配信されています。最近新しく登場したライブラリでCDNサービスを使いたいという場合はこちらで探してみるとよいでしょう。

http://www.cdnjs.com

Part 4

HTML5

本Partは現在W3Cで仕様策定中であるHTML5とその周辺技術について紹介します。HTML5の膨大な仕様の中から、今後のJavaScript開発に大きな影響を与えると考えられるAPIに重点をおいて解説します。

13章　HTML5 概要

まずはHTML5の概要について解説します。本章ではHTML5の背景や現状について理解し、新しく提供される機能の全体像をつかむことを目的とします。

13-1　HTML5 の歴史

13-1-1　HTML5 の登場の経緯

　ここではHTML5が登場するまでの流れについて簡単に振り返りたいと思います。JavaScriptの歴史については第1章で紹介しましたが、Webブラウザに搭載されているJavaScript処理系はほんの数年前と比べても驚くほど高速化し、Webブラウザはアプリケーションプラットフォームとして注目を集め始めました。

　Webアプリケーションの活躍の場が広がるにつれて、徐々にJavaScriptがもつ機能としての限界が目立ち始めました。データの永続化、ソケット通信、音楽や映像の再生など、デスクトップアプリケーションでは普通に利用できていた機能がJavaScriptだけでは実現できないため、ある特定の分野においてWebアプリケーションはデスクトップアプリケーションに遅れをとりがちでした。

■ブラウザプラグインの普及

　これまではFlashやSilverlightなどのプラグインを利用することによって、こうしたJavaScriptに足りない機能を補完してきました。つまり需要はあったにも関わらず、これらの機能がブラウザの標準機能として提供されることはありませんでした。

　というのも、1つのブラウザベンダーが先行して新機能を実装しても、すべての主要なブラウザで対応していなければ結局は実サービスでの利用が進まないという現実があったためです。そのため機能拡張という面において、ブラウザはFlashやSilverlightといったプラグインに実装を任せる状況が長く続きました。

■統一されたブラウザ仕様の策定

　HTML5はこのような状況を良しとしないブラウザベンダーの協力により誕生しました。ブラウザの機能拡張を効率的に行うためには統一された仕様が必要です。

　しかし現在広く普及しているHTMLの仕様策定は1999年に**W3C**[注1]により勧告されたHTML 4.01から止まっています。これはW3CがXHTMLの普及を強く推進していたためですが、結局XHTML

[注1]　W3C (World Wide Web Consortium) とは、WWWで使用される各種技術の標準化を推進する団体 (http://www.w3.org)。

も想定していたほどに普及はしませんでした。そこで、W3Cの方針に不満を持ったApple、Mozilla、Operaは**WHATWG**(注2)というコミュニティを設立しました。WHATWGの目的は、Webの現状に即したアプローチでWeb関連技術の仕様を策定し、W3Cへのフィードバックを行うこととされています。

■ HTML5の仕様策定へ

こうした流れを受け、ついにW3CはWHATWGと協力してHTML5の仕様策定を始め、2008年1月22日には初のHTML5草案が発表されました。執筆時点では最終草案（2011年5月25日）が発表されており、今後W3CでHTML5が勧告されるまでの過程は次のように進みます。現在のスケジュールでは2014年の勧告を目指して仕様策定が進められています。

- 草案（Working Draft）
- 最終草案（Last Call Working Draft）
- 勧告候補（Candidate Recommendation）
- 勧告案（Proposed Recommendation）
- 勧告（Recommendation）

13-2　HTML5の現状

13-2-1　ブラウザの対応状況

■ PC端末

PC端末向けのブラウザは現在、Internet Explore（IE）、Firefox、Chrome、Safari、Operaなどのブラウザがシェアを奪い合っている状況です。ここでPC端末向けにHTML5を利用したサービスを提供したい場合には、1つだけ注意すべき問題があります。IE（6, 7, 8）がほとんどのHTML5関連機能に対応していないこと、またそのシェアが無視できないほど高いことです。

MicrosoftもIE9からはHTML5のサポートに力を入れることを明言し、実際にIE9では多くのHTML5関連機能が実装されました。また執筆時点では既にIE10のプレビュー版も公開されています。ただし旧バージョンのIEのシェアが無視できるほど低くなるのは、これまでの傾向からみても当分先になるでしょう。

そのためHTML5を利用してPC端末向けにサービスを提供する場合には、ブラウザに応じたコンテンツの出し分けなどを考慮する必要があります。このときブラウザの種類やバージョンをチェックして処理を切り替える方法は管理が難しいため、最近では**Modernizr**(注3)などを利用して、目的の機能の利用可否をJavaScript実行時に判断して処理を切り替える方法が一般的です。

■ スマートフォン端末

スマートフォン端末にターゲットを絞ると、PC端末とはかなり状況が変わってきます。というのも、

（注2）　http://www.whatwg.org/
（注3）　http://modernizr.com/

HTML5

スマートフォン端末向けのOSとして急速にシェアを拡大中のiOSとAndroidの両者が、デフォルトでWebKit[注4]ベースのブラウザを搭載しているためです。特に日本ではiOSとAndroidのシェアが圧倒的に高く、WebKit対応だけでほとんどのスマートフォン端末に対応できてしまいます。

そのためスマートフォン端末向けのWebアプリケーション開発では、クロスブラウザに（それほど）注意を払う必要がありません。スマートフォン端末は現在のところもっともHTML5を利用しやすい分野であると言えるでしょう。

■テレビ端末

ブラウザが搭載されているのはPCやスマートフォン端末だけではありません。現在日本のメーカ製のテレビ端末の多くは、NetFrontという組込機器向けのブラウザをベースにカスタマイズされたブラウザを搭載しています。現状これらのブラウザではHTML5と呼べるような機能はほとんど動きません。

最近になってようやくOperaのブラウザがソニーのテレビに搭載されたりといった動きが起こり始め、HTML5を利用した高機能なWebアプリケーションの開発環境が整いつつあります。Apple TVやGoogle TVなども合わせて、今後の動向が注目されている分野です。

13-2-2 Webアプリケーションとネイティブアプリケーション

HTML5という単語はもはやバズワード化していて、その時々でこの単語が指し示す範囲も様々です。厳密にW3CのHTML5仕様書に含まれる内容のみをHTML5と呼ぶ場合もありますが、本書ではもっと広い範囲を指してHTML5と呼んでいます。最近ではネイティブアプリケーションでできることをブラウザ上で実現するための機能拡張が非常に盛んで、本書ではこれらのブラウザ機能拡張をまとめてHTML5と呼んでいます。

既にGmailを始めとする多くの実用的なアプリケーションがWebアプリケーションとして提供されており、以前と比べてネイティブアプリケーションを利用する機会は減りました。最近では3Dグラフィックのレンダリングまでもがブラウザ上で実現されており、本当にすべてがWebアプリケーションに置き換わる日がくるのではないかと思わせるほどの勢いがあります。

しかしどんなにブラウザの機能拡張が進んでも、ブラウザ自体がネイティブアプリケーションである以上は、実現できる機能面でブラウザが優位性を持つことはありません。それでもブラウザがアプリケーションプラットフォームとして支持されている理由には、1つに開発コストが挙げられます。

たとえばスマートフォン向けのネイティブアプリケーションは通常、OSのベンダーが配布するSDKを使って開発されます。大雑把に言えば、iOS端末ではObjective-C、Android端末ではJava、Windows Phone 7端末ではC#やVisual Basicを主に用いて開発することになります。プログラミング言語やSDKの習得、アプリの実装、継続的な改修にかかるコストは、対応すべきプラットフォームの数に比例して大きくなります。

この問題の解決はまさにWebアプリケーションがもっとも得意とする分野です。HTML/CSS/JavaScriptを用いて作られたWebアプリケーションは、Webブラウザを介してあらゆるスマートフォン端

（注4） WebKit（http://www.webkit.org/）とは、アップルが中心となって開発しているオープンソースのHTMLレンダリングエンジン。SafariやGoogle Chromeなど多くのブラウザで利用されている。

末で動作させることができます。現状のスマートフォン端末向けアプリケーション開発において、Webアプリケーションはクロスプラットフォームを実現するほぼ唯一の手段です。

13-3　HTML5の概要

　W3CはHTML5の普及を推進するため、HTML5のロゴを提供しています[注5]。HTML5関連技術を利用しているページやアプリケーションでは、バッヂを表示することでHTML5の利用をアピールでき、さらにバッヂにアイコンを列挙することで利用している技術領域を明示できます(**図13.1**)。

　このロゴ提供サイトではアイコンに対応してHTML5の関連技術が8つのカテゴリに分類されており、HTML5の提供する機能の全体像が把握しやすくなっているので簡単に紹介します。それぞれのアイコンが示す技術領域について**表13.1**にまとめます。またHTML5関連の主要なJavaScript APIについて簡単な説明を**表13.2**にまとめます。

　HTML5関連の仕様にはJavaScriptだけでなくHTMLやDOM、CSSに関するものも含まれますが、すべて網羅すると本書の内容にはとても収まりません。本書ではHTML5関連のJavaScript APIの中でも、特に今後のJavaScript開発に与える影響が大きいと思われるものを選択して解説しています。

図13.1　HTML5バッヂ(フルセット)

表13.1　HTML5関連技術のカテゴリ

カテゴリ	説明
CONECTIVITY	WebSocket、Server-Sent Eventsなど
CSS3	CSS3、Web Fontsなど
DEVICE ACCESS	位置情報、加速度センサ、など
3D GRAPHICS & EFFECTS	SVG、Canvas、WebGLなど
MULTIMEDIA	Audioタグ、Videoタグなど
PERFORMANCE & INTEGRATION	Web Workers、XHR2など
SEMANTICS	microdata、microformats、アウトライン要素の追加など
OFFLINE & STORAGE	ApplicationCache、localStorage、IndexedDB、File APIなど

表13.2　HTML5関連API一覧

API名称	機能説明
Video/Audio	映像や音声の再生
Canvas	2Dグラフィック描画
WebGL	3Dグラフィック描画
Web Messaging	ウィンドウ間のデータ送受信

次ページへ

[注5]　http://www.w3.org/html/logo/

HTML5

前ページの続き

API名称	機能説明
WebSocket	サーバとの双方向通信
Server-Sent Events	サーバからのデータプッシュ
Web Workers	バックグラウンド処理
Web Storage	シンプルなキーバリューストア
Indexed Database	高機能なキーバリューストア
Web SQL Database	高機能なリレーショナルデータベース
File API	ファイルシステムへのアクセス
Drag and drop	ドラッグ＆ドロップ
Geolocation API	現在位置情報の取得
Application Cache	キャッシュファイルの制御
History API	ブラウザ履歴の操作

COLUMN

ブラウザベンダーのHTML5情報ポータル

　HTML5関連APIの仕様はW3Cにて公開されており、本書でも各APIを紹介する際はW3Cの該当ページへのリンクを記載しています。基本的にはW3Cの仕様を参照するのが正しいですが、実際のところ仕様を読んでも仕様書からではイメージのつきにくい機能も多くあります。

　そんなときにお勧めしたいのが、各ブラウザベンダーが提供しているHTML5関連情報をまとめたポータルページです。実際に動かせるデモが掲載されていたり、W3Cの仕様と比べて実装例などのコードが手に入りやすくなっています。またブラウザの実装がW3Cの仕様とは異なっている場合（たとえばベンダープレフィックス等）も多く、ブラウザ固有の情報はこちらでしか手に入らない場合もあります。

　まず初めはこのようなベンダーが提供するポータルページで機能の概要を把握してからW3Cの仕様を読んだほうが理解も早いでしょう。主要ブラウザベンダーの提供するHTML5情報ポータルページを表Aにまとめます。

表A　各ブラウザベンダーのHTML5情報ポータル

ベンダー	ページ名	URL
Microsoft	IE Test Drive	http://ie.microsoft.com/testdrive/
Mozilla	MDN HTML5	https://developer.mozilla.org/ja/HTML/HTML5
Google	HTML5 Rocks	http://www.html5rocks.com/
Apple	HTML5 Showcase	http://www.apple.com/html5/
Opera	Dev.Opera > open web	http://dev.opera.com/articles/tags/open%20web/

14章 Webアプリケーション

本章ではWebアプリケーションのURL管理やオフライン対応について紹介します。HTML5の仕様として新たに組み込まれたHistory APIやApplicationCacheを利用し、一歩進んだWebアプリケーションの開発方法について解説します。

14-1 History API

14-1-1 History APIとは

History API[注1]はJavaScriptからブラウザのURLや履歴情報を操作するためのAPIです。従来ではアプリケーションロジックをサーバサイドで担当し、クライアントサイドでは主に情報の表示のみを担当するWebアプリケーションが大半を占めましたが、最近では複雑な状態遷移をクライアントサイドで管理するWebアプリケーションが増えています。クライアントサイドでAJAX的にコンテンツが更新されるとページのURLが変化しないため、常にページの状態と対応するようにJavaScriptからのURL管理が必要になります。

しかし単純にページのURLを書き換えたのではページ遷移が発生し、JavaScriptの状態もそこでリセットされてしまいます。ここで登場するのがHistory APIです。History APIを利用すれば、ページ遷移を発生させずにURLのパスを任意のものに差し替えることができます。

14-1-2 ハッシュフラグメント

■AJAXアプリケーションとハッシュフラグメント

本来URLはWeb上のコンテンツを一意に識別するために利用されます。ところがAJAXを活用したページではページ遷移がなくてもコンテンツの自由な書き換えが可能なため、クライアントサイドできちんとURLの管理ができていないと、同一のURLがまったく異なるコンテンツを指してしまうケースが起こり得ます。

アドレスバーのないブラウザが存在しないように、URLとWebアプリケーションはもはや切り離すことのできない概念です。もしもURLがWeb上のコンテンツを一意に識別するという本来の役割を果たさない場合、たとえばブラウザのブックマークも機能しなくなりますし、外部のコンテンツからリンクを張るのも難しくなります。

この問題に対応するため、現在多くのAJAXアプリケーションではハッシュフラグメント（URLの

[注1] http://www.w3.org/TR/html5/history.html

#以降の文字列）を利用しています。ハッシュフラグメントは本来ページ内リンクに利用されるもので、ハッシュフラグメントが書き換わってもページ遷移（サーバへのリクエスト）は発生しません。この仕組みを利用してハッシュフラグメントにページの状態をもつことで、アプリケーションの特定の状態に一意なURLを割り当て可能となります。

ハッシュフラグメントの利用例を**リスト14.1**に示します。この例では閲覧中のページ番号の情報をハッシュフラグメントに保持しています。ただしupdateContentはコンテンツの更新処理を実装したと仮定した関数ですので注意してください。

▎リスト14.1　ハッシュフラグメントの利用例

```javascript
// 状態の保存
function gotoPage(num) {
  // コンテンツを更新する
  updateContent(num);

  // ハッシュフラグメントに現在の状態を保存
  location.hash = '#!page=' + num;
}

// 状態の復元
window.onhashchange = function() {
  // ハッシュフラグメントから状態を取得
  var num = location.hash.match(/#!page=([0-9]+)/)[1];

  // コンテンツを更新する
  updateContent(num);
};
```

仕様としては先頭に#をつければハッシュフラグメントとして認識されますが、最近では上記の例のように「#!(hashbang, shebang)」を使うケースが増えています。

これには大きく2つの理由が考えられます。1つには、こうすることで従来の用途であるページ内リンクとして使われている場合との区別が可能なためです。もう1つの理由はさらに重要で、検索エンジンなどのクローラが「#!」以降をAJAXアプリケーションの状態と認識して処理する仕組みをGoogleが提案しているためです。

■ハッシュフラグメントとクローラ

ハッシュフラグメントを用いたAJAXアプリケーションの問題点として、検索エンジンなどのクローラとの相性の悪さが挙げられます。通常のクローラはアプリケーションに含まれるJavaScriptを解釈しないため、ページ取得後にJavaScriptで動的に読み込まれるコンテンツをクロールできません。そのため、クローラにページのコンテンツを収集させるには、クローラからのアクセスをサーバサイドで判別し、クローラに対してJavaScriptを含まない静的なコンテンツを返す必要があります。

ところがURLのハッシュフラグメント部分は、リクエスト時にサーバへは送信されません。つま

りサーバはハッシュフラグメントが示すアプリケーションの状態に応じて適切なコンテンツを返すことができないため、クローラは本来URLが指し示すコンテンツを正確に取得できません。

この問題に対処するため、Googleから1つのクローラ仕様が提案されました。クローラは「#!」を含むURLをAJAXアプリケーションと判断し、「#!」を「?_escaped_fragment_」というパラメータに置換してサーバへアクセスするというものです。

```
// Web上で通常利用されるURL
http://www.example.com/#!/foo/bar

// GoogleのクローラがアクセスするURL
http://www.example.com/?_escaped_fragment_=/foo/bar
```

この仕様にしたがうと、サーバ側では_escaped_fragment_パラメータを含むリクエストをクローラからのアクセスと判断し、パラメータの示す状態に応じて適切な静的コンテンツの配信が可能になります。

URLの扱いは、昔から非常に議論の多くある分野です。AJAXアプリケーションが急激に普及したことにより、ハッシュフラグメントが本来の用途とは異なる使われ方をしていることに対する懸念の声も多くあります。History APIは、これらのURLとAJAXアプリケーションにまつわる問題をよりスマートに解決するためのAPIです。

14-1-3 インターフェース

History APIの主要な登場人物は、**history**オブジェクトと**popstate**イベントです。historyオブジェクトはwindowオブジェクトが持つプロパティで、履歴情報の操作を担当します。popstateイベントはページ履歴を辿ったときに発火するイベントで、popstateイベントを監視してページの状態を復元する処理などを実装します。

■ページ履歴の保存

皆さんご存知のとおり、JavaScriptを用いて特定のページへ遷移するにはlocationオブジェクトを利用します（**リスト14.2**）。またページ遷移を発生させずに特定のコンテンツを表示させる場合、ハッシュフラグメントを利用してURLにページの状態を保持させる方法を紹介しました（**リスト14.3**）。

リスト14.2　通常のURL更新

```
// /search/foo へのページ遷移が発生する
location.href = '/search/foo';
```

リスト14.3　ハッシュフラグメントを利用したURL更新

```
// AJAX的に /search/foo のコンテンツを取得して表示する
updateContent('/search/foo');
// ハッシュフラグメントを #!/search/foo に変更する
location.hash = '#!/search/foo';
```

HTML5

　ここでページ遷移を発生させずに、またハッシュフラグメントを使わずにURLを適切な状態に更新するには、historyオブジェクトの**pushStateメソッド**を利用します（**リスト14.4**）。pushStateメソッドの第3引数にURLを指定することで、サーバへのリクエストを発生せずにURLを変更できます。フルパスで指定する場合はSame Origin Policy（16章のコラム**「オリジンとは」**参照）の制約に従ってください。

リスト14.4　pushStateを利用したURL更新

```
// AJAX的に /search/foo のコンテンツを取得して表示する
updateContent('/search/foo');
// URLを /search/foo に変更する
history.pushState(null, 'fooの検索結果', '/search/foo');
```

　第1引数にはページ状態の詳細情報を示すオブジェクトを指定します。これついては後述します。第2引数にはページのタイトルを指定します。ここに指定した値は、たとえばブラウザの閲覧ページ履歴を表示する場合などに、必要に応じてブラウザから参照されるものです。

■ページ履歴の移動

　ブラウザの管理するページ履歴は、ブラウザの戻るボタンや進むボタンを使って辿ることができます。JavaScriptを使ってページ履歴を行き来するには、historyオブジェクトのbackメソッドやforwardメソッドを利用します。また、goメソッドを使うと引数に指定した数の分だけ前後に履歴を移動できますが、通常はあまり利用する機会はないでしょう。**リスト14.5**に例を示します。

リスト14.5　ページ履歴の移動

```
// 履歴を1つ戻る（ブラウザの戻るボタンと等価）
history.back();

// 履歴を1つ進む（ブラウザの進むボタンと等価）
history.forward();

// 履歴を2つ戻る
history.go(-2);
```

■ページ状態の復元

　pushStateにより追加されたページ履歴を辿る場合には通常のページ遷移が発生しないため、ページの状態を復元する処理を自前で実装する必要があります。具体的にはこのとき**popstateイベント**が発火するので、popstateイベントを監視してページの状態を適切に更新する処理を実装します。
　ページに表示されるコンテンツはURLと対応しているべきなので、popstateイベントに実装する処理はURLを参照して適切なコンテンツを描画する処理が基本となります。簡略化したpopstateイベントの実装例を**リスト14.6**に示します。

リスト14.6　popstateイベントの実装例

```
// ページ履歴の移動を監視する
window.onpopstate = function() {
```

次ページへ

前ページの続き

リスト14.6　popstateイベントの実装例

```
// URLのパスを分解する
var pathnames = location.pathname.substring(1).split('/');

// トップのパス名を参照して適切なコンテンツを表示する
switch (pathnames[0]) {
  case 'list':
    /* リストページを表示する */
  case 'search':
    /* 検索ページを表示する */
  }
};
```

リスト14.6のコードではコンテンツ描画部分の処理を省略していますが、この部分の実装は非常に重要です。必要な部分のみコンテンツを更新して表示を高速化したり、アニメーションを仕込んでページ遷移のストレスを低減させるなどして初めて、ページ履歴を自前で管理するコストに見合ったメリットが得られることになります。

■より詳細なページ状態の復元

URLが保持できる情報量はごく僅かです。たとえば「遷移元のURL」といったページをまたぐ情報や、「ツリーの開閉状態」といった細かすぎるページ状態の情報などは、通常URLには含まれません。pushStateの第1引数を利用することで、URLが保持する情報よりも詳細な状態の管理ができます。

たとえばあるページで遷移元へ戻るリンクを表示させたい場合について考えます。このとき遷移元のURLやタイトルなどの情報が必要となりますが、これらの情報をすべてURLに保持するのはあまり美しくないので、**リスト14.7**のようにpushStateの第1引数に情報を渡します。

リスト14.7　詳細な状態の管理

```
// 遷移元の情報
var data = {
  // 遷移元のタイトル
  prev_title: document.title,
  // 遷移元のURL
  prev_url: location.pathname
};

// 第1引数に情報を渡す
history.pushState(data, null, '/foo/bar');
```

pushStateの第1引数に渡した情報は、history.stateプロパティで参照できます。ただしこの仕様は最近アップデートされたもので、Firefox4以上で実装されていますがChrome13ではまだ実装されていないので注意してください。

347

HTML5

　元々の仕様ではpopstateイベントオブジェクトからのみstateを参照できました。ところがページリロード時にはpopstateイベントが発生しないため、この仕様ではページリロード時にstateを参照してページの状態を復元できませんでした。

　pushStateの第1引数で渡した情報（リスト14.7）をhistory.stateで参照して描画する例を**リスト14.8**に示します。この例では常にURLとhistory.stateを参照してコンテンツを描画できるようにしておき、ページロード時、ページ履歴移動時、コンテンツ更新時などすべての遷移で1つのコンテンツ描画処理を共用しています。

リスト14.8　詳細な状態の復元

```javascript
// ページのロード/リロード時
window.onload = updateContent;

// ページ履歴の移動時
window.onpopstate = updateContent;

// コンテンツの更新時
function gotoContent(data, title, pathname) {
  // ページ履歴の追加
  history.pushState(data, title, pathname);
  updateContent();
}

// URLおよびhistory.stateを参照してコンテンツを更新
function updateContent() {
  // URLを参照してコンテンツを更新する
  /* do something */

  // history.stateを参照してコンテンツを更新する
  if (history.state && history.state.prev_url) {
    // 情報がある場合は戻るリンクを設定する
    backLink.href = history.state.prev_url;
    backLink.textContent = history.state.prev_title || '戻る';
    backLink.style.display = '';
  } else {
    // 情報がない場合は戻るリンクを非表示にする
    backLink.style.display = 'none';
  }
}
```

■ページ履歴の差し替え

　URLはページ状態の書き換えに合わせて更新されるべきです。しかしページ履歴を細かく保存し過ぎると、戻りたい状態へ辿り着くまでに戻るボタンを何回もクリックする羽目になり、逆にユーザビリティの低下を招く恐れがあります。

　新たにページ履歴に追加するほどでもないコンテンツ更新があった場合には、ページ履歴を追

加せずに表示中の履歴情報を上書きすることもできます。表示中の履歴情報を上書きするには**replaceStateメソッド**を利用します。指定する引数についてはpushStateとまったく同じですが、replaceStateは新しくページ履歴を追加せずに現在の履歴情報を上書きします。

チェックボックスのオンオフを切り替える度にチェック状態を現在の履歴情報に上書きする例を**リスト14.9**に示します。履歴情報を適切に更新することで、ページ履歴を辿ったときにチェックボックスの状態がきちんと復元されるようになります。

リスト14.9　ページ履歴の差し替え

```
function toggleCheck(chkbox) {
  // チェックボックスのオンオフを反転する
  chkbox.checked = !chkbox.checked;

  // 現在の状態オブジェクトをコピーする
  var data = {};
  for (var prop in (history.state || {})) {
    data[prop] = history.state[prop];
  }
  // チェック状態を追記
  data.chkbox = chkbox.checked;

  // 履歴情報を上書きする
  history.replaceState(data, document.title);
}
```

仕様ではhistory.stateはread-onlyとなっているため、この例では別のオブジェクトにコピーしてから状態を追記してreplaceStateに渡しています。ただしこの例では状態オブジェクトが入れ子になっている場合を考慮していないので注意してください。

■ historyオブジェクトのプロパティ一覧

historyオブジェクトのプロパティを**表14.1**にまとめます。必要に応じて最新の仕様を参照してください。

表14.1　historyオブジェクトのプロパティ一覧

プロパティ名	説明
length	履歴の総数（表示中のページを含む）
state	現在の状態を表すオブジェクト
go(delta)	deltaに指定した数だけ履歴を移動する。go(-1)とback()、go(1)とforward()は等価
back()	履歴を1つ戻す
forward()	履歴を1つ進める
pushState(data, title [, url])	履歴情報を追加する
replaceState(data, title [, url])	現在の履歴情報を置き換える

14-2　ApplicationCache

14-2-1　キャッシュ管理について

　最近のWebアプリケーション開発において、スマートフォン対応はもはや避けて通ることのできない要件となってきています。スマートフォン対応で考慮すべき重要なポイントの1つに、通信回線の貧弱さが挙げられます。モバイル端末が利用する3G回線は通信速度が遅く、そもそも電波が通じないという状況も頻繁に起こり得ます。

　本節で紹介するキャッシュマニフェストやApplicationCache APIを利用すると、従来はブラウザ任せであったキャッシュファイルの管理をアプリケーション開発者側で制御できるようになります。キャッシュを利用し余計なファイルをダウンロードしないことで通信速度の問題を軽減できるうえ、うまく利用すればオフラインでも操作可能なWebアプリケーションを開発することができます。

　ApplicationCache APIの対応ブラウザは**表14.2**のようになっています。IE9で対応していないのが残念ですが、もっともこの機能の恩恵を受けるスマートフォンではほとんどの端末で利用可能です。

表14.2　ApplicationCache APIの対応状況

ブラウザ	バージョン
Chrome	5.0以上
Firefox	3.5以上
Safari	4.0以上
Opera	10.6以上
iOS	2.1以上
Android	2.0以上

14-2-2　キャッシュマニフェスト

■キャッシュマニフェストの作成

　キャッシュマニフェストと呼ばれるファイルを作成することで、キャッシュするファイルとしないファイルの設定ができます。キャッシュマニフェストの実体は、キャッシュのルールを記述した単なるテキストファイルです。といってもイメージが湧かないと思いますので、簡単なサンプルを用いて順番に説明していきます。

　サンプルとして、**リスト14.10**に示すHTMLから参照されているすべてのファイルをキャッシュし、オフラインで閲覧できるようにしてみます。まずキャッシュマニフェストのパスをhtmlタグのmanifest属性に指定します。キャッシュマニフェストの拡張子について特に決まりはありませんが、.appcacheとすることが推奨されています。

　ただしキャッシュマニフェストはtext/cache-manifestというMIME Typeで配信する必要があります。Apacheを利用している場合、.htaccessという名前のファイルをキャッシュマニフェストと同じディレクトリに作成し、AddTypeディレクティブを記述することで特定の拡張子に対応するMIME Typeを

設定できます（**リスト 14.11**）。

リスト 14.10　cache.html

```html
<!doctype html>
<html manifest="sample.appcache">
<head>
  <meta charset="utf-8">
  <script src="cache.js"></script>
  <link rel="stylesheet" href="cache.css">
</head>
<body>
  <h1>cache sample</h1>
  <img src="html5-badge.png">
</body>
</html>
```

リスト 14.11　.htaccess の記述例

```
AddType text/cache-manifest .appcache
```

　cache.html（リスト 14.10）で参照されているファイルは「cache.js」「cache.css」「html5-badge.png」の3つです。これらをキャッシュ対象とするには、**リスト 14.12**のようにキャッシュマニフェストにファイルパスを列挙します。manifest属性を指定したファイルは自動的にキャッシュされるため、cache.htmlを列挙する必要はありません。

リスト 14.12　sample.appcache

```
CACHE MANIFEST
# revision 1

CACHE:
./cache.js
./cache.css
./html5-badge.png
```

　キャッシュマニフェストの最初の行は、必ず "CACHE MANIFEST" と記述しなければなりません。また#で始まる行はコメント扱いされます。CACHE:と記述するとそれ以降の行は**CACHE**セクションとなり、CACHEセクションに列挙されたファイルはすべて自動的にキャッシュされます。
　キャッシュマニフェストの準備ができたらcache.htmlを開いてみましょう。初めてのアクセスでキャッシュマニフェストに列挙されたファイルをすべてローカルにキャッシュします。Chromeで開くとコンソールにログを出力してくれるので非常にわかりやすいです（**図 14.1**）。
　キャッシュが成功すると、キャッシュマニフェストに列挙されたファイルはローカルに保存されたアプリケーションキャッシュから読み込むようになるため、2回目以降はオフライン状態でもページの表示が可能となります（**図 14.2**）。

HTML5

図14.1　アプリケーションキャッシュの生成

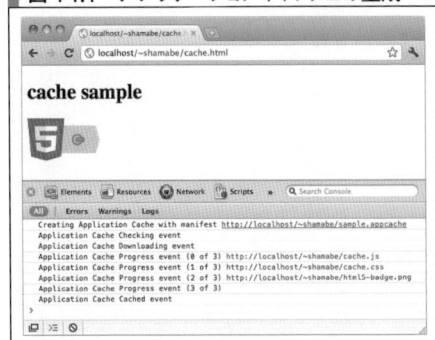

図14.2　アプリケーションキャッシュから読み込み

■キャッシュの更新

　アプリケーションキャッシュに登録されたページを開く場合、ブラウザはまずキャッシュされたファイルを参照してページを表示します。そして裏で自動的にキャッシュマニフェストの更新を確認し、更新されていたらすべてのファイルを自動的にキャッシュし直します。

　つまり、サーバサイドでファイルの更新を行っても、更新後初めてのアクセスではブラウザには古いキャッシュが表示されていることになるので注意してください。キャッシュの確認と更新が無事に成功すると、次回のアクセスから更新されたバージョンのキャッシュが参照されるようになります。

　また、クライアントサイドではキャッシュマニフェストが更新されたかどうかでキャッシュ更新の必要性を判断しています。つまりキャッシュ対象のファイルを書き換えただけでは、キャッシュ済みのクライアントでキャッシュの更新は実行されません。キャッシュを更新させるには必ずキャッシュマニフェストを更新する必要があります。

　キャッシュを更新させるためには、キャッシュのルールに変更がない場合でもキャッシュマニフェストの更新は必須です。コメントを利用してリビジョン番号や更新日時を挿入し、いつでもキャッシュマニフェストを更新できるようにしておきましょう（**リスト14.13**）。

リスト14.13　sample.appcache

```
CACHE MANIFEST
# revision 2

CACHE:
./cache.js
./cache.css
./html5-badge.png
```

　この状態でブラウザをリロードすると、自動的にすべてのファイルがキャッシュし直されます。ただしこのとき表示されているページはまだ古いバージョンのキャッシュを参照しているので注意してください（**図14.3**）。さらに次のリロードでようやく最新のファイルが参照されます。キャッシュ更新のタイミングをもっと細かく制御したい場合は、後述するApplicationCache APIを利用する必要があります。

図14.3 アプリケーションキャッシュの更新

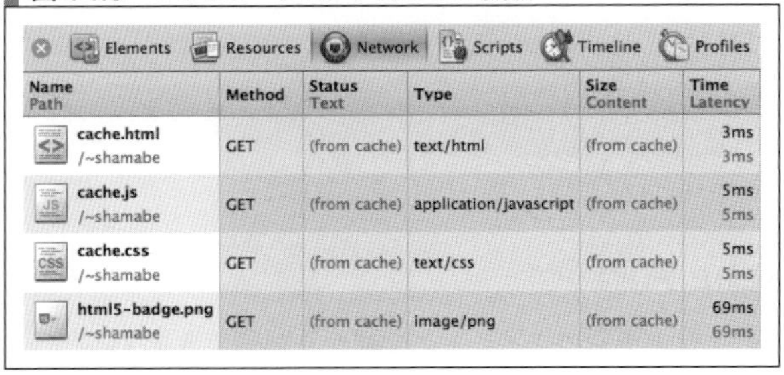

Name / Path	Method	Status / Text	Type	Size / Content	Time / Latency
cache.html /~shamabe	GET	(from cache)	text/html	(from cache)	3ms 3ms
cache.js /~shamabe	GET	(from cache)	application/javascript	(from cache)	5ms 5ms
cache.css /~shamabe	GET	(from cache)	text/css	(from cache)	5ms 5ms
html5-badge.png /~shamabe	GET	(from cache)	image/png	(from cache)	69ms 69ms

NETWORKセクション

キャッシュマニフェストにNETWORK:と記述すると、それ以降の行はNETWORKセクションとして扱われます。NETWORKセクションに記述されたリソースはキャッシュされず、常にネットワーク経由でのアクセスが行われます。またNETWORKセクションに記述するURLは、前方一致で比較されるため、以下のように1行で複数のリソースを一括して指定できます。

```
NETWORK:
/api/
```

NETWORKセクションにはもう1つ重要な役割があります。キャッシュマニフェストを利用したアプリケーションでは、外部ドメインのリソースはNETWORKセクションに記述されたリソースのみがアクセス可能となることです。たとえばYahoo!JAPANの検索APIを利用する場合には、以下のようにNETWORKセクションに明示的にホワイトリスト指定しなければなりません。

```
NETWORK:
http://search.yahooapis.jp/
```

ドメインによるアクセス制御ができるので安全ではありますが、アプリケーションによってはすべての外部リソースを事前に指定するのが難しい場合もあります。その場合はNETWORKセクションにワイルドカードを指定することで、すべての外部リソースへのアクセス許可ができます。

```
NETWORK:
*
```

FALLBACKセクション

キャッシュマニフェストにFALLBACK:と記述すると、それ以降の行はFALLBACKセクションとして扱われます。FALLBACKセクションでは、あるリソースにアクセスできなかった場合の代替リソースを指定できます。またNETWORKセクションと同様に、URLは前方一致で比較されます。

以下のように指定することで、notfound.htmlがアプリケーションキャッシュに格納されます。リソースが見つからない、あるいはオフラインなので接続できない場合に、それがキャシュマニフェストからの相

対パスでcontents/から始まるリソースであれば、代替リソースとしてnotfound.htmlが表示されます。

```
FALLBACK:
contents/        notfound.html
```

14-2-3 ApplicationCache API

ApplicationCache APIを用いると、キャッシュ更新のタイミングを細かく制御できます。

通常はページ起動後にキャッシュの更新確認と再キャッシュが実行され、次回のページ起動時に最新のキャッシュが反映されるため、最新のキャッシュが反映されるまでに2回のリロードが必要になってしまいます。ApplicationCache APIを使って適切なタイミングで更新をチェックすることで、このリスクを最小限に抑えることができます。

ApplicationCache APIの各種機能は、windowオブジェクトに定義されたapplicationCacheオブジェクトを介して利用できます。以降ではapplicationCacheを利用したキャッシュの更新確認と反映方法について解説します。

■キャッシュの更新確認

ページ起動時以外の任意のタイミングで更新確認を行うには、applicationCache.updateメソッドを利用します。updateを実行するとキャッシュマニフェストの更新を確認し、更新があったらすべてのファイルが自動的に再キャッシュされます。

updateを実行するタイミングは、ユーザが更新確認ボタンを押したとき、サーバからのプッシュ通知を受け取ったとき、タイマーを使って一定間隔で実行などのケースが考えられます。ここではタイマーを使って一定間隔で更新確認する例を**リスト14.14**に示します。

リスト14.14　キャッシュの更新確認

```
window.onload = function() {
  // 1時間おきに更新を確認する
  setInterval(function() {
    applicationCache.update();
  }, 1000 * 60 * 60)
};
```

更新の有無やキャッシュのダウンロード状況を知るには、applicationCache.statusを参照するか、対応するイベントハンドラを実装します。HTML5関連の非同期APIには大抵このように状態確認用のプロパティとイベントハンドラの両方が定義されていますが、ほとんどのケースではイベントハンドラの実装で十分なはずです。applicationCache.statusの取り得る値を**表14.3**に、applicationCacheで利用可能なイベントハンドラを**表14.4**にまとめます。

14章 Webアプリケーション

表14.3 applicationCacheの定数プロパティ一覧

プロパティ名	整数値	説明
UNCACHED	0	アプリケーションキャッシュがない
IDLE	1	前回の更新確認時点で最新のキャッシュファイルを利用している
CHECKING	2	キャッシュマニフェストの更新を確認中
DOWNLOADING	3	最新のキャッシュファイルをダウンロード中
UPDATEREADY	4	最新のキャッシュファイルを利用する準備が完了した
OBSOLETE	5	キャッシュマニフェストが削除されていた

表14.4 applicationCacheで利用可能なイベントハンドラ

イベントハンドラ	説明
onchecking	キャッシュマニフェストの確認開始時に実行されます
onnoupdate	キャッシュマニフェスト確認後、更新がなかった場合に実行されます
ondownloading	キャッシュのダウンロード開始時に実行されます
onprogress	キャッシュのダウンロード中に定期的に実行される。event.totalでダウンロードするファイルの総数、event.loadedでダウンロード済みのファイル数が取得できます
oncached	すべてのキャッシュのダウンロード完了時に実行されます
onupdateready	ダウンロードが完了し再度updateの呼び出しが可能となるタイミングで実行されます。またこれ以降swapCacheを呼び出すことで最新キャッシュの反映が可能となります
onobsolete	キャッシュマニフェストが削除されていた場合に実行されます
onerror	何かしらのエラーが発生した場合に実行されます

■キャッシュの反映

updatereadyイベントの発生後にapplicationCache.swapCacheメソッドを実行すると、バックグラウンドでキャッシュが最新のものに切り替わります。しかし表示中のページで既に参照済みのリソースについてはそのまま利用され続けます。

静的なHTMLを大量にキャッシュしているWebページベースのアプリケーションであればswapCacheでもよいかもしれませんが、JavaScriptで組んだロジック等を更新している場合には表示中のページ自体をリロードしないとあまり意味がありません。とはいえ、ユーザが操作中に突然ページがリロードされるのはよくないので、最新のバージョンが利用可能であることをユーザに通知してあげるのが無難な落とし所かもしれません。

簡単に実装するならば**リスト14.15**のようになります。

リスト14.15 最新バージョンの利用可能通知

```
applicationCache.onupdateready = function() {
  var ok = confirm('最新のバージョンが利用可能です。\n' +
                   'ページをリロードしてもよろしいですか?');
  if (ok) location.reload();
};
```

14-2-4 オンラインとオフライン

アプリケーションキャッシュを利用することで、オフライン時でもキャッシュされた情報の閲覧ができるアプリケーションが実現できます。しかしこれだけでは、たとえば文書の編集やメールの送信など、データ更新系の機能についてはオフラインで実行できません。

オフライン時に行ったデータ更新系の操作をブラウザ上で利用できるデータベース（**「16章 ストレージ」**参照）に一旦保存しておき、オンラインになったタイミングでサーバと同期を取ることによって、オフライン状態でのデータ更新系の機能が実現できます。

実際には同期順序やリトライ処理など考慮すべき点は多くありますが、オフラインで操作できる機能は実装にかけるコスト以上に魅力的です。自信のある方は是非挑戦してみてください。

ここではこれらのオフライン対応をおこなう際に必要となる、ネットワークの接続状態をプログラムから確認する方法について説明します。

ネットワークの接続状態を知るには、**navigator.onLine** を参照します。また接続状態が切り替わるタイミングを知るには、**online/offlineイベント**を監視します。online/offlineイベントはdocument.bodyで発火し、document、windowへと伝搬します。ただしwindowでのハンドリングには互換性起因のバグ等で動作の怪しいブラウザがあるので注意してください。

ネットワークの接続状態を通知するためのサンプルを**リスト14.16**に紹介します。

リスト14.16　ネットワーク接続状態の通知

```
<p>The network is: <span id="indicator">(state unknown)</span></p>
<script>
// ネットワーク接続状態の更新
function updateIndicator() {
  var indicator = document.getElementById('indicator');
  indicator.textContext = navigator.onLine ? 'online' : 'offline';
}

// bodyの各種イベントハンドラを設定する
document.body.onload = updateIndicator;
document.body.ononline = updateIndicator;
document.body.onoffline = updateIndicator;
</script>
```

15章 デスクトップ連携

本章ではDrag Drop APIとFile APIについて紹介します。両者はそれぞれ魅力的な機能ですが、合わせて利用することで非常に強力なデスクトップ連携機能を実現することができます。

15-1 Drag Drop API

15-1-1 Drag Drop APIとは

Drag Drop API[注1]は、ブラウザ上でDOM要素のドラッグ＆ドロップ操作を実現するためのAPIです。ドラッグ＆ドロップはWebアプリケーションの使い勝手をネイティブアプリケーションに近づけるための重要な要素です。ただし皆さんご存知のとおり、ドラッグ＆ドロップ自体はかなり昔からブラウザ上で実現できていました。

では従来のドラッグ操作と比較して一体なにが変わったのでしょう。

■実装方法の違い

従来のドラッグ＆ドロップの基本的な実装は、以下に示す3つのフローからなります。考え方は非常にシンプルですが、マウスの動きからDOM要素の表示更新まですべて自前で管理する必要があり非常に面倒でした。

- mousedownイベントでDOM要素をつかむ
- mousemoveイベントでDOM要素を移動
- mouseupイベントでDOM要素を離す

Drag Drop APIを利用すると、dragstartやdropなど新たに追加された抽象度の高いレイヤのイベントを用いて、より直感的にドラッグ＆ドロップを実装できます。またドラッグ中の表示更新についても基本的な処理をブラウザが面倒みるため、開発者はそのドラッグ操作が意味するアプリケーションロジック部分の実装に注力できます。

■機能面の違い

既に世の中ではドラッグ＆ドロップの実装を支援するライブラリが数多く開発されています。これらのライブラリを利用すれば、クロスブラウザ対応まで含めて手軽にドラッグ＆ドロップの機能をアプリに組み込み可能です。それではあえてDrag Drop APIを利用する意味はどこにあるのでしょうか。

[注1] http://dev.w3.org/html5/spec/dnd.html

その答えはDataTransferに集約されています。DataTransferはドラッグ操作によるデータの受け渡しをサポートするAPIです。特筆すべき特徴として、DataTransferを利用したデータの送り手（ドラッグ元）とデータの受け手（ドロップ先）は同じウィンドウ内に限定されない点が挙げられます。

たとえばブラウザ上のDOM要素をテキストエディタに向かってドラッグしたり、デスクトップ上のファイルをブラウザに向かってドラッグしたりといったやりとりが可能になります。Drag Drop APIはWebアプリケーションとネイティブアプリケーションの垣根を越える、非常に重要で魅力的な機能の1つです。

15-1-2 インターフェース

■ドラッグイベント

Drag Drop APIを用いたドラッグ＆ドロップでは、データの送り手側（ドラッグ要素）と受け手側（ドロップ領域）とが互いに疎結合な実装となります。ドラッグ要素、ドロップ領域に対してそれぞれ必要なイベントハンドラを実装することでドラッグ操作が実現できます。

ドラッグ要素に対して設定できるイベントハンドラを**表15.1**に、ドロップ領域に対して設定できるイベントハンドラを**表15.2**に示します。

表15.1　ドラッグ要素に対して設定できるイベントハンドラ

イベント名	説明
dragstart	ドラッグ操作の開始時に発火します
drag	ドラッグ操作中に定期的に発火します
dragend	ドラッグ操作の終了時に発火します

表15.2　ドロップ領域に対して設定できるイベントハンドラ

イベント名	説明
dragenter	ドラッグ操作中にDOM要素の境界内に入ったときに発火します
dragover	ドラッグ操作中にDOM要素の境界内にあるときに定期的に発火します
dragleave	ドラッグ操作中にDOM要素の境界から出たときに発火します
drop	DOM要素上にデータをドロップしたときに発火します

これらのドラッグイベントはマウスイベントのインターフェースを継承しているため、screenXやclientXなどのマウスイベントプロパティを使用してドラッグ中の位置を確認できます。マウスイベントを用いて自前でドラッグ＆ドロップを実装した経験のある方なら、対応するイベントや使い方がなんとなくイメージできるかと思います。

ドラッグイベントはドラッグ操作の状態に応じて適切に発火してくれるので、ドラッグ＆ドロップ用の煩雑なフラグ管理を自前でする必要がなくなります。たとえばdragイベントやdragoverイベントが発火するのはドラッグ操作中のみに限定されますし、mousemoveイベントと違ってマウスが移動中でなくても定期的にイベントを発火してくれます。

各イベントハンドラではDataTransferを用いてデータの受け渡しやUIの表示更新を実装します。Drag Drop APIを用いたドラッグ操作では、デフォルトの挙動でドラッグ要素のキャプチャ画像が

マウスの移動にあわせて表示されますし、ドラッグ操作中のページスクロール処理などもすべてブラウザが面倒をみてくれます。そのため、特にこだわりがなければ初期段階ではドラッグ中のUI表示について考慮しなくても動作に問題ありません。

■DataTransfer

DataTransferはDrag Drop APIの肝となる部分です。すべてのドラッグイベントのイベントオブジェクトには、dataTransferプロパティが付加されています。DataTransferのもっとも重要な役割はデータの受け渡しですが、他にもいくつかの役割を受け持っています。

- データの受け渡し
- データの処理方法の指定
- ドラッグイメージの設定

DataTransferのインターフェースを**表15.3**にまとめます。特定のドラッグイベント内からのみ呼び出しや変更が可能となっているプロパティが多いので注意してください。各プロパティの詳細については後述します。

表15.3 DataTransferのインターフェース一覧

プロパティ名	説明
setData(format, data)	formatで指定した形式のデータを追加する（dragstartイベントで有効）
getData(format)	formatで指定した形式のデータを取得する（dropイベントで有効）
clearData([format])	formatで指定した形式のデータを消去する。formatを指定しない場合はすべてのデータを消去する
types	ドラッグされたデータのformatを含む配列
files	ドラッグされたファイルのFileオブジェクトを含む配列
setDragImage(element, x, y)	ドラッグイメージを設定する（dragstartイベントで有効）
addElement(element)	ドラッグイメージを設定する（dragstartイベントで有効）
effectAllowed	ドラッグ元で許可される効果を設定する。通常、dragstartイベントで設定する
dropEffect	ドロップ先またはユーザによって選択された効果。最新のdragoverまたはdragenterイベントで設定する。特に設定されない場合は標準のオペレーティングシステム修飾キーを使用して許可された効果の中から選択できる。効果はcopy, move, link, noneから選択され、選択中の効果に応じてドラッグイメージが装飾される

15-1-3　基本的なドラッグ&ドロップ

dataTransferと必要最低限のイベントハンドラのみを用いて、簡単なデータの受け渡しを行うサンプルを実装します。このサンプルで基本的な処理の流れを把握してください。

■ドラッグ要素の設定

まずは要素をドラッグ可能とするための下準備が必要です。特定の要素をドラッグ可能にするためには、要素のdraggable属性をtrueに設定します。

HTML5

```html
<ul>
  <li draggable="true">Seiichiro INOUE</li>
  <li draggable="true">Shota HAMABE</li>
  <li draggable="true">Takuro TSUCHIE</li>
</ul>
```

　draggable属性に指定できる値はtrue, false, autoのいずれかです。autoを指定するとその要素のデフォルト値が使われます。たとえばimg要素やa要素はデフォルトでドラッグ可能な要素です。li要素はデフォルトでドラッグ不可な要素なので、ここでは明示的にdraggable属性をtrueに設定します。

■ドラッグ側の設定

　ドラッグ側（データの送り手）では、ドラッグの開始時にdataTransferにデータをセットする必要があります。ドラッグするデータをdataTransferにセットするにはsetDataメソッドを呼び出します。setDataはdragstartイベントハンドラ内でのみ実行可能なメソッドです。**リスト15.1**に例を示します。

　setDataの第一引数にはデータのフォーマット（MIME Type）を指定します。1回のドラッグ操作に対して複数のフォーマットのデータをセット可能です。仕様上は任意のフォーマットを指定可能ですが、現状ではブラウザごとに実装状況が異なります。リスト15.1の例で指定しているMIME Typeであればひとまず主要ブラウザの最新版で利用可能なようです。

リスト15.1　ドラッグするデータのセット

```javascript
var elements = document.getElementsByTagName('li');

for (var i = 0; i < elements.length; i++) {
  // ドラッグ開始時にdataTransferにデータをセットする
  elements[i].ondragstart = function(e) {
    // テキストデータをセット
    e.dataTransfer.setData('text/plain', e.target.textContent);
    // HTMLデータをセット
    e.dataTransfer.setData('text/html', e.target.outerHTML);
    // URLデータをセット
    e.dataTransfer.setData('text/uri-list', document.location.href);
  };
}
```

■ドロップ側の設定

　次にドロップ側（データの受け手）の実装をします。ドラッグされたデータをdataTransferから取得するにはgetDataメソッドを呼び出します。getDataはdropイベントハンドラ内でのみ実行可能なメソッドです。

　リスト15.2のサンプルでは、ドロップ領域はドラッグされたdataTransferがテキストデータを持っていた場合に限りドロップを許可し、ドラッグされたテキストデータをalert文で表示しています。

リスト 15.2　ドラッグされたデータの取得

```html
<div id="drophere">Drop Here</div>

<script>
// ドロップ領域
var drophere = document.getElementById('drophere');

// ドラッグ要素がドロップ領域上にあるとき
drophere.ondragover = function(event) {
  for (var i = 0; i < event.dataTransfer.types.length; i++) {
    if (event.dataTransfer.types[i] === 'text/plain') {
      // ブラウザのデフォルト動作をキャンセル
      event.preventDefault();
      break;
    }
  }
};

// ドラッグ要素がドロップ領域にドロップされたとき
drophere.ondrop = function(event) {
  // ブラウザのデフォルト動作をキャンセル
  event.preventDefault();

  // ドラッグされたデータを取得
  var yourName = event.dataTransfer.getData('text/plain');
  alert('Hello, ' + yourName + '!');
};
</script>
```

preventDefaultはブラウザのデフォルト動作をキャンセルするメソッドです。リスト 15.2 の例では 2 箇所で preventDefault が呼ばれています。

dragover イベントでは、ブラウザのデフォルト動作によって drop イベントがキャンセルされます。そのため drop イベントを有効にするためには、dragover イベント内で preventDefault を呼んでデフォルト動作をキャンセルする必要があります。このサンプルでは、dataTransfer が text/plain フォーマットのデータをもっていた場合のみ preventDefault を実行し、drop イベントを有効にしています。

さらに drop イベント内でも preventDefault が呼ばれています。リンクやファイルがブラウザにドラッグされると、ブラウザはそれらを自動的に展開しようとします。これは便利な機能ですが、ドラッグされたデータを自前で処理する場合にはブラウザが余計な動作をしないよう、preventDefault でこれらの挙動をキャンセルします。

15-1-4　表示のカスタマイズ

Drag Drop APIを利用すると、ドラッグ中のUI表示に関してまったく考慮しなくてもドラッグ&

HTML5

ドロップが実現できます。とはいえ、ドラッグ&ドロップではUIの表示も非常に重要な要素ですので、以下では必要に応じて表示をカスタマイズする方法について紹介します。

■ドラッグイメージの変更

ドラッグ中に表示される画像（ドラッグイメージ）には、デフォルトでドラッグ要素のキャプチャ画像が使われます。ドラッグイメージを変更するにはsetDragImageまたはaddElementを利用します。

setDragImageとaddElementはdragstartイベント内でのみ呼び出し可能なメソッドです。またどちらのメソッドも、引数に任意のDOM要素を指定することにより、指定したDOM要素のキャプチャ画像がドラッグイメージとして利用されます。ただし指定したDOM要素がimg要素の場合には、キャプチャ画像ではなくimg要素のsrc属性に指定された画像が利用されます。

setDragImageとaddElementの違いは、ドラッグイメージの表示位置です。setDragImageはドラッグイメージの左上がドラッグ位置となるようにドラッグイメージが表示され、第2・第3引数にxy座標を指定することで表示位置の調整が可能です。addElementは引数に指定したDOM要素の現在位置が、そのままドラッグイメージの初期表示位置となります。

addElementは、たとえばカレンダーのようにポップアップ表示されているウィジェットの表示位置を、そのまま移動させたい場合などに利用できます。**リスト15.3**にaddElementの利用例を示します。この例のような場合、addElementを利用してコンテナ全体をドラッグイメージとして指定しなければ、デフォルトではhandlerがドラッグイメージとして使われるため奇妙な表示となってしまいます。

リスト15.3　dataTransfer.addElementの利用例

```
<div id="container">
  <div id="handler">handler</div>
  ...
</div>

<script>
var container = document.getElementById(container'),
    handler = document.getElementById('handler');

// handlerのドラッグ開始
handler.ondragstart = function(event) {
  // ドラッグイメージとしてcontainerのキャプチャ画像を指定する
  event.dataTransfer.addElement(container);
};
</script>
```

恐らくaddElementと比べると利用頻度は低くなりますが、setDragImageを利用すると独自に用意した画像をドラッグイメージとして設定できます。ただし任意の画像をドラッグイメージに指定するにはひと手間必要です。実現するためにはimg要素を利用します。

引数にimg要素が指定された場合、ドラッグイメージには要素のキャプチャ画像ではなくsrc属性

に設定した画像が使われます。そのため、任意の画像をsrc属性に指定したimg要素をsetDragImageの引数に指定することで、任意の画像をドラッグイメージに設定できます。

任意の画像をドラッグイメージに指定する例を**リスト 15.4** に示します。この例ではドラッグイメージの中心がドラッグ位置となるように表示位置を調整しています。

リスト 15.4　dataTransfer.setDragImage の利用例

```
<img id="dragimage" src="drag.gif" style="visibility:hidden; position:absolute;">
<div id="dragme">Drag Me</div>

<script>
document.getElementById('dragme').ondragstart = function(event) {
  var dragimage = document.getElementById('dragimage'),
      offsetX = dragimage.offsetWidth / 2,
      offsetY = dragimage.offsetHeight / 2;

  // ドラッグイメージを指定する
  event.dataTransfer.setDragImage(dragimage, offsetX, offsetY);
};
</script>
```

■CSSを利用したドラッグイメージのカスタマイズ

ドラッグイメージとして指定するDOM要素の色や透明度などを、CSSで微調整できると非常に便利です。しかし残念ながらドラッグ関連のCSSはまだ各ブラウザでの統一があまり進んでいません。

WebKit系ブラウザでは、-webkit-drag疑似クラスを利用してCSSによるドラッグイメージのカスタマイズが可能です。以下に例を示します。

```
/* ドラッグイメージのスタイルを設定 */
#dragme:-webkit-drag {
        opacity: 0.5;
        -webkit-transform: scale(0.8);
}
```

■ドロップ領域の強調表示

どこに向かってドロップしようとしているのかをユーザに強調してあげることで、ドラッグ操作の使い勝手は大きく向上します。よくある例としては、dragover中の要素の背景色を変えて目立たせたり、要素の並び換えで挿入位置に補助線をいれたりといったエフェクトが挙げられます。この手のエフェクトを実装するためのポイントを以下に示します。

- エフェクトの追加はdragenterイベントで行う

- ただしドロップの位置やタイミングによって実行されるアクションが変わる場合は、dragoverイベントでアクションを説明するエフェクトを追加する
- エフェクトの削除はdragleaveイベントおよびdropイベントで行う

　ドロップ操作が実行された場合にはdragleaveイベントが起きないため、dragleaveイベントとdropイベントの両方でエフェクトを削除する処理が必要です。これらを踏まえて、dragover中の要素にdragoverというクラス名を付与するサンプルを**リスト15.5**に示します。リスト15.5の実装により、あとはCSSを利用してドロップ領域の柔軟なカスタマイズが可能になります。

リスト15.5　ドラッグオーバー中の要素にクラスを追加

```
element.ondragenter = function(event) {
  // エフェクトの追加
  element.classList.add('dragover');
};
element.ondragleave = function(event) {
  // エフェクトの削除
  element.classList.remove('dragover');
};
element.ondrop = function(event) {
  // エフェクトの削除
  element.classList.remove('dragover');
};
```

15-1-5　ファイルのDrag-In／Drag-Out

■デスクトップのファイルを取得する

　デスクトップからドラッグ操作でファイルを取得するには、dataTransferのfilesプロパティを利用します。ファイルの取得といっても特別に難しいことはなく、前準備としては通常と同様にドロップ領域のdragoverイベントでpreventDefaultを実行するだけです。実装例を**リスト15.6**に示します。

リスト15.6　ドラッグ操作によるファイルの取得

```
element.ondragover = function(event) {
  // ドロップを有効にする
  event.preventDefault();
};

element.ondrop = function(event) {
  if (event.dataTransfer.files.length) {
    alert('ファイルがドラッグされました');

    // 1つ目のFileオブジェクトを取得
    var file = event.dataTransfer.files[0];
    console.log(file);
```

次ページへ

前ページの続き

リスト 15.6　ドラッグ操作によるファイルの取得

```
  } else {
    alert('ファイル以外がドラッグされました');
  }

  // ブラウザがファイルを展開しようとするのを防ぐ
  event.preventDefault();
};
```

　ファイルがドラッグされたかどうかは、files.length を参照することで判別できます。files.length はドラッグされたファイルの総数です。つまり 1 度に複数のファイルをドラッグ操作で受け取り可能です。個々の **File オブジェクト**は添字を使って参照します。File オブジェクトの詳細については「15-2 File API」で紹介します。

■ファイルをデスクトップに保存する

　ここではブラウザからドラッグ操作でデスクトップ上にファイルを保存する方法を紹介します。この機能は執筆時点で Google Chrome のみに実装されている実験的な機能です。今後の仕様検討がどのように進むかまだ分かりませんが、非常に有用で魅力的な機能であるため簡単に紹介したいと思います。

　dataTransfer に以下に示すフォーマットでデータをセットすることで、ブラウザからドラッグ操作でデスクトップ上にファイルを保存できます。

```
event.dataTransfer.setData('DownloadURL', 'MIMETYPE:ファイル名:ファイルURL');
```

　この機能を利用すればネイティブアプリケーションと双方向にファイルのやりとりが可能となるため、デスクトップにおける Web アプリケーションの実用性が飛躍的に高まります。

　リスト 15.7 にファイルのダウンロードの実装例を示します。この例では download というリンクをデスクトップにドラッグすることで、リンク先のリソースがデスクトップ上に保存されます。

リスト 15.7　ドラッグ操作によるファイルのダウンロード

```
<a href="http://www.example.com/foo.mp3"
   data-downloadurl="audio/mpeg:foo.mp3:http://example.com/foo.mp3"
   class="dragout" draggable="true">download</a>

<a href="http://www.example.com/bar.pdf"
   data-downloadurl="application/pdf:bar.pdf:http://example.com/bar.pdf"
   class="dragout" draggable="true">download</a>

<script>
// dragoutクラスの要素をすべて取得
var files = document.querySelectorAll('.dragout');
```

次ページへ

HTML5

前ページの続き

リスト15.7　ドラッグ操作によるファイルのダウンロード

```
for (var i = 0, file; file = files[i]; i++) {
  file.addEventListener('dragstart', function(event) {
    // DownloadURL形式でデータをセットする
    event.dataTransfer.setData('DownloadURL', this.dataset.downloadurl);
  }, false);
}
</script>
```

COLUMN

DataTransferItemList

　本書では、dataTransferのsetData, getData, clearData, types, filesプロパティを利用してデータの受け渡しを実現しました。ただし執筆時点の仕様ではdataTransferにitemsプロパティ（DataTransferItemListインスタンス）が追加されており、今後データの受け渡しではこちらのインターフェースの利用が推奨されています。

　執筆時点ではDataTransferItemListが正しく動作するブラウザがまだありませんが、重要な変更なのでインターフェースを表Aにまとめます。少しインターフェースが整理されただけで、用意されている機能や利用方法はほとんど変わらないので安心してください。

表A　DataTransferItemListのインターフェース一覧

インターフェース	意味
items	DataTransferItemListインスタンス
items.add(data, format)	データを追加する
items.add(data)	Fileオブジェクトを追加する
items.length	追加されたデータの総数を参照する
items[index]	追加されたデータを参照する
items[index].kind	データの種類を参照する ("string" or "file")
items[index].type	データのフォーマットを参照する
items[index].getAsString(callback)	データの内容を文字列で取得する
items[index].getAsFile()	データをFileオブジェクトとして取得する
delete items[index]	追加されたデータを削除する
items.clear()	追加されたすべてのデータを削除する

15-2　File API

15-2-1　File APIとは

　File API[注2]は、ローカルに保存されているファイルの情報や中身を取得するためのAPIです。

File APIの登場以前では、ローカルにあるファイルを選択してサーバに送信することはできましたが、ファイルの情報や中身をJavaScriptで直接読み込んで扱うことはできませんでした。

また本書では深く触れませんが、ファイルの書き込みやディレクトリ構造で管理するためのAPIとして、File API: Writer[注3]とFile API: Directories and System[注4]の仕様もW3Cで検討が進められています。

これらのインターフェースが整備されることで、これまでネイティブアプリケーションの独壇場であったローカルファイルの編集や管理を行うタイプのアプリケーションが、ブラウザ上でも実現可能となります。

15-2-2 Fileオブジェクト

■ファイルの選択

ファイル情報を取得するにはFileオブジェクトを参照します。デスクトップ上に保存してあるファイルのFileオブジェクトを取得するためには、ユーザが明示的にファイルを選択する必要があります。ユーザにファイルを選択してもらうには2通りの方法があります。

- ドラッグ&ドロップによる選択
- ファイル選択ダイアログの利用

ドラッグ&ドロップを利用する方法については「15-1 Drag Drop API」で紹介していますので、ここではファイル選択ダイアログを利用した方法について説明します。input要素のtype属性に"file"を指定すると、OS標準のファイル選択ダイアログが利用できます。

ダイアログの挙動を変更するには、input要素のaccept属性やmultiple属性を指定します。ダイアログで選択されたファイルのFileオブジェクトを取得するためには、input要素のfilesプロパティを参照します。またファイルが選択されたタイミングで処理を開始したい場合は、input要素のchangeイベントを監視します(**表15.4**)。

表15.4 `<input type="file">`のプロパティ一覧

プロパティ名	説明
accept	選択を許可するファイルの種類をMIME Typeで指定する。 複数のMIME Typeを指定する場合はカンマ区切りで指定する。
multiple	複数のファイルを選択可能にする
files	選択されたファイルのFileオブジェクトを含む配列
onchange	ファイル選択時に実行されるイベントハンドラ

例として、画像専用のファイル選択ダイアログを表示し、選択されたファイルの名前を表示するサンプルを**リスト15.8**に示します。

[注2] http://www.w3.org/TR/FileAPI/
[注3] http://www.w3.org/TR/file-writer-api/
[注4] http://www.w3.org/TR/file-system-api/

HTML5

リスト 15.8 　画像ファイル選択ダイアログの実装例

```
<input type="file" accept="image/*" id="selectFile">
<script>
document.getElementById('selectFile').onchange = function(event) {
  // 選択した画像のFileオブジェクトを取得
  var file = event.target.files[0];

  // ファイルの情報を取得
  alert(file.name + 'を選択しました');
}
</script>
```

リスト 15.8 では、accept属性に "image/*" を指定しています。ファイル選択時には特定のメディアコンテンツのみに絞り込みたいケースが多いため、accept属性にはエイリアスとしてaudio/*, video/*, image/* のような指定が可能です。選択許可する画像ファイルをさらに絞りたい場合は、accept属性に許可するMIME Typeを "image/png,image/gif" のようにカンマ区切りで指定します。

ファイルを選択するとonchangeイベントハンドラが実行され、選択したファイルのFileオブジェクトを取得できます。この例ではFileオブジェクトからファイル名を参照してアラート表示しています。Fileオブジェクトのインターフェースを表15.5にまとめます。このうちsliceメソッドについては後述します。

表 15.5　Fileオブジェクトのインターフェース

プロパティ名	説明
name	ファイル名
size	ファイルサイズ (byte単位)
type	ファイルタイプ (MIME Type)
lastModifiedDate	ファイルの最終更新日時
slice(start, end, contentType)	ファイルの一部分を切り取る

COLUMN

<input type="file">のvalueについて

　<input type="file">においてvalueの値は選択されたファイルの名前となりますが、ブラウザによって若干挙動が異なります。

　古いブラウザにはvalueでファイルのフルパスが取得できるものが存在しましたが、最近のブラウザではセキュリティ上の理由によりフルパスは取得できません。またブラウザによっては後方互換性のため、先頭に "C:\fakepath\" を付与するものがあります。

　このような理由から、<input type="file">のvalueを参照する機会はあまりありません。単にファイル名を取得したい場合には、Fileオブジェクトのnameプロパティを参照してください。

15-2-3　FileReader

■インターフェース

　ファイルの中身（データ）を読み込むにはFileReaderを利用します。FileReaderは以下のようにインスタンスを生成して利用します。

```
var reader = new FileReader();
```

　FileReaderには、読み込むデータ形式にあわせて4つのファイル読み込みメソッドが用意されています。これらのメソッドは引数にBlobオブジェクトを指定することで、ファイルの読み込みを非同期的に実行します。FileReaderの持つメソッドを**表15.6**にまとめます。

表15.6　FileReaderのメソッド一覧

メソッド	説明
readAsArrayBuffer(blob)	ArrayBuffer形式でファイルを読み込む
readAsBinaryString(blob)	バイナリ形式でファイルを読み込む
readAsText(blob [, encoding])	テキスト形式でファイルを読み込む
readAsDataURL(blob)	DataURL形式でファイルを読み込む
abort()	読み込みを中止する

　引数に指定する**Blob**（Binary Large Object）は大きなデータを効率よく扱うためのインターフェースです。FileオブジェクトはBlobのインターフェースを継承しているため、これらのメソッドの引数にはFileオブジェクトもそのまま指定できます。

　ファイルの読み込みは非同期的に処理されるため、読み込み中や読み込み完了時に実行したい処理はイベントを監視して実装します。FileReaderの持つイベントハンドラを**表15.7**にまとめます。

表15.7　FileReaderのイベントハンドラ一覧

イベント	説明
onloadstart	読み込み開始時に実行されるイベントハンドラ
onprogress	読み込み中に定期的に実行されるイベントハンドラ
onload	読み込み成功時に実行されるイベントハンドラ
onerror	読み込み失敗時に実行されるイベントハンドラ
onabort	読み込み中止時に実行されるイベントハンドラ
onloadend	読み込み完了時に実行されるイベントハンドラ（成功/失敗を問わず）

　イベントハンドラを適切に設定すれば、読み込み状態が変化した直後に任意の処理を実行できます。任意のタイミングで処理を実行したい場合は、readyStateプロパティを参照して読み込み状態を自前でチェックします。

　ファイルの読み込みが終了すると、resultプロパティに読み込み結果が格納されます。ただしファイルの読み込みに失敗した場合は、resultプロパティはnullとなり、errorプロパティにエラー情報が格納されます。

HTML5

FileReaderの持つプロパティを**表15.8**にまとめます。

表15.8　FileReaderのプロパティ一覧

プロパティ	説明
result	読み込み結果が格納される
error	読み込み失敗時にエラー情報が格納される
readyState	読み込みの処理状態を表す整数値
EMPTY	readyStateが取りうる定数（値は0）。読み込み開始前
LOADING	readyStateが取りうる定数（値は1）。読み込み中
DONE	readyStateが取りうる定数（値は2）。読み込み完了（正常終了orエラー問わず）

■テキストファイルの読み込み

すべての機能を紹介するとかなり複雑な説明となってしまうので、まずはシンプルな例として、テキストファイルの読み込みに必要な最低限のコードを**リスト15.9**に示します。エラー処理等は省いていますが、JavaScriptのみでこんなにも簡単にファイルの読み込みが実現できます。

リスト15.9　テキストファイルの読み込み

```
// Fileオブジェクトの内容をテキスト形式で読み込む
var reader = new FileReader();
reader.readAsText(file);

// 読み込みが成功したら、読み込み結果をアラート表示する
reader.onload = function(event) {
  var textData = reader.result;   // もしくはevent.target.result
  alert(textData);
};
```

■エラーの処理

ファイルの読み込みに失敗した場合には、失敗したことをユーザに知らせる必要があります。読み込みエラーを捕捉するにはonerrorイベントハンドラを利用します。またエラーの原因を知るにはFileReaderのerror.codeプロパティを参照します。

ファイル読み込みエラーの一覧を**表15.9**に、エラーを捕捉する場合の実装例を**リスト15.10**に示します。

表15.9　ファイル読み込みエラーの一覧

プロパティ名	値	説明
NOT_FOUND_ERR	1	ファイルが見つからない
SECURITY_ERR	2	セキュリティエラー（ファイルが書き変わった、大量の読み込み命令が実行されている、Webアプリケーションからアクセス制限されたファイル）
ABORT_ERR	3	ファイルの読み込みが中止された（abortメソッドの使用など）
NOT_READABLE_ERR	4	ファイルの読み込み権限がない
ENCODING_ERR	5	DataURLのサイズ制限を越えた

リスト15.10　ファイル読み込みエラーの捕捉例

```
reader.onerror = function() {
  if (reader.error.code === reader.error.NOT_READABLE_ERR) {
    alert('ファイルの読み込み権限がありません');
  } else if (reader.error.code === reader.error.ABORT_ERR) {
    alert('ファイルの読み込みを中止しました');
  } else {
    alert('ファイルの読み込みに失敗しました');
  }
};
```

このコードでは簡単のためalertを利用してエラーを通知しています。ただしalertは強制的に割り込んできてUI操作を阻害するため、特に今回のように通知のタイミングが非同期となるケースではあまり良い通知方法とは言えないので注意してください。

■読み込み中の処理

ファイルの読み込みに時間がかかる場合には、読み込み中であることをユーザに知らせてあげる必要があります。読み込みの進捗を知るにはprogressイベントを利用します。progressイベントオブジェクトから参照できる情報を**表15.10**にまとめます。

表15.10　progressイベントオブジェクトのプロパティ一覧

プロパティ名	説明
lengthComputable	ファイル長が計算可能な場合はtrue、そうでない場合はfalse
loaded	読み込み済みのデータサイズ
total	読み込み対象のファイルサイズ

読み込み中であることをユーザに知らせるにはプログレスバーが便利です。読み込みの進捗度合いも同時に通知できます。progressイベントを利用してプログレスバーを実装するサンプルを**リスト15.11**に示します。

リスト15.11　読み込み中のプログレスバー実装例

```
<div id="progWrap" style="width:200px; height:30px; background:gray;">
  <div id="progBar" style="width:0; height:30px; background:green;"></div>
</div>

<script>
function readFile(file) {
  var reader = new FileReader();
  reader.onprogress = function(event) {
    // ファイル長が計算可能な場合
    if (event.lengthComputable) {
      // 進捗を計算してプログレスバーの幅を更新する
```

次ページへ

前ページの続き

リスト15.11　読み込み中のプログレスバー実装例

```
    var loaded = (event.loaded / event.total);
    progBar.style.width = progWrap.offsetWidth * loaded + 'px';
  }
  };
  reader.readAsText(file);
}
</script>
```

■ファイルの一部を読み込む

　大容量のファイルを読み込むには時間がかかります。たとえば前回ファイルを取得した時点からの差分だけが必要な場合には、差分だけを指定して読めれば効率的です。またファイルの全体が必要な場合でも、一部分を取り出して処理可能なファイルであれば、分割して読み込むことで全体の読み込み完了を待たずに処理を開始できます。

　ファイルの一部分を読み込むには、Fileオブジェクトの**sliceメソッド**を利用します（執筆時点ではmozSlice/webkitSlice）。sliceメソッドを使って切り出し位置を指定し、指定した部分だけをFileReaderで読み込みます。sliceメソッドの戻り値はBlobオブジェクトになります。ファイルを読み込む前に切り出し位置を指定するので、大容量のファイルでも一部分だけを高速に読み込み可能です。

　リスト15.12 にsliceを利用例を示します。この例では、ログファイルのようにデータがファイルの後方に次々と追加されていく形式のファイルを想定し、前回との差分だけを読み込んで効率化しています。

リスト15.12　sliceメソッドの利用例

```
// 読み込み開始位置
var lastPos = 0;

function getDiff(file) {
  // 前回読み込んだ位置より後ろの部分を切り出す
  var blob = file.slice(lastPos, file.size);

  // 今回読み込んだ位置を保存する
  lastPos = file.size;

  // 切り出し部分を読み込む
  var reader = new FileReader();
  reader.onload = function(){ /* do something */ };
  reader.readAsText(blob);
}
```

15-2-4 data URL

■data URLとは

　readAsDataURL メソッドに関連して、data URL について説明をしたいと思います。data URL とは data: スキームで始まる URL のことです。通常の URL は Web ページや画像などのリソースがある場所を指し示す用途で利用されますが、data URL を用いるとこれらのリソースがもつデータを URL の中に直接埋め込むことができます。

　さらに data URL は通常の URL と同様に扱えるため、たとえば画像を data URL の形式に変換することで、生データの状態よりも HTML 中での扱いが簡単になります。

```
<img src="data:~~~">
<div style="background:url(data:~~~)"></div>
```

　このとき data URL は URL の中にデータを含んでいるため、通常の URL のように画像をサーバから取得するためのリクエストが発生しません。ブラウザが data URL を解釈し、データを展開します。たとえば細かい画像が大量にあるページでは、画像を data URL 形式でページ内に埋め込むことでサーバへのリクエストを減らし、サーバの負荷削減や表示の高速化を実現できます。

■data URL の生成

　data URL は通常の URL と同様に一般的な文字列で構成されているため、JavaScript を用いて自由に組み立てができます。これは JavaScript のみで様々なリソースが生成可能であることを意味しており、data URL をより魅力的なものにしています。

　data URL の書式は以下のようになっています。

```
data:[<MIME Type>][;base64],<data>
```

　Base64 はエンコード方式の 1 つで、マルチバイト文字やバイナリデータなどを 64 種類の英数字のみで表現される文字列にエンコードします。たとえば画像のようなバイナリデータから data URL を生成するには、まず Base64 エンコードを用いてバイナリデータを URL として利用できる文字列に変換する必要があります。[;base64] を省略した場合、<data> には URL エンコードした ASCII 文字列を指定します。

　URL エンコードには encodeURIComponent 関数、Base64 エンコードには btoa 関数（Binary to ASCII）を利用します。data URL の生成例を**リスト 15.13** に示します。リスト 15.13 に示した 3 つの例はどれも**「Hello, world!」**とブラウザに表示するものです。

■リスト 15.13　data URL の生成例

```
// テキストデータの生成（URLエンコードを利用）
document.location = 'data:,Hello%2C%20world!';

// HTMLデータの生成（URLエンコードを利用）
var data = encodeURIComponent('<h1>Hello, world!</h1>');
```

次ページへ

HTML5

前ページの続き

■ リスト15.13　data URLの生成例

```
document.location = 'data:text/html,' + data;

// HTMLデータの生成（Base64エンコードを利用）
var data = btoa('<h1>Hello, world!</h1>');
document.location = 'data:text/html;base64,' + data;
```

■readAsDataURLメソッド

　FileReaderには、ファイルの内容をdata URL形式で読み込むためのreadAsDataURLメソッドが用意されています。読み込んだファイルをURLの形式で扱えるため、HTML中でのファイルの扱いがとても簡単になります。例として、ブラウザにドラッグされた画像をページの背景画像に設定するサンプルを**リスト15.14**に示します。

■ リスト15.14　readAsDataURLメソッドの利用例

```
document.body.ondragover = function(event) {
  // dropを有効にする
  event.preventDefault();
};

document.body.ondrop = function(event) {
  event.preventDefault();

  // ドラッグされたファイルのFileオブジェクトを取得
  var file = event.dataTransfer.files[0];

  // ドラッグされたファイルをdata URL形式で読み込む
  var reader = new FileReader();
  reader.readAsDataURL(file);

  reader.onload = function() {
    // data URLを取得
    var dataURL = reader.result;

    // data URLを背景に設定
    document.body.style.background = 'url(' + dataURL + ')';

    // data URLをlocalStorageに保存
    localStorage.background = dataURL;
  }
}

window.onload = function() {
  if (localStorage.background) {
    document.body.style.background = 'url(' + localStorage.backgorund + ')';
  }
};
```

リスト 15.14 の例をみると、readAsDataURL で読み込まれたデータが通常の URL と同じように扱われているのがわかると思います。また data URL は単なる文字列なので、localStorage などにそのまま保存することもできます。

このように data URL は非常に可能性の感じられる技術です。工夫次第でサーバを介さずに様々な面白いことが実現できるでしょう。

15-2-5 FileReaderSync

FileReaderSync はファイルの内容を同期的に読み込むための API です。同期的な読み込みとは、ファイル読み込みメソッドの戻り値がそのまま読み込み結果となることを意味します。非同期に読み込んでイベントハンドラで処理する FileReader と比べて、実装がシンプルになるというメリットがあります。

FileReaderSync は Web Workers（18 章参照）の環境下でのみ利用できます。ワーカ内であれば、大きなファイルを同期的に読み込んでも UI が固まってしまう心配はありません。もちろんワーカ内では FileReader も利用可能です。FileReaderSync のインターフェースを**表 15.11** にまとめます。

表 15.11　FileReaderSync のインターフェース一覧

インターフェース	説明
readAsArrayBuffer(blob)	ファイルの内容を ArrayBuffer 形式で取得する
readAsBinaryString(blob)	ファイルの内容をバイナリ形式で取得する
readAsText(blob [, encoding])	ファイルの内容をテキスト形式で取得する
readAsDataURL(blob)	ファイルの内容を DataURL 形式で取得する

取得できるデータ形式の種類や引数の指定方法は FileReader と同じです。ただしメソッドを呼び出すとメソッドの戻り値として読み込んだデータを返します。読み込みに失敗した場合は例外を投げるため、try/catch を使って処理するか、ワーカの生成元で Worker インスタンスの onerror イベントを監視して処理します。

リスト 15.15 のサンプルでは、メインスレッドでユーザが選択した File オブジェクトをワーカ内で受け取り、FileReaderSync でファイル内容を読み込んで処理をします。ここでは File オブジェクトを受け取ってからファイルの内容を読み込むまでの実装が、FileReader と比較して非常にシンプルになっている点に注目してください。

リスト 15.15　ファイルの同期読み込み例

```
self.onmessage = function(event) {
  var file = event.data;
  var reader = new FileReaderSync();
  var data = reader.readAsText(file);

  /* do something */
};
```

16章 ストレージ

本章ではブラウザから利用可能なストレージ技術として、Web StorageとIndexed Databaseについて解説します。これらの技術の登場によって従来は完全にサーバサイドの役割であった永続化データの管理がクライアントサイドでも実現可能となり、状況に応じて適切な実装方法の選択が可能となります。

16-1 Web Storage

16-1-1 Web Storageとは

Web Storageは、JavaScriptで扱うデータを手軽に永続化させるためのインターフェースです。近年Web Storageを初めとするクライアントサイドのストレージ技術が登場したことにより、従来のようにあらゆるデータをサーバ経由で読み書きする必要がなくなります。

サーバとの通信部分をうまく排除することで、パフォーマンスの向上、開発工数の削減、オフライン操作の実現など、様々な面でメリットを享受できる可能性があります。

特にWeb Storageは利用の容易さ、安定した仕様、ブラウザの対応状況などの面で、HTML5関連のAPIの中でも実サービスで利用するための敷居が非常に低く、既に多くのサービスで利用が開始されています。機能としても魅力的なので、HTML5に初めて触れられる方にはよい導入となるでしょう。

Web Storageは以下のような特徴を持っています。

- Key-Value型のシンプルなストレージ
- 通常のJavaScriptオブジェクトと同様の操作で読み書きが可能
- （Cookieと比べ）大容量のデータを保存可能

ただしWeb Storageには検索用のインデックス作成やトランザクション処理などの機能は用意されていません。クライアントサイドでより高機能なデータの管理を必要とする場合には、Indexed Database、Web SQL Database、File Writer APIなどを利用します。

■Web Storageの容量

Web Storageに保存可能な容量に仕様上の制限はありませんが、ほとんどのブラウザでは5MB程度を上限として実装されています。ユーザの設定により上限を変更できるブラウザも存在しますが、一般公開されるWebアプリケーションではこの制限を意識しておくべきです。

16章　ストレージ

またWeb Storageでは、オリジン（コラム参照）ごとに共有のストレージが用意されます。異なるサービスであってもオリジンが同じであればストレージが共有されるため、1つのサービスで利用できる容量は5MBに満たない場合がありますので注意してください。

■ localStorageとsessionStorage

Web Storageの実体はグローバルオブジェクトに定義されたlocalStorageとsessionStorageという2種類のオブジェクトです。これらのオブジェクトに対して通常のオブジェクトと同じようにプロパティの読み書きを行うと、保存されたデータはページを遷移しても生存し続けます。

localStorageとsessionStorageの違いはデータの生存期間です。localStorageに保存されたデータは明示的に削除しない限り、ブラウザやパソコンを再起動しても失われることはありません。一方のsessionStorageでは、同一セッション内でのみデータが引き継がれます。sessionStorageの生存期間について以下に簡単にまとめます。

○ sessionStorageが共有される場合
- 通常のページ遷移
- iframe内に開かれた子ページ
- クラッシュから復元した場合
- リロードした場合

○ sessionStorageが共有されない場合
- 新規ウィンドウや新規タブで開いたページ
- ウィンドウを閉じて新しく開き直した場合

COLUMN

オリジンとは

オリジン（origin）とは、スキーマ、ホスト名、ポート番号の組み合わせで表現される識別子のことです。Web Storageに保存されるデータは同一のオリジンで動作するプログラムからのみ共有されます。異なるオリジンで動作するプログラムからはWeb Storageを参照できません。

このように同一オリジンの場合のみアクセスを許可することを、同一生成元ポリシー（Same Origin Policy）といいます。また逆にどのようにして異なるオリジン間のアクセスを安全に行うかに視点をおいた、Cross-Origin Resource Sharing（CORS）という用語もあります。オリジンはHTML5関連技術のセキュリティについて語る場合によく登場する用語なので覚えておいてください。

```
http://foo.example.com/test.html          // 元ページ
http://foo.example.com/test2.html         // Same Origin
http://foo.example.com/bar/test.html      // Same Origin
http://bar.example.com/test.html          // Cross Origin
http://foo.example.com:8080/test.html     // Cross Origin
https://foo.example.com/test.html         // Cross Origin
```

16-1-2 基本操作

Web Storageの基本操作について説明します。ここで紹介するサンプルコードではすべてlocalStorageを利用していますが、操作方法はsessionStorageの場合も全く同様です。

■データの読み書き

localStorageにデータを保存するにはsetItemメソッド、データを参照するにはgetItemメソッドを呼び出します。また、通常のオブジェクトと同様の操作で値を読み書きするためのシンタックスシュガーも用意されています。**リスト16.1**に例を示します。

リスト16.1　データの保存と参照

```
// データの保存、以下の3行は等価
localStorage.setItem('foo', 'bar');
localStorage.foo = 'bar';
localStorage['foo'] = 'bar';

// データの参照、以下の3行は等価
var data = localStorage.getItem('foo');
var data = localStorage.foo;
var data = localStorage['foo'];
```

存在しないキーを指定して参照した場合にはnullを返します。通常のオブジェクトでは存在しないキーを指定して参照するとundefinedを返すため、この違いについては注意が必要です[注1]。

また、localStorageで読み書きできるデータは文字列のみです。W3Cの仕様上は任意のオブジェクトを保存可能なのですが、執筆時点ではそのように実装されているブラウザはありません。ただしJSON.stringifyとJSON.parseメソッドを利用することで、それほど手間をかけずに任意のオブジェクトをまるごと保存することが可能となります（**リスト16.2**）。

リスト16.2　文字列以外のデータ読み書き

```
// 任意のオブジェクト
var obj = { x:1, y:2 };

// オブジェクトをJSON文字列に変換して保存
localStorage.foo = JSON.stringify(obj);

// 保存されたJSON文字列をオブジェクトに復元
var obj2 = JSON.parse(localStorage.foo);
```

■データの削除

保存された値を削除するにはremoveItemメソッドを呼び出します。また、通常のオブジェクトと同様の操作で値を削除するためのシンタックスシュガーも用意されています。**リスト16.3**に例を示します。

[注1] 執筆時点のChromeで存在しないキーを参照した場合、getItemではnullを、プロパティアクセスではundefinedを返します。この辺りの実装は今後しっかり統一されていくものと思われますが、現段階では十分注意してください。

リスト16.3　データの削除

```
// 'foo'というキーで保存された値を削除する
localStorage.removeItem('foo');
delete localStorage.foo;
delete localStorage['foo'];
```

存在しないキーを指定した場合には何も起こりません。もしlocalStorageに保存されているすべての値を一括で削除したい場合には、clearメソッドを呼び出します。

```
localStorage.clear();
```

■データの列挙

　Web Storageに保存されているすべてのデータを列挙するには、keyメソッドとlengthプロパティを利用します。lengthは保存されているキーの総数を参照するプロパティで、keyは引数に指定したインデックスでキーを参照するためのメソッドです。**リスト16.4**に例を示します。

リスト16.4　データの列挙

```
// 保存されているすべてのデータを列挙する
for (var i = 0; i < localStorage.length; i++) {
  var key = localStorage.key(i),
      value = localStorage[key];

  /* do something */
}
```

　ただしkeyメソッドで返されるキーの順序は保証されていないので注意してください。値の追加や削除を行ったタイミングで、ブラウザがkeyの順序を変更する可能性があります。逆をいえば、値の追加や削除をしない限りは同じ順序であることが保証されています。

　また、for in文を使ってすべてのキーを列挙することもできます。ただしObject.prototypeオブジェクト等にプロパティが追加されていると一緒に列挙されてしまうため、必ずhasOwnPropertyメソッドを利用して直接のプロパティのみを参照してください。**リスト16.5**に例を示します。

リスト16.5　for in文によるデータの列挙

```
for (var key in localStorage) {
  // 直接のプロパティのみを参照する
  if (localStorage.hasOwnProperty(key)) {
    var value = localStorage[key];

    /* do something */
  }
}
```

16-1-3 storageイベント

あるウィンドウからWeb Storageのデータが変更されると、変更元のウィンドウを除いたすべてのウィンドウでstorageイベントが発火します。このstorageイベントを捕捉して適切に処理することで、複数同時に開いたウィンドウ間での整合性を保つことができます。

たとえば新規タブで開いた設定ページからストレージを更新した場合に、他のすべてのタブで設定の変更を検知し、UIの更新処理を行ってストレージとの不整合を防ぎたい場合などに利用できます。storageイベントオブジェクトのプロパティ一覧を**表16.1**に、storageイベントの利用例を**リスト16.6**に示します。

表16.1　storageイベントオブジェクトのプロパティ一覧

プロパティ	説明
key	更新されたキー名
oldValue	更新前の値
newValue	更新後の値
url	更新されたページのURL
storageArea	localStorage or sessionStorage

リスト16.6　storageイベントの利用例

```javascript
window.addEventListener('storage', function(event) {
  if (event.key === 'userid') {
    var msg = 'こんにちは、' + event.newValue + 'さん';
    document.getElementById('msg').textContent = msg;
  }
}, false);
```

16-1-4 Cookieについて

これまでブラウザにデータを保存する仕組みといえば、Cookieを利用する方法が一般的でした。Web Storageに対応していないブラウザではCookieを利用してデータを永続化することができます。参考までに、Cookieの操作方法を**リスト16.7**に示します。

ただしCookieには以下のような特徴があり、実際にWeb Storageの代替として利用されるケースは少ないでしょう。

- 容量制限が4KBと非常に小さいので大きなデータは格納できない
- サーバへリクエストするたびにCookieが一緒に送信されてしまう
- セッション情報などの重要な情報が格納されている場合が多い

リスト16.7　Cookieの操作方法

```javascript
// 値の保存
document.cookie = 'foo=1';
```

次ページへ

前ページの続き

リスト16.7　Cookieの操作方法

```javascript
console.log(document.cookie);      //-> 'foo=1'

// 値の保存（1時間の期限付き）
document.cookie = 'bar=2; expires=' + new Date(Date.now()+3600000).toGMTString();
console.log(document.cookie);      //-> 'foo=1; bar=2'

// 値の削除
document.cookie = 'foo=; expires=' + new Date().toGMTString();
console.log(document.cookie);      //-> 'bar=2'

// 1時間後
setTimeout(function() {
  console.log(document.cookie);    //-> ''
}, 3600000);
```

16-1-5　ネームスペースの管理

　localStorageのデータは明示的に削除しない限りリセットされないため、ローカル変数のような感覚でむやみにプロパティを追加し過ぎると、後々の管理が非常に困難になります。きちんとプロパティ名が管理ができていないと、不要になったゴミデータがユーザのローカル環境に溜まってしまったり、同じオリジンで運用しているサービス間でプロパティ名が衝突してしまったりといった問題が生じる可能性があります。

　もしsessionStorageで足りる要件であれば、sessionStorageを使ったほうが削除時の管理の手間が省けます。localStorageを利用する場合は管理をしやすくするため、トップレベルにくるプロパティ名はできる限りまとめておきましょう。特別な理由がなければ、**リスト16.8**のようにサービスで1つのネームスペースを用意して利用する方法をお勧めします。

リスト16.8　サービス毎のネームスペース管理

```javascript
var SERVICE_NAME = 'SERVICE_NAME',
    storage = null;

// loadイベントでローカル変数に読み込み
window.onload = function() {
  try {
    storage = JSON.parse(localStorage[SERVICE_NAME] || '{}');
  } catch(e) {
    storage = {};
  }
};

// beforeunloadイベントでlocalStorageに書き出し
window.onbeforeunload = function() {
  localStorage[SERVICE_NAME] = JSON.stringify(storage);
};
```

HTML5

リスト 16.8 のようにすることで、起動時と終了時に自動的に localStorage とローカル変数（例では storage 変数）との同期がとられるため、通常時はローカル変数の内容を読み書きすればよくなります。また localStorage の読み書きはローカル変数の読み書きと比較すると遅いため、頻繁にストレージへのアクセスが発生するアプリケーションでは、パフォーマンスの向上も期待できます。

ただし複数のタブ間でデータの不整合が問題となる場合は、適切なタイミングでローカル変数のデータを localStorage に書き出して同期する必要があります。storage イベントを捕捉して、別のタブから実行された localStorage の更新をローカル変数に同期させます。**リスト 16.9** に例を示します。

リスト 16.9　複数タブ間でのデータ同期

```javascript
// 設定を変更する度にlocalStorageへ書き出す
function setStorage(key, value) {
  storage[key] = value;
  localStorage[SERVICE_NAME] = JSON.stringify(storage);
}

// 別タブでのlocalStorageの変更をローカル変数に読み込む
window.onstorage = function(event) {
  if (event.key === SERVICE_NAME && event.newValue) {
    storage = JSON.parse(event.newValue);
  }
};
```

16-1-6　バージョンの管理

実際に localStorage を利用していると、スキーマを変更したくなるケースが必ず発生します。しかし localStorage のデータはクライアントサイドにあるため、サーバサイドで管理するデータベースのように自由にデータの変換はできません。きちんと管理する場合には、**リスト 16.10** のようなバージョン管理を検討してみてください。

リスト 16.10　localStorage のバージョン管理の例

```javascript
window.onload = function() {
  if (!localStorage.version) {
    // 追加するプロパティ
    localStorage.foo = 'foo';
    localStorage.bar = 'bar';

    // バージョンを更新
    localStorage.version = '1.0';
  }

  if (localStorage.version === '1.0') {
    // バラバラにセットしていたプロパティを統合
```

次ページへ

前ページの続き

リスト16.10　localStorageのバージョン管理の例

```
  localStorage.foobar = JSON.stringify({
    foo: localStorage.foo,
    bar: localStorage.bar
  });
  // 廃止するプロパティ
  delete localStorage.foo;
  delete localStorage.bar;

  // バージョンを更新
  localStorage.version = '1.1';
  }
}
```

16-1-7　localStorageのエミュレート

　localStorageは比較的多くのブラウザで既に実装されており、HTML5関連APIの中でも本格的に利用を開始しやすいAPIです。ただしIE6やIE7ではlocalStorageに対応していないため、これらのブラウザをサポートするためには何らかの対策が必要となります。

　ここでは未対応ブラウザのグローバルスコープにlocalStorageオブジェクトを生成し、localStorageの各メソッドの挙動をエミュレートする方法を考えます。この方法であれば、既存のプログラムに変更を加えることなく未対応ブラウザの対応ができるため、条件判定文によりプログラムを無駄に複雑化することがなくなります。

　localStorageをエミュレートする実装例を**リスト16.11**に示します。

リスト16.11　localStorageのエミュレート

```
window.localStorage = window.localStorage || (function() {
  var storage = {};

  return {
    setItem: function(key, value) {
      storage[key] = value;
    },
    getItem: function(key) {
      return storage[key];
    },
    removeItem: function(key) {
      delete storage[key];
    },
    clear: function() {
      storage = {} ;
    },
    emulated: true
  };
})();
```

383

リスト 16.11 の例ではデータを永続化させる機能は実装していません。元々 localStorage を利用したアプリケーションは localStorage が空っぽの状態でも正常に動作しなければならないため、アクセスの度にストレージがリセットされても動作に問題はありません。必要であれば、Cookie や Flash と連携してデータ永続化の機能もエミュレートしましょう。

16-2　Indexed Database

16-2-1　Indexed Databaseとは

　Indexed Database[注2]は、ブラウザ上でJavaScriptを使って操作する高機能なデータベースです。前述のWeb Storageは手軽に利用できる反面、検索用のインデックスやトランザクションを作成する機能は提供されていません。Indexed Database は、クライアントサイドでより大規模で複雑なデータの管理を実現するためのテクノロジーとして仕様策定が進められています。

　Web SQL Database（コラム参照）の仕様策定が中止された今、Indexed Database はクライアントサイドで利用する高機能なデータベースとして唯一の選択肢となっており、仕様策定やブラウザ実装状況の動向が注目されています。まだ仕様も実装もあまり安定していないのですが、重要なAPIですのでページを割いて紹介したいと思います。掲載しているコードは Chrome14 と Firefox6 で動作検証をしています。

COLUMN

Web SQL Databaseについて

　Web SQL Database（http://www.w3.org/TR/webdatabase/）は、ブラウザ上で動作するリレーショナルデータベースです。その名前からもわかるとおり、SQL文を使ってデータの挿入や検索といった操作ができます。Indexed Database よりも早くから仕様策定やブラウザでの実装が進んでいましたが、仕様や実装がSQLiteという1つのSQL方言に強く依存してしまっていることに対する懸念の声が大きく、現在は仕様の策定が中止されてしまいました。

　しかしWeb SQL DatabaseはChrome、Safari、Operaで既に利用可能です。IEやFirefoxは未対応なのでPC向けサービスでの利用は難しいですが、iOSやAndroid端末であればほぼ全ての端末をサポート可能です。モバイル端末は通信回線の都合上、ローカルにデータベースを持つメリットが大きく、またIndexed Databaseがまだ実用段階には達していないこともあり、Web SQL Databaseを利用するサービスは少なくありません。

16-2-2　インフラストラクチャ

　Indexed Database は Web Storageと同様、同一オリジンで実行されるプログラムからのみ共有さ

（注2）　http://www.w3.org/TR/IndexedDB/

れる領域を持ちます。1つのオリジンが持つ領域には複数のデータベースを作成でき、1つのデータベースの中には複数の**オブジェクトストア**を作成できます。

オブジェクトストアはデータを格納するための入れ物で、オブジェクトストアの中には任意のJavaScriptオブジェクトを格納できます。リレーショナルデータベースで言うところのテーブルにあたるものがオブジェクトストアで、テーブルの行にあたるものが任意のJavaScriptオブジェクトと考えるとイメージしやすいでしょう。

オブジェクトストアでは、格納されるJavaScriptオブジェクトの任意のプロパティに対してインデックスを作成できます。インデックスは複数作成できます。インデックスを作成することにより、対応するプロパティに対して高速な範囲指定検索が可能となります。

ここまで出てきたIndexed Databaseの構成を**図16.1**にまとめます。

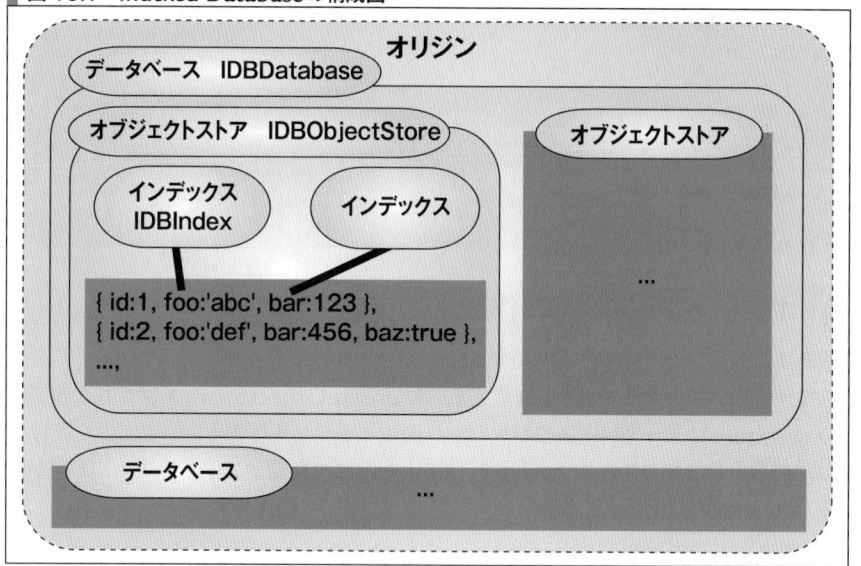

■ 図16.1　Indexed Databaseの構成図

```
オリジン
  データベース　IDBDatabase
    オブジェクトストア　IDBObjectStore
      インデックス          インデックス
      IDBIndex
      { id:1, foo:'abc', bar:123 },
      { id:2, foo:'def', bar:456, baz:true },
      ...,
    オブジェクトストア
      ...
  データベース
    ...
```

16-2-3　データベースに接続

データベース（IDBDatabaseインスタンス）に接続するには、indexedDBオブジェクトのopenメソッドを呼び出します。接続は非同期で実行されるので、openの返り値であるリクエストオブジェクト（IDBRequest）に対してsuccessイベントとerrorイベントを監視します。接続が成功するとonsuccessイベントハンドラが実行され、データベースが参照可能となります。

執筆時点ではまだindexedDBのベンダープレフィックスが外れていないため、ちょっとした事前準備が必要です（**リスト16.12**）。データベース接続完了までのサンプルコードを**リスト16.13**に示します。

リスト 16.12　indexedDBのベンダープレフィックス対応

```
var indexedDB = window.indexedDB ||
                window.webkitIndexedDB ||
                window.mozIndexedDB;
```

リスト 16.13　データベースに接続

```
var db = null;

// データベースに接続する
var request = indexedDB.open('testdb');

// データベースに接続成功
request.onsuccess = function(event) {
  // データベースをグローバル変数dbから参照可能にする
  db = event.target.result;
};

// データベースに接続失敗
request.onerror = function(event) {
  alert('データベースの接続に失敗しました');
};
```

16-2-4　オブジェクトストアの作成

　データを読み書きする前に、まずはデータを格納するための入れ物であるオブジェクトストアを作成する必要があります。オブジェクトストアを作成するには**createObjectStoreメソッド**を呼び出します。createObjectStoreはデータベースのバージョン変更のトランザクションの中でのみ実行可能なので注意してください。setVersionメソッドを呼び出すと内部で自動的にトランザクションが開始されます。例を**リスト 16.14**に示します。

リスト 16.14　オブジェクトストアの作成

```
// DBのバージョンを変更する
var request = db.setVersion('1.0');

request.onsuccess = function(event) {
  // オブジェクトストアを作成する
  var store = db.createObjectStore('books', {
    keyPath: '_id',
    autoIncrement: true
  });
};
```

　createObjectStoreの第1引数にはオブジェクトストア名を指定します。ここではbooksという名

前のオブジェクトストアを作成しました。第2引数ではキーに関する設定をします。ここではkeyPathに_idと指定してautoIncrementをtrueとしたため、このオブジェクトストアにデータを追加するとオートインクリメントされた_idプロパティが自動的に付与されます。

キーの設定の仕方によってデータ追加時の挙動が若干異なります。autoIncrementがtrueかfalseか、keyPathを指定するかしないかの組み合せで、全部で4つのパターンがあります。

- keyPathを指定してautoIncrementがtrueの場合
  データの追加時に指定したプロパティにユニークなキーが自動付与されます。
- keyPathを指定してautoIncrementがfalseの場合
  データの追加時に指定したプロパティがユニークなキーをもっている必要があります。
- keyPathを指定せずにautoIncrementがtrueの場合
  データの追加時にユニークなキーが自動付与されます。キーは追加するデータ内には含まれず、別管理されます。
- keyPathを指定せずにautoIncrementがfalseの場合
  データの追加時にユニークなキーを指定する必要があります。キーは追加するデータ内には含まれず、別管理されます。

16-2-5 データの追加・削除・参照

キーを使ってデータを追加、削除、参照するには、それぞれオブジェクトストアのadd(put)、delete、getメソッドを呼び出します。どのメソッドも非同期で実行され返り値がリクエストオブジェクトとなっているので、このオブジェクトに対してsuccessイベントやerrorイベントの監視をします。

実装例を**リスト16.15**に、実行例を**リスト16.16**に示します。詳細な説明はソースコード中のコメントを参照してください。

リスト16.15　各種DB操作の実装例

```javascript
// ベンダープレフィックス対応
var IDBTransaction = window.IDBTransaction || window.webkitIDBTransaction;

// データ追加のラッパー関数
function addData(data) {
  // トランザクションの開始
  var transaction = db.transaction(['books'], IDBTransaction.READ_WRITE);
  // データ追加(addの代わりにputでも可)
  var request = transaction.objectStore('books').add(data);

  request.onsuccess = function(event) {
    // 成功するとキーを返す
    var key = event.target.result;
    console.log('success! key -> ', key);
  };
```

次ページへ

前ページの続き

リスト 16.15　各種DB操作の実装例

```
}

// データ参照のラッパー関数
function getData(key) {
  // トランザクションの開始
  var transaction = db.transaction(['books']);
  // データの参照
  var request = transaction.objectStore('books').get(key);

  request.onsuccess = function(event) {
    // 成功するとデータを返す
    var data = event.target.result;
    console.log('success! data -> ', data);
  };
}

// データ削除のラッパー関数
function deleteData(key) {
  // トランザクションの開始
  var transaction = db.transaction(['books'], IDBTransaction.READ_WRITE);
  // データ削除
  var request = transaction.objectStore('books').delete(key);

  request.onsuccess = function(event) {
    console.log('success');
  };
}
```

リスト 16.16　各種DB操作の実行例

```
js> addData({ isbn:'477413614X', name:'パーフェクトC#' });
key -> 1

js> addData({ isbn:'4774139904', name:'パーフェクトJava' });
key -> 2

js> addData({ isbn:'4774144371', name:'パーフェクトPHP' });
key -> 3

js> getData(3)
data -> {
  _id: 3,       // _idプロパティが自動付与されている
  isbn:'4774144371',
  name: 'パーフェクトPHP'
}

js> deleteData(3)
success

js> getData(3)
data -> undefined
```

16-2-6　インデックスの作成

インデックスを作成するには **createIndex メソッド** を呼び出します。インデックスは任意のプロパティに対して作成できます。複数のプロパティに対してインデックスを作成したい場合は、プロパティの数だけインデックスを作成します。

またインデックスの作成はデータベースのバージョン変更のトランザクションの中で実行されなければならないので注意してください。インデックス作成の実装例を **リスト 16.17** に示します。

リスト 16.17　インデックスの作成

```
// DBのバージョン変更
var request = db.setVersion("1.1");

request.onsuccess = function(event) {
  var transaction = event.target.result;
  var store = transaction.objectStore('books');

  // isbnプロパティのインデックスを作成
  var index = store.createIndex('isbnIndex', 'isbn');
};
```

16-2-7　データの検索と更新

インデックスの利用方法について説明します。インデックスを利用するとインデックスを作成したプロパティに対して高速な範囲指定検索が可能となります。範囲を指定するにはIDBKeyRangeを利用します。IDBKeyRangeのインターフェースを **表 16.2** にまとめます。

表 16.2　IDBKeyRangeのインターフェース一覧

メソッド	説明
only(value)	valueのみを含む範囲を生成する
lowerBound (value [, open])	valueを下限とする範囲を生成する（openにtrueを指定するとvalueは範囲に含まれない）
upperBound (value [, open])	valueを上限とする範囲を生成する（openにtrueを指定するとvalueは範囲に含まれない）
bound (lower, upper [, lowerOpen, upperOpen])	lowerを下限、upperを上限とする範囲を生成する（lowerOpen, upperOpenでそれぞれ境界値を範囲に含むかどうかを指定する）

オブジェクトストアのindexメソッドで既存のインデックスを参照できます。インデックス経由でデータを検索するにはopenCursorメソッドを利用します。openCursorの引数にはIDBKeyRangeオブジェクトを指定することで指定範囲に含まれるデータを順に検索し、該当するデータに対して参照・更新・削除などの処理を実行することができます。

データの検索が成功するとsuccessイベントが発火します。現状Firefoxではデータがヒットしなかった場合もsuccessイベントが発火するため、if文でcursorの有無を確認する必要があります。cursor.continueが呼び出されると次のデータを検索し、データの検索が成功するとまたsuccessイベントが発火します。

HTML5

インデックスを利用したデータの検索と更新処理の実装例を**リスト 16.18** に示します。詳細についてはコード内に記載されたコメントを参照してください。

リスト 16.18　データの検索と更新

```javascript
// ベンダープレフィックス対応
var IDBTransaction = window.IDBTransaction || window.webkitIDBTransaction;
var IDBKeyRange = window.IDBKeyRange || window.webkitIDBKeyRange;

// トランザクションとオブジェクトストアの準備
var transaction = db.transaction(['books'], IDBTransaction.READ_WRITE);
var store = transaction.objectStore('books');

// 範囲指定オブジェクトの生成
var range = IDBKeyRange.bound('4000000000', '5000000000');

// インデックス経由でデータを検索
var request = store.index('isbnIndex').openCursor(range);

request.onsuccess = function(event) {
  // IDBCursorオブジェクトを取得
  var cursor = event.target.result;

  // データが存在する場合
  if (cursor) {
    // データを取得
    var data = cursor.value;

    // データを更新
    if (data.name === 'パーフェクトJava') {
      // スキーマを定義しなくてもデータの拡張が可能
      data.author = '井上 誠一郎, 永井 雅人, 松山 智大';
      cursor.update(data);
    }

    // データを削除
    if (data.name === 'パーフェクトC#') {
      cursor.delete();
    }

    // 次のデータを検索
    cursor.continue();
  }
};
```

16-2-8　データのソート

インデックス経由で検索する際、検索順序を指定してデータを取得できます。検索順序を指定したい場合は、openCursor メソッドの第 2 引数にて走査順を指定します。走査順として指定可能なオ

プションはIDBCursorに定数プロパティとして定義されています。IDBCursorの定数プロパティを**表16.3**にまとめます。

表16.3　IDBCursorの定数プロパティ一覧

プロパティ	整数値	説明
NEXT	0	昇順で取得する（デフォルト値）
NEXT_NO_DUPLICATE	1	昇順で取得する （インデックス指定したプロパティが重複する場合は最初のデータ以外を読み飛ばす）
PREV	2	降順で取得する
PREV_NO_DUPLICATE	3	降順で取得する （インデックス指定したプロパティが重複する場合は最初のデータ以外を読み飛ばす）
ENCODING_ERR	5	DataURLのサイズ制限を越えた

16-2-9　トランザクション

　Indexed Databaseでは、トランザクションの機能が利用できます。また既に登場しましたが、データベースのバージョン変更などの一部の処理では内部で自動的にトランザクションが生成されます。

　トランザクションが発生したメソッドが終了するか、新しいトランザクションが開始されると、トランザクションは自動的にコミットされます。またトランザクションのコミット前にエラーが発生すると、自動的にロールバックが実行されます。プログラムから明示的にロールバックを実行するには、トランザクションのabortメソッドを呼び出します。

　リスト16.19に、検索にヒットしたデータをすべて削除するサンプルを示します。ただし検索結果にreadonlyフラグが立っているデータが含まれていた場合、すべての削除処理を取り消します。

リスト16.19　ロールバックの実装例

```
var request = index.openCursor(keyRange);
request.onsuccess = function(event) {
  var cursor = event.target.result;
  if (cursor) {
    // readonlyフラグが立っていた場合
    if (cursor.value.readonly) {
      var transaction = event.target.transaction;
      // 処理を中断しロールバックを実行
      transaction.abort();

    } else {
      // データの削除
      cursor.delete();
      // 次のデータを検索
      cursor.continue();
    }
  }
};
```

16-2-10　同期API

　Indexed Databaseには、データベースの各種操作を同期的に処理するためのAPI仕様が策定されています。これらのAPIはWeb Workers（18章参照）の環境下でのみ利用できます。これまで説明してきたAPIが逐一イベントドリブンで処理されていたのは、ユーザのUI操作をブロックさせないためです。ワーカ内であれば、重い処理が同期的に走ってもUIが固まる心配はありません。

　残念ながら、執筆時点でIndexed Databaseの同期APIが動作するブラウザはありません。W3Cの仕様を参考に簡単なサンプルコードを書いてみましたので参照してください。イベントドリブンなコードと比較して実装がとてもシンプルになっている点に注目してください（**リスト16.20**）。

リスト16.20　Indexed Databaseの同期API

```javascript
// データベースに接続
var db = indexedDBSync.open('testdb');

if (db.version !== '1.0') {
    // バージョンの設定
    var transaction = db.setVersion('1.0');
    // オブジェクトストアの作成
    transaction.createObjectStore('books', {
      keyPath:'_id',
      autoIncrement:true
    });
}

// データの追加
var transaction = db.transaction(['books'], function() {
  var store = transaction.objectStore('books');
  store.add({ isbn:'4774139904', name:'パーフェクトJava' });
}, IDBTransactionSync.READ_WRITE);
```

17章 WebSocket

本章ではブラウザベースのアプリケーションで効率的な双方向通信を実現するための技術であるWebSocketについて解説します。長い間大きな進歩のなかった通信周りの技術ですが、WebSocketの登場によってより速く、よりシンプルなWebアプリケーションの開発が可能となります。

17-1 WebSocket概要

17-1-1 WebSocketとは

WebSocket[注1]は、サーバとクライアントの間で効率的な双方向通信を実現するための仕組みです。最近ではGmailのように、データのリアルタイム性を重視したWebアプリケーションが多く登場し注目を集めています。JavaScriptの処理性能が大きく改善された現在、Webアプリケーションのパフォーマンスでボトルネックとなるのはネットワーク通信部分であり、WebSocketはリアルタイムWebを実現するためのキーテクノロジーとして期待されています。

WebSocketは非常にシンプルなAPIで構成されています。WebSocketを利用すると、1本のHTTP接続上で双方向のメッセージを自由やりとりできます。後述するXMLHttpRequestとServer-Sent Eventsを組み合せて双方向通信を実現する場合と比べて通信の効率がよく、設計や実装もシンプルになるといったメリットがあります。

17-1-2 既存の通信技術

■XMLHttpRequest

クライアントからサーバ方向への非同期通信は、XHR（XMLHttpRequest）の登場によって実現しました。正確にはもっと以前からiframeやimgなどを用いて強引に非同期通信を実現する方法はありましたが、XMLHttpRequestがスタンダードな通信手法としての地位を確立したことにより、Webアプリケーションの非同期通信周りの技術が飛躍的に進歩しました。

しかしXHRには、クロスオリジン通信ができないという大きな問題がありました。クロスオリジン通信を実現するためにJSONPなどのハック的な手法が考案され、現在でも広く利用されています。現在W3Cではきちんとした手法でクロスオリジン問題を解決するため、XMLHttpRequest level 2[注2]の仕様検討が進められています。

XHRは従来のステートレスな通信技術の延長線上で考えられた技術です。WebSocketの通信と

[注1] http://dev.w3.org/html5/websockets/
[注2] http://www.w3.org/TR/XMLHttpRequest2/

393

比較した場合、XHRでは通信の度に必ずリクエストヘッダが付与されるため、わずか1バイトの情報を送信したくても数Kバイト余計に情報を送ります。たとえばチャットの入力を1文字ごとにサーバへ送信したい場合など、リアルタイム性を追求したアプリケーションではこの点がパフォーマンスの差に繋がる可能性があります。

■ Server-Sent Events

サーバからクライアント方向への通信（プッシュ通信）技術としては、長い間スタンダードと呼べるような要素技術が存在しなかったため、ハックにハックを重ねた強引な手法が広く利用されてきました。現在W3Cではサーバからのプッシュ通信をきれいに実現するため、Server-Sent Events[注3]の仕様検討が進められています。

Server-Sent Eventsの特徴は、仕様に従ったフォーマットでサーバサイドから通常のHTTPレスポンスを返すだけでプッシュ通知が実現できるため、既存のHTTPサーバのノウハウをそのまま生かした設計や実装が可能となることです。またプロトコルが非常に簡単で仕様も安定しているため比較的安心して利用できます。

ただプッシュ通信は既に市場で大きな需要があるにもかかわらず、Server-Sent EventsやWebSocketを利用できないブラウザがまだ多く存在します。そこで以下ではレガシーなブラウザにおいて代替技術としてよく利用されるプッシュ通信技術を紹介します。

■ AJAX（ポーリング）

まずもっとも簡単にプッシュ通信を実現する方法としてポーリングの利用が考えられます。ポーリングとは、送信要求の有無をサーバに逐一確認する手法です。より具体的に言えば、AJAX的にクライアントからサーバへ定期的にリクエストを送信してサーバの状態を確認し、サーバの状態に応じて適切なアクションを実行します。ポーリングの実装例を**リスト17.1** に示します。

リスト17.1　ポーリングの実装例

```javascript
// 定期的にサーバの状態を確認する
setInterval(function(){
  var xhr = new XMLHttpRequest();
  xhr.onreadystatechange = function() {
    if (xhr.readyState == 4 && xhr.status == 200) {
      var res = JSON.parse(xhr.responseText);
      // 更新があったらアクションを実行する
      if (res.serverStateChanged) {
        /* do something */
      }
    }
  };
  xhr.open('GET', 'http://www.foo.org/checkServerState');
  xhr.send();
}, 100);
```

(注3)　http://dev.w3.org/html5/eventsource/

この例ではsetIntervalを利用して、XMLHttpRequestで定期的にサーバの更新を確認しています。この方法はクライアント側もサーバ側もスタンダードな技術が利用できるので、実装が容易で動作も安定しているというメリットがあります。逆にデメリットとしては以下のような問題を抱えています。

- サーバ側の更新がない場合もリクエストとレスポンスが発生してしまうため、サーバとクライアント共に無駄な負荷がかかる
- サーバ側に更新があってもクライアントからリクエストがくるまでは通知できないため、更新の通知に少し余計な時間がかかる

■Comet（ロングポーリング）

Cometとは、サーバ側から本当に必要なタイミングでレスポンスを返せるように考えられた手法の総称です。Cometにはいくつかの実装方法が存在します。ここではポーリングの手法を少し変更することで容易に実現できる、ロングポーリングと呼ばれる手法を紹介します。

一般的なHTTP通信では、クライアントからのリクエストを受け取るとサーバはすぐにレスポンスを返してコネクションを切断します。ロングポーリングでは、クライアントからのリクエストに対してサーバは応答を保留してコネクションを張りっぱなしにしておくことで、任意のタイミングでサーバからレスポンスを返せるようにします。またクライアント側では、レスポンスが返ると同時に再度サーバにコネクションを張り直します。

ロングポーリングの実装例を**リスト17.2**に示します。

リスト17.2　ロングポーリングの実装例

```
function connect() {
  var xhr = new XMLHttpRequest();
  xhr.onreadystatechange = function() {
    if (xhr.readyState == 4) {

      // サーバからのプッシュ通知
      if (xhr.status == 200) {
        /* do something */
      }

      // コネクションの再接続
      connect();
    }
  };
  xhr.open('GET', 'http://www.foo.org/comet');
  xhr.send();
}
```

ロングポーリングを利用する場合には、サーバサイドの設定で同時接続数やキープアライブを大きめに設定しておく必要があります。ロングポーリングはポーリングと比較して無駄な通信のやりとりを排除する事ができますが、更新があるたびにコネクションの再接続が必要な点に関しては依然として改良の余地が残ります。

HTML5

■Comet（ストリーミング）

ロングポーリングの欠点を改良したComet実装もあります。具体的には、クライアントからの最初のリクエストでコネクションを張り、コネクションを維持したままでサーバからクライアントへレスポンスを返し続けます。サーバ側から常にレスポンスを流しっぱなしの状態になるので、ここではこの手法をストリーミングと呼びます。

ストリーミングでPUSH通信を実現するには、クライアント側でレスポンスを受信しながら内容を解析して適切に処理できなければなりません。実はこの処理を実現するためのプロトコルをW3Cが仕様としてきちんと定義したものがServer-Sent Eventsになります。

ここではレガシーなブラウザでも利用できるよう、ハック的に実現された手法の1つ、iframeを利用した実装例を紹介します（**リスト 17.3、17.4**）。

リスト 17.3　ストリーミング実装例（クライアントページ）

```
<iframe id="iframe_streaming" style="display:none;"></iframe>

<script>
function callback(res) {
  /* do something */
}

function connect() {
  // iframeを利用してコネクションを確立
  var iframe = document.getElementById('iframe_streaming');
  iframe.src = 'http://www.foo.org/comet';
}
</script>
```

リスト 17.4　ストリーミング実装例（サーバレスポンス）

```
<script>window.parent.callback('DATA_1');</script>
<script>window.parent.callback('DATA_2');</script>
...
```

iframeで受けることによってサーバのレスポンスは通常のHTMLとして解釈されるため、サーバからscriptタグを送るとscriptの内容がiframe内で解釈され実行されます。同一オリジンであればiframe内から親ページのJavaScript関数が呼べるので、サーバから任意のタイミングでクライアントの任意の関数を実行できることになります。

この手法の欠点はブラウザのiframe実装に強く影響されてしまう点です。たとえばこの手法ではiframeがずっと読み込み中のまま完了しないため、ブラウザの実装によってはローディング画像がタブに表示され続けてしまいます。またレスポンスを送り続けているとページサイズが大きくなり続けるため、適切なタイミングでiframeをリフレッシュする必要があります。

ポーリング、ロングポーリング、ストリーミングの動作比較を**図 17.1**に示します。

図17.1 PUSH通信技術の比較

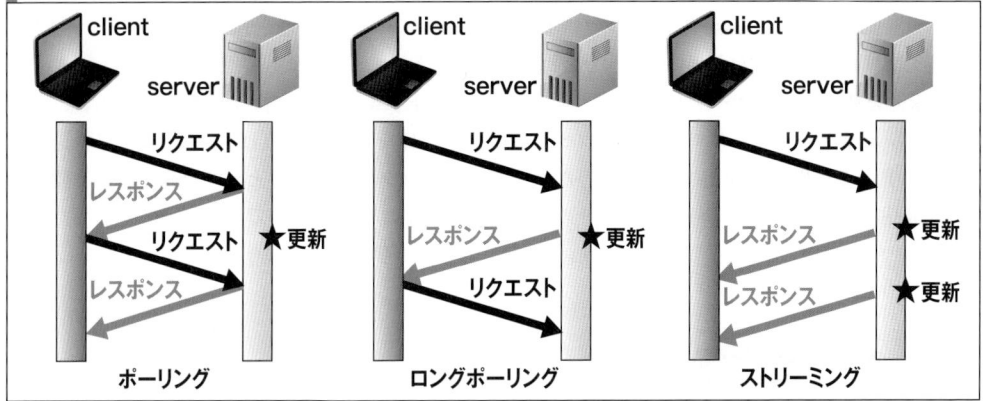

ポーリング　　　ロングポーリング　　　ストリーミング

17-1-3 WebSocketの仕様

　WebSocketの仕様策定は現在進行形で進められています。WebSocketの仕様はクライアント側で利用するJavaScript APIに関する仕様と、サーバとの通信に関するプロトコル仕様に分かれています。本章では主に前者のJavaScript API仕様について解説し、後者のプロトコル仕様については必要最低限の説明に留めます。

　WebSocketのプロトコル仕様についてはIETFで策定が進められています[注4]。2010年11月に大きなプロトコル上の脆弱性が発見されたことが原因で、Firefox4とOpera11ではWebSocketのサポートがデフォルトで無効化される事態となりました。現在のプロトコル仕様では問題となった脆弱性の対策がされ、改訂後の仕様を実装したFirefox6からは再びWebSocketが有効化される予定です。

　Firefox4や5でWebSocketを利用する場合、アドレスバーにabout:configと打って表示される設定ページから、network.websocket.override-security-blockの項目をtrueに変更する必要があります。同様にOpera11を利用する場合、アドレスバーにopera:configと打って表示される設定ページで、Enable WebSocketsのチェックボックスをオンにしてください。

17-1-4 WebSocketの動作

　WebSocketで双方向通信を開始するには、まずサーバとのコネクションを確立する必要があります。コネクション確立のリクエストはクライアント側からHTTPで送信されます。サーバ側が接続元のオリジンやプロトコルを確認して接続許可のレスポンスを送信すると、ブラウザはコネクションをWebSocketにアップグレードします。この一連の流れを**ハンドシェイク**と呼びます。

　クライアントサイドのWebアプリケーション開発者の視点で見ると、ハンドシェイクを完了してWebSocketのコネクションを確立するために必要なJavaScriptコードはたった1行です。

```
var ws = new WebSocket('ws://www.foo.org/bar', 'subprotocol');
```

[注4] http://tools.ietf.org/html/draft-ietf-hybi-thewebsocketprotocol

HTML5

ハンドシェイクの通信には通常のGETリクエストが使われます。コネクションの確立に必要なプロトコル（「ws://」または「wss://」）、サブプロトコル、ドメイン、ポートなどはすべてハンドシェイク時に指定します。また通信にHTTPヘッダが付加されるのはハンドシェイク時だけなので、UserAgentやCookieを使ったユーザやデバイスの認証はすべてハンドシェイク時に行う必要があります。

ハンドシェイクの完了後は1本のコネクションが張りっぱなしとなり、自由にメッセージの送受信ができます。これ以降の通信では、通信のたびに無駄なヘッダ情報のやりとりやクライアント認証の処理は発生しません。つまりWebSocketの通信はステートフルとなるので、たとえば受信したのがたった1バイトのデータだとしても、送信元クライアントの特定が可能です。

17-2 基本操作

17-2-1 コネクションの確立

コネクションを確立するには、まずクライアント側でWebSocketクラスのコンストラクタ呼び出しを行いWebSocketインスタンスを生成します。コンストラクタ呼び出しの第1引数には接続するWebSocketサーバのURL、第2引数にはサブプロトコル名を指定します。

```
var ws = new WebSocket('ws://www.foo.org:8888/bar', 'subprotocol');
```

WebSocketのプロトコルには「ws://」または「wss://」が選択できます。wssを指定すると通信はTLSで暗号化されます。ポートを指定しなかった場合にはそれぞれ80番、443番がデフォルトのポートとして使用されます。またここではSame Origin Policyの制約は適用されません。必要な場合はWebSocketサーバ側で接続制限をかけます。

第2引数のサブプロトコル名は省略可能です。逆に配列にして複数指定することもできます。サブプロトコルを指定した場合、利用するサブプロトコルをサーバ側が1つ選択して返答します。サブプロトコルはアプリケーションレベルのプロトコルです。選択されたサブプロトコルに応じてアプリケーション側で処理を切り替えたい場合に利用します。

コンストラクタ呼び出しを行うと、内部でハンドシェイクの処理が実行されます。コネクションが確立するとWebSocketインスタンスでopenイベントが発火するので、**リスト17.5**のようにイベントハンドラを設定して必要な処理を実装します。たとえば送信ボタンを有効にしたり、初期データをサーバにリクエストしたりするためのトリガーとして利用します。

リスト17.5　コネクション確立時のイベントハンドラ

```
ws.onopen = function(event) {
  /* do something */
};
```

17-2-2 メッセージの送受信

コネクションが確立するとメッセージの送受信が可能な状態になります。メッセージをサーバに送信するにはsendメソッドの引数に送信したいデータを渡します。メッセージをサーバから受信するにはmessageイベントを捕捉します。サーバから送信されたデータはmessageイベントオブジェクトのdataプロパティに格納されています。**リスト17.6**に例を示します。

リスト17.6　メッセージの送受信

```
// サーバにメッセージを送信
ws.send('Hello, WebSocket!');

// サーバからのメッセージを受信
ws.onmessage = function(event) {
  // 受信データを取り出す
  var receivedMessage = event.data;

  /* do something */
};
```

執筆時点の仕様ではWebSocketで任意のJavaScriptオブジェクトを送受信することはできません。ただし任意の文字列の送受信が可能なため、**リスト17.7**のようにJSON.parseとJSON.stringifyメソッドを利用することで、手軽にJavaScriptオブジェクトのやりとりが実現できます。

リスト17.7　任意のJavaScriptオブジェクトを送受信

```
var obj = { x:1, y:2 };

// JavaScriptオブジェクトをJSON文字列に変換して送信
ws.send(JSON.stringify(obj));

ws.onmessage = function(event) {
  // 受信したJSON文字列をJavaScriptオブジェクトに変換
  var receivedObject = JSON.parse(event.data);

  /* do something */
};
```

17-2-3 コネクションの切断

クライアント側から明示的にコネクションを切断するにはcloseメソッドを呼び出します。コネクションが切断されるとcloseイベントが発火するので、イベントハンドラを設定してクローズ後に必要な処理を実装します。**リスト17.8**に例を示します。

HTML5

リスト 17.8　コネクションの切断

```javascript
// コネクションを切断
ws.close();

ws.onclose = function(event) {
  /* do something */
};
```

　しかし普段WebSocketアプリケーションを開発していてクライアント側からコネクションを切断したくなるケースはそれほどありません。どちらかと言えば、クライアントが長時間のスリープから復帰した場合やWebSocketサーバを再起動した場合など、意図せず接続が切られてしまうケースの方が多いでしょう。

　そのような場合に備えて、クライアント側では自動的に再接続を試みる仕組みを実装しておいたほうが親切です。closeイベントを捕捉して再接続を試みる例を**リスト 17.9**に示します。例では激しい空ループを起こさないよう、setTimeoutを利用して再接続の間隔を調整しています。

リスト 17.9　コネクションの再接続

```javascript
// WebSocketインスタンスを格納する変数
var ws = null;

// WebSocketの初期化
function initWebSocket() {
  ws = new WebSocket('ws://www.foo.org/bar');
  ws.onopen    = function(){ /* do something */ };
  ws.onmessage = function(){ /* do something */ };
  // コネクション切断の10秒後に再接続を試みる
  ws.onclose   = function(){ setTimeout(initWebSocket, 10000); };
}
```

17-2-4　コネクションの状態確認

　コネクションの状態を確認するには、WebSocketインスタンスのreadStateプロパティを参照します。readyStateが取り得る値はWebSocketクラスの定数プロパティとして定義されています。readyStateが取り得るコネクションの状態について**表 17.1**にまとめます。

表 17.1　WebSocketクラスの定数プロパティ一覧

プロパティ	整数値	説明
CONNECTING	0	接続処理中
OPEN	1	接続中
CLOSING	2	切断処理中
CLOSED	3	切断済または接続失敗

17-2-5　バイナリデータの送受信

　WebSocketで送受信が可能なフォーマットは**文字列**、**Blob**、**ArrayBuffer**の3つです。Blob と ArrayBuffer は JavaScript でバイナリデータを扱うためのフォーマットです[注5]。WebSocket でバイナリデータを送信する方法は、Blob や ArrayBuffer をそのまま send メソッドに指定するだけです。バイナリデータの送信方法を**リスト17.10**に示します。

リスト17.10　バイナリデータの送信

```
// Blobを指定して送信
ws.send(blob);

// ArrayBufferを指定して送信
ws.send(arrayBuffer);
```

　バイナリデータの受信方法は通常のテキストデータを受信する場合と基本的には同じです。Blob と ArrayBuffer のどちらのフォーマットで受信するかを選択するため、binaryType プロパティに "blob" もしくは "arraybuffer" という文字列を指定する必要があります。デフォルトでは "blob" に設定されています。バイナリデータの受信方法を**リスト17.11**に示します。

リスト17.11　バイナリデータの受信

```
// バイナリデータの受信フォーマットを指定
ws.binaryType = 'blob';

ws.onmessage = function(event) {
  var receivedData = event.data;
  if (receivedData.constructor === Blob) {
    // バイナリデータ受信

  } else if (receivedData.constructor === String) {
    // テキストデータ受信
  }
};
```

17-2-6　WebSocketインスタンスのプロパティ一覧

　WebSocket クラスのインスタンスが持つプロパティを**表17.2**にまとめます。ブラウザの種類やバージョンによってはまだ未実装なプロパティもあるので、開発用コンソールなどを利用して実装の有無を適宜確認するようにしてください。

表17.2　WebSocketインスタンスのプロパティ一覧

プロパティ名	説明
URL	接続先のURL

次ページへ

(注5)　ただし執筆時点ではバイナリ送受信が実装されているブラウザはまだありません。

前ページの続き

プロパティ名	説明
protocol	選択されたサブプロトコル名
readyState	接続状態。取り得る値については（17-2-4項）を参照
bufferAmount	sendメソッドで送信キューに登録された文字列の未送信バッファサイズ（バイト単位）
onopen	コネクション確立時に実行されるイベントハンドラ
onclose	コネクション切断時に実行されるイベントハンドラ
onerror	エラー時に実行されるイベントハンドラ
onmessage	サーバからのメッセージ受信時に実行されるイベントハンドラ
binaryType	バイナリデータの受信フォーマットを指定（'blob'または'arraybuffer'）
send(data)	サーバへメッセージを送信するメソッド（dataにはString、Blob、ArrayBufferのいずれかを指定）
close()	サーバとのコネクションを切断するメソッド

17-3 WebSocket実践

それでは実際にチャットアプリケーションを作成しながらWebSocketの使い方を確認していきます。チャットはWebSocketのサンプルとしては定番中の定番ですが、処理が単純で理解しやすく独自拡張もしやすいので、導入としては最適の題材です。

17-3-1 Node.jsのインストール

WebSocketは他のAPIのようにクライアント側の実装だけでは動作の確認ができません。少なからずサーバサイドの実装が必要です。サーバサイドの実装にはどのような言語を使用しても結構です。ほとんどのメジャーな言語ではWebSocketサーバ実装用のライブラリが公開されています。

このチュートリアルではNode.js[注6]を使って、サーバサイドもJavaScriptでの実装を試みたいと思います。Node.jsはオープンソースの高速なJavaScriptエンジンV8上で動く、今非常に勢いのあるサーバサイドJavaScriptの実装の1つです。本書のPart6で詳細に解説されているので適宜参照してください。

まずはNode.js本体をインストールします。Node.jsは現在も活発に開発が進行中で頻繁にバージョンアップがあるため、Node.js本体のバージョンを管理するためのツールがいくつか公開されています。ここではNode.jsのバージョン管理ツールnaveを利用したインストール方法を紹介します（図17.2）。

図17.2 Node.js本体のインストール

```
% git clone git://github.com/isaacs/nave.git ~/.nave
% ~/.nave/nave.sh ls-remote
remote:
0.0.1   0.0.2   0.0.3   0.0.4   0.0.5   0.0.6   0.1.0   0.1.1   0.1.2
0.1.3   0.1.4   0.1.5   0.1.6   0.1.7   0.1.8   0.1.9   0.1.10  0.1.11
0.1.12  0.1.13  0.1.14  0.1.15  0.1.16  0.1.17  0.1.18  0.1.19  0.1.20
0.1.21  0.1.22  0.1.23  0.1.24  0.1.25  0.1.26  0.1.27  0.1.28  0.1.29
0.1.30  0.1.31  0.1.32  0.1.33  0.1.90  0.1.91  0.1.92  0.1.93  0.1.94
```

次ページへ

(注6) http://nodejs.org/

前ページの続き

図17.2　Node.js本体のインストール

```
0.1.95      0.1.96      0.1.97      0.1.98      0.1.99      0.1.100     0.1.101     0.1.102     0.1.103
0.1.104     0.2.0       0.2.1       0.2.2       0.2.3       0.2.4       0.2.5       0.2.6       0.3.0
0.3.1       0.3.2       0.3.3       0.3.4       0.3.5       0.3.6       0.3.7       0.3.8       0.4.0
0.4.1       0.4.2       0.4.3       0.4.4       0.4.5       0.4.6       0.4.7       0.4.8

% ~/.nave/nave.sh install 0.4.8
% ~/.nave/nave.sh use 0.4.8
% echo "~/.nave/nave.sh use 0.4.8" >> ~/.bashrc
```

　Node.js本体のインストールが完了したら今度はnpmをインストールします（**図17.3**）。npmはNode.js用のパッケージマネージャで、npmを利用してNode.js向けのライブラリを手軽にインストールできます。今回はWebSocketサーバを実装するためのライブラリであるwebscket-serverをインストールします。npmコマンドを実行したディレクトリに展開されるので、開発ディレクトリでnpm installコマンドを実行してください。

図17.3　npmとwebsocket-serverのインストール

```
% curl http://npmjs.org/install.sh | sh
% npm install websocket-server
websocket-server@1.4.04 ./node_modules/websocket-server
```

　Windowsで試す場合は、CygwinもしくはVirtualBox上のUbuntu等を利用してください。もしくはNode.jsのバージョン 0.5.1 以降であれば、WindowsでNode.jsプログラムを手軽に実行するための「node.exe」が公式サイト上で公開されています。ただしnode.exeを利用する場合は、まだnpm等が使えないので手動でのパッケージインストールが必要となります。

17-3-2　サーバサイドの実装

　実装に入る前に、よくあるWebSocketアプリケーションのパターンについて説明したいと思います。WebSocketサーバはメッセージを受け取ると、何らかの処理をした後、接続先にメッセージを返します。このとき一般的なWebSocketアプリケーションの返信先は、大きく以下の3パターンに分類されます。

- メッセージ送信元にデータを返信する
- メッセージをすべての人にブロードキャストする
- メッセージを条件に該当する人にだけブロードキャストする

　チャットアプリケーションでは、接続されているすべての人にメッセージをブロードキャストさえできれば最低限の機能が実装できます。たとえばここにルーム機能などを追加したい場合には、発言をルーム内の人に限定してブロードキャストする処理を実装する必要があります。
　ここでは受信したメッセージを接続中のすべての人にブロードキャストするWebSocketサーバを実装します。これは本当によくある機能なので、恐らく大抵のライブラリではそのような機能を実現するメソッドが用意されていると思います。Node.jsのwebsocket-serverにも当然用意されていま

す。実装例を**リスト 17.12** に示しますので、websocket-server をインストールしたディレクトリに適当な名前で保存してください。ここでは chat.js とします。

リスト 17.12　WebSocketサーバの実装例 (chat.js)

```
// websocket-serverを利用する
var ws = require('websocket-server');

// WebSocketサーバの生成
var server = ws.createServer();

// 接続イベントを捕捉
server.addListener('connection', function(socket) {
  // ログを表示する
  console.log('onconnection:', socket);

  // メッセージ受信イベントを捕捉
  socket.addListener('message', function(data) {
    // 接続中のすべての人に受信メッセージをそのままブロードキャスト
    server.broadcast(data);
  });
});

// ポート8888番でアクセスを受け付ける
server.listen(8888);
console.log('waiting...');
```

　ほぼすべての行にコメントをつけていますが、実質 10 行ほどのコードで簡単な WebSocket サーバが実装できてしまいます。サーバを立ち上げるには以下のコマンドを実行します。以上でサーバ側の実装は完了です。

```
% node chat.js
waiting...
```

17-3-3　クライアントサイドの実装

　続いてクライアントサイドの実装例をリスト 17.13 に示します。ここで実装している処理は大きく分けて、テキストボックスの文字列をサーバに送信する処理と、サーバから受信したデータを表示する処理です。WebSocket コンストラクタには WebSocket サーバの URL を指定します。ローカルで Node.js を動かしている場合はこの例のような URL になります。

　このまま適当な名前で保存して WebSocket サーバが参照可能なパスに配置してください。ここでは chat.html とします。余談ですが HTML5 では html タグや body タグの省略が許可されているので、**リスト 17.13** のコードはこれだけでちゃんと正確な HTML5 マークアップとして解釈されます。

リスト 17.13　チャットクライアントの実装例（chat.html）

```html
<!doctype html>
<title>simple chat client</title>
<!-- エンターキーでテキスト送信 -->
<input onkeydown="if(event.keyCode===13)submit(this)">
<script>
var ws = new WebSocket('ws://localhost:8888/');

// 受信メッセージをbodyに挿入する
ws.onmessage = function(event) {
  var comment = document.createElement('li');
  comment.textContent = event.data;
  document.body.appendChild(comment);
};

// テキストボックスの値をサーバに送信する
function submit(textbox) {
  ws.send(textbox.value);
  textbox.value = '';
}
</script>
```

　複数のタブでchat.htmlを開いてください。接続が成功していたらWebSocketサーバを起動したターミナルにログが出力されているはずです。テキストボックスにメッセージを入力してエンターキーを押すと、メッセージがWebSocketサーバを経由してブロードキャストされ、開いているすべてのページでメッセージが表示されます（図17.4）。

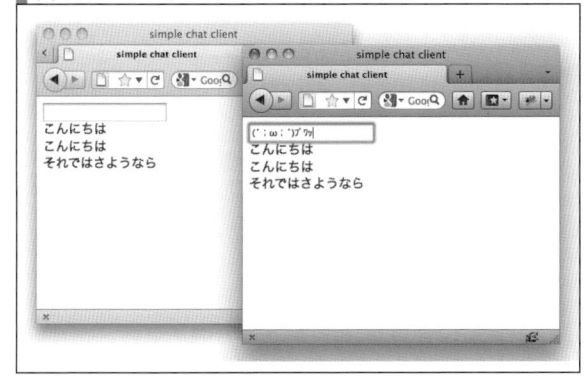

図17.4　シンプルなチャットアプリケーション

17-3-4　クライアントサイドの実装 2

　サンプルとはいえさすがに味気ないので、このチャットにユーザ名やコメントのスタイルを自由に設定できる機能を追加してみます。また会話相手のタイピング中ステータスを可視化する機能も追加してみます。

HTML5

　今回の改修ではサーバサイドのコードは一切変更しません。前回のサンプルに、クライアントサイドで送信するJSONを組み立てるロジックと、ブロードキャストされたJSONを描画するロジックを書き加えました（**リスト 17.14**）。

リスト 17.14　チャットクライアントの実装例（chat2.html）

```html
<!doctype html>
<title>simple chat client</title>
<input id="user">
<input id="css">
<input id="text">
<div id="typing"></div>

<script>
var ws = new WebSocket('ws://localhost:8888/'),
    $ = function(id){ return document.getElementById(id); };

$('text').onkeydown = function(event) {
  // エンターキーで発言をサーバに送信する
  if (event.keyCode === 13) {
    ws.send(JSON.stringify({
      action: 'post',
      user: $('user').value,
      css:  $('css').value,
      text: $('text').value
    }));
    $('text').value = '';

  // タイピング中というステータスをサーバに送信する
  } else {
    ws.send(JSON.stringify({ action:'typeing', user:$('user').value }));
  }
}

ws.onmessage = function(event) {
  var data = JSON.parse(event.data);

  // actionプロパティに応じて処理を切り替える
  switch(data.action) {
    case 'post':  // 発言の描画
      var comment = document.createElement('li');
      comment.style.cssText = data.css;
      comment.textContent = data.user + ': ' + data.text;
      document.body.appendChild(comment);
      break;

    case 'typing':   // タイピング中ステータスの描画
```

次ページへ

前ページの続き

リスト 17.14　チャットクライアントの実装例（chat2.html）

```
        $('typing').textContent = data.user + 'さんがタイピング中です...';
        clearTimeout(timer);
        timer = setTimeout(function(){ $('typing').textContent = ''; }, 3000);
        break;
    }
};
</script>
```

　簡単な機能追加ですが、サーバサイドに何のロジックも追加せずに機能を追加できました（図17.5）。WebSocketアプリケーションでは、このようにブロードキャスト機能を備えたサーバさえあれば、クライアントサイドではJSONの組み立てと描画のロジックを実装することで、様々なアイデアをクライアントサイドのみで実現できます。

　たとえばブロードキャストされたメッセージに情報を追記して返信すれば、いいねボタンやアンケートのような機能までクライアントサイドの改修のみで実現可能です。特にこのようなリアルタイムなメッセージングに限れば、サーバサイドにデータベースを用意する必要すらありません。

　もちろん実際にサービスとして公開するにはサーバサイドでも考慮すべき点が多くありますが、WebSocketアプリケーション開発練習の題材としては、このようなリアルタイムメッセージングのアプリケーションは非常にお勧めです。

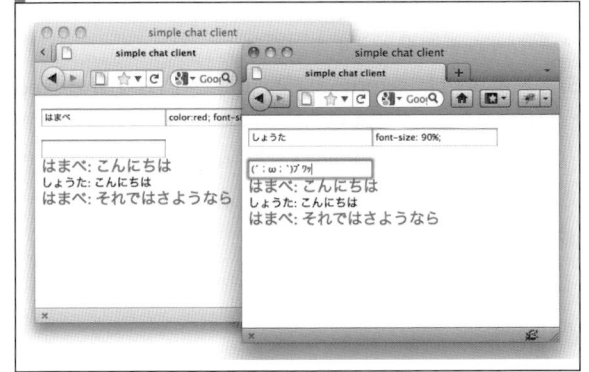

図 17.5　チャットアプリケーションの機能拡張

18章 Web Workers

本章ではWeb Workersについて解説します。Web Workersはシングルスレッドが常識であったJavaScriptの世界にマルチスレッドの概念を持ち込みます。これまでクライアントサイドでの実現が困難と思われていた多くの問題が、Web Workersの導入により解決する可能性を秘めています。

18-1　Web Workers概要

18-1-1　Web Workersとは

　クライアントサイドJavaScriptは、内部的なUIのレンダリング処理と同じプロセスで、且つ、シングルスレッドで実行されます。そのため負荷のかかる処理をクライアントサイドのJavaScriptで実行させると、UIのレンダリング処理をブロックしてしまうという致命的な問題を抱えています。
　Web Workers[注1]は、新しいJavaScript実行環境を別スレッドで生成し、JavaScriptコードをバックグラウンドで処理させるための仕組みです。重い処理をうまい具合に分離してバックグラウンドで実行させることによって、クライアントサイドで重い処理を引き受けながらもユーザのUI操作を妨げない、ユーザビリティの高いWebアプリケーションを開発できます。
　また本書でも紹介しているFile API（「15-2 File API」）やIndexed Database（「16-2 Indexed Database」）などのI/O処理用のAPIでは、UIをブロックさせないようにイベントドリブンなAPIを提供しています。しかしWeb Workersの実行環境はUI処理スレッドとは分離されていてUIブロックの心配がないため、Web Workersの実行環境に限って利用できるシンプルな同期I/O処理のAPIも一緒に提供されています。同期APIに関してはそれぞれの章で軽く触れているので参照してください。

18-1-2　Web Workersの動作

　まずは用語の定義をします。本書では通常のクライアントサイドJavaScript実行環境を**メインスレッド**、Web Workersにより生成されるバックグラウンドのJavaScript実行環境を**ワーカ**と呼ぶことにします。ワーカはメインスレッドから生成できます。またワーカは複数生成できます。
　メインスレッドとワーカのJavaScript実行環境は分離されていて、お互いの環境の変数は参照できません。つまりグローバルオブジェクトがそれぞれの環境で用意され、お互いのグローバルオブジェクトは参照できません。メインスレッドのグローバルオブジェクトはwindowという名前で参照しますが、ワーカのグローバルオブジェクトはselfという名前で参照します。

[注1] http://dev.w3.org/html5/workers/

ワーカの環境からはdocumentオブジェクトを参照できないというのも重要なポイントです。つまりすべてのUI操作、すなわちDOMの参照や変更ができるのはメインスレッドのみで、ワーカからは一切のUI操作ができません。データのやりとりは必ずメッセージングのインターフェース（postMessageメソッド、messageイベント）を経由して行われます。

これらはマルチスレッドのプログラミングを簡単にするために考慮して加えられた制限です。UI操作が一貫してメインスレッドで実行されることを言語仕様レベルで保証することで、マルチスレッドのプログラミングで発生し得る多くのバグを未然に防止できます。メインスレッドとワーカの関係を図18.1に示します。

図 18.1　メインスレッド、ワーカ、DOMの関係図

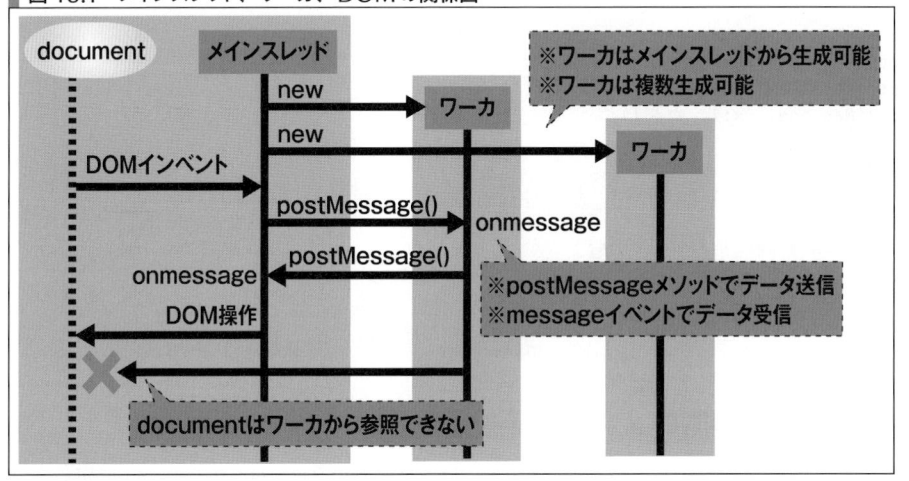

18-2　基本操作

18-2-1　ワーカの生成

ワーカは非常に簡単に生成できます。ワーカを生成するにはメインスレッドからWorkerのコンストラクタを呼び出します。

```
var worker = new Worker('worker.js');
```

ワーカで実行させたいJavaScriptコードが書かれたファイルのURLをコンストラクタの引数に指定することで、ファイルに書かれたコードがバックグラウンドで実行されます。上記の例ではカレントディレクトリのworker.jsがダウンロードされ、worker.jsに書かれたコードがバックグラウンドで実行されます。

WorkerのコンストラクタにはSame Origin Policyの制約があるため、メインスレッドと同じオリジンにあるファイルしか読み込めませんので注意してください。

18-2-2 メインスレッド側のメッセージ送受信

メインスレッドからワーカにメッセージを送信するには、WorkerインスタンスのpostMessageメソッドを呼び出します。postMessageで送信できるデータの型は自由で、任意のJavaScriptオブジェクトを送信できます。ただしdocumentオブジェクトなど、一部の特殊なオブジェクトは送信できません。

ワーカからのメッセージを受信するには、Workerインスタンスのmessageイベントを捕捉します。実際にワーカから送信されたデータ本体は、messageイベントオブジェクトのdataプロパティに格納されています。**リスト18.1**に例を示します。

リスト18.1　メインスレッド側のメッセージ送受信

```
// メッセージの送信
worker.postMessage('foo');
worker.postMessage(100);
worker.postMessage({ x:1, y:2 });

// メッセージの受信
worker.onmessage = function(event) {
  // 送信されたデータを取得
  var receivedMessage = event.data;

  /* do something */
};
```

18-2-3 ワーカ側のメッセージ送受信

ワーカからメインスレッドにメッセージを送信するには、ワーカのグローバルオブジェクトに定義されているpostMessageメソッドを呼び出します。ここでも先ほどと同様に任意のJavaScriptオブジェクトを送信できます。

メインスレッドからのメッセージを受信するには、グローバルオブジェクトのmessageイベントを捕捉します。実際にメインスレッドから送信されたデータ本体は、messageイベントオブジェクトのdataプロパティに格納されています。**リスト18.2**に例を示します。

リスト18.2　ワーカ側のメッセージ送受信

```
// メッセージの送信
self.postMessage('foo');
self.postMessage(100);
self.postMessage({ x:1, y:2 });

// メッセージの受信
self.onmessage = function(event) {
  // 送信されたデータを取得
  var receivedMessage = event.data;

  /* do something */
};
```

メッセージ送受信のインターフェースはメインスレッド側とまったく同じです。ここでワーカ内のselfはすべて省略可能ですが、メインスレッドとワーカどちらからの呼び出しかを区別し易くするため、本書では省略せずに記述しています。

18-2-4　ワーカの削除

ワーカは小さなプログラムでもある程度のメモリを確保してしまうため、必要のなくなったワーカは削除してあげたほうが良いでしょう。Chromeではオプションのツールから起動できるタスクマネージャを利用すると、ワーカが占有しているメモリやCPUの状態を確認できます（**図18.2**）。

図18.2　Chromeのタスクマネージャ係図

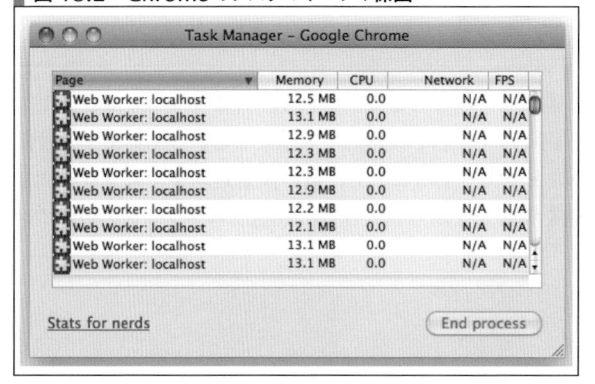

ワーカを削除するには、メインスレッド側から削除する方法とワーカ側から自身を削除する方法の2通りがあります。メインスレッド側からワーカを削除するにはWorkerインスタンスのterminateメソッドを呼び出します。ワーカ側から自身を削除するにはcloseメソッドを呼び出します（**リスト18.3**）。

リスト18.3　ワーカの削除

```
// メインスレッド側から削除する場合
worker.terminate();

// ワーカ側から自身を削除する場合
self.close();
```

ただしワーカを再度生成するコストもそれほど低くないため、ワーカの処理が頻繁に呼ばれる場合やワーカの生成に非常に時間がかかる場合には、毎回ワーカを削除せずにそのまま使い回したほうが良いでしょう。

18-2-5　外部ファイルの読み込み

ワーカ内から外部のJavaScriptファイルを読み込むには、**importScripts**メソッドを呼び出します。importScriptsは異なるオリジンのファイルでも読み込むことができるので、場合によっては

JSONPよりもスマートなクロスオリジン通信の実現が可能です。importScriptsのファイル読み込みは同期的に行われるため、ファイルの読み込み待ちを考慮する必要はありません。引数には複数のファイルを一度に指定できます（**リスト18.4**）。

リスト18.4　importScripts利用例

```
// 外部JavaScriptファイルの読み込み
self.importScripts('http://www.foo.org/external.js', 'dependent.js');

// この時点で外部JavaScriptファイルの内容は評価済み
dependent.some_method('foo', 'bar');
```

18-3　Web Workers実践

それではワーカを用いたプログラミングに挑戦してみましょう。これから作るサンプルは、テキストボックスに文字を入力するとクライアント側でユーザ名を検索して表示するというものです。検索処理をWeb Workersを用いてバックグラウンドで実行することで、重い検索処理中でもブロックしないUIが実現できます。実用的な検索機能を実装しながら、Web Workersプログラミングのポイントを押さえていきたいと思います。

18-3-1　ワーカの利用

まずはワーカを利用して簡単な検索機能を備えたサンプルを実装します。ワーカ側のソースコードを**リスト18.5**に示します。

リスト18.5　ワーカを利用した検索機能の実装例（worker.js）

```
// ユーザデータ
var userList = [
  'Seiichiro INOUE',
  'Shota HAMABE',
  'Takuro TUCHIE',
  /* too many users... */
];

// メッセージを受信
self.onmessage = function(event) {

  // 受信メッセージから正規表現を生成
  var reg = new RegExp(event.data, 'i'),
      html = '';

  // 正規表現にマッチするユーザを検索
  userList.forEach(function(user) {
```

次ページへ

前ページの続き

リスト18.5　ワーカを利用した検索機能の実装例（worker.js）

```javascript
    if (reg.test(user)) {
      html += '<li>' + user + '</li>';
    }
  }

  // 検索結果のHTML文字列を送信
  self.postMessage(html);
};
```

　ワーカでは受け取った文字列から正規表現を生成し、大量のユーザデータを順に正規表現で検索し、すべてのユーザデータのチェックを終えたらマッチした結果をメインスレッドに返しています。
　ここでのポイントとしては、ワーカ側でできることは可能な限りワーカ側で処理させるため、HTML文字列の組み立てまでをワーカ側で処理しています。メインスレッドの仕事を減らすことでよりUI操作をブロックしにくい検索機能が実現できます。
　別の方法として、検索結果のデータを配列でメインスレッドに返し、メインスレッド側でHTMLを組み立てる方法が考えられます。この方法のメリットは、先ほどと比較してデザインとロジックがきれいに分離されていることです。
　今回は検索の快適さを重視して、前者の方法を選択しています。
　次にメインスレッド側のソースコードを**リスト18.6**に示します。

リスト18.6　メインスレッド側の実装例

```html
<!doctype html>
<input type="text" id="textbox">
<div id="results"></div>
<script>
  // ワーカを生成
  var worker = new Worker('worker.js'),
      textbox = document.getElementById('textbox'),
      resutls = document.getElementById('resutls');

  // ワーカから検索結果を受信
  worker.onmessage = function(event) {
    results.innerHTML = event.data;
  };

  // テキストボックスの内容をワーカに送信
  textbox.onkeyup = function(event) {
    worker.postMessage(textbox.value);
    results.innerHTML = '';
  };
</script>
```

　メインスレッド側ではテキストボックスでキーが入力される度にワーカに検索処理をリクエストしています。ワーカを利用したことで、ユーザデータがどんなに増えても検索処理でUIが固まることはあ

りません(ただし大量の検索結果を一度に描画しようとして固まる可能性はあります)。もしワーカを利用しなかった場合、ユーザデータの検索中はUIの更新がブロックされ、テキストボックスの入力すらできなくなります。

18-3-2 ワーカの処理を中断する

前述のサンプル(リスト18.5、18.6)には、実は大きな問題が1つあります。その問題とは、ワーカで検索処理を実行中に次の検索依頼を受け取った場合に、前の検索処理が終了するまで次の検索処理を開始できないことです。

この問題を解決するためには、ワーカの処理を任意のタイミングで中断できる必要があります。これには大きく分けて2つの方法が考えられます。

- ワーカを再生成する(メインスレッド側での対応)
- タイマーを利用する(ワーカ側での対応)

■ワーカを再生成する

1つめの方法は、メインスレッド側でメッセージを送るたびにワーカを再生成する方法です。ワーカを破棄すれば実行中の処理は強制的に中断できます。例を**リスト18.7**に示します。

この方法のメリットは、ワーカ側のコードを改修する必要がないことです。逆にデメリットはワーカを再生成するコストで、今回の例のように頻繁にワーカの処理が呼び出される場合には、ワーカの生成にかかるコストが無視できなくなります。

リスト18.7 ワーカの再生成による処理の中断

```javascript
var worker = null;

// 入力がある度にワーカを再生成する
textbox.onkeyup = function(event) {
  // 既存のワーカを強制終了
  if (worker) {
    worker.terminate();
    worker = null;
  }

  // ワーカの生成
  worker = new Worker('worker.js');
  worker.onmessage = function(event) {
    results.innerHTML = event.data;
  }

  // テキストボックスの内容をワーカに送信
  worker.postMessage(textbox.value);
  results.innerHTML = '';
};
```

18章 | Web Workers

■タイマーを利用する

　もう1つの方法では、ワーカ側で処理の中断を可能とするためにタイマーを利用します。大きな処理を細かく分割してタイマーで実行することによって、処理の切れ目にmessageイベントが割り込み可能となり、タイマーキャンセルによる処理の中断が可能となります。例を**リスト18.8**に示します。

　この方法のメリットは、呼び出しのたびにワーカの生成コストがかからないことです。デメリットは、タイマーで処理を分割するためワーカのコードが複雑になることと、処理完了までのトータルの時間が長くなることです。

　なお、今回の例ではユーザデータを100行ずつ区切って検索処理を実行し、すべての検索処理が完了してから検索結果を返しています。実際には処理の分割単位はどのような方法でもいいですし、結果の返却も一括である必要はありません。それぞれのケースで最適な処理の分割方法は異なるため適宜検討してください。

リスト18.8　タイマーの利用による処理の中断

```javascript
// ユーザデータ
var userList = [
  'Seiichiro INOUE',
  'Shota HAMABE',
  'Takuro TUCHIE',
  /* too many users... */
];

var timer = null;
self.onmessage = function(event) {
  // 実行中の処理を中断
  clearInterval(timer);

  // 値のリセット
  var reg = new RegExp(event.data, 'i'),
      html = '',
      pos = 0;

  // タイマーで処理を分割して実行
  timer = setInterval(function(){
    // 100行ずつ処理する
    userList.slice(pos, (pos += 100)).forEach(function(user) {
      if (reg.test(user)) {
        html += '<li>' + user + '</li>';
      }
    });

    // 最後まで処理が完了したら検索結果を返却
    if (pos >= userList.length) {
      self.postMessage(html);
      clearInterval(timer);
    }
  }, 0);
};
```

415

18-4 共有ワーカ

18-4-1 共有ワーカとは

これまで説明してきたワーカは常に特定のオブジェクトと1対1の関係になっていましたが、Web Workersでは1つのワーカを複数のページで共有して参照できる仕組みが提供されています。通常のワーカと区別するため、このようなワーカを「共有ワーカ」と呼ぶことにします（**図18.3**）。Same Origin Policyの制約はありますが、複数の異なるウィンドウから1つの共有ワーカを参照できます。

共有ワーカを利用すると、生成するワーカ数が減るのでリソースの節約になりますし、2回目以降はワーカを生成しないのでワーカの生成コストもかかりません。

また共有ワーカの応用例として、共有ワーカを経由したウィンドウ間メッセージングや、共有ワーカをハブとしたサーバコネクションの1本化などが考えられ、非常に可能性の感じられる技術となっています。

図18.3　ワーカと共有ワーカ

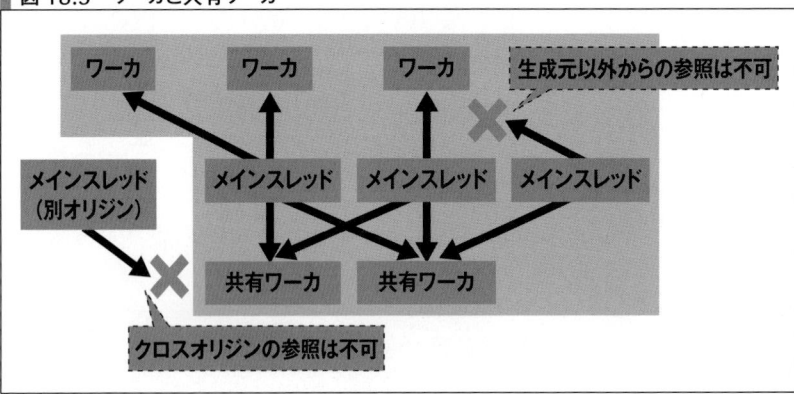

18-4-2 共有ワーカの生成

共有ワーカを生成するには**SharedWorker**クラスのコンストラクタを呼び出します。第1引数には通常のワーカと同様にJavaScriptファイルのURLを指定し、第2引数には共有ワーカにつける名前を指定します。第2引数を省略した場合は空文字として扱われます。

ここで異なるウィンドウから同じJavaScriptファイルと共有ワーカ名を指定してSharedWorkerコンストラクタを実行した場合、既に生成された共有ワーカがあれば同じ共有ワーカを参照したSharedWorkerインスタンスが返されます。**リスト18.9**に例を示します。このとき、worker1とworker2は1つの共有ワーカを参照しています。

リスト 18.9　共有ワーカの生成

```
// 共有ワーカを生成する (http://example.com/foo.htmlで実行)
var worker1 = new SharedWorker('worker.js', 'test-worker');

// 共有ワーカを生成する (http://example.com/bar.htmlで実行)
var worker2 = new SharedWorker('worker.js', 'test-worker');
```

18-4-3　共有ワーカのメッセージ送受信

通常のワーカではグローバルオブジェクトのpostMessageメソッドとmessageイベントを利用してメッセージのやりとりをしました。共有ワーカではメッセージをやりとりする相手が1つとは限らないため、メッセージの送受信先を特定するための仕組みが必要になります。

共有ワーカでメッセージを送受信する際、内部ではチャネルメッセージング[注2]が利用されます。チャネルメッセージングとは、MessagePortと呼ばれる2つ1組のオブジェクトを介してメッセージングを行う仕組みです。片方の**MessagePort**オブジェクトからpostMessageを呼び出すと、もう片方のMessagePortオブジェクトでmessageイベントが発火します（図18.4）。

図 18.4　MessagePortの概念図

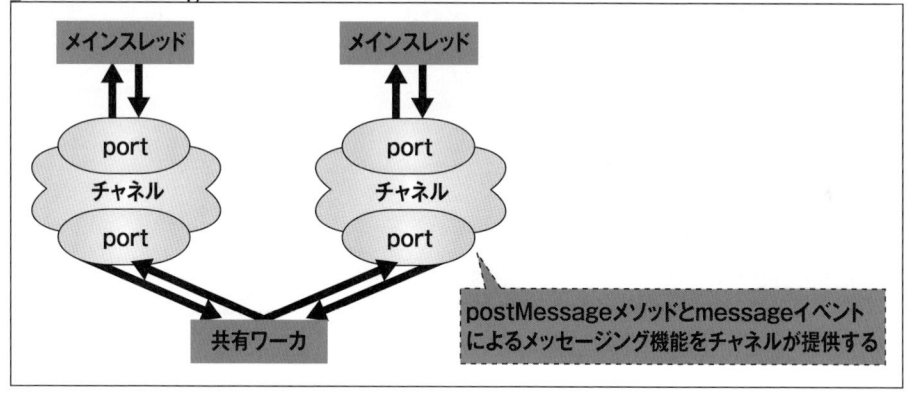

メインスレッドで生成したSharedWorkerインスタンスは、portというプロパティ名でMessagePortオブジェクトの片方を所持しています。メインスレッドではこのportを使って、通常のワーカと同様にメッセージの送受信ができます。リスト18.10に例を示します。

リスト 18.10　メインスレッド側のメッセージ送受信

```
// 共有ワーカの生成
var worker = new SharedWorker('http://www.foo.org/bar.js');

// MessagePortを介してメッセージを送信
```

次ページへ

(注2) http://dev.w3.org/html5/postmsg/#channel-messaging

HTML5

前ページの続き

リスト18.10　メインスレッド側のメッセージ送受信

```javascript
worker.port.postMessage('foo');
// MessagePortを介してメッセージを受信
worker.port.onmessage = function(event) {
  var receivedData = event.data;
  /* do something */
};
```

　メインスレッド側でSharedWorkerインスタンスが生成されると、共有ワーカ側ではconnectイベントが発火します。このときconnectイベントオブジェクトは、接続要求してきたメインスレッドがもつMessagePortオブジェクトと対応するMessagePortを所持しています。このMessagePortを介してメッセージを送受信することで、接続要求してきたメインスレッドとのメッセージングが成立します。**リスト18.11**に例を示します。

リスト18.11　共有ワーカ側のメッセージ送受信

```javascript
// メインスレッドからの接続要求
self.onconnect = function(connectEvent) {
  // 接続要求してきた相手のMessagePortを取得
  var port = connectEvent.ports[0];

  // MessagePortを介してウェルカムメッセージを送信
  port.postMessage('Hello, SharedWorker!');

  // MessagePortを介してメッセージを受信
  port.onmessage = function(messageEvent) {
    // 受信したデータをそのまま返信
    port.postMessage(messageEvent.data);
  };
};
```

18-4-4　共有ワーカの削除

　共有ワーカは複数のウィンドウから参照されている可能性があるため、通常のワーカの場合と違いSharedWorkerインスタンスはterminateメソッドを持っていません。メインスレッド側から個別にコネクションを閉じたい場合は、MessagePortのcloseメソッドを呼びます。

```javascript
worker.port.close();
```

　メインスレッド側からcloseメソッドが呼ばれても、参照しているウィンドウが残っている間は共有ワーカが削除されることはありません。最後の参照が切られた時点で共有ワーカが削除されます。ただし通常のワーカと同様、共有ワーカ側からcloseメソッドを呼び出せば任意のタイミングで自身を開

放できます。

```
self.close();
```

18-4-5　共有ワーカの応用例

■ウィンドウ間通信

　共有ワーカでMessagePortを管理することで、共有ワーカを経由して異なるウィンドウ同士のメッセージングが実現できます。**リスト18.12**の例では、共有ワーカで受信したメッセージを接続中のすべてのウィンドウにブロードキャストしています。

リスト18.12　共有ワーカを利用したウィンドウ間通信

```
var ports = [];

self.onconnect = function(connectEvent) {
  // 接続要求してきた相手のMessagePortを取得
  var port = connectEvent.ports[0];

  // すべてのMessagePortを配列に格納しておく
  ports.push(port);

  // すべてのウィンドウにメッセージを送信する
  port.onmessage = function(messageEvent) {
    ports.forEach(function(e) {
      e.postMessage(messageEvent.data);
    });
  };
};
```

　リスト18.12のようにすべてのウィンドウにメッセージを送信するだけであれば、配列にすべてのMessagePortを格納しておくだけで十分です。ウィンドウを指定して個別にメッセージを送信したい場合には、ウィンドウを特定するための名前とMessagePortとを紐づけて管理しておく必要があります。

■サーバコネクションの集約

　また共有ワーカのもう1つの応用例として、共有ワーカをハブとしてサーバコネクションを1本化する例が挙げられます。たとえばWebSocketを使ってサーバと通信するアプリケーションを考えてみましょう。単純にウィンドウを複製するとウィンドウ数分のWebSocketコネクションが張られ、ネットワークおよびCPUリソースの浪費に繋がります。

　ここでWebSocketの通信を1つの共有ワーカで処理させることにより、複数のウィンドウを開いた状態でも共有ワーカをハブとしてWebSocketのコネクションを1本に集約できます。参照元ウィ

ンドウからのメッセージをWebSocketサーバに受け流し、サーバからのメッセージをすべての参照元ウィンドウに配布する例を**リスト18.13**に示します。

リスト18.13　WebSocketコネクションの1本化

```javascript
// WebSocketのコネクションを確立
var ws = new WebSocket('ws://www.foo.org/chat');

var ports = [];

self.onconnect = function(connectEvent) {
  // すべてのMessagePortを配列に格納しておく
  var port = connectEvent.ports[0];
  ports.push(port);

  // ウィンドウからのメッセージをWebSocketサーバに受け流す
  port.onmessage = function(messageEvent) {
    ws.send(messageEvent.data);
  };
};

// WebSocketサーバからのメッセージをすべてのウィンドウに送信
ws.onmessage = function(event) {
  ports.forEach(function(port) {
    port.postMessage(event.data);
  });
};
```

Part 5

Web API

現在、Web APIの呼び出しはサーバサイドから行うのが主流です。クライアントサイドJavaScriptからWeb APIを呼ぶにはクロスオリジン制限や権限委譲の課題があるからです。ただ、これらを回避してクライアントサイドJavaScriptからWeb APIを呼ぶ流れが起きています。

19章 Web APIの基礎

Web APIとは何か、について歴史を振り返りながら説明します。クライアントサイドJavaScriptからWeb APIを呼ぶにはクロスオリジン制限の問題があります。この回避の方式を説明します。最後に今後のWeb APIで重要になる権限委譲プロトコルのOAuthを説明します。

19-1 Web APIとWebサービス

　APIとはアプリケーションプログラム（以降アプリ）とシステムの間の境界を指す用語です。Application Programming Interfaceの頭文字です。Web APIという用語が生まれる前、APIで想定される主なシステムはOSやフレームワークでした。特定のOS（UnixやWindows）上や特定のフレームワーク上で動作するアプリは、OSやフレームワークの提供する機能を利用して動作します。

　プログラム開発者の視点で見ると、アプリのコードがライブラリ（Unix系OSのlibcやWindowsのDLLなど）の関数やクラスライブラリを利用します。つまり開発者から見ると、APIとは関数やクラスの仕様（決め事）です。

19-1-1 Web APIが想定するシステム

■Web APIとは

　Web APIが想定するシステムはWebサービスです。Webサービスとは何かという疑問がありますが、この用語の定義は後にまわし、ここではWebサービスと呼ばれるシステムがある前提でWeb APIを定義します。

　Webサービスを利用するアプリがあると仮定します。Webサービスとこのアプリの間のやりとりはHTTPで行います。アプリはWebサービスにHTTPリクエストを投げてレスポンスを受け取ります。Webサービスが提供する機能は様々ですが、たとえば文書を作成したり処理結果を返したりします。この時の通信の規約がWeb APIです。

　後述するようにWeb APIの形態は、もう少し多義的でHTTP通信を内部に隠蔽する関数やクラスライブラリの形態もありえます。しかし、もっともプリミティブなWeb APIの形はHTTPの呼び出し規約です。つまりリクエスト先のURLの定義、クエリパラメータ名、レスポンスのフォーマットの定義などです。

■WebサービスとWebアプリ

　Webサービスという用語に話を戻します。WebサービスとWebアプリの用語の使い分けは恣意的

な部分が大きく、区別は必ずしも自明ではありません。HTTPリクエストを受け取りレスポンスを返す基本的な動作は両者で違いはありません。人によっては、プログラムから呼ぶものをWebサービス、人間がWebブラウザを通して利用するものをWebアプリと呼ぶ人もいます。

しかし、人間が使うかプログラムが使うかを呼ばれる側が区別する必然性はないので、技術的には曖昧な定義です。本書では、HTTPのリクエストとレスポンスに形式的な規約（定義）があればWebサービス、なければWebアプリと呼び分けることにします。形式的な規約はWeb APIそのものなので、結局、Web APIとWebサービスは表裏一体の関係になります[注1]。

19-2 Web APIの歴史

19-2-1 スクレイピング

Webの原点はともかく、初期のWebのページは人間が見るための文書が中心でした。しかし、文書とデータの区別は受け取り手の主観に過ぎません。Web上の公開文書をデータとして処理しようと考える人が現れたことは必然でした。Webの文書の標準フォーマットはHTMLですが、HTML文書をデータとして処理するには大きく2つの問題があります。

1つはHTMLが緩いフォーマットだと言う点です。Webブラウザは多少文法的に誤ったHTMLでもエラーにせずに表示します。このため文法的におかしなHTMLがそのまま流布しています。

もう1つの問題は、HTMLが文書の内容だけでなく、レイアウトや文字装飾などのデザインの情報も記述していることです。後にCSSが登場して装飾をCSSに分離できるようになりましたが、それ以前のHTMLの装飾はHTMLのタグで制御するものでした。また、CSS登場後も完全にデザイン情報を分離したHTMLばかりではありません。データ処理の視点では、これらデザインを制御する部分は不要なノイズです。

HTMLから必要なデータを抜き出すには、文法的に壊れているかもしれないHTMLの中から、かつ不要なノイズを除去して必要な部分だけを抜き出す必要があります。一般的にこのような処理を「スクレイピング」と呼びます。

■スクレイピングの問題点

正規表現などを駆使してスクレイピングを行うコードは複雑になりがちです。作成が複雑な上に、原則、特定のコードは特定のWebページにしか使えません。つまり仮に、Yahoo!の特定のページからデータを抜き出すプログラムを作っても、それを他サイトからデータを抜き出す処理には使えません。HTMLの構造やタグの使い方がページごとに異なるからです。

また、WebサイトのHTMLが更新されるとスクレイピングは動作しなくなる可能性もあります。Webサイト作成者はスクレイピングのプログラムの都合など考えていないからです。

[注1] 歴史的な経緯もありWebサービスをSOAPと同義に扱う人もいます。これは狭義に過ぎるので本書はこの定義を使いません。

19-2-2 セマンティックWeb

このような背景の中、Web上の文書を単なる人間のためのものからプログラムでも扱えるデータにしようという動きが現れました。この動きは非常に広範囲に渡り、周辺の要素技術も多数生まれました。XMLやCSSもこの一連の流れの中で生まれた要素技術の1つです。

この動きをもっとも象徴的に表現する言葉が「セマンティックWeb」です。Webの創始者、ティム・バーナーズ＝リーが主導したという意味でも象徴的です[注2]。

セマンティックWebから直接的あるいは間接的に影響を受けたものや、セマンティックWebと無関係ながら、似た問題意識で始まったものを、データフォーマットと通信プロトコルの2つの視点で整理してみます。

19-2-3 XML

XMLは説明不要のデータフォーマットでしょう。XMLはメタフォーマットとでも呼ぶべきもので、名前のとおり（XMLのXは拡張可能を意味するeXtensibleです）、XMLをベースに様々なフォーマットを構築可能です。XMLをベースに構築した上位規格をXMLアプリケーションと呼びます。やや直感に合わない用語と思うので本書ではXML上位規格と呼ぶことにします。

■XMLの規格

XMLの規格が決める規則はタグや属性などの形式です。HTMLでもお馴染みの<p>などのタグです。このpを段落（paragraph）のpと決めるのは上位規格の役目です。XHTMLはそんな上位規格の1つですが、それ以外にも多数のXMLベースの上位規格が生まれています。

XMLベースのフォーマットには、形式だけXMLに従ったものときちんと上位規格として仕様を決めたものの2種類あります。

前者はたとえば値段を表現したい時にcostという名称のタグを使うと決めて、<cost>100</cost>のように記述します。形式はXMLに従っているのでXMLパーサでタグ名や要素を取り出せます。しかし勝手にタグを決めただけなので、データ生成側とデータ解釈側に合意が必要です。このように形式だけのXMLを整形式のXML文書と呼びます。

一方、きちんと上位規格でcostタグの意味を決めたXMLを妥当なXML文書と呼びます。

■XMLのスキーマ

タグの意味や構造を決めた規則をXMLのスキーマと呼びます。スキーマを記述する代表的な言語にはDTD、XML Schema、RELAX NGなどがあります。

DTDはもっとも古くから存在しますが、型の概念を持ちません。つまりcostタグで言えば、要素の値が数値という意味づけを記述できません。一方、後発のXML SchemaやRELAX NGには型を記述可能です。これはWeb APIにとって有用です。

[注2] 残念ながら世間的にセマンティックWebが成功したとは言えませんが、その理念は確実に今のWeb APIに引き継がれています。様々な見方や立場があるのでセマンティックWebそのものについての言及はこれ以上しません。

閉じた環境や実験的なサービスでは面倒なスキーマ定義を省略して整形式のXML文書を使うこともあります。しかし、公開するWeb APIでは妥当なXML文書を使うのが普通です。

スキーマの記述に最近はDTDを使うことはあまりなく、XML SchemaかRELAX NGを使います。とは言え、新規のスキーマ定義が乱立すると、結局独自規格のXMLが乱立するだけです。このため、ある時期からXMLの上位規格の乱立を抑制すべきという流れになっています。この中で今Web APIの世界のXMLのデファクト標準になりつつあるのがAtomです。

■ 19-2-4 Atom

AtomはRSSを置き換える目的で始まりました。RSSはWebサイトの更新情報の配信をするフィード用フォーマットの事実上の標準です。RSSは独自規格として始まりましたが、AtomはIETFによる標準規格です。

フィードの世界では必ずしもAtomはRSSを駆逐していませんが、Web APIの世界では重要な地位を占めています。紛らわしいことにAtomは（メタフォーマットの）XMLベースでありながら、Atom自身も拡張可能なメタフォーマット規格です。

AtomはAtom Syndication Format(rfc4287)とAtom Publishing Protocol(rfc5023)の2つの規格に分かれています。

前者はフィードを主目的とした規格です。後者はWeb上の文書の更新を目的とした規格です。前者が規定するのはデータフォーマットで、後者はそのフォーマットに従ったAtomデータをHTTPに載せて、更新データを一種の更新命令のように扱う規格です。HTTP上にXML形式の命令を載せるのは後述するSOAPが目指していたものに似ています。この話はRESTの中で改めて行います。

■ 19-2-5 JSON

Web APIのデータフォーマットでAtomと並び重要なのはJSONです。本書主題のJavaScriptとも関連深いJSONは今やXMLと並びWeb APIのデータフォーマットの2大巨頭です。実際、Web APIのデータフォーマットはXMLとJSONに集約されつつあると言っても過言ではありません。

JSONのフォーマットの詳細は「7章 データ処理」を参照してください。

■ 19-2-6 SOAP

ここからWeb APIの通信プロトコルの視点で歴史を見てみます。HTTPをRPC（リモートプロシジャコール）ととらえる動きがあります。RPCは簡単に言うとネットワーク越しの関数（手続き）呼び出しです。Web上の文書をデータとして扱う動きが初期からあったように、HTTPをRPCに見立てる動きも初期からありました。

通常のWeb利用で、Webブラウザからフォームに値を入力してポストするのは一般的な使い方で

Web API

す。画面で見るとフォームの入力とボタンのクリックですが、裏側ではHTTPで値を送信しています。値を送りレスポンスを受け取る動作は、HTTPという通信プロトコルを使いリモートの手続きを呼び出すように見なせます。RPCの見方をすると送信する値は関数に渡すパラメータに相当します。フォームの入力値はフォーム画面の作りに依存しますが、より汎用的なRPCを実現するためにパラメータを形式的に定義する必要があります。その代表格がSOAPです。

■SOAPとRPC

SOAPは前身の独自規格のXML-RPCをベースにした標準規格です[注3]。SOAPはパラメータの記述にXMLを使います。誤解を恐れずに言えば、SOAPとはXMLで命令を記述するRPCです。SOAPはトランスポート独立で、XMLで記述した命令をどうネットワーク上に流すかに自由度を与えています。ただ実際にはHTTPで送るのがほぼデフォルトなので本書はHTTPを前提にします。つまりHTTP上にXMLで記述した命令を流してRPCを実現するのがSOAPです。

2000年前後、SOAPはWebサービスという用語と共に大きく喧伝されました。あまりに喧伝されたため、SOAPとWebサービスが同一視されるほどになりました。これは今でも残っているため、SOAPを使わないWeb APIの中にはWebサービスという用語を避けるものもあります。

SOAPとWebサービスの周辺には大量の規格が存在します。もっとも重要なWSDLとUDDIの2つだけを紹介します。WSDLはインターフェース定義の記述言語です。SOAPがRPCの呼び出し用の規格とすれば、RPCの形式(パラメータと返り値)を記述するのがWSDLの役割です。UDDIはWSDLを発見するためにディレクトリの役割をする記述言語です。

19-2-7　REST

HTTP上にXML形式の命令を載せる形式だけを見るとAtom Publishing ProtocolとSOAPは類似しています。ただしその思想は異なります。AtomはRESTの思想をベースにしていて、RESTはアンチRPCとでも言うべきものだからです。RESTは改めて説明しますが、ここでSOAPと比較して違いを説明しておきます。

■SOAPとの比較

SOAPはRPC的な思想でリモートの手続きを呼び出します[注4]。このためHTTPに載せるXMLは命令と見なせます。

一方、RESTの思想でHTTP上に流すのはデータです。データではなくドキュメントやリソースと言い換えても構いません。RESTではサーバ上のリソースやドキュメントを更新するための更新情報をHTTPで渡します。命令に相当するものはHTTPのメソッド(GETやPOST)で示します。つまりAtomで記述した情報は更新データであり命令ではありません。「19-2-4 Atom」でXML形式の命

[注3] ただしSOAPがあまりに膨大な規格となったため、XML-RPCを使い続けるWeb APIも存在します。またXML-PRCのセマンティックを継承しJSONを使うJSON-RPCも存在します。

[注4] リモート手続きをオブジェクト指向的に解釈したリモートオブジェクトを扱います。SOAPで呼び出す対象はリモートオブジェクトのメソッドです。リモートオブジェクトも広義にはRPCなので本書はSOAPをRPCの文脈で扱います。

令という説明を使いましたが、これは厳密には正しい説明ではありません。

19-2-8　簡単なまとめ

Web APIの歴史を簡単に振り返りました。Web APIとはWebサービスの呼び出し規約です。現状のWeb APIの動向を概観すると、データフォーマットはXMLとJSONに収斂しつつあります。また、通信プロトコルはSOAPベースとRESTベースの2つが両巨頭です。SOAPベースはXMLと密に関連し、RESTベースはXMLのAtomまたはJSONと関連します。

19-3　Web APIの構成

19-3-1　Web APIの形態

次章でもう一度実例を交えながらまとめますが、Web APIの形態の進化を表19.1にまとめます。なおHTTP APIや言語APIは本書独自の用語なので注意してください[注5]。

表19.1　Web APIの進化

名称	説明
スクレイピング	非公式な手段
HTTP API	リクエストURLやレスポンスのデータ形式を定義
言語API	関数やクラスライブラリ（JavaScript API、JavaScriptライブラリ）を定義
ウィジェットAPI	HTMLのコード片

■HTTP APIと言語API

Web APIの歴史が本当に始まるのはHTTPレベルで規約を決めたものからです。HTTP APIの利用を開発者の視点で見ればネットワークプログラミングです。自分でHTTPのクエリパラメータを組み立てて、レスポンスも自力でパースします。

HTTPの詳細を関数呼び出しやクラスに隠蔽するライブラリの登場がWeb APIの第2幕です。このような言語APIはWeb APIの提供元（サービスプロバイダ）自身が提供することもあれば、無関係の開発者が勝手に作るサードパーティ製もあります。Web API提供者がHTTP APIのみを提供する場合でも、広く使われるWeb APIであれば、たいていはサードパーティによる言語APIが作られます。サードパーティ製は非公式API扱いですが、メジャーになると事実上の標準ライブラリとして位置づけられます。また公式の言語APIが存在しても、提供元が世の中のあらゆるプログラミング言語にAPIを提供できません。このためメジャーな言語以外の言語APIはサードパーティによる非公式APIが頼りです。

公式の言語APIが存在する場合、HTTPレベルのAPIを公開しないこともあります。公開しない

[注5]　スクレイピングは前節で説明したように公開されたHTMLやHTTP通信をいわば勝手に解析する手法です。対象HTMLの構造が変わるとコードの書き直しが必要です。Web APIと呼べない代物ですがWeb API前史として表に載せました。

Web API

とは、秘密にするという意味ではありません。そもそもHTTPの通信自体は秘密にしようもないからです。HTTPレベルの決まりを規約として公開しないという意味です。

HTTPレベルのAPIを公開しない利点はサービスプロバイダにとって自由度が上がる点です。一度HTTP APIとして公開してしまうと変更が難しいですが、公開しなければHTTPレベルの通信を変更しても言語APIで変更を吸収できます。

■JavaScript APIとウィジェットAPI

言語APIの世界でJavaScriptは実はあまりメジャーな存在ではありません。次の**「Web APIの利用」**で説明するように、現在、Web APIの利用はサーバサイドからの呼び出しが主流だからです。しかし徐々にクライアントサイド、つまりWebブラウザからWeb APIを呼ぶ潮流が起きつつあります。クライアントサイドJavaScript用の言語APIもしくはウィジェットの形態で提供される方向に進んでいます。ウィジェットは一部の文化ではブログパーツと呼ばれます。ガジェットやプラグインと呼ぶ人もいます。

ウィジェットは特定の決まったコード片をHTML内にコピーペーストするだけで使えます。ウィジェットの裏側に言語APIが隠蔽され、更にその裏側にはHTTP APIが隠蔽されます。利用者は実装詳細を知ることなく使える点でウィジェットはもっとも高度なAPIの形態です。

昔からGoogleやAmazonの検索ボックスという形でウィジェット型は存在していましたが、最近はiframeを使わない形態やユーザ認証の必要なAPI呼び出しもできるウィジェット型APIが登場しています。最近のホットなWeb APIはたいていこの方向に進んでいます。固有名詞を挙げると次のようなものです。これらは次章で取り上げます。

- Facebook Social Plugin
- Twitter @anywhere
- Google Friend Connect (GFC)

19-3-2 Web APIの利用

Web APIをどこから呼ぶかの違いで次のように分類できます。

- サーバ(Webアプリ)から呼び出し
- Webブラウザから呼び出し
- ネイティブアプリから呼び出し(デスクトップやスマートフォン)

現時点で、Web APIの主流はサーバからの利用です。本パートのメインテーマ、クライアントサイドJavaScriptからのWeb API呼び出しは主流ではありません。理由の1つはクライアントサイドJavaScriptからWeb APIを呼び出す場合に次のような問題点があるからです(**図19.1**)。

- クロスオリジン制限
- Web API呼び出しの通信を秘密にできない(APIキーなど)

19章 | Web APIの基礎

図19.1 クライアントサイドJavaScriptからWeb API呼び出しの問題点

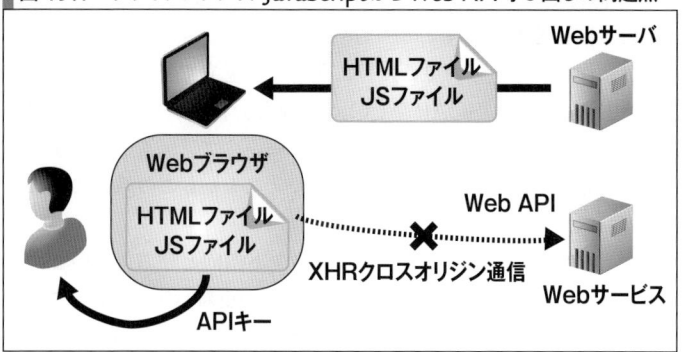

クロスオリジン制限の問題はPart3でも説明しました。主な回避方法を改めて下記にまとめます。個々の詳細はPart3と次章の実例を参照してください。

- サーバによる中継（プロクシ）
- JSONP
- XMLHttpRequest2 (CORS:Cross-Origin Resource Sharing)
- フレーム（iframe）間の連携
- PostMessage
- クロスドメインレシーバ

19-3-3 RESTful API

非SOAPのWeb APIを総称してREST APIもしくはRESTful API（REST風API）と呼びます。SOAPでもなくRESTfulでもないWeb APIはいくらでも定義可能なので論理的には正しい用法ではありません。しかし既に広く流布しているので本書もこれにならいます。

■RESTとは

そもそもRESTという用語はWeb APIとは無関係に生まれた用語です。RESTはRepresentational State Transferの略語で、HTTPの仕様策定者のひとりのRoy Fielding氏が論文の中で使った造語です。RESTは特定の技術を指す用語ではなく、Webというアーキテクチャを分析する中でWebを特徴づける分散システムのパターンを指す用語として生まれました。つまり順序としてはWebという実在するシステムが先にあり、論文はWebがなぜスケールできるのかを分析します。そして、そのパターンをRESTと名づけ、WebはRESTパターンに従った分散システムなのでスケールできる、と結論づけます。

RESTは分散システム上の対象をリソースと呼びます。そしてリソースはURIという名前空間でアクセスされると、ある特定の形態で実体化されます。実在のWebで考えると、Webブラウザからサーバにアクセスすると、サーバ側で管理されたデータが指定フォーマット（XMLやJSONなど）で

429

Part 5 Web API

Webブラウザに返されると考えるのが直感的です。リソースはHTTPのメソッドのGET、POST、PUT、DELETEで取得、作成、更新、削除を行えます。

RESTを特徴づけるのが、リモート操作をリソースの更新だけに限定する見立てです。REST以前の分散システムではRPCの見立てが主流でした。SOAPやCORBAなど分散オブジェクトもRPCの系譜です。これらRPCは、分散システム上の手続き呼び出しやリモートオブジェクトに対するメソッド呼び出しを軸に考えます。粒度を荒くしたサービス指向のアーキテクチャもこの系譜の上に乗ります。この世界ではどんな操作があるかが主軸になります。

一方、RESTの主軸はリソースです。リソース指向あるいはドキュメント指向と呼ぶ人もいます。許される操作はリソース（ドキュメント）の更新（作成や削除も含めた広義の更新）のみです。これは大きな制約です。しかし制約こそがアーキテクチャを決定づけます。そしてこのRESTの制約がWebのスケーラビリティを支えていると結論づけたのがREST論文の骨子です。

RESTを正しく理解すると、非SOAPをRESTと呼ぶのは間違いだとわかります。分散システムをあえて二分して最適な用語を選ぶなら、RPC派とREST派と呼ぶほうがまだ理にかなっています。前者は操作を主眼に置き、後者はリソース更新を主眼に置きます。非SOAPでRESTを語るのは、RPC派の代表格としてSOAPが選ばれていると考えてください。

■SOAP vs. REST

実務的な視点でSOAPとRESTを比較すると、大きな相違点はURLの命名スタイルに現れます。SOAPのURLは操作と対応づけられます。このためURLの命名が動詞的になります。オブジェクト指向的にオブジェクト名と操作名を組み合わせれば、URLが名詞と動詞の組み合わせになります。

一方のRESTはURLがリソースに対応づけられます。このためURLが名詞的になります。動詞はURLに現れません。動詞はHTTPのメソッドのGETやPOSTで指定されているからで。このような形式から、RESTful APIをURLの命名スタイルととらえる人もいます。やや狭い見方ですが実務的にRESTfulを定義する、1つの妥当な分類です。

SOAPにもRESTのスタイルにも従わないWeb APIは世の中に山ほどあります。しかし、現実はRESTのスタイルに従わないWeb APIが、SOAPでなければ自らをRESTful APIと名乗っているのが実状です。この背景には、SOAPという標準規格でかつ巨大で複雑できっちりしたモノに対するアンチテーゼとしてRESTfulが使われている側面があります。このためSOAPでなければ、たとえRESTのURL命名スタイルに沿っていようとなかろうとRESTful APIと自称するWeb APIは多く存在します。

19-3-4 APIキー

一部のWebサービスはWeb API利用のためにAPIキーと呼ばれるキーを発行します。そしてWeb API利用時にAPIキーの提出を義務づけます。HTTPレベルで見るとリクエスト時のクエリパラメータでAPIキー渡して、サーバ側が値をチェックします。APIキーの主な役割は次のとおりです。

- 利用制限（API呼び出し回数など）
- （将来的には）課金

利用制限は現在多くのWeb APIで行われています。一方、課金を行うWeb APIは筆者の知る限りまだ存在しません。このため事実上APIキーは無料です。メールアドレスと連動させてAPIキーの無尽蔵な発行を抑制するサービスはありますが、厳密なものではありません。

このような背景があるため、現状、APIキーを秘密情報と思うかは微妙な位置づけです。APIキーを盗まれて勝手に使われると、利用制限に引っかかって自分のアプリからWeb API呼び出しができなくなる危険はあります。とは言え、金銭的な被害はないので嫌がらせ以上の意味はありません。

APIキーを秘密にすべきかの判断はクライアントサイドJavaScriptにとって重要な意味を持ちます。なぜならクライアントサイドJavaScriptからWeb APIを使う場合、原理上、APIキーを秘密にできないからです。

普通はAPIキーをJavaScriptコード内に記述するので、利用者がWebブラウザで簡単に読み取れます。たとえJavaScriptコードの難読化などの細工をしても、利用者のWebブラウザからWeb APIを呼び出す以上、そのHTTP通信を見ようと思えば誰でも簡単に見られます。結局、APIキーを秘密にする必要があればクライアントサイドJavaScriptからのWeb API呼び出しは使えません。

同じ問題はネイティブアプリにもあります。もしAPIキーを秘密にする必要があるならば、サーバサイドでWeb APIを使う必要があります。

19-4 ユーザ認証と認可

19-4-1 Webアプリのセッション管理

誰でも読める文書を取得するWeb APIであればユーザ認証は不要です。しかし、文書を更新したりあるいはアクセス制限した文書を取得するWeb APIであればユーザ認証が必要になります。

■ユーザ認証の仕組み

Web APIのユーザ認証を理解する前提として、Webアプリ一般のユーザ認証の仕組みを先に説明します。Webアプリのユーザ認証の仕組みはセッション管理に帰着します。Webアプリのセッション管理とは、端的に説明すると、HTTPリクエストがどの利用者からのリクエストかを判別する仕組みです。HTTPという通信プロトコルは、1リクエストに対し1レスポンスを返すのが1つの単位です。同じ利用者が同じWebブラウザから同じサーバにリクエストを投げても、そのリクエストと前のリクエストを結びつける情報は（原則は）ありません。このため、同じ利用者からのリクエストを識別するためにセッション管理をします。

それぞれが独立したHTTPリクエストに対して、同じ利用者からのリクエストを区別するマークをつけます。そのマークを元にサーバ側でリクエストの利用者を判別します。リクエストを区別するためのマークには、クッキーもしくは特別なクエリパラメータを使います。

Webアプリサーバ側で利用者ごとに保持する状態をセッションと呼びます。セッションに利用者の情報を格納することで利用者に応じたレスポンスを返せます。

Part 5 Web API

■ クッキーとセッション管理

クエリパラメータを使う手法の説明は省略して、話をクッキーに限定します。クッキーの実体はCookieという名称のHTTPリクエストヘッダです。クッキーヘッダが他のリクエストヘッダと異なるのは、（クッキーに対応した）Webブラウザがクッキーヘッダの値をローカルで記憶する点です。

Webブラウザはサーバから受け取ったクッキー値を記憶し、同じサーバへのリクエスト時には、記憶しているクッキー値をリクエストに載せます[注5]。Webアプリは受け取ったクッキーヘッダの値を参照して、そのリクエストがどのWebブラウザから来たかを判別できます。

クッキーで区別できるのは同じWebブラウザかどうかなので、異なる利用者が同じWebブラウザを使うと利用者の区別がつきません。企業や学校のPCでも充分に危険ですし、ネットカフェなど不特定多数の利用者が同一のPCを使う環境では致命的なセキュリティリスクになります。またクッキーヘッダの値が個人識別のために重要になると、クッキー値がパスワード以上に秘密情報になってしまいます。しかし普通のWebブラウザは、ローカルで記憶するクッキー値に厳重な防御機能を持ちません。

このリスクを防ぐために、クッキー値にはWebアプリが発行するセッションIDを使います。セッションIDの役割は、Webアプリ上のセッションの情報を引くためのキーです。セッションIDは一般に乱数を元に生成し値自体は意味を持ちません。利用者がWebアプリをログアウトした時や、あるいは利用者から一定時間リクエストがない時にWebアプリ側のセッションIDをクリアします。Webアプリ側のセッションIDの有効期間を限定することで、クッキー値つまりセッションIDを盗まれた時のリスクを減らします。一般にこの有効期間を「セッションタイムアウト値」と呼びます。

話をまとめると、値自体には意味のないセッションIDをWebブラウザとWebアプリの間でクッキーとしてやりとりします。Webブラウザ側はどのサーバにどのクッキー値を渡すかの状態を管理し、Webアプリ側は受け取ったセッションIDから引いたセッション情報の状態を管理します。双方がこれらの状態を管理することでWebアプリ利用者のログイン状態を管理します。

■ クッキーの有効期限

紛らわしい用語にセッションクッキーという用語があります。Webアプリ側のセッションと無関係の用語で、Webブラウザの起動状態を意味する用語です。有効期限を明示しないクッキーの有効期限はWebブラウザのプロセスが生きている間だけです。つまりWebブラウザを終了するとクッキーは無効になります。

一方、クッキーに有効期限を指定するとWebブラウザ側のローカルディスクに残り、Webブラウザを再起動した後もクッキーが有効なままです。前者のようにWebブラウザのプロセスの終了とともに無効になるクッキーを俗にセッションクッキーと呼びます。用語が紛らわしいので注意してください。

19-4-2 セッション管理とユーザ認証

クッキーとセッション管理を使いWebアプリでユーザ認証を行う一般的なフローを図示します（図19.2）。セッション管理されていない利用者がログインの必要なWebアプリにアクセスするとロ

[注5] サーバからクライアントにはSet-Cookieレスポンスヘッダでクッキー値を送ります。JavaScriptでクッキー値を生成する方法もありますがセッション管理の文脈では一般的ではありません。

グイン画面を表示します。利用者はログイン画面でユーザIDとパスワードを入力します。

ユーザIDとパスワードを受け取ったWebアプリは内部のデータベースやディレクトリなどでパスワード認証を行います。認証に成功するとログイン状態を管理するセッションを生成してセッションIDをクッキー値として返します。

これ以後、クッキーの有効期限とセッションの有効期限の間、利用者はWebアプリ上でログイン状態になります。

図19.2　クッキーを使うセッション管理の概念図

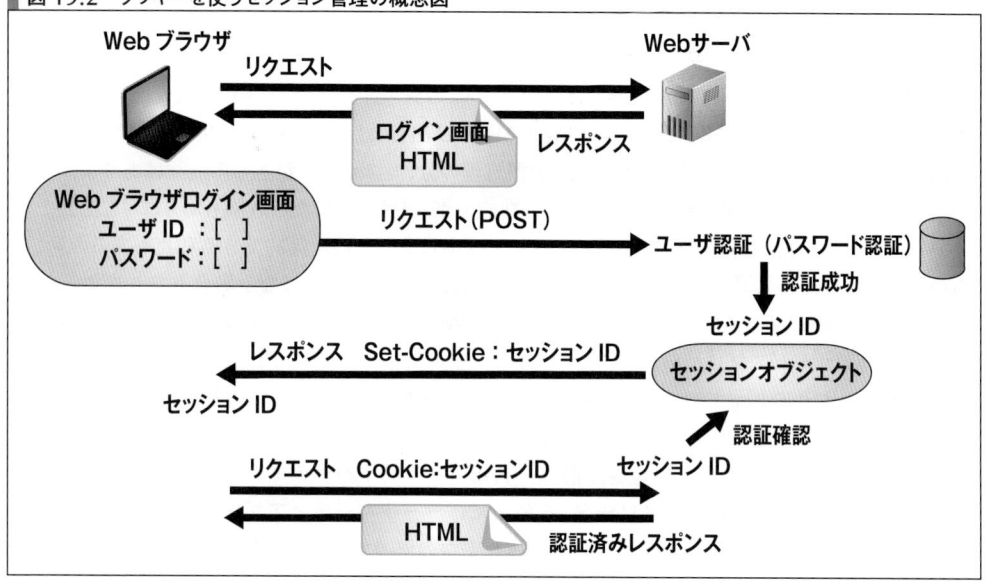

次節のWeb APIとクッキーを考える上で、覚えておくべき重要な規則があります。それはクッキーは発行元のWebアプリに対してのみ送信される規則です。

Webブラウザはクッキー発行元のWebサーバにはクッキーを送りますが、別のWebサーバのリクエストにこのクッキーは送りません[注6]。クロスオリジン制限に似た制限ですが、クロスオリジン制限が多少なりとも抜け穴があるのに対し、クッキー値を別サーバに送る手段は一切存在しません。

19-4-3　Web APIと権限

前節を踏まえて、Web APIとユーザ認証を考えます。Web APIを使う場面には、Web APIの提供サーバ、Web APIの利用アプリ、そのアプリにWebブラウザでアクセスしている利用者の3つの役割があります。これらを説明する用語は混乱していてまだ完全に世の中で統一された呼び方は存在しません。本書ではWeb APIの提供サーバを**サービスプロバイダ（SP）**、Web APIの利用アプリを**サードパーティアプリ**、Webブラウザを操作している利用者を**ユーザ**と呼ぶことにします。

[注6]　厳密にはもう少し細かい制御が可能ですが大枠はこう理解して構いません。

サービスプロバイダはGoogleやFacebookやTwitterなどの大規模アカウントを保持しているサービスを主に想定してください。サードパーティアプリはそれらサービスプロバイダが提供するWeb APIを利用するWebアプリです。利用者はサービスプロバイダにアカウントを持ち、かつWebブラウザでサードパーティアプリにアクセスして利用します。

サードパーティアプリがサービスプロバイダのWeb APIを利用する場合、呼び出しをサーバサイドから行うかクライアントサイドから行うかで2つの形態があります。それぞれの動作を図にします（図19.3 と図19.4）。

■サーバサイドのWeb API呼び出しと権限

サーバサイドからWeb APIを呼ぶ形態のほうがクロスオリジン制限など難しい問題がないので実装は比較的容易です。クライアントサイドからのWeb API呼び出しと比較すると、利用者からのWeb API呼び出しをサーバが中継する形になります。中継処理の分、レスポンスが落ちる危険はあります。またWeb API呼び出しの処理がサーバに集中して性能のボトルネックになる危険もあります。しかし、同じWeb APIの呼び出し結果をキャッシュしたり呼び出しそのものを集約できる利点もあるため、これらの工夫でトータルに考えると、サーバサイドから呼ぶほうが効率的になる場合もあります。

サーバサイドからWeb APIを呼ぶ時、誰の権限でWeb APIを呼ぶかが問題になります。理想的には、利用者がサービスプロバイダ上に持つアカウントの権限でWeb APIを呼ぶべきです。しかし前節で説明したようにクッキーは発行元サーバ以外には送信されません。このためサービスプロバイダのログイン状態と関連したクッキーはサードパーティアプリに送られることはありません。

OAuthあるいは類似プロトコル登場以前は、利用者がサードパーティアプリにサービスプロバイダ上のアカウント（ユーザIDとパスワード）を教えて、サードパーティアプリがサービスプロバイダに擬似的にログインする形態もありました。これも1つの解ですが安全さに難があります。

この問題を解決するのが後述する権限委譲プロトコルのOAuthです。利用者から権限委譲を受けたサードパーティアプリは利用者の権限でサービスプロバイダのWeb APIを呼べるようになります。

図19.3　サーバサイドからWeb API呼び出し

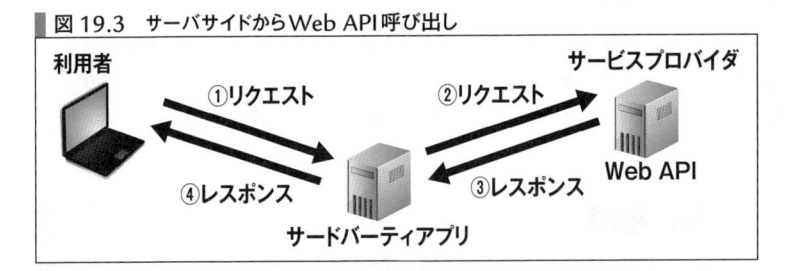

■クライアントサイドのWeb API呼び出しと権限

クライアントサイドJavaScriptからWeb APIを呼ぶ場合にも、同じように権限にまつわる問題がありますが、実状は異なります。

図19.4を見てわかるように、Web API呼び出しはWebブラウザからサービスプロバイダへの

HTTPリクエストです。サーバサイドからの呼び出しと異なり、このリクエストには利用者のサービスプロバイダ上のログイン状態と関連したクッキーが載ります。一見、権限の問題を回避できているようですが残念ながら問題があります。この問題は次のCSRFで説明します。そしてこの問題の回避をOAuthで説明します。

図19.4　クライアントサイドからWeb API呼び出し

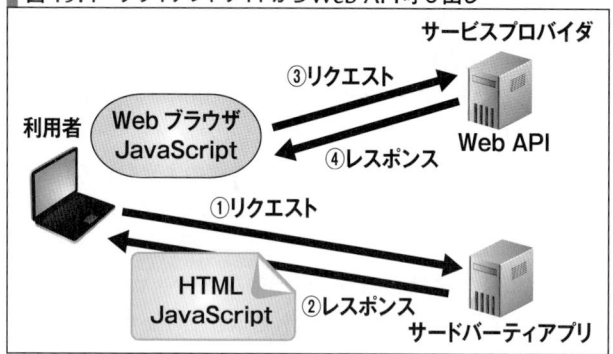

■CSRF

利用者がサービスプロバイダにログイン済みであれば、Webブラウザからサービスプロバイダへの HTTPリクエストはログイン済みのリクエストになります。一見、図19.4のようにクライアントサイドからWeb APIを呼び出す時のユーザ認証の問題を解決しているようですが、実は単なるセキュリティホールです。

なぜなら、もしWeb APIが文書作成や文書削除の機能を提供していると、極端な例ですが、Webページを開いただけで知らないうちに勝手に文書削除もできてしまうからです。これはCSRF（Cross-Site Request Forgeries）と呼ばれる攻撃そのものです。もしこのようなWeb APIがあれば致命的なセキュリティリスクです。正しくあるべき姿は利用者がWeb APIの呼び出しに許可を与えられる仕組みです。これを実現する1つの手段が後述するOAuth 2.0のユーザエージェントフローになります。

19-4-4　認証と認可

次節でOAuthの権限委譲を説明する前に、認証（authentication）と認可（authorization）の用語を整理します。混乱しやすいので違いを**表19.2**にまとめます。

表19.2　認証と認可

名称	説明
認証	身元を判断するために個人やプロセスが提示する資格情報の検証
認可	何かを行う、またはある場所に存在するための権限を個人に与えること

Webアプリの認証は事実上ログイン処理のことです。ユーザIDとパスワードを入力してログインします。パスワードはその本人しか知りえない秘密情報です。その本人しか知りえない秘密情報を

435

Web API

知っている人は本人という理屈です。

　パスワード以外にも、本人しか知りえない（持ちえない）秘密情報として、生体認証や秘密鍵認証（PKI認証）などもありますが、Webアプリに限ればパスワード認証が事実上の標準です。前節で説明したように、ログイン中はセッションIDをクッキーなどで送ることでユーザ認証をします。いわば、セッションIDが一時的な秘密情報の肩代わりをします。

　認可はログイン後に利用者が何をできるかを決めることです。自分の書いた文書を書き換える権限だったり、他人の書いた文書を読める権限だったり、文書にコメントを追加できる権限だったりします。

　これが認証と認可の話ですが、ここまでは、あるWebアプリ（サービス）と利用者の間の1対1の間の話です。前節の冒頭に挙げたようにWeb APIを使う文脈では、サービスプロバイダ、サードパーティアプリ、利用者の3者が存在します。3者間での認証、認可には権限の委譲のような別の仕組みが必要になります。この仕組みを分散認証システム/プロトコル、あるいは分散認可システム/プロトコルと呼びます。

　分散認証の例としてはOpenID、分散認可の例としてはOAuthなどがあります。Web APIの世界では分散認可システムの役割が大きくなってきているので次にOAuthを取り上げます。

19-4-5　OAuth

　OAuthの詳細情報は次のURLを参照してください。IETFによるOAuth 2.0の策定が進んでいます。既に一部のWeb APIはOAuth 2.0に対応しています。

http://oauth.net

　OAuthは「認可伝達プロトコル」です。つまりサービスAで認可されたことをサービスBに伝達するためのプロトコル規格です。OAuthは「認証プロトコル」や「認可プロトコル」と呼ばれることもありますが、混乱を招く呼び方です。認証プロトコルと呼ぶと、BASIC認証やフォーム認証のように、ユーザIDやパスワードを送信するやりとりを想起する危険があります。OAuthは認証された権限の委譲です。つまり「権限委譲プロトコル」と呼ぶほうが適切です。

　Web APIの世界の用語を使うと、サービスプロバイダ上の利用者の権限（文書作成やコメント付与など）をサードパーティアプリに委譲するためにOAuthを使います。この時、利用者とサービスプロバイダの間の秘密情報（パスワードやセッションIDのクッキー値）をサードパーティアプリに渡すことなく権限委譲できます。OAuth以外に類似の権限委譲を目的とした独自プロトコルが存在しますが、Web APIの世界では徐々にOAuth 2.0に集約されてきています。

　一般的にOAuthと言うと図19.3のサーバサイドからWeb APIを呼ぶ時に使います。ただOAuth 2.0では図19.4のクライアントサイドJavaScriptでも使えるユーザエージェントフローが追加されています。

■OAuth 2.0のサーバサイドフロー

　先に一般的なOAuthのフローを説明します。図19.3でサードパーティアプリが利用者の権限で

サービスプロバイダのWeb APIを叩くのが基本シナリオです。この時の裏側の通信プロトコルを概観すると図 **19.5** のようになります。

OAuthの詳細は仕様書や専門書に譲りますが、非常に端的に言えば、図 19.5 のフローの目的はアクセストークンの取得です。アクセストークンはいわば時限付きの秘密情報代替です。アクセストークンつき（一般にWeb APIを呼ぶ時にHTTPのクエリパラメータで渡します）のWeb API呼び出しは、サービスプロバイダ上で利用者アカウントの権限で実行されます。

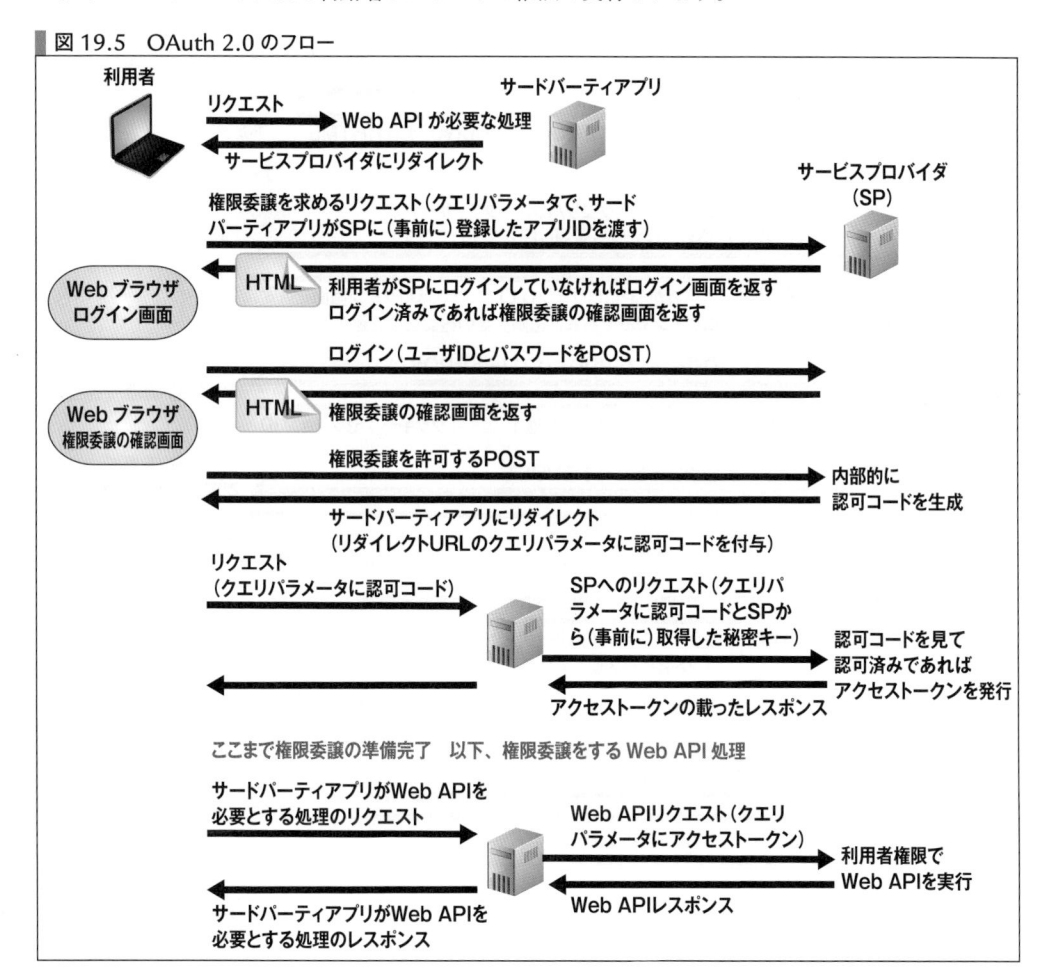

図 19.5　OAuth 2.0 のフロー

```
[図：OAuth 2.0 のフロー]
利用者 — サードパーティアプリ — サービスプロバイダ(SP) 間のシーケンス

1. 利用者→サードパーティアプリ：リクエスト（Web APIが必要な処理）
2. サードパーティアプリ→利用者：サービスプロバイダにリダイレクト
3. 利用者→SP：権限委譲を求めるリクエスト（クエリパラメータで、サードパーティアプリがSPに（事前に）登録したアプリIDを渡す）
4. SP→利用者：HTML（利用者がSPにログインしていなければログイン画面を返す／ログイン済みであれば権限委譲の確認画面を返す）→Webブラウザ ログイン画面
5. 利用者→SP：ログイン（ユーザIDとパスワードをPOST）
6. SP→利用者：HTML 権限委譲の確認画面を返す→Webブラウザ 権限委譲の確認画面
7. 利用者→SP：権限委譲を許可するPOST
   （SP内部的に認可コードを生成）
8. SP→利用者：サードパーティアプリにリダイレクト（リダイレクトURLのクエリパラメータに認可コードを付与）
9. 利用者→サードパーティアプリ：リクエスト（クエリパラメータに認可コード）
10. サードパーティアプリ→SP：SPへのリクエスト（クエリパラメータに認可コードとSPから（事前に）取得した秘密キー）
    （認可コードを見て認可済みであればアクセストークンを発行）
11. SP→サードパーティアプリ：アクセストークンの載ったレスポンス

ここまで権限委譲の準備完了　以下、権限委譲をする Web API 処理

12. 利用者→サードパーティアプリ：サードパーティアプリがWeb APIを必要とする処理のリクエスト
13. サードパーティアプリ→SP：Web APIリクエスト（クエリパラメータにアクセストークン）→利用者権限でWeb APIを実行
14. SP→サードパーティアプリ：Web APIレスポンス
15. サードパーティアプリ→利用者：サードパーティアプリがWeb APIを必要とする処理のレスポンス
```

■OAuth 2.0 のユーザエージェントフロー

本章主題のクライアントサイドJavaScriptからWeb APIを呼ぶ場合（図 19.4）、OAuth 2.0 のユーザエージェントフローを使えます（現在の OAuth 2.0 の仕様では Implicit Grant と呼んでいます）。

Web API

この時の裏側の通信プロトコルを概観すると**図 19.6** のようになります。

図 19.5 と異なりサードパーティアプリ（サーバサイド）とサービスプロバイダのやりとりはありません。利用者とサービスプロバイダの間の HTTP 通信はログイン状態であればクッキーが載りセッション管理されることに留意してください。図 19.6 のやりとりの目的は同じくアクセストークンの取得です。アクセストークンの役割は図 19.5 と同じです。

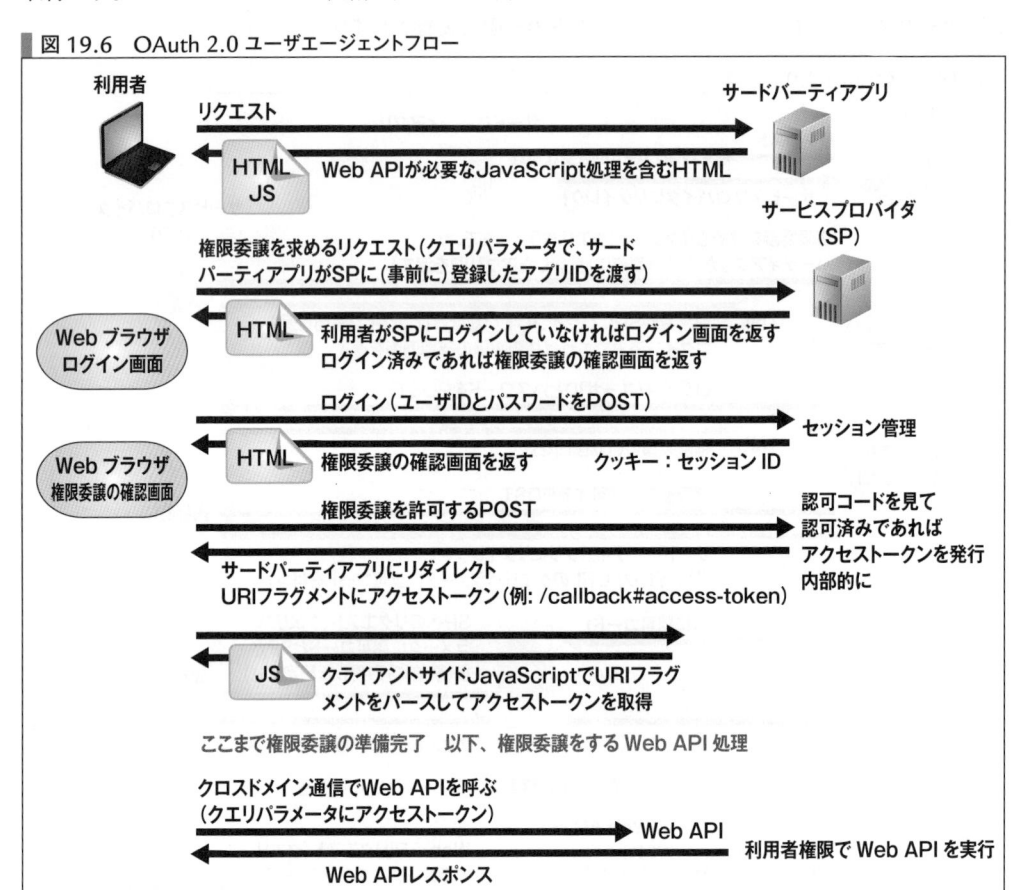

図 19.6　OAuth 2.0 ユーザエージェントフロー

```
利用者 → リクエスト → サードパーティアプリ
利用者 ← HTML/JS：Web APIが必要なJavaScript処理を含むHTML
利用者 → 権限委譲を求めるリクエスト（クエリパラメータで、サードパーティアプリがSPに（事前に）登録したアプリIDを渡す） → サービスプロバイダ (SP)
Web ブラウザ ログイン画面 ← HTML：利用者がSPにログインしていなければログイン画面を返す / ログイン済みであれば権限委譲の確認画面を返す
利用者 → ログイン（ユーザIDとパスワードをPOST） → SP（セッション管理）
クッキー：セッションID
Web ブラウザ 権限委譲の確認画面 ← HTML：権限委譲の確認画面を返す
利用者 → 権限委譲を許可するPOST → SP
← サードパーティアプリにリダイレクト URIフラグメントにアクセストークン（例: /callback#access-token）
（認可コードを見て認可済みであればアクセストークンを発行 内部的に）
← JS：クライアントサイドJavaScriptでURIフラグメントをパースしてアクセストークンを取得

ここまで権限委譲の準備完了　以下、権限委譲をする Web API 処理

クロスドメイン通信でWeb APIを呼ぶ（クエリパラメータにアクセストークン） → Web API
利用者権限で Web API を実行
← Web APIレスポンス
```

20章 Web APIの実例

本章はWeb APIの実例を紹介します。最近のメジャーなWebアプリはWeb APIを提供することでサードパーティアプリとエコシステムを構築するのが1つの形です。実例を見ながらWeb APIの共通点や方向性を感じてください。

20-1 Web APIのカテゴリ

Web APIの実像をつかむために代表的なカテゴリをProgrammableWeb[注1]から引用します（表20.1）。このカテゴリはあくまで今のWeb APIの姿を反映したものです。Webの可能性は今までなかった新しいカテゴリが生まれてくる点にあります。**表20.1** がWeb APIの応用例のすべてだと思わないでください[注2]。

表20.1 ProgrammableWebのカテゴリ抜粋

カテゴリ名	説明
Advertising	広告。Googleの1強
Answers	ソーシャルQ&A。Yahoo AnswersをStack Overflow、Quoraなどが追う
Blog Search	ブログサーチ。Technorati以降はやや下火
Blogging	ブログ。Twitterに押されぎみでやや下火
Bookmarks	ソーシャルブックマーク。del.icio.us以降はやや下火
Calendar	カレンダー。Google Calendarの1強
Chat	チャット。Twitter、Facebookに押されぎみでやや下火
Database	データベース。NoSQLからRDBのCRUD操作のREST化など
Dictionary	辞書
Email	Webメール
Enterprise	salesforce.comの1強
Events	地域イベントの共有。EventfulとUpcoming.orgの2強
Feeds	フィード
File Sharing	オンラインファイル共有
Financial	株価情報、外貨レートなど
Food	レストランサーチなど
Games	ゲーム。SecondLife以降はやや下火
Internet	事実上、その他カテゴリ。Amazon EC2など
Job Search	転職支援
Mapping	地図。Google Mapsの1強
Media Management	BBCのアーカイブの1強
Messaging	メッセージング。411Syncなど
Music	Last.fmの1強
News	DiggやRedditなど

次ページへ

(注1) http://www.programmableweb.com/
(注2) 表20.1の説明は本書執筆時点での著者の感想も含まれています。

Web API

前ページの続き

カテゴリ名	説明
Office	Google Docs、SlideShare、Zohoなど
Payment	PayPalの1強
Photos	写真共有。Flickrの1強をTwitPic、Smugmug、Instagramなどが追う
Project Management	プロジェクト管理。Basecampなど
Real Estate	家探しサービス。Zillowなど
Recommendations	お薦めサービス。Yelpなど
Reference	GeoNamesやWikipediaなど
Search	検索。Google、Yahoo!、Bingの3強
Shipping	FedExなど配送サービス
Shopping	オンラインショッピング。最大手Amazon、eBayの2強に新興のGrouponなど激戦区
Social	Twitter、Facebook、Foursquare、LinkedIn、MySpaceなど
Storage	オンラインストレージ。最大手Amazon S3に新興のDropboxなど
Telephony	インターネット電話。Twilio、Skypeなど
Tools	Google App Engineなど
Utility	Google Translate、Evernoteなど
Video	YouTubeの1強
Weather	天気予報

20-2 Google Translate API

　Google Translate APIはテキストを送って翻訳テキストが返ってくるWeb APIです。動作が単純なので、Web APIの本質だけに注目できます。しかし残念なことにGoogle Translate APIのサービスは終了予定です(**注3**)。

　Google Translate APIの提供は終了予定ですが、他のWeb APIの紹介の基礎になるので説明に使います。Google Translate API自体の使い方よりも、Web APIの形態に焦点を当てます。

　Google Translate API v2 ベースで説明します。下記にAPIのリファレンス文書があります。

http://code.google.com/intl/ja/apis/language/translate/overview.html

　Google Translate APIとは別にGoogle TranslateのWebアプリが存在します。次のURLでアクセスできます。

http://translate.google.com

　Google Translate APIの提供機能はWebアプリと基本的に同じなので、前章で説明したスクレイピング手法でHTTP通信とHTMLを解析してプログラムからアクセスすることもできます。

　理屈上は、テキストを送って翻訳結果を得られるプログラムを作れますが決して効率的ではありませんし、HTMLの構造が変わると動かなくなる危険があります。できることが同じでもWeb APIを使う利点はこのようなWebアプリ側の作りの都合に振り回されない点にあります[注4]。

(注3)　http://googlecode.blogspot.com/2011/05/spring-cleaning-for-some-of-our-apis.html
(注4)　筆者自身も皮肉に感じていますが、APIの提供自体が止まってしまえば影響は受けます。もっともこのリスクはWebアプリ自身の閉鎖でも起きるので避けられないリスクです。

20章 | Web APIの実例

■ 20-2-1 準備

Google Translate APIを使うにはGoogleアカウントが必要です。Googleアカウントを取得してGoogleのサイトにログインしてください。アカウント取得は無料です。次のページにアクセスするとGoogleが提供するWeb APIの管理画面になります。

https://code.google.com/apis/console/

管理画面でGoogle Translate APIサービスを有効にするとAPIキーを受け取れます。APIキーは1日のWeb APIの呼び出し回数の上限を決めるためにあります。Googleアカウント自体が無料で(ほぼ)無制限に取得可能なので、厳密な管理ではありません。

■ 20-2-2 動作概要

Google Translate APIの基本は次のURLにHTTPのリクエストを投げてJSON形式のレスポンスを受け取る動作です。

```
https://www.googleapis.com/language/translate/v2?クエリパラメータ
```

URLのパスは決まっているのでリクエスト時の可変部分はクエリパラメータのみです。関数呼び出しと対比すると、URLパスが関数名相当で、クエリパラメータが引数、レスポンスが関数の返り値に相当すると考えてください。Web APIという言葉だけを知って実体を見たことのない人は、このあまりの単純さに拍子抜けするかもしれません。Web APIのもっとも単純な形態は本当にこれだけです。

使えるクエリパラメータ名はWeb APIの規定で決まっています。最低限、**表20.2**のクエリパラメータを知っていれば使えます。その他はリファレンス文書を参照してください。

表20.2　URLのクエリパラメータ

パラメータ名	必須	説明
q	○	翻訳したい文字列を指定
key	○	APIキーを指定
source	×	翻訳の対象文字列の言語を指定 (指定しない場合、自動判定)
target	○	翻訳先の言語を指定
callback	×	JSONP用のコールバック関数を指定 (後述)

プログラムから呼び出す前にHTTPを直接叩いて動作確認してみます。確認にはcurlコマンドを使います。curlはコマンドラインで使えるHTTPクライアントツールです。引数に指定したリクエストURLにHTTPリクエストを投げて、HTTPレスポンスを標準出力に出力します。

リクエストURLのパスやパラメータ、APIキーの詳細は気にせず、返ってきたレスポンスの形式に注目してください (**図20.1**)。

441

Part 5 Web API

図 20.1　Google Translate API の動作確認

```
$ export APIKEY=取得したAPIキー

# keyとtargetとqパラメータは必須（sourceパラメータは省略も可能）
$ curl "https://www.googleapis.com/language/translate/v2?key=${APIKEY}&q=I%20found%20a%20cat&target=ja&source=en"
{
 "data": {
  "translations": [
   {
    "translatedText": "私は猫を見つけた"
   }
  ]
 }
}
```

　図 20.1 のレスポンスは JSON フォーマットです（Part2 **7-2 JSON** 参照）。サーバサイドであれば HTTP 通信と JSON をパースするコードを書けば Google Translate API を使えます。しかしクライアントサイド JavaScript の場合、クロスオリジン制限があるため、これだけでは使えません（前章を参照）。Google Translate API は JSONP をサポートしているので、クロスオリジン制限を回避可能です。

　JSONP をサポートする Web API は JSONP フォーマットのレスポンスを受けとるために呼び方の決まりがあります。Google Translate API では**図 20.2** のようにリクエスト URL に callback パラメータを渡します。callback パラメータ値に渡した名前を関数名と見なして JSONP 形式のレスポンスが返ります。

　callback という名前のパラメータ名は多くの JSONP 対応の Web API が採用している事実上の標準パラメータ名です。

図 20.2　JSONP を使うリクエスト

```
$ export APIKEY=取得したAPIキー
$ curl "https://www.googleapis.com/language/translate/v2?key=${APIKEY}&q=cat&target=ja&source=en&callback=myfunc"
myfunc({
 "data": {
  "translations": [
   {
    "translatedText": "猫"
   }
  ]
 }
});
```

20-2-3　Web API の利用コード

　前節の JSONP を JavaScript から使う例を**リスト 20.1** に示します。_YOUR_APIKEY_ の部分は

取得したAPIキーで置換してください。

リスト20.1はHTMLファイルの断片です。以下、本章のHTMLコードはすべて断片なので注意してください。リスト20.1はJSONPの動作がわかりやすいように敢えてライブラリを使わず書いています。一般にJSONPを使うには動的にscriptタグを作る必要があります。

リスト20.1　JSONPを使うコード例

```
<script>
// JSONPのコールバック関数
function translateText(response) {
  alert(response.data.translations[0].translatedText); // 翻訳結果を表示
}

function doTranslate() {
  var newScript = document.createElement('script');
  newScript.type = 'text/javascript';
  var sourceText = encodeURIComponent(document.getElementById("sourceText").value);
  var source = 'https://www.googleapis.com/language/translate/v2?key=_YOUR_APIKEY_&source=en&target=ja&callback=translateText&q=' + sourceText;
  newScript.src = source;

  // JSONP呼び出しのためにscriptタグの動的生成
  document.getElementsByTagName('head')[0].appendChild(newScript);
}
</script>

<input type="text" id="sourceText" />
<div onclick="doTranslate()">翻訳</div>
```

JSONP呼び出しコード（scriptタグの動的生成など）を隠蔽するJavaScriptライブラリがあります。jQueryはそのようなJavaScriptライブラリの1つです。jQueryを使ってGoogle Translate APIを使うコードを**リスト20.2**に示します。

リスト20.2　jQueryからJSONPの利用コード

```
<script src="http://ajax.googleapis.com/ajax/libs/jquery/1.6.1/jquery.min.js"></script>
<script type="text/javascript">
function doTranslate() {
  $.ajax({
        'type':'GET',
        'url':'https://www.googleapis.com/language/translate/v2',
        'data': {key:'_YOUR_APIKEY_', q:$('#sourceText').val(), target:'ja'},
        'dataType':'jsonp',             // JSONP利用の指定
        'success':function(response) {  // JSONPのコールバック関数
                alert(response.data.translations[0].translatedText); // 翻訳結果を表示
                }
        });
}
</script>
<input type="text" id="sourceText" />
<div onclick="doTranslate()">翻訳</div>
```

Google Translate APIはJavaScript用の言語APIも提供します。これを使って書いたコードが**リスト20.3**です。内部的にはJSONPを使っているので、実質はリスト20.1やリスト20.2をgoogle.language.translate関数呼び出しの中に隠蔽しているだけです。

リスト20.3　Google Translate JavaScript APIの利用コード

```
<script src="https://www.google.com/jsapi?key=_YOUR_APIKEY_"></script>
<script type="text/javascript">
google.load("language", "1");

function doTranslate() {
  var text = document.getElementById("sourceText").value;

  google.language.translate(text, 'en', 'ja',
    function(result) {
      if (result.translation) {
        alert(result.translation); // 翻訳結果を表示
      }
    });
}
</script>
<input type="text" id="sourceText" />
<div onclick="doTranslate()">翻訳</div>
```

20-2-4　ウィジェット（Google Translate Element）

最後にGoogle Translate Elementを紹介します。Google Translate ElementはGoogleの分類ではWeb Elementsという枠組みで提供されています。Web Elementsは次のサイトにあります。本書はWeb ElementsもWeb APIの一種と定義します。

http://www.google.com/webelements/

次の画面で対話的にオプションを選ぶとHTMLコード片を得られます。

http://translate.google.com/translate_tools

得られるコード片の例を**リスト20.4**に示します。このコード片をHTML内にペーストすると図20.3の画面になります。

リスト20.4　Google Translate Elementの利用例

```
This is a cat.
<div id="google_translate_element" style="display:block"></div><script>
function googleTranslateElementInit() {
  new google.translate.TranslateElement({pageLanguage: "en", includedLanguages: 'ja'}, "google_translate_element");
};</script>
<script src="http://translate.google.com/translate_a/element.js?cb=googleTranslateElementInit"></script>
```

図 20.3 Google Translate Element の画面図

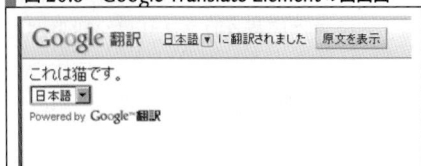

図 20.4 Google Static Maps API の結果

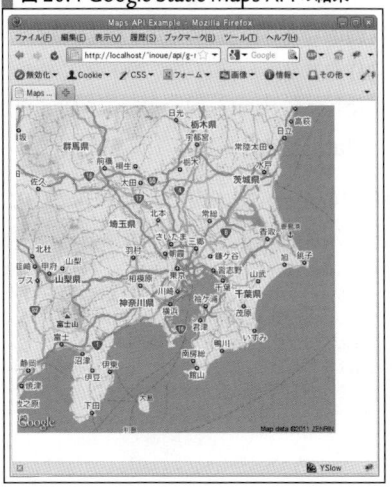

Google Translate Element は、前章の表 19.1 におけるウィジェット型 API に相当します。本節で紹介したように Google Translate API には HTTP API、言語 API、ウィジェット API があります。Web API の典型的な進化パターンです。

20-3　Google Maps API

Google Maps は Web 2.0 や AJAX やマッシュアップを代表する Web アプリです。Web API を提供することで様々な Web サイトや Web アプリから利用されています。

本章で説明するのは Google JavaScript Maps API です（以降 Google Maps API と呼びます）。Google Maps API の説明の前に次の 2 つを紹介します。と言うのも、この 2 つの存在を知らないと、Google Maps API を使って同じ機能を再発明しがちだからです。

- Google Static Maps API
- マイマップ

20-3-1　Google Static Maps API

Google Static Maps API は地図の画像の URL の規則を決めたものです。位置やサイズを URL クエリパラメータで指定します。地図を画面に表示するには次のような HTML のコード片を HTML 内に書きます。この結果は**図 20.4** のようになります。

```
<img src="http://maps.google.com/maps/api/staticmap?center=Tokyo&size=512x512&sensor=false" />
```

445

Part 5 Web API

上記は単にハードコードしたimgタグなので何の自由度もありません。しかしJavaScriptでimgタグを生成すれば動的な地図を生成できます。imgタグにはscriptタグ同様クロスオリジン制限がないので問題なく動作します。

リスト20.5に示すコードはGeolocation APIを使って現在位置を取得後、その位置を中心にした地図をGoogle Static Maps APIで生成した例です。

リスト20.5　動的にGoogle Static Maps API用のURLを生成

```
<script type="text/javascript">
  navigator.geolocation.getCurrentPosition(function(pos) {
    var lat = pos.coords.latitude
    var lng = pos.coords.longitude;
    var img = document.createElement('img');
    img.src = 'http://maps.google.com/maps/api/staticmap?center=' + lat + ',' + lng +
'&zoom=14&size=512x512&sensor=true';
    document.body.appendChild(img);
  }
</script>
```

Google Static Maps APIで表示する地図はただのimgタグなのでGoogle Maps特有の地図をドラッグしたりクリックするなどの操作はできません。これは大きな制約ですが、地図操作をさせたくない用途もあるので、その点では適材適所と言えます。

20-3-2　マイマップ

マイマップは図20.5のようにインタラクティブに地図上にマーカーや図形を配置できるWebアプリです。作成したマイマップに一意なURLが決まるため、任意のHTMLからiframeで参照可能です。

図20.5　マイマップ

マイマップは見た目以上に機能が豊富でかつ進化し続けています。Google Maps APIで頑張って作ったWebアプリがマイマップの劣化コピーになる危険もあるので、マメに機能をチェックすることをお勧めします。

20-3-3　Google Maps APIの概要

前章の表19.1の分類を使うと、Google Maps APIはJavaScript用の言語APIのみを提供し、HTTP APIの提供はありません。言うまでもありませんが言語APIの裏側にはHTTP通信があります（APIとしてURLやクエリパラメータを公開していないという意味です）。

HTTPの通信自体は秘密ではないので解析してエミュレートもできますが、それはスクレイピングの時代に逆戻りしているだけです。素直に言語APIを使ってください。

APIドキュメントは下記から参照できます。本書はGoogle Maps APIのバージョン3を説明します。

http://code.google.com/apis/maps/documentation/javascript/

Google Maps APIを使う上で知っておくべき用語を**表20.3**にまとめます。

表20.3　地図用語

英語	日本語
latitude	緯度
longitude	経度

20-3-4　Google Maps APIの簡単な例

Google Maps APIを使いWebブラウザ上に地図を表示するコードを示します。リスト20.6のJavaScriptコードの実質はgoogle.maps.Mapのインスタンスオブジェクトをnew式で生成している1行です。他の行はnew式に渡す引数の構築をしているだけです。new式の結果を変数mapに代入していますが代入は必須ではありません。

リスト20.6は、地図を描画するJavaScriptコードと描画対象のHTML要素がセットになっています。リスト20.6で2つを結びつけているのはHTML要素のid属性です。リスト20.6の場合、map_canvasというid値のdiv要素をJavaScriptコードから参照しています。コードを見ると自明ですが、id属性の値に特に決まりはないので開発者が好きに決められます。

リスト20.6　Google Maps APIの利用

```
<body onload="initialize()">
<script src="http://maps.google.com/maps/api/js?sensor=false"></script>
<script type="text/javascript">
  function initialize() {
    var latlng = new google.maps.LatLng(35.6642722, 139.7291455);
    var myOptions = {
      zoom: 8,
      center: latlng,
      mapTypeId: google.maps.MapTypeId.ROADMAP
    };
    var map = new google.maps.Map(document.getElementById("map_canvas"), myOptions);
  }
</script>
<div id="map_canvas" style="width:100%; height:100%"></div>
</body>
```

Web API

リスト 20.6 程度であれば HTML 内に iframe を作り Google Maps の画面を出しても、できることはほとんど同じです。Google Maps API を使って自分でコードを書くと、次のような発展性が得られます。

- イベントを拾う
- コントロール、マーカー、HTML 要素（DOM 要素）などの表示

JavaScript コードから地図を動かしたり、地図上に何かを描いたり、利用者が地図を操作したタイミングで独自処理を実行できたりします。

地図をコードから操作する例を見ます。次のように google.maps.Map インスタンスにメソッドを呼んで地図の状態を取得したり地図を操作できます。

```
var map = new google.maps.Map(document.getElementById("map_canvas"), myOptions);
map.panBy(100, 100);
```

panBy メソッドは表示領域を Pan（カメラの Pan のようにフレーム移動）します。

20-3-5 イベント

Google Maps プログラミングの基本は、オブジェクトにイベントハンドラをセットしてイベントに応じた処理を書くことです。いわゆるイベントドリブン構造のコードになります。ウィンドウシステムで GUI プログラミングの経験のある人にはお馴染みのプログラミングモデルだと思います。

リスト 20.6 を見てわかるように Google Maps API はオブジェクトを new して生成するクラスベースの API です。良くも悪くも Google Maps API は伝統的なクラスベースかつイベントドリブンな API です。

Google Maps のオブジェクトには次のようなイベントがあります。

- click
- dblclick
- mouseup
- mousedown
- mouseover
- mouseout

名称や動作は Part3 で説明した DOM のイベントに似ています。しかし、これらは Google Maps API のレイヤで定義されたイベントなので別物です。イベント処理の基本形は次のように addListener メソッドを使ってイベントとイベントハンドラを結びつけるコードです。

```
google.maps.event.addListener(対象オブジェクト, イベント名の文字列, イベントハンドラの関数);
```

イベント名に使える文字列は対象オブジェクトごとに異なります。どんなイベントがあるかは API リファレンスを参照してください。イベント処理の具体例を**リスト 20.7** に示します。

リスト 20.7　Google Maps API のイベント処理の基本

```html
<body onload="initialize()">
<script src="http://maps.google.com/maps/api/js?sensor=false"></script>
<script type="text/javascript">
  function initialize() {
    var latlng = new google.maps.LatLng(35.6642722, 139.7291455);
    var myOptions = {
      zoom: 8,
      center: latlng,
      mapTypeId: google.maps.MapTypeId.ROADMAP
    };
    // mapオブジェクトの生成
    var map = new google.maps.Map(document.getElementById("map_canvas"), myOptions);

    // mapオブジェクトのclickイベントにイベントハンドラを追加
    google.maps.event.addListener(map, 'click', function(event) {
        // markerオブジェクトの生成
        var marker = new google.maps.Marker({
            position: event.latLng,
            map: map
            });

        // markerオブジェクトのclickイベントにイベントハンドラを追加
        google.maps.event.addListener(marker, 'click', function(event) {
            marker.setMap(null);
        });
    });
  }
</script>
<div id="map_canvas" style="width:100%; height:100%"></div>
</body>
```

リスト 20.7 の動作を説明します。new 式での google.maps.Map インスタンス生成まではリスト 20.6 と同じです（以降、この google.maps.Map インスタンスを map オブジェクトと呼びます）。続く addListener メソッドの呼び出しで map オブジェクトの click イベントにイベントハンドラをセットします。リスト 20.7 ではイベントハンドラに無名関数を指定しています。もちろん、名前をつけた関数を宣言して関数名を記述しても構いません。

イベントハンドラ内では 2 つの処理をしています。1 つは google.maps.Marker インスタンスの生成です。google.maps.Marker インスタンスを生成すると地図上にマーカー（アイコン）を表示できます。インスタンス生成と表示を分けることもできますが、リスト 20.7 では生成時に map オブジェクトを渡してインスタンス生成と同時に表示もしています。イベントハンドラに渡る引数からクリック座標を取得して（event.lat）マーカーをその位置に表示します。

更にマーカーの click イベントにイベントハンドラをセットして、イベントハンドラ内でマーカーオブジェクトに setMap メソッドを呼びます。setMap メソッドの引数に null を渡すとマーカーを非表

示にできるので、結果的にクリックした位置にあるマーカーを非表示にできます。

リスト20.7はクロージャを活用したコードです。mapオブジェクトのイベントハンドラ内でmap変数にアクセスできるのも、マーカーのイベントハンドラ内でmarker変数にアクセスできるのもクロージャだからです[注5]。

対照のためクラスベースのイベント処理をリスト20.8に示します。クロージャベースのイベント処理のほうがJavaScriptらしいコードですが、どちらを好むかは自由です。リスト20.8は特別なライブラリを使わずprototypeオブジェクトを直接扱っています。クラスベースの実装詳細を隠蔽するライブラリもあるので、ライブラリを使う場合はその流儀に従ってください。なお、**リスト20.8**はECMAScript第5版のbindメソッドを使っています[注5]。

▍リスト20.8　クラス風のイベント処理

```
<body onload="initialize()">
<script src="http://maps.google.com/maps/api/js?sensor=false"></script>
<script type="text/javascript">
// MyEventListenerクラスのコンストラクタ
function MyEventListener(map, latLng) {
  this.map = map;
  // mapオブジェクトのclickイベントにイベントハンドラを追加
  google.maps.event.addListener(map, 'click', this.show_marker.bind(this));
}

// MyEventListenerクラスのメソッド
MyEventListener.prototype.show_marker = function(event) {
  var marker = new google.maps.Marker({
      position: event.latLng,
      map: this.map
    });
  google.maps.event.addListener(marker, 'click', this.hide_marker.bind(this, marker));
}

// MyEventListenerクラスのメソッド
MyEventListener.prototype.hide_marker = function(marker, event) {
  marker.setMap(null);
}

function initialize() {
  var latlng = new google.maps.LatLng(35.6642722, 139.7291455);
  var myOptions = {
    zoom: 8,
    center: latlng,
    mapTypeId: google.maps.MapTypeId.ROADMAP
  };
  var map = new google.maps.Map(document.getElementById("map_canvas"), myOptions);
  new MyEventListener(map);
}
</script>
<div id="map_canvas" style="width:100%; height:100%"></div>
</body>
```

[注5]　クロージャ、bindメソッドについては**6章 関数とクロージャ**を参照してください。

Google Maps APIはDOMのイベントも拾えます。たとえばbodyタグのloadイベントはonload属性指定の代わりに次のコードでも代用できます。

```
google.maps.event.addDomListener(window, 'load', initialize);
```

20-3-6　Geolocation APIとGeocoding API

Google Maps APIの応用例としてGeolocation APIとGeocoding APIを組み合わせた例を紹介します。Geolocation APIとは端末の位置情報を取得するAPIです。たとえばGPS対応した端末で、かつGeolocation対応したWebブラウザがあればGPSで位置を取得できます。GPSは位置情報取得の手段の1つなのでGeolocationが何を使うかは実装依存です。Google Maps APIのGeolocationはGPSが利用できない場合、IPアドレスから位置を推定します[注6]。

Geolocation APIの仕様は下記を参照してください。位置情報の送信はプライバシーにかかわるため一般的なWebブラウザではGeolocation API呼び出しをすると利用者に実行の許可を求めます。利用者が許可しないと呼び出しが失敗するので注意してください。

http://www.w3.org/TR/geolocation-API/

Geocodingとは位置情報（緯度経度）から住所を引く、あるいは逆に住所から位置情報を引けるWebサービスです。Google以外にもGeocodingをWeb APIで提供しているWebサービスがあるので、Google固有のサービス名ではありません。

リスト 20.9 はrun関数の中でGeolocation APIで端末の現在位置を取得します（navigator.geolocation.getCurrentPosition呼び出し）。呼び出しに成功するとgoogle.maps.Geocoderインスタンスを生成してGeocodingで位置情報から住所を引きます。

リスト 20.9 は住所の結果をalertで表示し、その後、現在位置を中心にして地図を表示します。

リスト 20.9　GeolocationとGeocodingを使うコード例

```
<body>
<script src="http://maps.google.com/maps/api/js?sensor=true"></script>
<script type="text/javascript">
function run() {
  if (navigator.geolocation && navigator.geolocation.getCurrentPosition) {
    // Geolocation APIの呼び出し
    navigator.geolocation.getCurrentPosition(function(pos) {
      // Geolocation APIのコールバック関数
      var lat = pos.coords.latitude;
      var lng = pos.coords.longitude;

      // Geocoding APIの呼び出し
      var geocoder = new google.maps.Geocoder();
      geocoder.geocode({ 'latLng': new google.maps.LatLng(lat, lng) },
        // Geocoding APIのコールバック関数
        function(results, status) {
```

次ページへ

（注6）　IPアドレスによる位置情報の精度はまあ程々としか言えませんが

Web API

前ページの続き

リスト20.9　GeolocationとGeocodingを使うコード例

```
        if (status == google.maps.GeocoderStatus.OK) {
          if (results[1]) {
            alert(results[1].formatted_address);
          }
        } else {
          alert("Geocode error: " + status);
        }
      });

      var latlng = new google.maps.LatLng(lat, lng);
      var myOptions = {
        zoom: 14,
        center: latlng,
        mapTypeId: google.maps.MapTypeId.ROADMAP
      };
      new google.maps.Map(document.getElementById("map_canvas"), myOptions);
    });
  }
}
</script>
<div onclick="run()">現在位置を取得</div>
<div id="map_canvas" style="width:100%; height:100%"></div>
</body>
```

20-4　Yahoo! Flickr

　Flickrは写真共有サービスです。Web 2.0という言葉が叫ばれ始めた頃の代表的サービスの1つです。今はYahoo!に買収されています。Web APIのリファレンスは次のURLから参照できます。

http://developer.yahoo.com/flickr/
http://www.flickr.com/services/api/

　前章の表19.1の分類を使うと、FlickrのWeb APIはHTTP APIのみを提供します。HTTP APIはREST、XML-RPC、SOAPの3種類を提供します。言語APIはサードパーティ任せですが、メジャーなWeb APIなので多くのプログラミング言語用のAPIが存在します。

　FlickrのWeb APIはRESTfulという概念が今ほど広まる前に作られたAPIです。RESTfulなURL設計の適切な合意はまだなく、非SOAPなWeb APIをRESTful APIと呼ぶ傾向が始まりだした頃です。このため、FlickrのREST APIは形式こそSOAPではありませんが、そのAPI設計の基軸はRPCです。RESTと言いながらREST風のリソース指向（ドキュメント指向）ではありません。これは次に説明するTwitterのAPIと比較するとよくわかります。今見るとFlickrのAPI設計には古い印象があります。もちろん、古い新しいという判断には主観が入るので、その辺は差し引いて聞いてください。

　FlickrのWeb APIは次のURLにリクエストを投げます。Flickr APIの用語ではこのURLをエンドポイントと呼んでいます。

```
https://secure.flickr.com/services
http://api.flickr.com/services
```

エンドポイントのURLに投げるリクエストのパラメータで様々な操作を指示します。もっとも重要なパラメータはmethodパラメータです。操作名をmethodパラメータの値に指定します。詳細は次節で説明しますが、リクエストURLの例を挙げると次のようになります。

```
http://api.flickr.com/services/rest/?method=flickr.test.echo
```

これはflickr.test.echoメソッドを呼び出すURLです。このようなメソッド名の一覧はAPIリファレンスに載っています。写真の取得、更新、コメント付与などの操作をWeb API経由で可能です。Flickr APIをやや古いAPI設計と言いましたが、歴史があるだけに機能は充実しています。

図20.6はAPIリファレンス画面を開いたスクリーンショットです。flickr.activity.userCommentsなどがメソッド名に相当します。

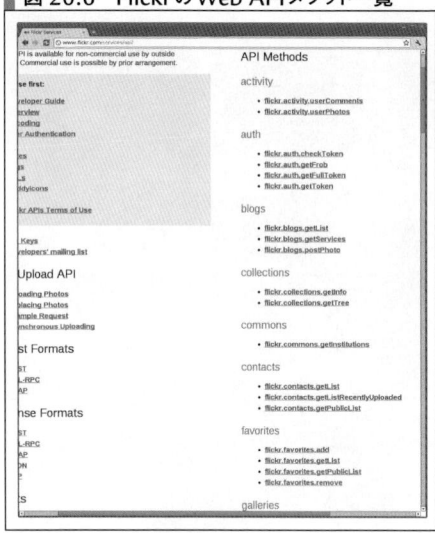

図20.6　FlickrのWeb APIメソッド一覧

メソッドごとに必要なパラメータやオプションのパラメータが決まっています。それらのパラメータをURLのクエリパラメータでつなげます。これがFlickrのWeb APIの基本構造です。

20-4-1　Flickr Web APIの利用

FlickrのWeb APIを利用するにはAPIキーが必要です。APIキーを取得するにはYahoo! IDが必要です。どちらも無償で取得可能です。APIキーは次のページの「Get an API Key」のリンクをたどってください。

```
http://www.flickr.com/services/
```

Web API

Flickr APIはJSONPに対応しています。このためクライアントサイドJavaScriptから使えます。ただしクライアントサイドJavaScriptからの利用には1つ大きな問題があります。APIキーを秘密にできない点です。APIキーをHTTPリクエストのクエリパラメータで渡すので隠しようがありません。

しかし、APIキーの秘匿性をどう考えるかは開発者次第です。APIキーを盗まれる実害が何かあるかと聞かれると微妙な線です。APIキーを知られてもFlickrアカウントを取られるわけではありません。見解が分かれる部分なので断定はしませんが、本書ではFlickrのAPIキーを秘密にする必要がない前提でクライアントサイドJavaScriptからWeb APIを呼んでみます。

Google Translate API同様、最初にcurlコマンドで動作を確認してみます（図20.7）。

図20.7　curlによる動作確認

```
$ export APIKEY=取得したAPIキー

# echoは渡したnameパラメータの値を返すだけ（最初の動作確認に便利）
# デフォルトのレスポンス出力フォーマットはXML
$ curl "http://api.flickr.com/services/rest/?method=flickr.test.echo&name=hello&api_key=${APIKEY}"
<?xml version="1.0" encoding="utf-8" ?>
<rsp stat="ok">
<method>flickr.test.echo</method>
<name>hello</name>
<api_key>取得したAPIキー</api_key>
</rsp>

# formatパラメータでjsonを指定するとJSONP形式でレスポンスがJSONP形式で返る
# JSONPの関数名のデフォルト値はjsonFlickrApi
$ curl "http://api.flickr.com/services/rest/?method=flickr.test.echo&name=hello&api_key=${APIKEY}&format=json"
jsonFlickrApi({"method":{"_content":"flickr.test.echo"}, "name":{"_content":"hello"}, "api_key":{"_content":"取得したAPIキー"}, "format":{"_content":"json"}, "stat":"ok"})

# jsoncallbackパラメータでJSONPの関数名を指定できる
$ curl "http://api.flickr.com/services/rest/?method=flickr.test.echo&name=hello&api_key=${APIKEY}&format=json&jsoncallback=myfunc"
myfunc({"method":{"_content":"flickr.test.echo"}, "name":{"_content":"hello"}, "api_key":{"_content":"取得したAPIキー"}, "format":{"_content":"json"}, "jsoncallback":{"_content":"myfunc"}, "stat":"ok"})

# 画像検索（検索文字列gozilla）
$ curl "http://api.flickr.com/services/rest/?method=flickr.photos.search&text=gozilla&api_key=${APIKEY}&format=json&jsoncallback=myfunc"
myfunc({"photos":...省略})
```

20-4-2　FlickrのWeb APIの利用例

Flickr APIを使いキーワードから写真を検索して結果を表示するコードを示します（リスト20.10）。_YOUR_APIKEY_の部分は取得したAPIキーで置換してください。

リスト20.10のポイントを説明します。JSONP呼び出しはjQueryで隠蔽しています。$.ajax関

数の引数オブジェクトのdataTypeでjsonpを指定すると内部的なJSONP処理（scriptタグの動的生成など）を隠蔽できます。jQueryはデフォルトでJSONPコールバックを指定するHTTPクエリパラメータ名をcallbackと仮定します。Flickrはjsoncallbackという名前のクエリパラメータなのでjQuery側で明示します（jsonpプロパティの値）。

レスポンスの形式はFlickrのリファレンス文書を参照してください。レスポンスの列挙にECMAScript第5版のforEachを使っているので注意してください。検索レスポンスから画像のURLを取得する規則は下記のとおりです。

```
http://farm{$farm-id}.static.flickr.com/{$server-id}/{$id}_{$secret}.jpg
```

リスト20.10　Flickr Web APIの利用例

```
<body>
<script src="http://ajax.googleapis.com/ajax/libs/jquery/1.6.1/jquery.min.js"
type="text/javascript"></script>
<script>
function doSearch() {
  $.ajax({
         'type':'GET',
         'url':'http://api.flickr.com/services/rest/',
         'data': {method:'flickr.photos.search', text:$('#queryString').val(),
                  api_key:'_YOUR_APIKEY_', format:'json'},
         'dataType':'jsonp',
         'jsonp': 'jsoncallback',
         'success':function(data) {
                      var content = $('#content');
                      if (data.photos && data.photos.photo) {
                        data.photos.photo.forEach(function(photo) {
                          var img_url = 'http://farm' + photo.farm + '.static.flickr.com/' + photo.server + '/' + photo.id + '_' + photo.secret + '.jpg';
                          content.append('<img src="' + img_url + '"></img>');
                        });
                      }
                    }
         });
}
</script>

<input type="text" id="queryString" name="queryString" />
<div onclick="doSearch()">Gox</div>
<div id="content"></div>
</body>
```

　FlickrのWeb APIの中には認証が必要なAPIがあります。Flickrは前章で紹介したOAuthと似た機構を独自に構築しています。歴史的にはFlickrがOAuth的な権限委譲プロトコルの先鞭をつけ、OAuthがその仕組みを標準化したという流れです。ただしこの話は図19.5の話です。図19.6のOAuthユーザエージェントフローに相当する仕組みはFlickr APIにはありません。このため認証の必要なFlickrのWeb APIはクライアントサイドJavaScriptから呼ぶことを想定していません。

Web API

20-5 Twitter

サービスとしてのTwitterの説明は省略しますが、Web APIを公開してサードパーティアプリとエコシステムを形成した点では後述するFacebookと並び大成功事例の1つです。Web APIの視点で見るとTwitterは比較的単純なサービスを提供します。いわゆるTweet（つぶやき）のメッセージの取得や更新、およびユーザ間のフォロー関係で構築されるソーシャルグラフの参照が主な操作対象です。

TwitterのAPIリファレンスは下記URLを参照してください。

http://dev.twitter.com/

Twitter APIはREST APIとStreaming APIの2つに分かれています。本書はREST APIを紹介します。REST APIのうち検索APIのみは少し規則が異なります。これは単に歴史的な理由で技術的な理由ではありません。Streaming APIはクライアントサイドJavaScriptからの利用を想定していないので説明を省略します。

20-5-1 検索API

Twitter APIのうち、利用が簡単でかつ有用な検索APIを最初に説明します。検索APIはパラメータで指定した検索文字列を含むTweetを返します。Twitterのサービスの性質上、確実な検索を期待するものでなく、流れ去るつぶやき（Tweet）の中からたまたま検索にマッチしたものを得られる、という程度に考えてください。

リクエストURLの規則のうち可変の部分を{parameter}と表記すると、検索APIのリクエストURLは次のようになります。

```
http://search.twitter.com/search.{format}?q={検索文字列}&{その他のパラメータ}
```

formatの部分はjsonかatomの文字列で置き換えます。たとえば検索文字列をemacsにしてJSON形式のレスポンスを得る最小限のリクエストURLは次のようになります。

http://search.twitter.com/search.json?q=emacs

その他のパラメータはAPIリファレンスを参照してください。curlコマンドで確認するには次のようにします。自分の目で結果を確認してください。

```
# パラメータの説明
# q=emacs      検索キーワード（必須）
# locale=ja    日本語
# geocode=35.6642722,139.7291455,10km   位置情報で絞り込み
$ curl 'http://search.twitter.com/search.json?q=emacs&locale=ja&geocode=35.6642722,139.7291455,10km'
```

20章　Web APIの実例

サーバサイドからTwitter APIを使うのであれば話はおしまいです。どう実装するかはプログラミング言語の流儀に従ってください。HTTPを直接叩くコードを書こうと、HTTPのやりとりを隠蔽するライブラリを使おうと開発者の自由です。Twitter自身は言語APIを提供していませんが、サードパーティによる言語APIが多数存在します。メジャーなプログラミング言語であればほぼ見つかります。

一方、クライアントサイドJavaScriptにはいつものようにクロスオリジン制限が立ちはだかります。Twitter APIでクロスオリジン制限を回避するにはJSONPを使います。次のようにcallbackパラメータを渡すとJSONP形式でレスポンスが返ります。

```
$ curl 'http://search.twitter.com/search.json?q=javascript&locale=ja&geocode=35.6642722,139.7291455,10km&callback=myfunc'
myfunc({"results":[{...省略}], ...省略})
```

クライアントサイドJavaScriptからこのJSONPを呼び出すコードは簡単なので実例は省略します(注7)。

20-5-2　REST API

Twitter APIのREST APIを説明します。REST APIの一覧はリファレンスサイトを見てください。Tweet（つぶやき）の表示、更新、ユーザへの通知、ユーザのフォロー関係から形成されるソーシャルグラフの取得、あるいはTweetのトレンド情報など、Twitter APIは幅広い機能を提供します。鶏と卵の部分もありますが、Twitterのサービスとしての成功の要因の1つにWeb APIがあったのは想像に難くありません。

図20.8はTimeline resourcesのAPIリファレンスを開いた画面です。APIリファレンスがリソースという用語を使っている部分にも注目してください。

図20.8　Twitter REST API

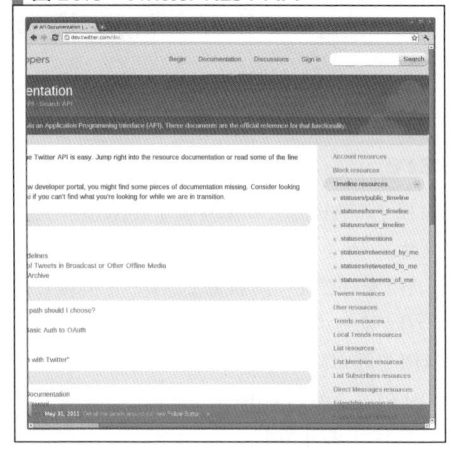

世の中のWeb APIの中にはRESTfulと言いながらRESTfulなURL設計でないAPIが多数ありま

(注7)　類似のコードは**Google Translate API**や**Flickr**の節を参照してください。検索APIにユーザ認証はありません。

457

す。TwitterのREST APIは正しくRESTfulな思想をベースにしています。つまりRPC的ではなくリソース指向なWeb APIです。リソース指向であることはURL設計に端的に現れます。これはFlickr APIと比較するとよくわかります。Flickr APIのURLはmethodパラメータでメソッド名（操作名）を渡しました。一方、Twitter APIのURLは操作対象のリソース名です。操作はHTTPのGETやPOSTのメソッドで指定します。

リクエストURL規則のうち可変の部分を{parameter}と表記すると、REST APIのリクエストURLは次のようになります。

http://api.twitter.com/{version}/{resource}.{format}?{パラメータ}

versionは本書執筆時点で1しかありません。formatはjson、xml、rss、atomのいずれかの文字列を指定します。resourceの部分はリソース名を記述します。たとえばstatuses/public_timelineリソースに対してJSONフォーマットでレスポンスを得る最小限のリクエストURLは次のようになります。

http://api.twitter.com/1/statuses/public_timeline.json

どんなリソース名が存在するかはAPIリファレンスを見てください。原則 http://api.twitter.com をベースにしたリクエストURLになります。

TwitterのREST APIはJSONPをサポートしています。これでクライアントサイドJavaScriptからクロスオリジン制限を回避して呼び出せます。レスポンスをJSONPフォーマットで取得するには次のようにリクエストURLにcallbackクエリパラメータを渡します。

http://api.twitter.com/1/statuses/public_timeline.json?callback=myfunc

クライアントサイドJavaScriptからこのJSONPを呼び出すコードは簡単なので実例は省略します。類似のコードは「Google Translate API」や「Flickr」の節を参照してください。実例を紹介しないもう1つの理由はTwitter APIを直接クライアントサイドJavaScriptから呼ぶよりは、次に述べる@anywhereやTwitter Widgetのほうを推奨するからです。

20-5-3　Twitter JS API @anywhere

Twitter APIには認証の必要な処理、たとえばTweetを投稿するAPIなどがあります。Twitter APIは前章で説明したOAuth 2.0でこの課題をクリアします。サーバサイドからTwitter APIを呼ぶ場合、図19.5のフローで利用者から権限を委譲してもらいWeb APIを呼びます。自分でフローを実装してもいいですが、メジャーなプログラミング言語であればライブラリがあるのでそれらを使うのが簡単です。

クライアントサイドJavaScriptから認証が必要なWeb APIを呼ぶには同じくOAuth 2.0のユーザエージェントフローを使い権限を委譲してもらいます（図19.6）。このOAuthユーザエージェントフローを隠蔽した@anywhereと呼ばれるAPIがあります。表19.1の分類を使うと前節までがHTTP APIで、@anywhereはクライアントJavaScript向けの言語APIに当たります。

@anywhereを使うには（正確にはOAuthを使うには）APIキーの取得が必要です。次のURLで

20章 Web APIの実例

アプリを登録するとAPIキーを取得できます(**図20.9**)。

https://dev.twitter.com/anywhere/apps/new

図20.9 アプリ登録

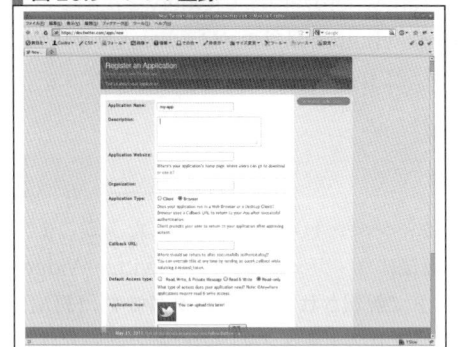

図20.10 @anywhere

@anywhereを使うコード例をリスト20.11に示します。_YOUR_APIKEY_の部分は取得したAPIキーで置換してください。コード中の'任意のTwitterアカウント'には好きなTwitterアカウント名を記載してください。自分のサイトに**リスト20.11**のコード片をペーストするなら、自分のTwitterアカウントに書き換えてください。

リスト20.11はWebブラウザの画面にfollow meリンクを表示します。リンクをクリックすると表示中のTwitterアカウントをフォローする画面に遷移します(**図20.10**)。図20.10のpjs2011aの部分はアプリ名です。この画面は利用者に権限委譲の許可を求めている画面です。許可すると利用者の権限でWeb APIを実行しフォローすることになります。利用者とはWebサイト所有者ではなくWebブラウザでページにアクセスしてきたユーザです。

リスト20.11 @anywhereのコード例

```
<script src="http://platform.twitter.com/anywhere.js?id=_YOUR_APIKEY_&v=1"></script>
<script type="text/javascript">
twttr.anywhere(function (T) {
  T('#follow').followButton('任意のTwitterアカウント');
});
</script>

<span id="follow"/>
</body>
```

リスト20.11のコードのポイントを説明します。anywhere.jsを読み込むと、暗黙にtwttrオブジェクトが存在します。@anywhereの基本はtwttrオブジェクトにanywhereメソッドを呼び出し、引数に渡すコールバック関数に処理を書きます。この背後にクロスオリジン制限の回避コードやOAuthの権限委譲などが動きますが開発者は実装詳細を気にせずに使えます。

twttr.anywhereメソッドの呼び出しのタイミングは任意です。リスト20.11はHTMLファイルのロード時に実行していますが、画面クリック時に実行しても構いません。twttr.anywhereメソッドのコー

459

ルバック関数の引数で渡るオブジェクトがTwitter APIクライアントオブジェクトです。リスト20.11では変数Tで受けています。やや変則的ですが、このオブジェクトへのメソッド呼び出しが@anywhereの利用に相当します。リスト20.11の'#follow'はCSSセレクタスタイルによるDOM要素の取得です。これはjQueryと同じスタイルのコードです。その理由は@anywhereが内部でjQueryを使っているからです。Twitter APIクライアントオブジェクトに呼べるfollowButton以外のメソッドはAPIリファレンスを参照してください。説明不要なほどの簡単さですが、これがWeb APIの進化した姿です。

20-5-4 Twitter Widget

表19.1でWeb APIの進化をHTTP API、言語API、ウィジェットAPIと並べました。ここまでHTTP APIと言語API（@anywhere）を紹介しました。最後にウィジェットAPIのTwitter Widgetを紹介します。Twitter Widgetの実体はクライアントサイドで解釈されるカスタムタグです。HTML上にコード片をペーストするだけで、JavaScriptのコード（クロスオリジン制限の回避とユーザ認証を含めて）すべてが隠蔽されます。

Twitter WidgetにはJavaScript版とiframe版があります。ここではJavaScript版を紹介します。以下のコード片をHTML内に書き写すだけで、Webブラウザの画面にTweet ButtonとTweet数が表示されます（**図20.11**）。

```
<script src="http://platform.twitter.com/widgets.js" type="text/javascript"></script>
<a href="http://twitter.com/share" class="twitter-share-button">Tweet</a>
```

図20.11　TweetボタンとTweet数

20-6 Facebook

20-6-1 Facebookアプリの変遷

サービスとしてのFacebookの説明は不要かと思います。本書執筆時点でもっとも勢いのあるSNS（ソーシャルネットワークサービス）です。もはやSNSという分類そのものが意味をなさないほど有名なサービスです。そのFacebookを一躍押し上げたのがFacebookアプリの存在です。Facebookアプリは、実はあまり知られていない変遷を経ているのでその辺りを先にまとめます。

一昔前のFacebookアプリの形態は、REST APIを（Facebookアプリをホストするサードパーティの）サーバサイドから呼ぶ形態か、もしくはFBMLという独自のマークアップ言語を使う形態のいずれかでした。FBMLはPHPやJSPと同じレイヤの技術で、Facebookサーバ上で解釈される独自マークアップ言語です。2つの形態のアプリとも利用者から見るとFacebookの中に（iframeなどで）埋め込まれ

たアプリですが、実行形態は異なります。それぞれの動作原理を図20.12と図20.13に示します。

図20.12　旧Facebookアプリ（iframe版）

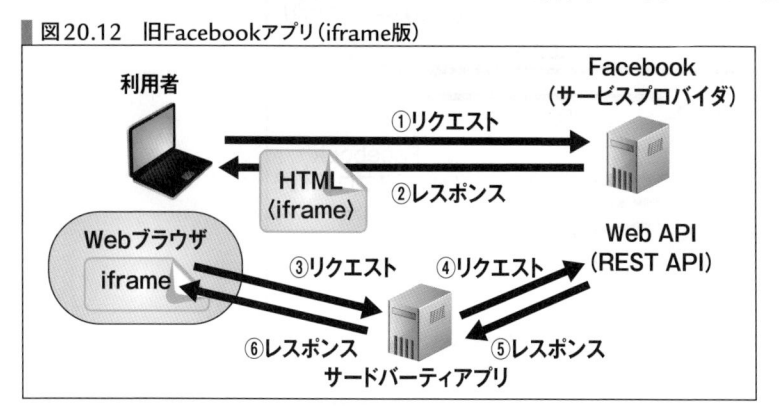

図20.13　旧Facebookアプリ（FBML版）

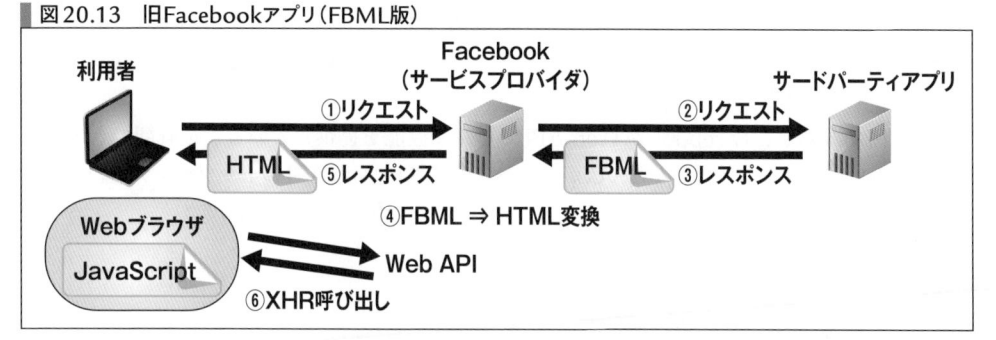

FacebookのAPIは進化が激しく、現在のFacebookアプリの形態は次の3形態に変わっています。

- Graph APIをサーバサイドから呼び出し（facebookコンテナ内にはiframeで表示）
- クライアントサイド（Webブラウザ）からJavaScript APIを利用
- クライアントサイドでプラグイン（Social Plugins）を利用

それぞれの実行形態を図にします（図20.14、図20.15）。プラグイン利用時のフローはJavaScript API利用時と同じなので省略します。

図20.14　Facebookアプリ（Graph APIをサーバサイドから呼び出し）

461

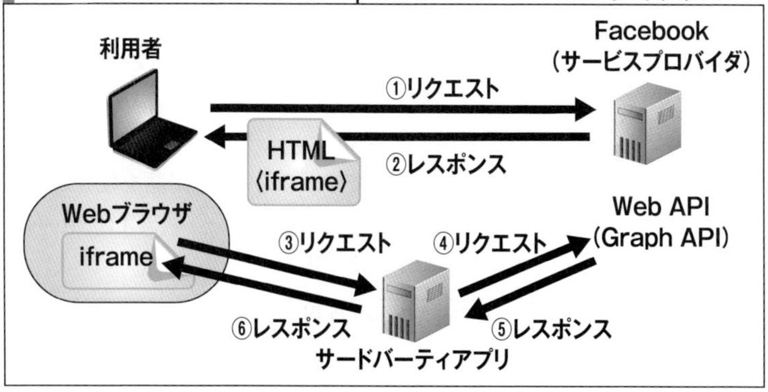

Part 5 Web API

図20.15　Facebookアプリ（クライアントサイドからJavaScript APIを利用）

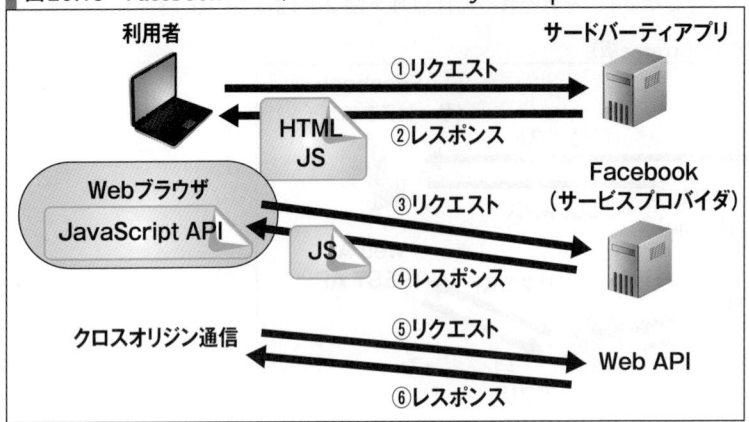

　Graph APIはいわゆる典型的なRESTfulなWeb APIです。Web APIを呼び出して、Facebook上のユーザを探したり、ユーザ同士のつながり（いわゆるソーシャルグラフ）を得たり、メッセージを送ったりできます[注8]。

　Graph APIを見ると、FacebookがWeb APIでどんな機能を提供しているかを概観できます。本書執筆時点でもできることはどんどん広がっており、まさにWeb APIのトップランナーの印象です。Graph APIのリファレンスを開いたスクリーンショットを図20.16に載せます。

図20.16　FacebookのGraph API

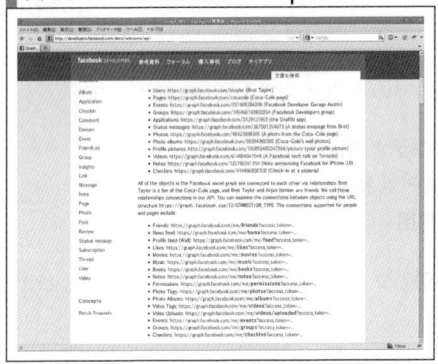

　現状、Graph APIをクライアントサイドJavaScriptから直接叩くことは想定されておらず、JavaScript API経由で利用します。この時、クライアントサイドJavaScriptが解釈する独自マークアップ言語のXFBMLも併用できます。XFBMLとJavaScript APIを隠蔽して、より容易に扱えるのがプラグイン（Social Plugin）です。

　FacebookのプラグインはLikeボタン（いいね！ボタン）が有名です。表19.1の用語を使うとウィジェットAPIに相当します。JavaScript APIよりも自由度は下がりますが、コード片をHTML内にブログパーツ的に張り付けるだけで実装詳細を気にすることなく使えます。

[注8]　Graph APIの前身のREST APIは名前に反してRESTfulな設計ではないWeb APIでした。Graph APIはRESTfulな設計のWeb APIです。

パーフェクトJavaScript

20-6-2 FacebookのJavaScript API

表19.1の言語APIに相当するJavaScript APIを紹介します。APIのリファレンスは下記サイトで参照できます。

http://developers.facebook.com/docs/reference/javascript/

JavaScript APIは次の4つに大別できます。

- Graph APIのラッパー系API（FB.apiメソッド経由で呼び出す）
- XFBML系API（XFBMLとはクライアントサイドJavaScriptが解釈するマークアップ言語）
- イベントハンドラ系API
- その他

FacebookのJavaScript APIを使うには、Facebookにアプリを登録してアプリIDを取得する必要があります。アプリを登録するためにはFacebookアカウントが必要なので、もしFacebookアカウントがなければ取得してください。アカウントの取得もアプリの登録も無料です。

アプリの登録は次のURLにアクセスして行います。

http://developers.facebook.com/setup/

最低限、アプリケーション名とURL（OAuthのコールバックに使われます）を入力します。アプリIDと秘密鍵（図19.5のOAuthに必要）を得られます。認証が必要なWeb APIの呼び出しにはOAuthユーザエージェントフロー（図19.6）を使います。OAuthについては前章を参照してください。

JavaScript APIを使う簡単なコードを示します（**リスト20.12**）。_YOUR_APPID_の部分は取得したアプリIDで置換してください。

リスト20.12　Facebook JavaScript APIの使用例

```
<div id="fb-root"></div>
<script src="http://connect.facebook.net/ja_JP/all.js"></script>
<script type="text/javascript">
FB.init({
  appId  : '_YOUR_APPID_',
  status : true,
  cookie : true,
  xfbml  : true
});

FB.login(function(response) {
  if (response.session) {
    FB.api('/me', function(response) {
        alert(response.name);
      });
  } else {
    ;// user cancelled login
  }
});
</script>
```

463

Web API

20-6-3　Facebookのプラグイン

　Facebookプラグインは表19.1の分類を使うとウィジェット型のAPIです。内部的にOAuthユーザエージェントフローによる権限委譲やクロスオリジン制限の回避コードが隠蔽されます。私見ですが、現時点でもっとも進化したウィジェット型APIを提供するWebサービスはFacebookです。

　Facebookプラグインの使い方は簡単です。まず次のURLにアクセスして対話的にコードを取得します（図20.17）。プラグインにはiframe版とXFBML版（非iframe）があり、対話的に選択できます。

http://developers.facebook.com/docs/plugins/

■図20.17　FacebookのLikeボタン

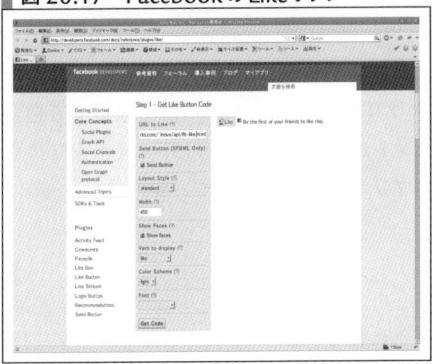

　取得したコードをHTML内にペーストすれば動作します。LikeボタンをWebブラウザの画面に表示するコード片をリスト20.13に示します。コード内の_YOUR_URL_の部分にはこのHTMLをホストするサイトのURLを記述してください。

■リスト20.13　Likeボタン

```
●iframe版
<iframe src="http://www.facebook.com/plugins/like.php?href=_YOUR_URL_"
        scrolling="no" frameborder="0"
        style="border:none; width:450px; height:80px"><iframe>

●XFBML版
<script src="http://connect.facebook.net/ja_JP/all.js#xfbml=1"></script>
<fb:like></fb:like>
```

　前節のTwitter Widget同様、説明不要の単純さです。

20-7　OpenSocial

　OpenSocialはFacebookに対抗するためGoogleを中心に始まったオープンなWeb API規格で

す。本書執筆時点でOpenSocial v2.0が作業中です。現状、技術的にはFacebook APIに対して周回遅れで追いかけているのが実状です。詳細は下記のURLを参照してください。

http://www.opensocial.org/
http://code.google.com/apis/opensocial/

OpenSocialのAPIはいくつかの仕様に分かれていますが、本書の基準では次の2種類に大別できます。

- RESTful API（JSON-RPC APIを含む）
- JavaScript API（ガジェットAPIを含む）

RESTful APIは表19.1のHTTP APIに相当します。RESTfulな設計のAPIとJSON-RPCベースのAPIの2種類あります。JSONP対応は仕様上、必須ではなく、コンテナ実装者の自由になっています。ただ次節で説明するように現在のOpenSocialの想定するアーキテクチャはクロスオリジン制限とは無縁なのでJSONPに対応していなくても問題ありません。

クライアントサイドJavaScriptからOpenSocialを使うにはJavaScript APIを使うのが普通です。表19.1の分類を使うと言語APIに相当します。本節はOpenSocialのJavaScript APIに説明を限定します。

20-7-1　OpenSocialの基本アーキテクチャ

OpenSocialの原型がiGoogleという歴史もあり、OpenSocialの基本アーキテクチャはコンテナとガジェットがベースになります。**図20.18**と**図20.19**のように主に2つの形態があります。iframe型とプロキシ型と名づけると、Facebookアプリの図20.12と図20.13に対応する形態になります。

図20.18　OpenSocialの基本アーキテクチャ（iframe型）

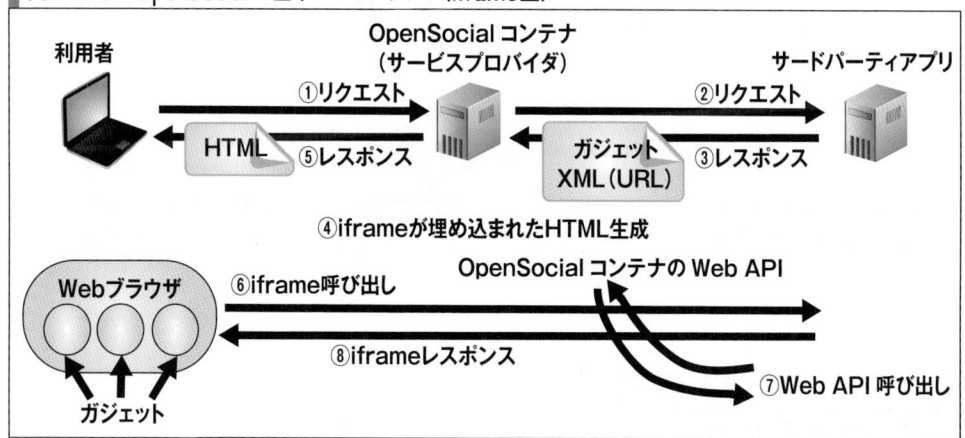

Web API

図 20.19　OpenSocialの基本アーキテクチャ（プロキシ型）

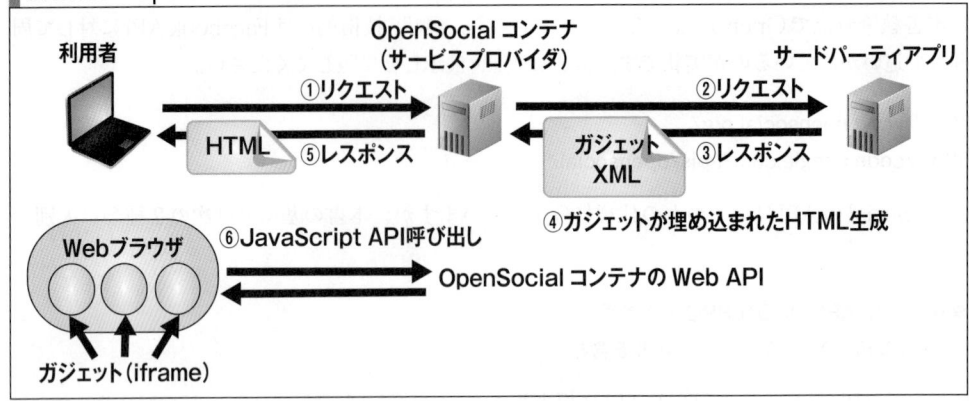

iframe型の説明は本書では省略します。と言うのもこの場合、サーバサイドからのOpenSocial API呼び出しを想定することになるからです。プロキシ型はJavaScript APIの利用を想定した形態です。ガジェットをホストするサーバは任意のサードパーティサーバですが、Webブラウザから見るとコンテナが仲介するので、いわゆるクライアントサイドJavaScriptのクロスオリジン制限は関係ありません。

■Google Friend Connect

Facebook Connectを追いかける形でGoogle Friend Connectが登場しました。Facebook ConnectはFacebookの節で紹介したSocial Pluginのベース技術です。Facebook ConnectがOAuthユーザエージェントフローやクロスオリジン通信を隠蔽します。更にその言語APIをウィジェットAPIが隠蔽します。OpenSocialもこの方向に進む可能性は高く、そうなると基本アーキテクチャが図20.19から図20.15の方向へシフトしていくことが予想されます。

■OpenSocialのAPI

図20.19にあるようにOpenSocialではガジェットという形態でコンテナ上に表示されます。ガジェットの実体はXMLで記述する定義ファイルです。雛形を**リスト20.14**に示します。

リスト20.14　OpenSocialガジェット定義の雛形

```
<?xml version="1.0" encoding="UTF-8"?>
<Module>
  <ModulePrefs title="ガジェットのタイトル">    <!-- 属性で作者情報やガジェットのサイズ指定など -->
    <Require feature="osapi"></Require>
    ここに依存するOpenSocialのfeatureを宣言
  </ModulePrefs>
  <Content type="html">
  <![CDATA[
  <style type="text/css">ここにCSSコード</style>
  <script type="text/javascript">
    ここにJavaScriptコード（OpenSocialのJavaScript APIを使える）
  </script>
```

次ページへ

前ページの続き

リスト20.14　OpenSocialガジェット定義の雛形

```
ここにHTMLコード
]]>
</Content>
</Module>
```

　ガジェットの構成要素は通常のHTML（ただしbody要素だけを書きます）、CSS、JavaScriptです[注9]。通信を中継するコンテナは、XMLからHTMLなどを取り出し、このHTMLを埋め込んだHTMLをWebブラウザに返します。広義のOpenSocialプログラミングはガジェットの定義ファイルの記述です。狭義のOpenSocialプログラミングはガジェット内のJavaScriptコードの記述です。

　このJavaScriptはクライアントサイドJavaScriptで、OpenSocialのJavaScript APIを使って記述します。OpenSocialコンテナとやりとりするソーシャルグラフ系APIやガジェットUIを操作するUI系APIなどがあります。

■Apache Shindig

　Apache Shindigはオープンソースの OpenSocial コンテナです。ダウンロードやインストール方法は次のURLを参照してください。

http://shindig.apache.org/

　Shindigのベース画面のHTML例を**リスト20.15**に示します。このベース画面はガジェットファイル（my-gadget.xml）を指定URLから見つけて、ガジェットの埋め込まれた画面を生成します。このHTMLファイルをShindigが動いているサーバ上に配置してください。WebブラウザからShindigサーバにアクセスしてこのHTMLファイルを開いてください。画面にmy-gadget.xmlで記述したガジェットを表示します。

　my-gadget.xmlはガジェットの定義ファイルです。任意のWebサーバ上（サードパーティアプリ）に配置できます。ファイル名は任意です。このファイルを取得するのはOpenSocialコンテナ、つまりShindigサーバです。後述するようにガジェット定義ファイルにはクライアントサイドJavaScriptコードを記述するので、一見、Webブラウザが直接見にいくように錯覚しがちですが違うので注意してください。

リスト20.15　Shindigでガジェットを表示するベース画面

```
<html>
<head><title>Simple Container</title>
<script type="text/javascript" src="/gadgets/js/shindig-container:rpc.
js?c=1&debug=1&nocache=1"></script>
<script type="text/javascript">
function init() {
  var specUrl = 'my-gadget.xmlをホストするURL';
  var gadget = shindig.container.createGadget({specUrl: specUrl});
```

次ページへ

[注9] Content要素をtype="url"にしてhref属性でURLを指定すると外部HTMLをiframe内に表示するガジェットになります（図20.18の形態）。

Web API

前ページの続き

リスト 20.15　Shindigでガジェットを表示するベース画面

```
    shindig.container.addGadget(gadget);
    shindig.container.layoutManager.setGadgetChromeIds(['my-gadget']);
    shindig.container.renderGadget(gadget);
}
</script>
</head>
<body onLoad="init()">
    <div id="my-gadget" class="gadgets-gadget-chrome"></div>
</body>
</html>
```

　my-gadget.xmlのもっともシンプルな例を**リスト 20.16**に示します。リスト 20.14 の雛形内にHTMLコードを書いただけです。リスト 20.15 のmy-gadget.xmlのURLを適切に指定して、Shindig上でこのガジェットを表示すると、Hello, OpenSocialの文字列を画面上に表示します。

リスト 20.16　シンプルなガジェット定義ファイル

```
<?xml version="1.0" encoding="UTF-8"?>
<Module>
  <ModulePrefs title="my gadget">
  </ModulePrefs>
  <Content type="html">
    <![CDATA[
    <div>Hello, OpenSocial</div>
    ]]>
  </Content>
</Module>
```

　OpenSocialのJavaScript APIを使うコード例を**リスト 20.17**に示します。ガジェット定義ファイルのContent要素だけを抜粋しています。

リスト 20.17　OpenSocialのJavaScript API利用例

```
<![CDATA[
<script type="text/javascript">
function init() {
  osapi.people.getViewer({fields: ['displayName', 'birthday']}).
execute(function(result) {
    if (!result.error) {
      document.getElementById('content').innerHTML = result.displayName + "'s
birthday is " + result.birthday;
    }
  });
}
gadgets.util.registerOnLoadHandler(init);
</script>
```

次ページへ

前ページの続き

■ リスト 20.17　OpenSocial の JavaScript API 利用例

```
<div>Hello, OpenSocial</div>
<div id="content"></div>
]]>
```

　OpenSocial の JavaScript API はモジュール化されています。OpenSocial ではモジュールを feature と呼んでいます。使う feature はガジェット定義ファイルの <Require> タグで指定します（リスト 20.14 参照）。特別な指定なしで使える feature を core feature と呼びます。core feature には次の 4 つの JavaScript API があります。たとえばリスト 20.17 の gadgets.util.registerOnLoadHandler 関数などがこれに含まれます。

- gadgets.io
- gadgets.util
- gadgets.Prefs
- gadgets.json

　リスト 20.17 は osapi feature の osapi.people.getViewer 関数を使っています。ガジェット定義ファイルに feature="osapi" の記述が必要です[注10]。

■他の Web API の呼び出し

　OpenSocial ガジェット内のクライアントサイド JavaScript から OpenSocial コンテナの Web API 呼び出しはクロスオリジン制限の問題がありません。ガジェットの HTML を OpenSocial コンテナ経由で受け取るからです。

　OpenSocial ガジェットのクライアントサイド JavaScript から任意の外部 Web API を呼べる仕組みがあります。ここには当然クロスオリジン制限がありますが、OpenSocial コンテナがプロクシ中継してクロスオリジン制限を回避します。使う API は gadgets.io.makeRequest 関数です。第 1 引数に外部 URL、第 2 引数にレスポンスを受けた時に呼ばれるコールバック関数を渡します。

　具体例を**リスト 20.18** に示します。Twitter の検索 API を呼ぶ例です。response.data が JSON 形式の文字列なので gadgets.json.parse 関数でパースしてオブジェクトにします。Part2 で紹介したネイティブ JSON オブジェクトの JSON.parse 関数で書き換えても同じ動作です。

　gadgets.io.makeRequest 関数は OAuth にも対応しているので権限委譲が必要な Web API も呼べます。クライアントサイド JavaScript ですが実際に Web API を呼ぶのは（中継する）サーバサイドなので、OAuth は図 19.5 のほうの動作です。本書執筆時点で対応は OAuth 1.0 ですがいずれ OAuth 2.0 に対応するはずです。

■ リスト 20.18　他の Web API 呼び出し例

```
<![CDATA[
```

次ページへ

[注10] 旧 API は opensocial プレフィックスでした。新しい API は osapi プレフィックスです。

Web API

前ページの続き

リスト20.18　他のWeb API呼び出し例

```
<script src="http://ajax.googleapis.com/ajax/libs/jquery/1.6.1/jquery.min.js"></script>
<script type="text/javascript">
function doSearch() {
  gadgets.io.makeRequest('http://search.twitter.com/search.json?locale=ja&q=' +
$('#searchText').val(),
    function(response) {
      var content = $('#content');
      gadgets.json.parse(response.data).results.forEach(function(result) {
        content.append('<li>' + result.text + '</li>');
      });
    });
}
</script>
<div>Hello, OpenSocial</div>
<input type="text" id="searchText"></input>
<div onclick="doSearch()">検索</div>
<ul id="content"></ul>
]]>
```

COLUMN

OpenSocialスペックの読み方とActivity

　OpenSocialのスペックは複数のファイルに分かれているため、どこから読むべきかわかりづらくなっています。簡単な道しるべを示します。

　OpenSocialスペックは主に、ガジェットXMLのスキーマとJavaScript APIを規定するスペック、HTTP API（RESTful API）を規定するスペック、そしてOpenSocialが扱うデータ構造を規定するスペックに大別できます。この中で最初に目を通すべきなのはデータ構造です。データ構造のスペックはCore Data SpecとSocial Data specのふたつに分かれます。前者はオブジェクトIDやユーザIDと言った基本的なデータ構造の定義で、OpenSocial固有のデータ構造の規定はSocial Data Specです。つまり、OpenSocialで何ができるかを手っ取り早く把握するにはSocial Data Specを読むのが早道です。

　現状のOpenSocial v1.1と仕様策定中の次期v2.0のSocial Data Specを見比べて目立つ変化のひとつが、ActivityからActivity Streamsへの進化です。現状（v1.1）のActivityは、単なるタイムスタンプつきテキストです。人に付随するフィード情報以上の意味づけはありません。

　Activity Streamsは人の活動情報をより構造化します。Activity StreamはActivityEntryの集合として定義されます。ActivityEntryは、actor（誰が）、verb（何をした）、object（何に対して）、target（結果、objectはどうなった）を基本要素として持ちます。Activity Streamsは人の活動情報の標準交換データフォーマットを期待されています。

Part 6

サーバサイドJavaScript

歴史的にJavaScriptの中心はWebブラウザを実行環境とするクライアントサイドJavaScriptですが、言語としてのJavaScriptの隆盛に呼応するようにサーバサイドJavaScriptが盛り上がりつつあります。本PartはサーバサイドJavaScriptを支える標準APIのCommonJSと、処理系の代表としてNode.jsを解説します。

21章 サーバサイド JavaScriptとNode.js

サーバサイドJavaScriptの動向と共通APIのCommonJSを紹介します。そしてサーバサイドJavaScriptの中でも一番勢いのあるNode.jsの基本を解説します。Node.jsは高速JavaScript処理系のv8をベースに非同期処理でスケーラブルなサーバを記述できる環境です。

21-1 サーバサイドJavaScriptの動向

今、サーバサイドでJavaScriptを使うことが注目され始めています。歴史を振り返ると、サーバサイドJavaScriptは一度生まれて廃れた経緯があります。かつてネットスケープ社が開発販売していたWebアプリサーバ Netscape Enterprise Server は、サーバサイド JavaScript による Web アプリが開発可能でした。ネットスケープ社の衰退とともにサーバサイドのJavaScript技術は表舞台から消えました。その後のサーバサイドの開発言語の主流は、商用ではJavaと.NET、オープンソースの世界ではPerl、PHP、Ruby、Pythonなどになっています。

そして今、サーバサイドJavaScriptが再び注目され始めています。かつてのネットスケープ社単独で製品を出していた時代と違い、今は多種多様な実装が発表されています。

サーバサイドJavaScriptが盛り上がりつつある要因の1つは、当然ながらJavaScript自体の言語としての盛り上がりです。この背景には本書Part1で紹介したようにAJAXやHTML5と言った動きがあります。もう1つの要因がJava仮想マシン（JVM）上で動くJVM言語の盛り上がりです。JavaスクリプティングAPIがJava6で標準APIになりました。JVM上に移植されたJavaScript実装の**Rhino**の存在がサーバサイドJavaScriptを後押ししています。JVM言語の利点はJavaの資産を生かせる点です。JavaScriptに足りない機能があればJavaの機能を借りて補完できます。サーバサイドで既に充分に実績のあるJavaと組み合わせるとサーバサイドでJavaScriptを使う障壁が大きく下がります。

そして本章で取り上げるNode.jsの登場です。グーグル社の発表した高速JavaScript実装のv8と、非同期ネットワーク処理を売りに、スケーラビリティの高いWebアプリを作れる環境として注目されています。

更にクラウドコンピューティングの中心、グーグル社のGoogle Apps Scriptも見逃せません。Webアプリの拡張言語にサーバサイドJavaScriptを選ぶ動きは今後も加速しそうです。

21-2　CommonJS

21-2-1　CommonJSとは

　Part3で説明したようにクライアントサイドJavaScriptにはDOMという事実上の標準の拡張APIが存在します。サーバサイドJavaScriptにはそういうものが存在しません。現状、多くのサーバサイドJavaScriptはそれぞれの実装が独自のAPIを提供しています。他のプログラミング言語では当たり前にあるようなファイルの読み書き機能すらJavaScriptの標準APIに存在しないため、各実装が独自APIで提供しています。独自APIの乱立はライブラリ開発者にとっても、ライブラリ利用者にとっても負担です。このため、CommonJSという標準APIを定める動きが現れました。なおCommonJSはAPI規格を決めるだけで、CommonJSに準拠した各実装が規格に従ったAPI実装を提供します。

　CommonJSは2009年初頭に始まった新しい動きです。当初、ServerJSという名前で始まりました。名前のとおり、サーバサイドJavaScriptのための標準API策定を目指した活動でした。後に、サーバサイドより広範囲、たとえばJavaScriptで書くコマンドラインツールやGUIツールなどまで視野に入れ、CommonJSに改称しました。以下のサイトに情報があります。

　http://www.commonjs.org/
　http://wiki.commonjs.org/wiki/CommonJS

　CommonJSと連動する形で**JSGI**という規格もあります。CommonJSはファイル操作など基本機能のAPIで、Javaと比較するとjava.langやjava.utilパッケージが扱う領域のAPIに当たります。JSGIはWebアプリ用のAPIです。Javaと比較するとサーブレットAPIに相当するAPIです。

COLUMN

ホストオブジェクトに依存しないライブラリ

　JavaScriptライブラリと言うと、jQueryやprototype.jsなどが有名です。これらはすべてクライアントサイドJavaScript用のライブラリです。提供する機能がブラウザUI用という以外に、グローバルオブジェクトがwindowオブジェクトであることも前提にしています。

　サーバサイドJavaScriptの隆盛とともに少しずつホストオブジェクトに依存しないライブラリが登場し始めています。たとえばunderscore.js（http://documentcloud.github.com/underscore/）などが代表です。

21-2-2 CommonJSの動向

現在、多くのライブラリやフレームワークがCommonJS準拠に向かっています。サーバサイドJavaScriptの世界では本章で取り上げるNode.jsもその1つです。JVM系サーバサイドJavaScriptのNarwhalやRingoJS、あるいはJavaScript処理系を搭載したドキュメントデータベースCouchDB（カウチDB）もCommonJS準拠です。他にもクライアントサイドJavaScriptのフレームワーク、SproutCoreもCommonJS準拠を表明しています。

しかし2009年初頭から始まった割にはCommonJSの規格化の進みはそれほど順調とは言えません。後述するモジュールAPIの規格だけは順調で、多くの実装が既に出揃っていますが、他のAPIはなかなか規格も実装も進みません。更に悪いことに、サーバサイドJavaScriptの中で今一番勢いのあるNode.jsが、そもそも非同期APIを基軸とするため、CommonJSの伝統的な同期的APIと足並みが揃わない事情があります。

当面、サーバサイドJavaScriptの標準APIは、力のある実装（Node.jsやunderscore.jsなど）やクライアントサイドからの流入（jQueryやHTML5関連のAPIなど）が事実上の標準APIになり、これらをCommonJSが取り込んでいく流れになりそうです。長い目で見れば、いずれはCommonJSのような標準規格に落ち着いていくはずです。

21-2-3 モジュール機能

CommonJSの中で規格化と実装が進んでいるのがモジュール機能です。最初にモジュールの標準規格が必要な背景を説明します。その後、CommonJSのモジュールAPIの使い方を説明します。

■モジュール機能が必要な背景

ある程度の規模のプログラミングにモジュール化は必須です。様々な形のモジュール化はありますが、最低限、複数のソースファイルに分割できる仕組みは必要です。

クライアントサイドJavaScriptではHTML中のscriptタグで複数のJavaScriptファイルを読み込めます。モジュール化の仕組みの1つと言えなくはないですが、言語的なサポートではありません。scriptタグによる読み込みは、一般的なプログラミング言語から見るとファイルを単純に連結しているだけで、いわばインクルード的な仕組みです。

この仕組みで複数ファイルにJavaScriptコードを分けると、グローバルの名前空間の汚染により名前の衝突が発生します。このため依存する外部ライブラリが増えると収拾がつかなくなります。クライアントサイドJavaScriptでは、「6-7-4 名前空間の汚染を防ぐ」で説明したような技法とライブラリごとに名前空間を決めるイディオムでこの問題を回避しています。

サーバサイドJavaScriptでもインクルード的な仕組みで複数ソースファイルを連結することは可能です。しかし、インクルードによる複数ファイル連結はファイル数が増えた場合の管理が面倒です。この問題を解決するための仕組みがCommonJSのモジュール規格です。CommonJSモジュールの単位は実装依存になっていますが、一般的にはモジュールはファイル単位です。本書でも1モジュール1ファ

21章　サーバサイドJavaScriptとNode.js

イルの原則で説明します。

■モジュールの具体例

本書はCommonJSのモジュール規格のバージョン1.1.1をベースに説明します。

CommonJSモジュールはデフォルトでグローバルの名前空間を汚染しません。2つのソースファイルを組み合わせた時、片方のファイルの変数名や関数名はエクスポート（後述）しない限り、もう片方のファイルから見えません。

モジュールとして読まれる側のコードの書き方と、モジュールを読む側のコードの書き方の順で説明します。モジュールとして読まれる側には最初から **exports** と **module** という2つのオブジェクトが存在します。すべてのファイルがモジュールとして読まれうるので、結局、どのファイルにもexportsとmoduleのオブジェクトが暗黙に存在します。これらのオブジェクトのプロパティをセットすることが、そのファイルをモジュールとして使えるために必要な作業です。

exportsオブジェクトのプロパティ名がモジュールの外部に公開される名前です。たとえば**リスト21.1**のように使います（このファイル名をcalc.jsとします）。exportsのプロパティへの代入行はソースコードのどこにあっても構いません。

リスト21.1　モジュールとして呼ばれるファイル（calc.js）

```
// モジュールの外部に公開する名前をセット
exports.sum = sum;

function sum(a, b) {
  return Number(a) + Number(b);
}
```

これで他のファイルからsum関数を呼べるようになります（モジュールを使う側のコード例は後述します）。

moduleオブジェクトにはidとurlの2つの読み取り専用プロパティがあります。どちらもモジュール名に相当する値を持ちます。モジュール名はモジュールを識別するための名前です。ファイル単位のモジュールを前提にすれば、モジュール名はファイル名そのものと思ってもらって構いません。現状、モジュール名を知りたい場合はidプロパティの値を使うのが現実的です。

■モジュールを使うコード

モジュールを使う側の説明に移ります。モジュールを使うには**require**関数を使います。たとえば前節のcalc.jsを使う場合、次のように使います。require関数に渡す値はモジュール名です。console.logの説明は「21-3 Node.js」を参照してください。

```
// モジュールを使う側のコード例
var calc = require('calc');
console.log(calc.sum(4, 5));
```

あるいは次のようにも使えます（モジュール固有の話ではなく、単なるJavaScriptの使い方の問題です）。

```
// モジュールを使う側のコード例
var sum = require('calc').sum;
console.log(sum(4, 5));
```

　require関数に渡すモジュール名から対応するファイルを探す方法は実装依存です。require関数に渡すモジュール名に拡張子jsを書いて動くかは実装依存です。Node.jsのように両方受けつける実装も存在すればエラーになる実装もあります。ファイルを探すファイルパスも実装依存です。カレントディレクトリから探す実装もあればそうでない実装もあります。

　もしカレントディレクトリからモジュールファイルを探す実装であれば、calc.jsファイルをカレントディレクトリに配置してrequire('calc')でファイルを読めます。カレントディレクトリから探さない実装（Node.jsがそうです）の場合、require('calc')の代わりにrequire('./calc')と書いてください。subという名前のサブディレクトリ以下にcalc.jsファイルを配置した場合、require('sub/calc')もしくはrequire('./sub/calc')のように書きます。

　指定したモジュールが見つからない場合、require関数はError例外オブジェクトを投げます。モジュールが別のモジュールをrequireしても問題ありません。モジュールの依存関係が循環的になっても問題なく動作します。

■モジュールの応用

　require関数（関数オブジェクト）に2つのプロパティがあります。mainとpathsです。mainプロパティは次のようにmoduleオブジェクトと同一判定することで、そのファイルが直接実行されたのかモジュールとして読み込まれたかを判定できます。

```
if (require.main === module) {      // ファイルを直接実行した時に真
  console.log('directly called');
} else {                            // モジュールとして読まれた時
  console.log('loaded as a module');
}
```

　require.pathsプロパティの値はモジュールを探すファイルパスの配列です。次の技法で実行時にモジュールファイルを探すパスを変更できますが、この技法は（少なくともNode.jsでは）非推奨です。既存コードにこの手のコードは残っているので紹介しておきます。

```
// この技法は非推奨
// 実行時にモジュールのファイルを探すパスを変更
require.paths.unshift(__dirname + '/subdir');       // __dirnameはNode.js独自
```

21章　サーバサイドJavaScriptとNode.js

21-3　Node.js

21-3-1　Node.jsの概要

本節はサーバサイドJavaScript実装の1つNode.jsを紹介します。本書Part4のWebSocketでも少し紹介しました。Node.jsは非同期処理を特徴とする処理系です(注1)。サイトは次のURLになります。

http://nodejs.org

Node.jsには次のような特徴があります。

- JavaScript処理系はv8（ネットワーク周りなどはlibevやlibeioなど既存Cライブラリを利用）
- 非同期処理の汎用イベントループを提供する処理系
- 対話的シェル機能もあるコマンドラインツールが付属
- パッケージシステムによる拡張性

最近サーバサイド技術と言うとWebアプリのレイヤを指す場合が多いですが、Node.jsは一般的なWebアプリサーバより低レイヤのソフトウェアです。

他のサーバサイドJavaScriptはApacheなどの既存WebサーバやTomcatなどの既存Javaサーブレットエンジンの上で動くものが一般的です。一方、Node.jsでWebアプリを作る場合、Node.jsでHTTPサーバのレイヤからWebアプリサーバのレイヤまで完結できます。次章で紹介するExpressのようにWebアプリフレームワークもNode.js上に構築可能です。このためNode.jsの位置づけはPerlやRubyなどのスクリプティング系言語と同レイヤのソフトウェアと見なすほうが適切です。基盤となるJavaScript処理系v8にライブラリ層を被せて、更にコマンドラインツールnodeを合わせて、PerlやRubyと同等の存在になっています（もちろん成熟度にはまだ大きく差があります）。

本書は主にNode.jsでWebアプリを作る前提で話しますが、メールサーバでもネームサーバでも、あるいはコマンドラインツールでも、あるいは（GUIライブラリとのバインディングがあれば）GUIツールでも、何でも作ろうと思えば作れるのがNode.jsです。

本書はNode.jsバージョン0.4.8ベースで説明します。Node.jsのインストール方法の説明は省略します。ソースを固めたtar.gzは依存ライブラリ（v8やlibevなど）のソースも含んでいるのでGNU/Linuxであれば、configureとmakeでビルドできます。

■ サードパーティモジュール

Node.jsの周辺には活発な開発コミュニティがあります。代表的なサードパーティモジュールは次のURLで参照できます。

http://github.com/ry/node/wiki/modules

(注1)　FAQ (https://github.com/joyent/node/wiki/FAQ) によると正式名称はnodeでもNode.jsでもなく、Nodeです。ただ識別性を上げるためにNode.jsでも可とあります。本書はNode.jsで統一します。

Part 6 サーバサイドJavaScript

サードパーティモジュールの多くはパッケージという単位で配布されます。パッケージについては後ほどnpmと一緒に説明します。

■Node.jsのAPI

本章はわかりやすさを優先してAPIの説明の中で「クラス」の用語を使います。この辺りの用語の使い方については、「**2-5-7 クラスとインスタンス**」を参照してください。

一般にクラスを説明するリファレンス文書にはクラスのプロパティ（フィールドとメソッド）の一覧が載ります。Node.jsの場合、それに加えてクラスやオブジェクトがどんなイベントを発行するかと、イベントに対するコールバック関数にどんな引数が渡るかの説明があります。現状、これらの情報はソースコードを読む以外ではリファレンス文書に当たるしかありません。

Node.jsのAPIリファレンスは下記を参照してください。

http://nodejs.org/docs/latest/api/index.html

このAPIリファレンスはホストオブジェクトと標準配布に含まれるモジュールのAPIのみを説明します。Node.jsの強みは豊富な外部モジュールによる拡張性にありますが、外部モジュールについてはそれぞれのAPIリファレンスを参照する必要があります。

■非同期処理とノンブロッキング処理

Node.jsの文脈で登場する紛らわしい用語を整理しておきます。

最初にブロッキングとノンブロッキングの用語です。これらはある処理の呼び出し、一般的には関数の呼び出しに対する形容です。

ブロッキングな関数は関数内で待ち状態になりうる関数です。

ノンブロッキングな関数はブロッキングの反対で待ち状態にならない関数です。待ち状態はなんらかのリソースの取得待ちで発生します。実行レベルで見ると、I/O待ちかロック（lock）待ちが一般的です。

同期処理と非同期処理は、形容する対象によりますが、Node.jsの文脈ではI/O処理を形容するものと考えてください。同期I/O処理は、読み込みあるいは書き込みの処理を始めると、完了するまで何もしない動作を指します。同期I/O処理で待ち状態が発生するのは多くは読み込み処理です。と言うのも、書き込み処理の場合、バッファメモリへの書き込みで擬似的に完了と見なしてパフォーマンスを上げるのが一般的だからです。バッファが一杯の時に書き込みを待たせるかは、その関数がブロッキングかノンブロッキングかで変わります。

非同期I/O処理は、読み書きの処理を裏で動かします[注2]。狭義の非同期読み込み処理は、読み込みが完了したタイミングでイベントを上げます。その時点では読み込みデータがメモリに既に読み込まれた状態です。広義の非同期読み込み処理は、読み込み可能なタイミングでイベントが上がり、そのイベントへの対応の中で読み込み処理をアプリが実行します。

非同期の書き込み処理は、書き込みデータをバッファとなるメモリに用意しておくと、書き込みが完了した時点でイベントが上がります。このイベントは暗黙にメモリバッファに新しいデータを書き

21章　サーバサイドJavaScriptとNode.js

込める空きができたことも意味します。広義の非同期書き込み処理は、実際の書き込みが可能になるタイミングでイベントを上げて、イベントへの対応処理の中で書き込み処理をします。

　関係を整理します。ネットワークのI/O処理は本質的に待ち状態になりうる処理です。このためネットワーク処理を同期I/Oで行う関数は結果としてブロッキングな関数になります。ネットワークの同期I/O処理はブロッキング関数と同義です。現実的にそうならざるを得ません。

　一方、非同期I/O処理はもう少し意味が多様で実装方法にも幅があります。通常、非同期データ読み書きの関数はノンブロッキングにしますが、理屈上は、たとえばデータの読み書き可能をチェックする関数（peek処理）とブロッキングな読み書き関数の組み合わせでも実現可能です。このため非同期I/O処理にノンブロッキング関数を必須とまでは言えません。既に説明したようにイベントを上げるタイミングにも多少の実装上の幅があります。とは言え、事実上は非同期I/O処理とノンブロッキング関数は一体的に語られるのが普通です。

　ネットワーク処理のような本質的に待ち状態が発生しうる場合、並列処理を実現するためにマルチスレッドか非同期処理のどちらかの仕組みが必要です。

■Node.jsの非同期処理の動作

　概念的な話は別にして実装を見ると、非同期処理の書き込みと読み込みには非対称性があります。これはメモリを読み書き用のバッファに使うのが普通だからです。前提としてメモリの読み書きは事実上ブロックしないと見なします。

　Node.jsの非同期書き込み処理はメソッド呼び出しで行います（多くはwriteという名前のメソッドです）。メソッドを呼び出すと基本的にブロックせずにすぐ返ります。つまりノンブロッキングなメソッド（関数）です。実際の書き込み処理は裏で非同期に実行されます。ネットワークであればデータ送信処理を意味します（図21.1）。

　書き込み処理が終わったタイミングのイベントで次の書き込みをすれば良いと誤解されがちですが、それはあまり効率的ではありません。正しい書き込み処理は、完了のタイミングを待たず書き込みメソッド（関数）を次々に呼びます。実際の書き込み処理のタイミングを気にせず、バッファに書き込んでしまえばいいからです。例外は、極端に大きなデータを書き込む場合です。実際の送信処理より早いペースで書き込み処理を続けるとバッファのサイズが大きくなりすぎメモリを圧迫する危険があります。この場合、バッファが空いたタイミングのイベントを待って次の書き込みをする高度な制御が必要です。

　Node.jsの非同期読み込み処理には対応する（readのような）関数やメソッドは存在しません。あえて挙げると、読み込みイベント停止を解除するresumeメソッドがある程度です。読み込みはイベントに対するコールバック関数で行います。イベント名はdataが一般的です。裏で読み込み処理が完了してデータがメモリにある状態でコールバック関数が呼ばれます。コールバック関数の引数で読み込みデータを受けとります。読み込み処理が継続する場合、コールバック関数が次々と呼ばれることになります。ここには少し奇妙な反転現象があります。一般的な関数呼び出しでは、関数に渡す引数が入力で返り値が出力ですが、コールバック関数を使う非同期処理では、コールバック関数の引数の形で出力を得る形になるからです（図21.2）。

（注2）　この文脈の「裏」とは、アプリに対するOS（カーネル）のこともあれば、アプリ内の別スレッドのこともあります。Node.jsでは、非同期I/O処理を裏で行うのはOS（カーネル）です。

Part 6 サーバサイドJavaScript

これらの具体例は本章の中で見ることになりますが、Node.jsの非同期処理の原則はどれもここで説明したスタイルになるので覚えておいてください。

図 21.1　非同期I/O処理（書き込み）

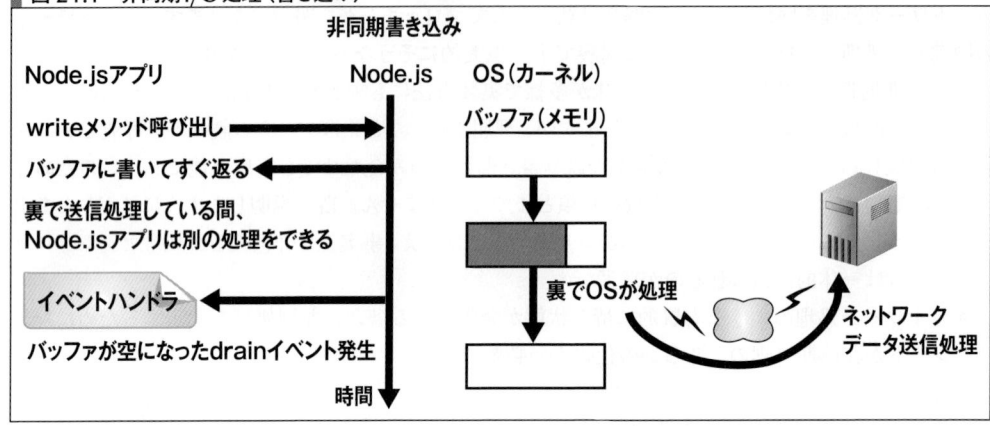

図 21.2　非同期I/O処理（読み込み）

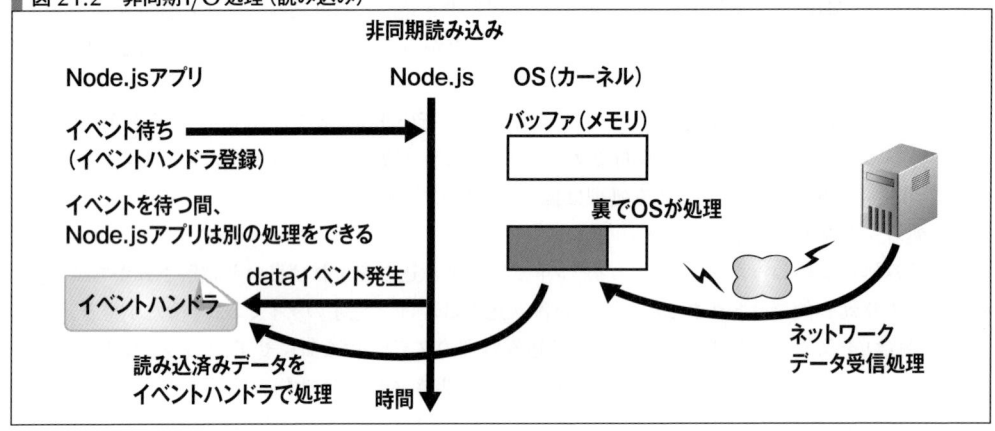

■モジュール

Node.jsのモジュールの基本的な仕組みはCommonJSのモジュール規格に従います。モジュールの使い方の基本（exportsやrequire）は規格どおりなので前述した「CommonJS」の節を参照してください。ファイルの読み込みパスなど実装依存の部分もあるのでここで説明します。

requireの引数に書くモジュール名の指定方法は**表 21.1** の3パターンあります。

表 21.1　Node.jsのモジュール名の指定方法

名称	説明	例
相対パス	./あるいは../で始まるパス	./fooや./foo.js

次ページへ

21章　サーバサイドJavaScriptとNode.js

前ページの続き

名称	説明	例
絶対パス	/で始まるパス	/fooや/foo.js
名前	上記以外	fooやfoo.jsやfoo/barやfoo/bar.js

モジュール名からファイル名への対応づけは次の順序でマッチングして、最初に見つかったファイルをロードします。モジュール名に拡張子jsは書いても書かなくても動作します。

- 完全一致のファイル名
- 拡張子jsを付与したファイル名
- 拡張子nodeを付与したファイル名（バイナリモジュールとしてロード）

相対パス指定のrequire関数は、ソースファイルのディレクトリから相対パスでファイルを探します。絶対パス指定をすると、モジュール名から絶対パスにマップしたファイルを探します。相対パスもしくは絶対パス以外の名前は次の順にファイルを探します。

- コアモジュールに名前が一致すればコアモジュールをロード
- カレントディレクトリのnode_modulesディレクトリの下を探索
- カレントディレクトリから上位ディレクトリに向かってnode_modulesディレクトリを探索
  （たとえばカレントディレクトリが /home/inoue/nodejs/work/ の場合、次の順序で探す
    /home/inoue/nodejs/work/node_modules
    /home/inoue/nodejs/node_modules
    /home/inoue/node_modules
    /home/node_modules
    /node_modules）
- 環境変数NODE_PATHで指定したディレクトリ
- $HOME/.node_modules/ディレクトリ
- $HOME/.node_libraries/ディレクトリ
- Node.jsのインストールディレクトリ /lib/node/ディレクトリ

モジュールの中に書いたコードはrequireを呼んだ時に実行されます。ただしrequireを複数回呼んでも実行は1回のみです。requireの返り値のオブジェクト参照も常に同一です。

■module.exports

Node.jsではリスト21.1の代わりに次のような書き方もよく使います。

```
// リスト21.1と同じ動作

module.exports = {
  sum: function(a, b) {
        return Number(a) + Number(b);
      }
  // 必要であれば他のプロパティを続ける
};
```

481

21-3-2 nodeコマンド

利用者に見えるNode.jsの実体はnodeという名前のコマンドです。引数なしでnodeコマンドを起動すると対話的シェルとして起動します。対話的シェルを起動すると次のような入力待ちになります。

```
$ node
>
```

ここにJavaScriptの文を入力してEnterキーを押すと文を実行して結果を表示します。式文を入力すると式の評価結果を表示します。

```
$ node
> 1 + 2;
3
> console.log('hello');    // console.logの意味は次節
hello
```

最後のセミコロンはなくても動きますが、本章の実例では省略しないことにします。以下、nodeの対話的シェルの結果を同じように表記します。

■ファイルの実行

nodeコマンドのコマンドライン引数にファイル名を渡すとファイルの中身をJavaScriptコードとして実行します。PerlやRubyなどのいわゆるスクリプティング系言語と同じ感覚で使えます。

```
$ node my.js
```

上記例はJavaScriptコードを書いたmy.jsがカレントディレクトリにある前提の実行です。my.jsの先頭行に#!/usr/bin/nodeのようにnodeコマンドのパスを記述して実行権限ビットを立てて直接実行しても構いません。

21-3-3 npmとパッケージ

Node.jsにはNode Package Manager (npm) と呼ばれるパッケージシステムがあります。npmのオフィシャルサイトのURLは下記になります。

http://npmjs.org

モジュールとパッケージの関係が気になる人のために2つの役割の違いを説明します。モジュールはNode.js自体が提供する、プログラムの分割統治を助ける言語機能です。具体的にはソースコードを複数ファイルに分けて管理できる仕組みで、更に具体的に言えば名前空間を分離できる言語機能です。

一方、パッケージは配布のための仕組みです。普通のパッケージはモジュールの集合として定義されます。理屈上はモジュール形式ではなく、Node.jsのホストオブジェクトの名前空間に侵食するパッ

ケージも作成可能ですが、行儀の悪いパッケージなのでそういうものを作るべきではありません。
npmのインストールは次のように行います(注3)。

```
$ curl http://npmjs.org/install.sh | sh
```

これでnpmコマンドを使えるようになります。npmコマンドの基本形な機能はパッケージの検索およびインストールとアンインストールです。npmコマンドの使い方はnpm helpで出力されるオンラインヘルプを参照してください。どんなnpmパッケージがあるかは次のURLでも検索可能です。

http://search.npmjs.org/

npmコマンドによるパッケージインストール方法は次のように行います。

```
$ npm install パッケージ名
```

上記のようにインストールするとカレントディレクトリをベースにした相対パス上にパッケージをインストールします。次のように -g オプションをつけるとグローバルインストールになります。

```
$ npm install -g パッケージ名
```

npmによるパッケージのインストール方法は本Partの中で必要に応じて説明します。

21-3-4　consoleモジュール

consoleオブジェクトは、内部的にはconsoleモジュールのオブジェクトです。標準でロードされるモジュールなので明示的に **var console = require('console')** の行は不要です(注4)。

consoleモジュールの関数（形式的にはconsoleオブジェクトのメソッド）を表21.2に示します。これらの関数は主にデバッグ目的に使えます。どの関数も実装は簡易なのでNode.jsのソースツリーのconsole.jsファイルを見ると良いでしょう。

表 21.2　consoleモジュールの関数

関数名	説明
log(a,b,...)	引数すべてを標準出力にメッセージ出力して最後に改行を出力
info(a,b,...)	現状ではlog関数の別名（将来的には機能が分離する可能性がある）
warn(a,b,...)	引数すべてを標準エラー出力にメッセージ出力して最後に改行を出力
error(a,b,...)	現状ではerror関数の別名
assert(expr)	引数exprの評価値が偽の場合にAssertionError例外を発生
dir(obj)	オブジェクトのインスペクション
trace(label)	コールスタックを標準エラー出力に表示。labelは出力メッセージ用
time(label)	プロファイル（実行時間の計測）の開始
timeEnd(label)	プロファイルの終了。同じラベル値のtime関数呼び出しからの経過時間をlog関数で出力

(注3)　Node.jsのインストールを先に済ませてください。
(注4)　意味的にはこのような行があるのと等価です。

サーバサイド JavaScript

メッセージ出力系関数には**表 21.3** のフォーマット指定子を使えます。第 1 引数の文字列中にフォーマット指定子を書くと、後続する引数を整形して置換します。

表 21.3　メッセージ出力関数のフォーマット指定子

フォーマット指定子	説明
%s	文字列型に型変換して出力
%d	数値型に型変換して出力
%j	JSONフォーマットにして出力（内部的には JSON.stringify を利用）[注5]

フォーマット指定子を含めて console.log の使用例を**図 21.3** に示します。

図 21.3　console.log の使用例

```
> console.log('foo');
foo
> console.log('foo', 'bar');
foo bar

> var n = 7;
> console.log('%d foo', n);
7 foo
> console.log('%d foo', n, 'bar');
7 foo bar

> var obj = {x:1, y:2};
> console.log(obj);              // オブジェクト参照を渡すとJSON形式で出力する
{ x: 1, y: 2 }
```

　console.dir 関数は、指定したオブジェクトのプロパティ一覧を表示する、いわゆるオブジェクトインスペクションをする関数です。内部的には次に説明する util.inspect 関数の結果を出力します。ECMAScript 第5版には Object.keys や Object.getOwnPropertyNames のようなインスペクション系の標準 API があります（「**表 5.7 Object クラスのプロパティ**」を参照）。このため無理に console.dir を使う必要は薄いかもしれませんが、console.dir は見やすく整形して表示してくれるのでうまく使い分けてください。

21-3-5　util モジュール

　console オブジェクトと並んでデバッグに便利なのが util モジュールです[注6]。次のように明示的にモジュールをロードして使います。受ける変数名は任意ですが、特別な理由がなければ util で受けるほうが可読性の点で良いでしょう。

(注 5)　本書 Part2 を参照してください。
(注 6)　sys モジュールは util モジュールで置き換わっています。sys モジュールは後方互換性のために残されているので今後は util モジュールを使ってください。

```
// utilモジュールの利用方法
var util = require('util');
util.print('foo');              // utilモジュール内の関数の呼び出し
```

utilモジュールの代表的な関数を**表21.4**に示します。

表21.4　utilモジュールの代表的な関数

関数名	説明
print(a,b,...)	引数すべてを文字列型に変換して標準出力に表示
puts(a,b,...)	引数すべてを標準出力に表示
debug(msg)	引数を標準エラー出力に表示
error(a,b,...)	引数すべてを標準エラー出力に表示
inspect(obj, showHidden, depth, colors)	オブジェクトのプロパティ一覧を整形表示した文字列を返す。引数の説明は省略
log(msg)	現在時刻と引数を標準出力に表示
inherits(ctor, superCtor)	第1引数のクラスオブジェクトに第2引数のクラスオブジェクトをプロトタイプ継承させる

util.inheritsは**リスト21.2**のように使えます。内部動作はPart2の「**5-17-2 constructorプロパティの注意**」で挙げたコード例と同じです。util.inheritsは自作オブジェクトにイベント発行機能を付与したい時に使うと便利です。詳細は「**21-3-9 イベントAPIで**」説明します。

リスト21.2　util.inheritsの例

```
// 基底クラス相当のコンストラクタ
function Base() {}
Base.prototype.method = function() { console.log('base method called'); }

// 派生クラス相当のコンストラクタ
function Derived() {}

// 継承
require('util').inherits(Derived, Base);
```

リスト21.2の利用例

```
> var obj = new Derived();
> obj.method();
base method called
```

21-3-6　processオブジェクト

　processオブジェクトはホストオブジェクトの1つです。consoleオブジェクトと同じく単一インスタンスのいわゆるシングルトン的なオブジェクトです。デフォルトで存在するグローバル変数processで参照できます。processオブジェクトのプロパティの一覧はconsole.dir(process)で表示できます。processオブジェクトの代表的なプロパティを**表21.5**に載せます。

表 21.5　processオブジェクトのプロパティ（抜粋）

プロパティ名	説明
argv	コマンドライン引数。文字列値の配列。配列の第1要素は'node'。第2要素は実行ファイルのパス。第3要素以降はコマンドラインオプション
env	環境変数の連想配列的なオブジェクト
stdin	標準入力のストリームオブジェクト
stdout	標準出力のストリームオブジェクト
stderr	標準エラー出力のストリームオブジェクト
exit(status)	プロセスを終了。引数statusはプロセスのエラーコード
version	'v0.4.8'のような文字列値
platform	'linux'や'win32'のような文字列値
pid	プロセスIDの数値
cwd()	カレントディレクトリを文字列で返す
chdir(dir)	カレントディレクトリを指定したディレクトリに変更
getuid()	実行ユーザのユーザIDを返す
setuid(uid)	指定したIDのユーザに実行ユーザを変更する
kill(pid, signal)	pid（数値）で指定したプロセスにシグナルを送る。シグナルは'SIGTERM'のような文字列値で指定する

　stdout、stdin、stderrは後述する「21-3-11 ストリーム」で説明します。processオブジェクトは**表21.6**のイベントを発行します。

表 21.6　processオブジェクトのイベント

イベント名	イベントハンドラ	説明
exit	function(){}	プロセス終了時にイベント発生
uncaughtException	function(exception){}	捕捉されない例外が上がるとイベント発生。イベントハンドラの引数は例外オブジェクト
シグナル文字列	function(){}	'SIGINT'のような文字列

　たとえばuncaughtExceptionイベントに対するイベントハンドラは**リスト21.3**のように書けます。onの意味は後述します。

リスト21.3　uncaughtExceptionイベントの利用例

```
process.on('uncaughtException', function(err){
  console.log('Got an error: %s', err.message);
  process.exit(1);
});


throw new Error('foo');
```

　OSレベルのシグナルハンドラをprocessオブジェクトのイベントハンドラで書けます。たとえば次のコードはSIGINTシグナルに反応します。

```
process.on('SIGINT', function () {
  console.log('Got SIGINT signal');
});
```

21-3-7 グローバルオブジェクト

グローバルオブジェクトの意味が曖昧な人は**「5-21 グローバルオブジェクト」**を読み直してください。Node.jsにはグローバル変数globalがデフォルトで存在します。変数globalの役割はクライアントサイドJavaScriptのwindow変数と同じです。常にグローバルオブジェクトを参照する変数です。

次のようにするといわゆるグローバル変数とグローバル関数を一覧できます。

```
> Object.keys(global);        // トップレベルコードでは Object.keys(this) としても同じ
[ 'global',
  'process',
  'GLOBAL',
  'root',
  'Buffer',
  'setTimeout',
  'setInterval',
  'clearTimeout',
  'clearInterval',
  'console',
  'module',
  'require',
  '_' ]
```

結果は省略しますが、Object.getOwnPropertyNames(global)とすると更に多くのグローバルなシンボルを一覧できます。

21-3-8 Node.jsプログラミングの概要

■コールバック関数

Node.jsプログラミングの基本は非同期処理です。Node.jsのコードでは非同期処理のためにコールバック関数を多用します。たとえば3秒後に標準出力にメッセージを出すコードは次のようになります。

```
// 3秒後にコンソール出力
setTimeout(function() { console.log('time up'); }, 3000);   // 引数でコールバック関数を指定
```

上記コードは対話的シェルでも動作しますが、シェルでは動作がわかりづらいので上記1行を書いたtime.jsを用意して次のようにnodeコマンドで実行してみてください。実行結果は次のようになります。

```
コマンドラインで次を実行
$ node time.js
3秒後に次の出力をしてnodeコマンドが終了
time up
$
```

Part 6 サーバサイドJavaScript

■イベントループ

　非同期処理はネットワーク処理で真価を発揮します。Node.jsでHTTPのサーバ処理を行う簡易なコード例を示します（**リスト 21.4**）。ポート8080番でHTTPリクエストを待ち受け、接続相手にHTTPレスポンスを返します。setTimeout関数を使う前の例でもそうですが、Node.jsはイベント待ちのコードを書くとスクリプトが暗黙にイベントループに入ります。イベント待ちのコードがなければ、スクリプトの最後まで実行するとスクリプトが終了します。

　リスト21.4のコードの読み方は、listen(8080)で接続待ちのイベントソース（＝イベントを発生させるオブジェクト）が生成され、コードの最後で暗黙のイベントループに入ると読みます（listen呼び出しで停止するのではないことに注意してください）。ポート8080番にHTTPの接続があるとイベントループからコールバック関数が呼ばれます。コールバック関数の中でHTTPのレスポンス処理をします。コールバック関数を抜けると再び暗黙のイベントループに戻ります。

リスト 21.4　Node.jsの簡単なWebサーバ

```
var http = require('http');

http.createServer(function(request, response) {     // 引数でコールバック関数を指定
    response.writeHead(200, {'Content-Type': 'text/plain'});
    response.write('Hello ');
    response.end('World\n');
}).listen(8080);
```

　リスト21.4は暗黙の処理が多いので、同じ処理を明示的に書いたコードを紹介します（**リスト 21.5**）。httpdオブジェクトにon関数でコールバック関数を設定します。on関数はNode.jsプログラミングで最重要な関数で、イベントに対するコールバック関数をセットする関数です。このようなコールバック関数をイベントハンドラと呼びます。on関数は内部的にはaddListener関数の別名です（後述します）。

　リスト21.5のon関数は、httpdオブジェクトの'request'イベントにイベントハンドラをセットします。httpdオブジェクトの'request'イベントはHTTPリクエストを受けた時に起きるイベントです。通常、Node.jsではこのようにイベント名でイベントを識別し、イベントハンドラを関連づけます。前述のリスト21.4のコールバック関数も内部的には'request'イベントのイベントハンドラです。ただしイベント名は隠蔽されています。

リスト 21.5　Node.jsの簡単なWebサーバ（コールバック関数を明示化）

```
var http = require('http');

var httpd = http.createServer();
httpd.listen(8080);

httpd.on('request', function(request, response) {     // 引数でコールバック関数を指定
    response.writeHead(200, {'Content-Type': 'text/plain'});
    response.write('Hello ');
    response.end('World\n');
//    httpd.close();      // コメントアウトを外すと、HTTPレスポンスを返した後にWebサーバを終了
  });
```

パーフェクトJavaScript

21章　サーバサイドJavaScriptとNode.js

■イベント処理の形

リスト21.5のようにイベントにイベントハンドラを追加するのがNode.jsプログラミングの基本です。いわゆるイベントドリブンプログラミングのスタイルになります。イベントドリブンについては「6-8 コールバックパターン」も参考にしてください。

on関数を形式だけ理解するのは簡単です。次の形を理解するだけだからです。

```
// on関数の形式
イベント発生元オブジェクト.on('イベント名', イベントハンドラ関数);
```

この形式の理解は簡単ですが、次のような疑問が生まれるはずです。

- イベント発生元オブジェクトはどんなオブジェクトか？
- イベント名には何を使えるのか？
- イベントハンドラ関数はいつ、誰から、どんな引数で呼ばれるのか？

これらの疑問に次節で答えます。

21-3-9　イベントAPI

最初に用語の整理をします。イベントに反応して呼ばれるコールバック関数をイベントハンドラもしくはイベントリスナと呼びます。Node.jsの世界では2つの用語の混在が見られますが、本書はイベントハンドラに用語を統一します。

イベントの発生を、イベントの発行(emit)や発火(fire)と呼びます。本書は、イベントを主語にする場合は発生、イベントを目的語にする時は発行に用語を統一します。イベントの多くは発行元のオブジェクトがあります。タイマーイベントのように発行元がはっきりしないイベントもありますが、これらの発行元をグローバルオブジェクトと見なせばすべてのイベントには発行元のオブジェクトがあります。イベントの発行元オブジェクトを**イベントソース**(オブジェクト)と呼びます。

各イベントはイベントソースで一意な文字列(イベント名)で識別されます。どんな名前のイベントがあるかは、イベントソースごとに決まっています。どんなイベントが使えるかを知るにはAPIリファレンスを読むかNode.jsのソースコードを読む必要があります。

イベントとイベントハンドラの対応は1対多です。既にイベントハンドラを設定済みのイベントに対してon関数を使うと、イベントハンドラの置き換えではなく、イベントハンドラを連結します。イベントハンドラが複数ある場合、イベントハンドラの呼ばれる順序は今の実装ではon関数でセットした順になります。しかし、呼び出し順序に依存するコードはイベントドリブンプログラミングの流儀に反するので避けるべきです(注7)。なお複数のイベントハンドラの呼び出しチェーンを途中で打ちきる手段は(現状)存在しません。

(注7) イベントハンドラの呼び出し順序に依存しないコードは簡単に守れそうな規則ですが、律儀に守るのは意外に大変です。この原則を守るためトリッキーなコードになるぐらいなら、目をつぶってもいいかと個人的には思います。ただイベントハンドラ間に依存があると変更に弱いコードになるのは認識しておいてください。

■EventEmitterクラス

Node.jsのイベントソースはeventsモジュールのEventEmitterクラスを継承します。表21.7のイベント用のメソッドを継承します。本章の説明の中でon関数を受けつけるクラスやオブジェクトがあれば、それらはEventEmitterクラスを継承していると考えてください。たとえばリスト21.5のhttp.createServer( )の返り値のオブジェクトはEventEmitterクラスを継承したクラスのインスタンスオブジェクトです。

表21.7 イベント用のメソッド

関数名	説明
addListener(type, listener)	typeで指定した名前のイベントにイベントハンドラを追加
on(type, listener)	addListenerの別名
once(type, listener)	addListenerと同じ意味だがイベントハンドラは1回しか呼ばれない
removeListener(type, listener)	指定したイベントハンドラを削除
removeAllListeners(type)	typeで指定した名前のイベントのすべてのイベントハンドラを削除
emit(type[, arg,...])	typeで指定した名前のイベントを発行
listeners(type)	typeで指定した名前のイベントのすべてのイベントハンドラを返す
setMaxListeners(n)	1つのイベント当たりのイベントハンドラの数の上限を設定（デフォルトは10）

表21.7で良く使うメソッドはイベントハンドラの追加メソッドと削除メソッドです。addListenerとonは単なる別名なのでどちらを使っても構いません。onのほうが記述が短く好まれるようなので本書はonを使う方針にします。イベントの追加および削除メソッドの返り値はイベントソースの参照なので、event_source.on('foo', handler1).on('bar', handler2) のようにメソッドチェーンとして呼べます。

削除メソッドにはbindを使った場合の注意点があります（後述する「イベントハンドラ内のthis参照」を参照）。emitメソッドは後ほど「独自イベント」で説明します。

listenersメソッドはコピーではなくイベントハンドラの実体（関数の配列）を返します。このためlistenersメソッドの返り値の配列に要素を足したり削除したりするとイベントハンドラの変更ができます。基本的には行儀の悪いプログラミングになるのでしないことを勧めます。

1つのイベント当たりに登録できるイベントハンドラの数には上限が設けられています。これはコードのバグでイベントハンドラが増殖した場合を検出しやすくするための仕組みです。デフォルトではイベントハンドラの数が10を越えるとconsole.errorで警告が出ます。setMaxListenersメソッドはこの上限値を上げます。

EventEmitterクラス（及びその継承クラス）のインスタンスオブジェクトはnewListenerイベントを発行します。オブジェクトに新しいイベントハンドラが追加された時に発生します。newListenerイベントのコールバック関数の形式は次のとおりです。第1引数にイベント名、第2引数に追加されたイベントハンドラの関数オブジェクトが渡ります。

```
function(type, listener) { }
```

■イベントハンドラ内のthis参照

イベントハンドラ内のthis参照はイベントソースオブジェクトを参照します。この動作はクライア

21章　サーバサイドJavaScriptとNode.js

ントサイドJavaScriptのDOMのイベントと同じです。

イベントハンドラ内のthis参照を変更したい場合はbindを使えます。bindの詳細は本書Part2の「**表6.4 Function.prototypeオブジェクトのプロパティ**」を参照してください。bindでイベントハンドラ内のthis参照を変える技法は「**6-8 コールバックパターン**」で説明しました。

イベントハンドラをbindで渡した場合、removeListenerでイベントハンドラを削除するのに注意が必要です。次のコードはイベントハンドラを意図どおり削除できていません。なぜなら2つのbindの呼び出しはそれぞれ別の関数オブジェクトの参照を返すからです。

```
event_source.on('foo', callback.bind());
event_source.removeListener('foo', callback.bind());    // 上記と別のコールバック関数
```

■イベントハンドラ内で非同期処理を呼ぶ時の注意

この節ではNode.jsプログラミングではまりやすいポイントを説明します。

イベントハンドラでイベントに応じた処理を書くコードは、それほど概念的に難しい話ではありません。昔からGUIでイベントドリブンプログラミングをしてきた人には馴染みのスタイルでしょうし、JavaScriptプログラマの多くはクライアントサイドJavaScriptでDOMのイベントモデルに馴染みがあるはずだからです。GUI系以外の環境でも、オブザーバパターンやコールバック関数を使うプログラミングは非常に一般的です。イベントドリブンプログラミングで気をつけるのは、イベントハンドラの中でブロックする処理を書かないこと（これはどんなイベントドリブンでも共通）、イベントハンドラ内のthis参照（これはJavaScript固有の気をつけること）ぐらいです。

Node.jsのプログラミングモデルが、伝統的なイベントドリブンと少し異なるのは、イベントハンドラの中から普通に非同期処理を呼ぶコードを書くことです。Node.js以外の多くのイベントドリブンプログラミングでは、イベントハンドラの中で呼ぶ関数やメソッド呼び出し自体の多くは同期的です。

一方、Node.jsではイベントハンドラ内で非同期な関数やメソッドを普通に呼びます。コールバック関数に関数リテラル式を（クロージャとして）そのまま渡すパターンが多いことと相まって、誤解を生みやすくなっています。そのありがちな誤解を具体例で説明します。

リスト21.6はNode.jsの典型的なバグです。個別のAPIの意味は後ほどそれぞれの節で説明しますが、動作意図はURLで指定されたファイルの中身をレスポンスとして返すHTTPサーバ処理です。エラー等の処理は省略しています。リスト21.6のポイントはイベントハンドラ内で別の非同期処理を呼んでいる部分です。外側のイベントハンドラに「イベントハンドラ内❶」、内側のイベントハンドラに「イベントハンドラ内❷」のコメントを書いているので確認してください。

リスト21.6のポイントは、イベントハンドラ❶内のローカル変数contentに、イベントハンドラ❷で読んだファイルの中身を代入する部分です。readFile関数の第3引数はイベントハンドラとして呼ばれるコールバック関数です。コールバック関数がクロージャなので（クロージャから見ると）外側のローカル変数contentにアクセスできます。この辺の動作が曖昧であれば本書Part2の該当個所を参照してください。ファイル読み込みは即座に終わるのでイベントハンドラの引数strにファイルの中身が渡ってき

491

Part 6 サーバサイドJavaScript

そうです。しかしリスト21.6のHTTPサーバは常に'not expected'のレスポンスを返します。

リスト21.6 意図どおりに動作しないコード

```
var httpd = require('http').createServer(function (request, response) {
    // イベントハンドラ内(1)
    var content = 'not expected';

    var filepath = './' + require('url').parse(request.url).pathname; // カレントディレク
トリに指定ファイルがある前提
    require('fs').readFile(filepath, 'utf8', function(err, str) {
        // イベントハンドラ内(2)
        if (err) throw err;
        content = str;
    });

    response.writeHead(200, {'Content-Type': 'text/plain'});
    response.end(content);
}).listen(8080);
```

意図どおり動作しないのは、リスト21.6が図21.4のように動作するためです。イベントハンドラ❷はイベントハンドラ❶を抜けない限り呼ばれません。このためイベントハンドラ❷のcontent = strの行は常にresponse.end(content)の呼び出しより後になります。動作順序がぴんと来ない人はconsole.logを埋め込んでリスト21.6の動く順序を確認してみてください。

図21.4 リスト21.6の動作イメージ

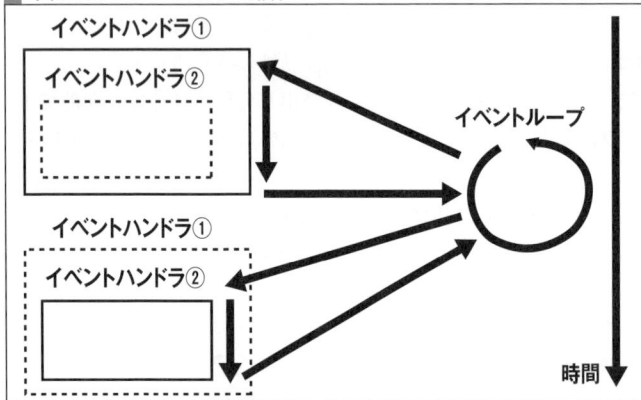

■イベントドリブンプログラミングの鉄則

前節のような間違いをしないためには、あらゆるイベントハンドラは(暗黙の)イベントループから呼ばれる、という意識を持つ必要があります。そしてイベントハンドラを抜けない限りイベントループに戻ることはありません。この原則を忘れないようにしてください。この原則から導かれるもう1つ重要な注意点はイベントハンドラ内で決してブロックしてはいけない点です。既に述べたようにこれはイ

21章　サーバサイドJavaScriptとNode.js

ベントドリブンプログラミングの鉄則です。イベントハンドラ内で停止するとイベントループに制御が戻らないため、コード全体が停止します。

リスト 21.6 を意図どおり動くコードにする 1 つの方法は readFile の代わりに同期 API を使うことです。これは Node.js らしい解法ではありません。正しいコードは**リスト 21.7** のように内部のイベントハンドラ❷で HTTP レスポンス処理をするように書き換えたコードです。

リスト 21.7　リスト 21.6 を動くように書き直した版

```
var httpd = require('http').createServer(function (request, response) {
    var filepath = './' + require('url').parse(request.url).pathname;
    require('fs').readFile(filepath, 'utf8', function(err, str) {
        if (err) throw err;

        response.writeHead(200, {'Content-Type': 'text/plain'});
        response.end(str);
    });
}).listen(8080);
```

リスト 21.7 はコールバック関数の階層が深くないため、書き換えはたいした違いに見えません。しかし、たとえば後述する**リスト 22.12** のようなコードに書き換えた場合、かなり動作が追いづらいコードになります。クロージャで外側のローカル変数にアクセスできるコールバック関数は便利ですが、階層が深くなりすぎる場合は**リスト 21.8** のように別に定義した関数にするのも手です。

リスト 21.8　リスト 21.7 をクロージャを使わない形に書き換え

```
function callback(response, err, str) {
  if (err) throw err;
  response.writeHead(200, {'Content-Type': 'text/plain'});
  response.end(str);
}

var httpd = require('http').createServer(function (request, response) {
    var filepath = './' + require('url').parse(request.url).pathname;
    require('fs').readFile(filepath, 'utf8', callback.bind(this, response));
}).listen(8080);
```

■独自イベント

自作オブジェクトをイベントソースにすると、そのオブジェクトにイベントハンドラをセットできます。Node.js らしいプログラミングにするには伝統的なメソッドベースの API だけではなく、イベントベースの API にできないかを考えてみてください。

自作のオブジェクトをイベントソースにするために util.inspect 関数を使うイディオムがあります。イベント名は任意の好きな名前をつけられます。ただし 'error' だけは特別扱いされるイベント名なので避けてください。自作クラスをイベントソースにする例を**リスト 21.9** に載せます。

サーバサイドJavaScript

リスト 21.9　自作クラスをイベントソース化

```javascript
var events = require('events');
var util = require('util');

function MyEventSource() {
  events.EventEmitter.call(this);     // 親コンストラクタ呼び出し
}
util.inherits(MyEventSource, events.EventEmitter);   // 継承

MyEventSource.prototype.doit = function(data) {
  // 必要であればここにMyEventSourceオブジェクトの処理を書く
  this.emit('myevent', data);         // 独自イベントの発行。イベント名は任意の名前
}


// 利用側のコード
var obj = new MyEventSource();
obj.on("myevent", function(data) {    // 独自イベントにイベントハンドラを追加
    console.log('Received data: "' + data + '"');
  });

obj.doit('foobar');
```

シングルトンオブジェクトであれば**リスト 21.10** のように EventEmitter クラスから直接インスタンスオブジェクトを生成するのもありです。

リスト 21.10　シングルトンオブジェクトをイベントソース化

```javascript
var EventEmitter = require('events').EventEmitter;
var mysource = new EventEmitter();
mysource.val = 'foobar';
mysource.doit = function(data) {
  this.emit('myevent', data);
};

mysource.on('myevent', function(data) {
    console.log('Received data: "' + data + '"');
});

mysource.doit('foobar');
```

21-3-10　バッファ

JavaScript以外のプログラミング言語にはいわゆる**配列**と呼ばれるデータ構造があります。一般に配列は特定の要素型の値を格納する連続したメモリ領域です。

本書**Part2**で説明したようにJavaScriptの配列は他の言語の配列とは少し性質が異なります。オ

ブジェクトの一種で、たまたま連続した数値のプロパティ名を持つだけの存在です。内部実装はともかく、メモリの連続領域になる保証がないため、効率の点で不安があります。

もう1つ他の多くのプログラミング言語にあってJavaScriptにないのがバイト型という型です。結果としてバイト列という型やクラスも存在しません。Node.jsのBufferクラスはこれらの溝を埋めるクラスです。

■ Bufferオブジェクトの生成

Bufferクラスのインスタンスオブジェクトは次のようにコンストラクタにサイズを渡して生成します。生成したオブジェクトをBufferオブジェクトと呼ぶことにします。

```
var buf = new Buffer(1024);    // 1024バイトのサイズのBufferオブジェクトを生成
```

Bufferオブジェクトのサイズは後から変更できません。個々の要素の書き換えはできますが最初に決めたサイズを越えて要素の追記はできません。

Bufferオブジェクトの生成手段として他には、別のBufferオブジェクトから中身をコピーして新規オブジェクトを生成するいわゆるコピーコンストラクタ相当の生成と、JavaScriptの基本型の文字列値、あるいは数値の配列から生成する手段があります。それぞれの具体例を下記に示します。

```
var buf = new Buffer(buf);    // コピーコンストラクタ相当でBufferオブジェクトを生成
var buf = new Buffer('foo');  // 文字列値からBufferオブジェクトを生成
var buf = new Buffer([0x61, 0x62, 0x63]);  // 数値の配列からBufferオブジェクトを生成（この場合は'abc'）
```

■ Bufferオブジェクトと文字列

JavaScriptの文字列の内部エンコーディングはUTF-16（UCS2）です。通常、UTF-16のままのバイト列はあまり利用価値がありません。このため一般にUTF-16をバイト列にする場合、UTF-8に文字エンコードを変換します。文字列値からBufferオブジェクトを生成する時、コンストラクタの引数で文字エンコードを指定できます。特に指定をしなければUTF-8に変換したバイト列になります。

Bufferオブジェクトから文字列値に変換するにはtoStringメソッドを使います。引数で文字エンコードを指定できます。指定できるエンコーディングは次のとおりです。

- ascii
- utf8（utf-8と書いても可）
- base64
- ucs2（ucs-2と書いても可）

utf8は後続の例で使うので、ここではutf8以外の具体例を下記に示します。

サーバサイド JavaScript

```
> var buf = new Buffer('abc', 'ascii');
> console.log(buf.toString());
abc

> var buf = new Buffer('44GC44GE44GGCg==', 'base64');
> console.log(buf.toString());
あいう
> console.log(buf.toString('base64'));
44GC44GE44GGCg==

> var buf = new Buffer([0x42, 0x30, 0x44, 0x30, 0x46, 0x30]);
> buf.toString('ucs2')
'あいう'

> var buf = new Buffer('あいう', 'ucs2');
> console.log(buf)
<Buffer 42 30 44 30 46 30>
```

■ Bufferオブジェクトの要素アクセス

　Bufferオブジェクトの各要素は、数値のインデックスを使うブラケット演算子でアクセスできます。インデックスは0から始まります（サイズが1024のBufferオブジェクトであればインデックス値の範囲は0から1023です）。取り出した個々の要素値の型は数値型です。バイト列なので値の範囲は0から255です。同じくブラケット演算子経由で要素ごとに値の書き換えも可能です。Bufferオブジェクトのメソッドのgetとsetを使っても要素を読み書きできます。具体例を下記に示します。

```
> var buf = new Buffer('abc');
> console.log(buf[0]);              // 文字aのバイト値は97 (=0x61)
97
> console.log(buf.get(0));
97

> buf[0] = 0x41;                    // インデックス0のバイト値を0x41('A')に書き換え
> buf.set(1, 0x42);                 // インデックス1のバイト値を0x42('B')に書き換え

> console.log(buf.toString());      // バイト列を文字列にすると'ABc'
ABc
```

　範囲を越えたインデックス値を指定して要素値を読むとエラーにならず単にundefined値が返ります。範囲を越えたインデックス値を指定して要素値を書き換えるとエラーにならず単に無視されます。明示的に値を指定していない要素値を読むと不定値になります[注8]。
　Bufferオブジェクトはlengthプロパティでサイズを得られます。サイズはバイトで数えたサイズです。たとえば次の日本語文字列はUTF-8のバイトサイズで9になります。

[注8] この仕様はあまりにC言語っぽいので将来変わるかもしれません。

21章　サーバサイドJavaScriptとNode.js

```
> var buf = new Buffer('あいう');
> console.log(buf.length);   // バイト数
9

> var str = 'あいう';
> console.log(str.length);   // 文字数
3
```

lengthで返るのは確保したメモリサイズで、書き込まれたバイト数ではありません。たとえば次の例では 32 が返ります。

```
> var buf = new Buffer(32);
> buf.write('abc');
> console.log(buf.length);
32
```

■ Bufferオブジェクトのメソッド

Buffer.prototype オブジェクトのプロパティを**表 21.8** に示します。prototypeの言語仕様上の意味は本書 **Part2** を参照してください。実用上の意味はBufferオブジェクトに対して呼べるメソッドです。

表 21.8　Buffer.prototypeオブジェクトのプロパティ

プロパティ名	説明
[n]	インデックスnの要素値アクセス
get(n)	インデックスnの要素のバイト値を返す
set(n, v)	インデックスnの要素のバイト値をvにする
write(string, offset=0, encoding='utf8')	Bufferオブジェクトに文字列stringを書き込む
toString(encoding='utf8', start=0, end=buffer.length)	バイト列から文字列に変換して返す。startとendはインデックス値
slice(start, end)	startとendのインデックス値で指定した範囲のバイト列を持つBufferオブジェクトを返す
copy(targetBuffer, targetStart=0, sourceStart=0, sourceEnd=buffer.length)	バイト列のコピーをしたBufferオブジェクトを返す
inspect()	'<Buffer 16進数値の並び>'の文字列値を返す

Bufferクラスのプロパティを**表 21.9** にまとめます。Buffer.isBuffer(arg) のように使います。

表 21.9　Bufferクラスのプロパティ

プロパティ名	説明
isBuffer(obj)	引数で与えたオブジェクトがBufferオブジェクトかを判定。Bufferオブジェクトなら真を返す
byteLength(string, encoding='utf8')	引数で与えた文字列値をバイト列に変換した時のバイトサイズを返す

■ Bufferオブジェクトの注意

Bufferオブジェクトは無駄なメモリコピーをしないため動作が高速な半面、危険も多い実装なので注意してください。最近のスクリプティング系言語よりC言語に近い動作をします。

たとえば表 21.8 の slice メソッドが返す Buffer オブジェクトは元オブジェクトとメモリを共有します。このため元バイト列を変更すると slice が返したバイト列の内容に影響します。具体例は次のコードを見てください。

```
> var buf = new Buffer('abcdef');
> var buf2 = buf.slice(1, 3);        // bufのインデックス1からインデックス3の文字列を生成
> console.log(buf2.toString());      // 'bc'になる
bc

> buf2[0] = 0x41;                    // buf2の先頭バイトを'A'に書き換える
> console.log(buf2.toString());      // 'Ac'になる
Ac

> console.log(buf.toString());       // bufの参照するバイト列も影響を受ける
aAcdef
```

これは「5-12 不変オブジェクト」に反した危険なコードです。利用には細心の注意を払ってください。速度は多少犠牲になりますが次のように copy メソッドを使うと安全なコードになります。内部的にバイト列を複製しているので、元バイト列の変更が copy 先のバイト列に影響しません。

```
> var buf = new Buffer('abcdef');
> var buf2 = new Buffer(2);

> buf.copy(buf2, 0, 1, 3);           // bufのインデックス1からインデックス3の文字列を生成
> console.log(buf2.toString());      // 'bc'になる
bc

> buf2[0] = 0x41;                    // buf2の先頭バイトを'A'に書き換える
> console.log(buf2.toString());      // 'Ac'になる
Ac

> console.log(buf.toString());       // bufの参照するバイト列は影響を受けない
abcdef
```

C言語を知っている人は slice は同じメモリ領域を指すポインタを作るだけ、copy は memcpy(2) 相当の動作をしていると考えてください。

21-3-11 ストリーム

■ストリームとは

ストリームは「データを読み書きできる機能の抽象」です。一般的な対象はファイルやネットワークですが、データの読み書きという共通の性質さえ持てばなんでもストリームとして見なせます。データ読み書きという形で機能を限定化（抽象化）することで、異なる対象を同じ操作で扱えます。

プログラミングにおける抽象化の威力を感じられるもっとも身近な例の1つです。

　ストリームという抽象化機能を持つ言語や環境はNode.js以外にも多数ありますが、Node.jsが特徴的なのはストリームの読み書きを非同期に行う点です。しかも単に非同期読み書きを提供するだけではなく、原則として、非同期読み書きしか提供しません。Node.jsを特徴づけるのが、この徹底した非同期処理なので、その意味でストリームはNode.jsを象徴する機能です。

　Node.jsのストリームの機能はStreamクラスが担います。内部的には「**21-3-9 イベントAPI**」で説明したEventEmitterクラスを継承したクラスになっています。ただ開発者がStreamクラスを明示的に使うことはなく、たとえば後で説明するネットワークやファイルの読み書きの背後に存在が隠蔽されます。Streamクラスの役割はJavaで言えばインターフェースや抽象クラスに相当します。

■ストリームと非同期処理

　Streamクラスは非同期処理しか提供しないため、他のプログラミング言語や環境から想像するストリームクラスとはだいぶ印象が異なります。他の世界のストリームクラスは、伝統的にはreadやwrite、あるいはgetやputに類する名称のメソッドを提供します。これらのメソッドの呼び出しを通じて、バイト列や文字列の読み書きをします。

　Node.jsのストリームを使うには、メソッド呼び出しだけではなくコールバック関数によるイベント処理も必要です。APIと言えばメソッドを意味する世界から、イベントとイベントハンドラも含めたAPIの世界になります。

■読み込みストリーム

　読み込みストリームの主なイベントを**表21.10**に載せます。

表21.10　読み込みストリームの主なイベント

イベント名	イベントハンドラ	説明
data	function(data){}	読み込みデータのある時に発生
end	function(){}	読み込みデータ終端で発生
close	function(){}	ストリームの裏側のファイルやソケットが閉じられた時に発生
error	function(exception){}	エラー時に発生

　読み込みストリームの最重要イベントはdataイベントです。このイベントハンドラの引数に読み込みデータが渡ります。引数はデフォルトではBufferオブジェクトのバイト列です。事前に読み込みストリームにsetEncodingメソッドで文字エンコードを指定すると、イベントハンドラの引数が文字列になります。

　読み込みストリームの主なプロパティを**表21.11**に示します。

表21.11　読み込みストリームの主なプロパティ

プロパティ名	説明
readable	読み込み可能を示すフラグ。エラーが起きるとfalseになる
setEncoding(encoding)	文字エンコードを指定。**Bufferオブジェクトと文字列**の節を参照
pause()	dataイベントの発行を一時停止

次ページへ

前ページの続き

プロパティ名	説明
resume()	pauseで一時停止していたdataイベントの発行を再開
destroy()	ストリームの裏側のファイルやソケットを閉じる(破棄)
destroySoon()	ストリームの裏側のファイルやソケットを閉じる(破棄)。ただし書き込みバッファが空になるのを待ってから

■書き込みストリーム

書き込みストリームを使うコードの基本はwriteメソッドの呼び出しです。書き込みストリームの主なイベントを**表 21.12**に、主なプロパティを**表 21.13**に示します。

表 21.12 書き込みストリームの主なイベント

イベント名	イベントハンドラ	説明
drain	function(){}	書き込みバッファが一杯のためにwriteメソッドが失敗した後、バッファが空いた時に発生
close	function(){}	ストリームの裏側のファイルやソケットが閉じられた時に発生
error	function(exception){}	エラー時に発生

表 21.13 書き込みストリームの主なプロパティ

プロパティ名	説明
writable	書き込み可能を示すフラグ。エラーが起きるとfalseになる
write(string, encoding='utf8')	文字列値をストリームに書き込む
write(buffer)	Bufferオブジェクトのバイト列をストリームに書き込む
end()	書き込みを終了
end(string, encoding='utf8')	文字列値をストリームに書き込んでから書き込みを終了
end(buffer)	バイト列をストリームに書き込んでから書き込みを終了
destroy()	ストリームの裏側のファイルやソケットを閉じる(破棄)
destroySoon()	ストリームの裏側のファイルやソケットを閉じる(破棄)。ただし書き込みバッファが空になるのを待ってから

■標準入出力

表 21.5 にあるようにprocessモジュールに標準入出力のストリームオブジェクトがあります。これらには本節で説明したメソッドやイベントを使えます(**リスト 21.11**)。

リスト 21.11 cat相当のコード(標準入力の入力を標準出力へ流す)

```
// 標準入力はデフォルトでpause状態なのでdataイベントを受け取るにはresumeメソッドの呼び出しが必要
process.stdin.resume();

// この2行はなくても動作する
// 下記のdataイベントハンドラの渡る引数のdataが文字列値になる
process.stdin.setEncoding('utf8');
process.stdout.setEncoding('utf8');

process.stdin.on('data', function(data) {
    process.stdout.write(data);
});
```

リスト21.11　cat相当のコード（標準入力の入力を標準出力へ流す）

```
  .on('end', function() {
      process.stdin.destroy();
  })
  .on('close', function() {
      process.exit();
  })
  .on('error', function(ex) {
      process.stdin.destroy();
  });

process.stdout.on('close', function() {
      process.exit();
  })
  .on('error', function(ex) {
      process.stdout.destroy();
  });
```

リスト21.11はutilモジュールのpump関数を使うと次のように2行で書けます。

```
// cat相当のコードの簡易版
process.stdin.resume();
require('util').pump(process.stdin, process.stdout);
```

22章 実践Node.jsプログラミング

前章を受けてNode.jsの実践的なプログラミングを解説します。ネットワークやファイルを非同期で処理する実例を紹介します。最後にNode.js上で動くWebアプリフレームワークのExpressとドキュメント指向データベースのMongoDBを使ったWebアプリ構築の例を紹介します。

22-1 HTTPサーバ処理

　Node.jsで書くHTTPサーバ処理の簡単なコードはリスト21.4で既に示しました。ここで改めて話を整理します。

　HTTP関係のAPIはhttpモジュールにあります。リスト21.4のようにhttpモジュールをロードしてください。require関数の返り値を受ける変数名は任意ですが、特に事情がなければhttpで受けるのが可読性の点で良いと思います。本節のすべてのコードは冒頭に次の行がある前提とします。

```
var http = require('http');
```

　以下、httpモジュール内のクラスをhttp.Serverのようにhttpのプレフィックスをつけて呼びます。

　httpモジュールが提供するのは基本的なHTTP機能のみです。本格的なWebアプリを作るには上位に相当作り込む必要があります。本章で後ほど説明するExpressのようなWebアプリフレームワークの利用も検討してください。JavaでWebアプリを作る時、サーブレットAPIを直接使うよりフレームワークの利用が一般化していることと事情は同じです。

22-1-1 HTTPサーバ処理の基本

　http.ServerクラスがHTTPサーバ処理の中心となるクラスです。http.Serverオブジェクトは**表22.1**のイベントを発行します。

表22.1　http.Serverのイベント

イベント名	イベントハンドラ	説明
request	function(request, response){}	HTTPクライアントからリクエストを受けた時に発生
connection	function(stream){}	HTTPクライアントからリクエストを受けた時に発生（requestイベントの前。リクエストのパース処理などの前）
close	function(errno){}	HTTPサーバを終了した時に発生
checkContinue	function(request, response){}	Expect:100-continueリクエストヘッダがある時に発生
upgrade	function(request, socket, head){}	Upgradeリクエストヘッダ（WebSocketなどに使う）がある時に発生
clientError	function(exception){}	ネットワークエラー発生時に発生

直接newしてhttp.Serverインスタンス生成もできますが、http.createServer関数で生成するのが流儀です。http.createServer関数が言わばhttp.Serverクラスのファクトリ関数に当たります。http.createServer関数の引数にはオプショナルでイベントハンドラを渡せます。このイベントハンドラは生成したhttp.Serverオブジェクトのrequestイベントのイベントハンドラになります（この説明はリスト21.4とリスト21.5の比較でも解説した内容です）。

http.Serverオブジェクトには表22.2のメソッドがあります。難しい話を抜きにするとlistenメソッドの呼び出しでHTTPサーバの動作が始まり、closeメソッドの呼び出しで動作が止まります。

表22.2　http.Serverの主なメソッド

メソッド	説明
listen(port, [hostname], [callback])	指定したポートでHTTP接続を受けつける。通常、引数hostnameは省略できます。callbackは接続を開始できた時に呼ばれる
close()	HTTP接続を終了

http.Serverを使うHTTPサーバ処理の基本構造は次の流れになります。

① http.Serverオブジェクトの生成
② http.Serverオブジェクトに必要なイベントハンドラを追加（最低でもrequestイベントで何かしないと何もしないHTTPサーバになる）
③ http.Serverオブジェクトにlistenメソッド呼び出し
④ requestイベントのコールバック関数で、引数のrequestオブジェクトからリクエスト情報を取り出し、引数のresponseオブジェクトにレスポンス処理をする

listenしてしまえば後はイベントを待つだけのコードです。明示的にcloseメソッドを呼ぶまでHTTP接続を待ち続けます。非同期処理のため、複数のHTTPクライアントが同時に接続してきても並列的に処理できます。ただし、シングルスレッド処理のため、たとえCPUが複数あっても本当の意味で同時並行的には動きません。

HTTPクライアントからのリクエストを受け付けるとrequestイベントが発生します。requestイベントの前にconnectionイベントもあります。HTTPの通信プロトコルを生で触りたい場合はconnectionイベントを処理します。特別な事情がない限りrequestイベントに対するコードを書けば充分です。HTTPサーバ処理の中心は事実上requestイベントで行うリクエスト処理とレスポンス処理です。この2つを続けて見てみます。

22-1-2　リクエスト処理

http.ServerRequestクラスでリクエスト処理を行います。表22.1のrequestイベントのイベントハンドラの第1引数としてhttp.ServerRequestオブジェクトが渡ってきます。http.ServerRequestは読み込みストリームを継承したクラスです。

http.ServerRequestオブジェクトのイベントと主なプロパティを表22.3、22.4にまとめます。

Part 6 サーバサイドJavaScript

表22.3 http.ServerRequestのイベント

イベント名	イベントハンドラ	説明
data	function(chunk){}	HTTPリクエストのボディ（いわゆるPOSTデータなど）を受けた時に発生。引数chunkはBufferオブジェクトあるいは文字列
end	function(){}	1つのHTTPリクエスト処理が終わった時に発生
close	function(err){}	リクエスト処理中のネットワークエラーやタイムアウト発生時に発生

表22.4 http.ServerRequestの主なプロパティ

プロパティ名	説明
url	リクエストURLの文字列（クエリパラメータ込み）
method	HTTPのメソッドの文字列（'GET'や'POST'など）
headers	HTTPリクエストヘッダの連想配列的なオブジェクト
setEncoding(encoding=null)	エンコーディングに'utf8'を指定すると、dataイベントのイベントハンドラに渡る引数chunkが文字列になる

　HTTPサーバ処理を入力と出力の視点で見ると、入力に当たるのはリクエストURLとヘッダ値とボディ値です。GETメソッドでは主にリクエストURLのクエリパラメータで入力を受け取り、POSTメソッドでは主にボディでフォームデータを受け取ります。出力に当たるのはレスポンスです。

　リクエストヘッダはheadersプロパティの値で得られます。ヘッダ名がキーで、ヘッダ値が値の連想配列（言語的にはJavaScriptの普通のオブジェクト）です。ヘッダ名はすべてが小文字に正規化されます。具体例は次のようになります。

```
{ 'user-agent': 'curl/7.18.2 (i486-pc-linux-gnu) libcurl/7.18.2 OpenSSL/0.9.8g
zlib/1.2.3.3 libidn/1.8 libssh2/0.18',
  host: 'localhost:8080',
  accept: '*/*',
  'content-length': '3',
  'content-type': 'application/x-www-form-urlencoded' }
```

■URLパース処理

　主にGETメソッドを想定してURLパスとクエリパラメータの値を取得する方法を説明します。POSTメソッドの話は後に回します。URLパスとクエリパラメータ値はhttp.ServerRequestオブジェクトのurlプロパティから得られます。urlパラメータの値は/path?foo=barのような文字列です。ここからクエリパラメータfooの値barを得るには、この文字列をパースする必要があります。

　URL文字列のパースをするAPIは'url'モジュールにあります。クエリパラメータのパースをするAPIは'querystring'モジュールにあります。具体例を図22.1に示します。

図22.1 URL文字列のパース処理

```
> var url = require('url');

// URL文字列の例
```

次ページへ

22章 実践Node.jsプログラミング

前ページの続き

図 22.1　URL文字列のパース処理

```
> var urlstring = 'http://www.example.com/path?foo=bar&baz=abc&baz=xyz';
> console.dir(url.parse(urlstring));       // url.parseでパスとクエリパラメータを分離可能
{ protocol: 'http:',
  slashes: true,
  host: 'www.example.com',
  hostname: 'www.example.com',
  href: 'http://www.example.com/path?foo=bar&baz=abc&baz=xyz',
  search: '?foo=bar&baz=abc&baz=xyz',
  query: 'foo=bar&baz=abc&baz=xyz',
  pathname: '/path' }
> console.dir(url.parse(urlstring, true));   // 第2引数にtrueを渡すと暗黙にqueryプロパティの値を
パース (内部的にquerystringモジュールを利用)
{ protocol: 'http:',
  slashes: true,
  host: 'www.example.com',
  hostname: 'www.example.com',
  href: 'http://www.example.com/path?foo=bar&baz=abc&baz=xyz',
  search: '?foo=bar&baz=abc&baz=xyz',
  query: { foo: 'bar', baz: [ 'abc', 'xyz' ] },
  pathname: '/path' }
> var querystring = require('querystring');
> console.dir(querystring.parse(url.parse(urlstring).query));    //
'foo=bar&baz=abc&baz=xyz'をパース
{ foo: 'bar', baz: [ 'abc', 'xyz' ] }
```

　実Webアプリではrequestイベントハンドラ内でrequest.urlをパースします。ただ本節の冒頭で断ったように現実にはこれらの処理はWebアプリフレームワークに隠蔽されることが多いのも事実です。

22-1-3　レスポンス処理

　http.ServerResponseクラスでレスポンス処理を行います。表22.1のrequestイベントのイベントハンドラの第2引数としてhttp.ServerResponseオブジェクトが渡ってきます。http.ServerResponseは書き込みストリームを継承したクラスです。
　HTTPレスポンスの構成要素に対応するhttp.ServerResponseのメソッドを**表22.5**にまとめます。

表22.5　HTTPレスポンスの要素とhttp.ServerResponseのメソッド

レスポンス要素	http.ServerResponseのメソッド
ステータスコード	writeHead()。あるいはstatusCodeプロパティに直接数値をセット
レスポンスヘッダ	writeHead()、setHeader()
レスポンスボディ	write()、end()

　writeHeadメソッドの利用例はリスト21.4を参照してください。setHeaderメソッド利用とレス

ポンスボディ出力処理の具体例を**リスト22.1**に示します。

リスト22.1のコードはwriteメソッドを複数回に分けて呼んでいますが、このサーバからレスポンスを受けたクライアントはfoobarbazという一続きの文字列としてレスポンスボディを受け取ります[注1]。

リスト22.1　レスポンス処理

```
var httpd = http.createServer(function (request, response) {
    // ボディ出力の前にヘッダをセットする必要がある
    response.setHeader('Content-Type', 'text/plain');

    // ボディ出力のためのwriteメソッド呼び出しは複数回行える（endメソッドを呼ぶまで）
    response.write('foo');
    response.write('bar');
    // 下記2行はresponse.end('baz');の1行に省略も可能
    response.write('baz');
    response.end();
}).listen(8080);
```

writeメソッドおよびendメソッドの引数には文字列値またはBufferオブジェクトを渡せます。文字列値を渡す場合は第2引数で文字エンコードを指定する必要があります。デフォルトで'utf8'なので通常は省略可能です。Bufferオブジェクトを渡すとバイト列の内容を送信します。

endメソッドの呼び出しがレスポンス出力の終わりを意味します。コールバック関数を抜けるだけではレスポンス処理の終わりを意味しないので注意してください。

22-1-4　POSTリクエスト処理

POSTリクエストのフォームデータを受け取るには、HTTPのリクエストボディのデータを読む必要があります。この読み取り処理は表22.3のdataイベントを使って非同期に行います。イベントハンドラの引数にレスポンスボディの内容が渡ってきます。デフォルトではBufferオブジェクト（バイト列）です。事前にhttp.ServerRequestオブジェクトのsetEncodingメソッドで文字エンコードを指定すると文字列で渡ってきます。

イベントハンドラに渡るボディデータはパースされていない文字列もしくはバイト列です。HTMLフォームのフィールド名とフィールド値の形にパースするにはquerystringモジュールの関数を使います。具体例を**リスト22.2**に示します。

リスト22.2はフォームデータをパースしてテキスト化したものをレスポンスとして返す動作です。対応する入力用のフォームHTMLは省略します。リスト22.2はfor inループですべてのフィールド値を列挙していますが、たとえば特定のフィールド値が必要であれば、formdata['fieldname']のようにアクセスしてください。リスト22.2では使っていませんがendイベントでボディデータの読み込みの終わりを検出できます。

（注1）　HTTPのレベルではchunkedエンコーディングで送信されますが、HTTPクライアントはレスポンスの転送エンコーディングの形式に依存した動作をすべきではありません。

22章　実践Node.jsプログラミング

リスト22.2　POSTリクエスト処理

```
var httpd = http.createServer(function (request, response) {
    request.setEncoding('utf8');
    request.on('data', function(chunk) {     // 上記setEncodingによりchunkは文字列
        var querystring = require("querystring");
        var formdata = querystring.parse(chunk);   // ボディデータをフォーム入力値としてパース
        var arr = [];
        for (var key in formdata) {
            arr.push(key + '=' + formdata[key]);   // フォームの各フィールド値はこのように得られる
        }

        response.setHeader('Content-Type', 'text/plain');
        response.end(arr.join(','));
    });

    request.on('end', function() {
        // リクエストボディ読み込みの終了処理
    });
}).listen(8080);
```

22-2　HTTPクライアント処理

HTTPクライアント処理はhttp.ClientRequestクラスとhttp.ClientResponseクラスで行います[注2]。HTTPクライアント処理の基本構造は次のようになります。

① http.ClientRequestオブジェクトの生成
② http.ClientRequestオブジェクトのresponseイベントにイベントハンドラを追加
③ http.ClientRequestオブジェクトに対してリクエストを書き込む（endメソッドの呼び出しは必須）
④ responseイベントのイベントハンドラに渡るhttp.ClientResponseオブジェクトからレスポンス情報を取り出す

　HTTPクライアント処理はリクエストを投げてレスポンスを待つだけです。リクエストのボディはwriteメソッドとendメソッドで書き込みます。endメソッドの呼び出しがリクエスト処理の終わりを意味します。ボディがなくてもendメソッド呼び出しは必要です。endメソッドを呼ばないとリクエスト処理が終わらないので注意してください。レスポンスを待つ部分はいつもどおりNode.js流にイベントで待ちます。http.ClientRequestオブジェクトのresponseイベントです。
　リスト22.3にHTTPクライアント処理のコード例を示します。直接newしてhttp.ClientRequestオブジェクトの生成もできますが、http.request関数で生成するのが流儀です。http.request関数は第1引数で接続先サーバ情報を渡し、第2引数でコールバック関数を渡します。第2引数はhttp.ClientRequestオブジェクトのresponseイベントのイベントハンドラになります。リスト22.3はhttp.

[注2] 古いAPIとしてhttp.Clientクラスがあります。互換性のために残されていますが今後はhttp.ClientRequestとhttp.ClientResponseを使ってください。

request関数の第2引数を使わず、明示的にon関数を使っています。

リスト22.3　Node.jsのHTTPクライアント

```javascript
var http = require('http');

// 接続先サーバの情報
var options = {
  host: 'www.google.com',
  port: 80,
  path: '/',
  method: 'GET'
};

// 返り値はhttp.ClientRequestオブジェクト
var req = http.request(options);

// レスポンスを受け取った時に呼ばれるコールバック関数（上記http.request関数の第2引数で渡すことも可能）
req.on('response', function(res) {   // イベントハンドラに渡る引数resはhttp.ClientResponseオブ
ジェクト
    // setEncodingを呼ぶと下記のchunkが文字列になる（呼ばなければBufferオブジェクト）
    res.setEncoding('utf8');

    // レスポンスのボディの読み取り
    res.on('data', function (chunk) {
        console.log('BODY: ' + chunk);
    });
});

// エラーが発生した時に呼ばれるイベントハンドラ
req.on('error', function(e) {
  console.log('error: ' + e.message);
});

// リクエストにボディがある場合（POST処理など）、writeでボディを書き込む。writeは複数回呼べる
//req.write('request body data');

// endメソッドの呼び出しがリクエスト送信の終了を意味する。writeがなくてもendは必要
req.end();
```

　responseイベントのイベントハンドラの引数にhttp.ClientResponseオブジェクトが渡ってきます。このオブジェクトからレスポンスのボディ情報を取り出します。リスト22.3のようにdataイベントを使って非同期に読み出します。dataイベントのイベントハンドラの引数でレスポンスのボディデータが渡ってきます。事前にsetEncodingメソッドで文字エンコードを指定していると文字列型で、そうでなければBufferオブジェクト（バイト列）でボディを得られます。

　GETメソッドに特化した簡易APIのhttp.get()もあります。内部で暗黙にreq.end()相当の処理を行うので簡易に使えます。使い方の説明は省略します。

22-3　HTTPS処理

HTTPS処理を説明します。HTTPSサーバを動かすには少し準備が必要です。本書はHTTPSの専門書ではないので自己証明書を使い簡易なHTTPSサーバを立てる方法を説明します。

22-3-1　opensslコマンドを使う自己証明書の発行方法

opensslコマンドを使う自己証明書の発行方法を説明します。次のようにコードを実行してください。

```
opensslのコマンドで自己証明書を発行
$ openssl req -new -x509 -keyout key.pem -out cert.pem
```

実行すると秘密鍵のパスフレーズや証明書の識別名（DN）を聞かれるので対話的に決めてください。出力ファイルは2つでkey.pemが秘密鍵のファイル、cert.pemが証明書のファイルです。これらのファイル名は任意ですが、Node.jsで書いたコードから参照するのでコード上の名前と合わせてください。

22-3-2　HTTPSサーバ

生成した秘密鍵と証明書を使うHTTPSサーバのコード例は**リスト22.4**のようになります。ポートは8443番にしています。秘密鍵と証明書の2つのファイルを読めるパスに配置してから起動してください。

リスト22.4　HTTPSサーバ

```javascript
var fs = require('fs');

var options = {
  key: fs.readFileSync('key.pem'),
  cert: fs.readFileSync('cert.pem')
};

var httpsd = require('https').createServer(options, function (request, response) {
    response.writeHead(200, {'Content-Type': 'text/plain'});
    response.end('Hello World\n');
  }).listen(8443);
```

curlコマンドでの動作確認は次のようにできます。-kオプションは識別名等がいい加減でもエラーにしないオプションです。通信の暗号化だけが目的であればこれでも動作します。

```
$ curl -k https://localhost:8443/
```

あるいはopensslコマンドで生成したcert.pemを読めるパスに配置して以下を実行
（この場合、識別名などが適切でないとエラーになります）

```
$ curl --cacert cert.pem https://localhost:8443/
```

サーバサイドJavaScript

HTTPSのクライアントのコード例はリスト22.3のrequire('http')をrequire('https')に書き換えるだけなので掲載は省略します。

22-4　Socket.IOとWebSocket

本書Part4でNode.jsを使うWebSocketのコード例を紹介しました。Part4ではwebsocket-serverパッケージを使いましたが、ここではSocket.IOパッケージを使う例を紹介します。

Socket.IOはWebSocket限定のパッケージではなく、WebSocketを要素技術の1つに使う、より広範囲のWebリアルタイム通信機能を提供するパッケージです。WebSocketが使えない環境では「**17章 WebSocket**」で紹介したロングポーリングなどで代用して、Webリアルタイム通信を実現します。下位の要素技術に何を使っているかを気にせずに使えます。

Socket.IOパッケージの情報は次のサイトで得られます。

http://socket.io/

Socket.IOパッケージのインストールは次のようにnpmコマンドで行えます。

```
$ npm install socket.io
```

Socket.IOパッケージは、Node.jsを使うサーバサイドJavaScript向けライブラリとWebブラウザ上で動くクライアントサイドJavaScript向けライブラリがセットになっています。サーバとクライアントでJavaScriptという同じプログラミング言語が使える利点を生かして（ほぼ）同じAPIを提供します。

サーバサイド（Node.js）のコードの基本構造は次のようになります。

① Socketオブジェクトのlistenメソッドを呼ぶ
② io.socketsのconnectionイベントでクライアントと接続確立したio.Socketオブジェクトを取得
③ io.Socketのemitメソッドでメッセージ送信（任意のイベント名を指定）
④ io.Socketのイベントでメッセージ受信

クライアント側（Webブラウザ上のJavaScript）のコードは<script src="socket.io.js"></script>でSocket.IO付属のクライアント用ファイルを読み込みます。そしてコードの基本構造は次のようになります。

① io.connect('サーバのURL')でio.Socketオブジェクトを生成
② io.Socketのemitメソッドでメッセージ送信（任意のイベント名を指定）
③ io.Socketのイベントでメッセージ受信

双方の簡単なコード例を示します（**リスト22.5**と**リスト22.6**）。お互いに3秒ごとにメッセージを送りあいます。emitメソッドの第1引数は任意のイベント名です。第2引数には任意のオブジェクトや値（数値や文字列値）を渡せます。見て分かるように一度接続を確立してしまえば、お互いは対称的です。

リスト22.5　Socket.IOのサーバサイド

```
var io = require('socket.io').listen(8080);

io.sockets.on('connection', function (socket) {
    // 3秒ごとにイベント名'msg'でオブジェクトをクライアントに送る
    setInterval(function() {
        socket.emit('msg', { msg:'from server', now: new Date() });
    }, 3000);

    // クライアントからのイベント'msg'を受け取る
    socket.on('msg', function(data) {
        console.log('from client ', data);
    });

    socket.on('disconnect', function () {
        console.log('disconn');
    });
});
```

リスト22.6　Socket.IOのクライアントサイド

```
<script src="socket.io.js"></script>
    var socket = io.connect('http://localhost:8080');

    // サーバからのイベント'msg'を受け取る
    socket.on('msg', function (data) {
        console.log(data);
    });

    // 3秒ごとにイベント名'msg'でオブジェクトをサーバに送る
    setInterval(function() {
        socket.emit('msg', { msg:'from client', now: new Date() });
    }, 3000);
```

22-5　低レイヤのネットワークプログラミング

22-5-1　低レイヤネットワーク処理

　Node.jsには表22.6のような低レイヤのネットワーク処理を行うモジュールがあります。これらはいわゆるソケットプログラミングを行うモジュールです。

　HTTPやSMTPなどの決まった通信プロトコルを扱う場合、専用モジュールを使うのが便利です。ソケットレベルのプログラミングはこれらの専用モジュールの内部で使われるAPIです。また新し

い通信プロトコルコードを書くのにも使います。ソケットレベルの通信は単なるバイト列の送受信です。この時の送受信のバイト列の中身や送信順序に意味を与えるのが上位層の通信プロトコルです。

表 22.6　低レイヤのネットワークモジュール

モジュール名	説明
net	TCPのソケットプログラミング
dgram	UDPのソケットプログラミング
dns	名前解決（DNS）

本書はnetモジュールの使い方を説明します。dgramとdnsモジュールの説明は省略します。それぞれのAPIリファレンスを見てください。

22-5-2　ソケットとは

　伝統的にネットワークのデータ送受信にはソケットと呼ぶ抽象化層を使います。通信先の相手と1対1につながる仮想的な線を考え、その端点にデータを読み書きする抽象化をします。この端点をソケットと呼びます。「**21-3-11 ストリーム**」でデータの読み書きに機能を限定したストリームを紹介しました。ソケットはストリームそのものです。なお本節のソケットはTCPに限定します。UDPでは少し事情が異なるので注意してください。

　低レベルネットワークプログラミングの基本はソケットストリームに対するデータの読み書きです。ソケットストリームからデータを読み込むと通信相手から送られてきたデータを読み取ります。ソケットストリームにデータを書き込むと、通信相手にデータを送信します。書いたデータを相手が読むかは相手次第、データを読もうとしてもデータが届いているかは相手次第という点で、ファイルやメモリのストリームとは異なります。

■ソケットの種別

　ソケットを使うにはまず通信相手と接続を確立する必要があります。接続相手を識別する第1歩が相手先のIPアドレスです。接続相手の識別にはポート番号も使います。直感的にはIPアドレスでマシンを特定し、ポート番号でそのマシン上のプロセスを特定すると考えてください。

　ネットワークの世界ではサーバとクライアントと呼ぶ区分けをよく使います。一方、ソケットにサーバやクライアントという区分けはありません。あるのは、接続を待ち受けるソケット（受動的なソケット）と自分から接続しに行くソケット（能動的なソケット）の2種です。通常、サーバは受動的なソケットを使い、クライアントは能動的なソケットを使います。

　受動的なソケットの作成時に待ち受けるポート番号を指定します。能動的なソケットの作成時には接続相手のIPアドレスとポート番号を指定します。能動的ソケットの自分側のポート番号は、一般に空いているポート番号からシステムが勝手に選ぶように指定できます。

22章 実践Node.jsプログラミング

■ソケットの動作

能動的なソケットから待ち受けソケットに接続を開始します。待ち受けソケットが接続を受け入れると、受け入れソケットを自動で生成します。

接続を確立すると通信の両端でお互いにソケットにデータを読み書きできます。データ通信に使うソケットは、受け入れソケット（サーバ側）と能動的ソケット（クライアント）です。待ち受けソケットではないので注意してください。

名称や生成経緯は異なりますが、受け入れソケットと能動的ソケットの動作には対称性があります。つまり、接続開始までの動作は非対称ですが、接続確立後には、どちらから接続を開始したかの状態を持ちません。いったん接続を確立すると、2つのソケットの関係は対称になります。データ送信はどちらからでも行えます。通信を終了するにはソケットをクローズしますが、これもどちらからでも行えます。

待ち受けソケットはそのまま残っていることに注意してください。別のクライアントから接続があれば新しい受け入れソケットを生成します。こうして受動的ソケットを持つPC（一般にサーバとして動くプロセス）は複数の（クライアント）PCの接続を受け入れられます。

22-5-3　ソケットプログラミングの基本構造

サーバ側のコードの基本構造は次のようになります。

① net.createServer()を呼んで、返り値でnet.Serverオブジェクトを得る（createServerの引数にconnectionイベントハンドラを渡せる）
② net.Serverオブジェクトのlistenメソッドを呼んで接続待ち状態に入る
③ net.Serverオブジェクトのconnectionイベントハンドラの引数でクライアントと接続した受け入れソケット（net.Socketオブジェクト）を得る
④ net.Socketオブジェクトにwriteメソッドで書き込み、dataイベントで読み取りを行う（個々のクライアントごとのソケット操作）
⑤ net.Socketオブジェクトのcloseイベントやerrorイベントで個々のクライアントとの接続終了を扱う
⑥ net.Socketオブジェクトのcloseメソッドを呼んでクライアントとの接続を切る
⑦ net.Serverオブジェクトのcloseメソッドを呼んでサーバ側を終了

前節で説明した待ち受けソケットに相当するクラスがnet.Serverクラスです。システムコールやPOSIX APIの層では待ち受けソケットもデータ送受信に使うソケットも同じソケットです。しかし、待ち受けソケットは別の役割を持つ（ストリーム用のソケットのファクトリ）と見なすほうが自然なので、net.Serverクラスとして抽象化しているのは適切な設計です。net.Serverクラスは受け入れソケットのコンテナの役割も担います。

connectionイベントで受け入れソケットのオブジェクトを得られます。このソケットに対する読み書きの基本動作は「**21-3-11 ストリーム**」で説明したように、writeメソッドで書き込み、dataイベントで読み取ります。

Part 6 サーバサイドJavaScript

クライアント側のコードの基本構造は次のようになります。

① net.createConnection() を呼んで net.Socket オブジェクトを得る（能動的ソケット）
② net.Socket オブジェクトの connect メソッドを呼んで、引数で指定したサーバに接続をする
③ net.Socket オブジェクトの connect イベントで接続成功を扱う
④ net.Socket オブジェクトに write メソッドで書き込み、data イベントで読み取りを行う
⑤ net.Socket オブジェクトの close イベントや error イベントで個々のサーバとの接続終了を扱う
⑥ net.Server オブジェクトに close メソッドを呼んでサーバとの接続を切る

接続が確立すると connect イベントが発生します。能動的ソケットに対する読み書き操作はサーバ側と同じです。

前節で述べたように、いったん接続が確立すれば net.Socket オブジェクトに対する読み書き操作はサーバ側とクライアント側で共通です。異なるものをたまたま同じように見せているのではなく、本質的にソケットは対称的に動作するからです。接続を待つ側（サーバ側）と能動的に接続をしにいく側（クライアント側）という、開始時の非対称性はありますが、いったん接続が確立すると違いはなくなります。どちらからでもソケットにデータを送れますし、受信したデータを読めます。プログラムからは読み書き可能なストリームとして見えます。

net.Socket クラスのプロパティを**表 22.7** に載せます。net.Socket クラスの主なイベントを**表 22.8** に載せます。

表 22.7 net.Socketのプロパティ

プロパティ名	説明
connect(port, [host], [callback])	指定したサーバに接続する
setEncoding(encoding)	文字エンコードを指定すると data イベントハンドラに渡る引数が文字列になる
write(data, [encoding], [callback])	文字列値または Buffer オブジェクト（バイト列）をソケットに書き込む
end([data], [encoding])	文字列値または Buffer オブジェクト（バイト列）をソケットに書き込んで書き込みを終了
destroy()	ソケットを閉じる（破棄）
pause()	data イベントの発行を一時停止
resume()	pause で一時停止していた data イベントの発行を再開
setTimeout(timeout, [callback])	ソケットにタイムアウト値を設定する（ミリ秒）。タイムアウト時に timeout イベントが発生。引数で timeout イベントハンドラを渡せる
address()	ソケットのローカルアドレスを返す

表 22.8 net.Socketの主なイベント

イベント名	イベントハンドラ	説明
connect	function(){}	ソケットの接続が確立した時に発生（能動的ソケット用）
data	function(data){}	読み込みデータのある時に発生。イベントハンドラの引数 data は文字列か Buffer オブジェクト
end	function(){}	読み込みデータ終端で発生
timeout	function(){}	タイムアウト時に発生（デフォルトでは発生しない。setTimeout メソッドで明示的にタイムアウト値を指定した場合のみ）
drain	function(){}	書き込みバッファが一杯になって write メソッドが失敗した後、バッファが空いた時に発生
error	function(exception){}	エラー時に発生
close	function(had_error){}	ソケットが閉じられた時に発生

パーフェクトJavaScript

22-5-4 ソケットプログラミングの具体例

前節の基本構造に沿ったコード例を**リスト22.7**と**リスト22.8**に紹介します。

サーバ側のコード（リスト22.7）はポート9000番でクライアントからの接続を待ちます。クライアントからの接続があるとconnectionイベントが発生します。イベントハンドラの引数で、受け入れソケットのオブジェクトを得ます。このオブジェクトのdataイベントで読み込みデータを読みます。読んだデータをconsole.logで標準出力に出力後、sock.writeでクライアントにメッセージを出力します。

クライアント側のコード（リスト22.8）はlocalhostのポート9000番に接続します。サーバプロセスが別PCで動いている場合はcreateConnectionの引数でリモートのIPアドレスを指定してください。接続が確立するとconnectイベントが発生します。writeメソッドでデータを投げて、dataイベントで返答を待ちます。

今回のコードはクライアント側からメッセージを送信して、それに応えてサーバがメッセージを送り返す動作をします。これは単なる決め事なので好きにプロトコルは設計できます。また今回のコードは単にタイムアウトで通信が切れますが、適切な通信の終わらせ方を考えるのもプロトコル設計者の責任です。

クライアント側はtelnetやncコマンドでも動作確認できます。サーバに対して複数のクライアントが同時に接続して並行的に通信できることを確認してみてください。サーバ側がマルチスレッドでなくても並行的に複数クライアントを相手にできるのは非同期ネットワーク処理をするからです。

リスト22.7　サーバ側のコード例

```
var net = require('net');

var server = net.createServer();
server.listen(9000);

server.on('connection', function(sock) {
    sock.setEncoding('utf8');
    sock.setTimeout(3000);                        // 3秒

    sock.on('data', function(data) {
        console.log('Via client: [', data, ']');  // 受信データを表示
        sock.write('hello from server');          // データ受信後、データ送信
    })
    .on('end', function() {
        sock.destroy();
    })
    .on('error', function() {
        sock.destroy();
    })
    .on('timeout', function() {
        sock.destroy();
    })
    .on('close', function() {
        console.log('closed');
    });
});
```

サーバサイドJavaScript

リスト22.8　クライアント側のコード例

```javascript
var net = require('net');

var sock = net.createConnection(9000);

sock.on('connect', function() {
    sock.setEncoding('utf8');
    sock.setTimeout(3000);                            // 3秒
    sock.write('hello from cilent');                  // 接続確立後、すぐにデータ送信
})
  .on('data', function(data) {
      console.log('Via server: [', data, ']');        // 受信データを表示
  })
  .on('end', function() {
      sock.destroy();
  })
  .on('error', function() {
      sock.destroy();
  })
  .on('timeout', function() {
      sock.destroy();
  })
  .on('close', function() {
      process.exit();
  });
```

22-6　ファイル処理

　Node.jsのファイル処理にはfsモジュールを使い、ファイルパス関係の処理にはpathモジュールを使います。ファイル処理の関数には同期版と非同期版が存在します。非同期版は関数の引数にコールバック関数を渡します（最後の引数で渡します）。コールバック関数は処理の完了時に呼ばれます。コールバック関数の第1引数はエラー引数です。エラー引数が真の場合、何かのエラーが発生したことを示します。

　前節までで見たようにNode.jsのネットワーク関数はすべてノンブロッキングで非同期です。ネットワーク処理は本質的に時間がかかる可能性があるので、イベントドリブン動作を必須とするNode.jsにおいてこれらのノンブロッキング動作は必須です。一方、ファイル操作の場合、少なくともローカルファイルであれば充分に短い時間で読み書きできます。このためイベントドリブンと同期的なファイルの読み書きを組み合わせても、それほどレスポンス性能に支障なく動作します[注3]。

22-6-1　本節のサンプルコード

　本節のファイル処理のサンプルコードは**リスト22.9**のコードを先頭に書く前提とします。コマンドライン引数で対象のファイルパスを渡す前提です。

[注3]　ディスクの読み書きの遅さを知る人は、そんなはずはないと思うかもしれません。性能に支障なく動く理由は、ファイルAPIは同期的に見えても、OS（カーネル）レベルで見ると非同期的に動作するからです。

リスト22.9　ファイル処理の共通処理

```
var fs = require('fs');
var fpath = process.argv[2];    // コマンドライン引数
if (!fpath) {
  process.exit();
}
```

変数fpathにコマンドライン引数で指定したファイル名が渡ります。たとえばmy.jsファイルにリスト22.9を書いて次のようにnodeコマンドを実行するとfpathの値は'foo.txt'になります。

```
$ node my.js foo.txt
```

22-6-2　ファイルの非同期処理

ファイルのstat関数を非同期に呼び出すコード例を示します（**リスト22.10**）。stat関数は引数に指定したファイルパスのファイル情報を返します。ただし非同期処理なのでファイル情報はstat関数の返り値ではなく、コールバック関数に渡る引数の形で返ります。

リスト22.10　ファイルのstat関数の非同期呼び出し

```
fs.stat(fpath, function(err, stats) {    // 引数でコールバック関数を指定
  if (err) throw err;
  console.log('stats: ', stats);          // コールバック関数の引数statsでファイル情報を得る
});
```

実行すると次のようになります。

```
$ node stat.js /tmp
stats:  { dev: 2050,
    ino: 895841,
    mode: 17407,
    nlink: 13,
    uid: 0,
    gid: 0,
    rdev: 0,
    size: 12288,
    blksize: 4096,
    blocks: 24,
    atime: Sun, 26 Jun 2011 15:11:54 GMT,
    mtime: Sun, 26 Jun 2011 14:38:51 GMT,
    ctime: Sun, 26 Jun 2011 14:38:51 GMT }
```

コールバック関数の第1引数にエラーステータス、第2引数にstatオブジェクト（stat構造体）が渡ってきます。statオブジェクトのプロパティの意味はman 2 statするか、上記の結果から推測してください。実利用で重要なのはsizeプロパティです。対象ファイルのバイト単位のサイズです。

stat関数の仲間にfstatとlstatがあります。fstatは引数がファイルパスではなくファイルディスクリプタ

になります。後述するファイルの読み込みの例で使います。lstatはstatとほぼ同じですが、引数のファイルパスがシンボリックリンクの時にリンク先を見ないという違いがあります。statの場合、シンボリックリンクが指定されるとリンク先のファイルの情報を返しますが、lstatはシンボリックリンクファイル自体の情報を返します。

22-6-3 ファイルの同期処理

リスト22.10の同期API版を**リスト22.11**に示します。

リスト22.11　リスト22.10と同等の同期呼び出し版

```
var stats = fs.statSync(fpath);
console.log('stats: ', stats);
```

実行結果はリスト22.10と同じです。statSync関数の返り値がstatオブジェクトです。リスト22.10と対応づけできるように同じ変数名で受けました。指定したファイルパスのファイルが存在しないなど、何かエラーが起きるとstatSync関数は例外をあげます。前述したstat関数は例外をあげずコールバック関数の第1引数でエラーを返すので動作が異なります。

22-6-4 ファイル操作系の関数

ファイル操作系の関数の一部を、非同期版と同期版に分けて**表22.9**にまとめます。同期関数の引数は非同期版からコールバック関数を除いたものになります。非同期版のコールバック関数に渡る引数はエラーステータスを示す引数1つです。

表22.9　ファイル操作系の関数（抜粋）

非同期	同期	説明
rename(oldpath, newpath, callback)	renameSync	ファイルのリネーム処理
truncate(fd, len, callback)	truncateSync	ファイルの切り詰め。lenを0にするとファイルを空にする
chmod(path, mode, callback)	chmodSync	ファイルの権限ビットの変更。引数modeの意味は本文参照
unlink(path, callback)	unlinkSync	ファイルの削除

chmod関数に渡すファイルの権限ビット（mode）は後述するopenでも使うので説明しておきます。権限ビットはUnix系OSのファイルシステムの伝統的な流儀に従います。所有ユーザ、所有グループ、その他全員、この3者に対する読み込み、書き込み、実行の3権限のビットで表現します。たとえばu+rwx（所有ユーザに全権限）、g+rx（所有グループに読み込みと実行権限）、a+rx（その他全員に読み込みと実行権限）を順にビット1/0にして8進数値化すると0755になります。modeの値にはこの数値0755を指定します。

このmode値には2つの問題があります。1つは8進数リテラルの問題です。0から始まる8進数の数値リテラルはECMAScript第5版には準拠していません（パート2の「3-4-1 数値リテラル」参照）。権限ビットを10進数や16進数で表記しても動作しますが、可読性が落ちてしまいます。

22章　実践Node.jsプログラミング

もう1つの問題は移植性です。現在のmode値はUnix系OSに強く依存しています。他OSへの移植性を考えるとシステムに依存しすぎたAPIです。この辺りは今後Node.jsの対応プラットフォームが広がる中でもう少し抽象度が上がる可能性があります。

22-6-5　ファイル読み込み

　Node.jsの汎用的なファイルの読み込みコードはオープンから読み込みまですべて非同期で処理するコードです（**リスト 22.12**）。

　リスト22.12のopenの引数の'r'は読み込み専用を意味します。'r'の代わりに require('constants').O_RDONLY と書いても構いません。

リスト 22.12　すべて非同期なファイル読み込み

```
fs.open(fpath, 'r', function(err, fd) {
  if (err) throw err;

  fs.stat(fpath, function(err, stats) {
      if (err) throw err;

      fs.read(fd, new Buffer(stats.size), 0, stats.size, null,
              function(err, bytesRead, buf) {
                 if (err) throw err;

                 if (!bytesRead) return;
                 console.log(buf.toString());
              });
  });
});
```

　非同期処理にはコードの可読性が落ちる欠点があります。ファイル読み込みに関しては同期処理を組み合わせるのも1つの選択です（**リスト 22.13** や **リスト 22.14**）。ローカルのファイルであれば読み込み時間は無視できるほど小さいので、コードの簡易さを優先した結果です。

　本当にスケーラビリティを追求するコードの場合、Node.jsの流儀ですべてを非同期に書くべきですが、常にレスポンス速度が最優先とは限りません。コードを書く時に何を優先するかは設計によるので唯一の正解にこだわりすぎる必要はありません。

リスト 22.13　openは非同期だが読み込みは同期的

```
fs.open(fpath, 'r', function(err, fd) {
  if (err) throw err;

  fs.stat(fpath, function(err, stats) {
      if (err) throw err;

      var buf = new Buffer(stats.size);
      var bytesRead = fs.readSync(fd, buf, 0, stats.size, null);
      if (!bytesRead) return;
      console.log(buf.toString());
  });
});
```

519

リスト22.14　すべて同期的

```
var fd = fs.openSync(fpath, 'r');
var buf = new Buffer(4096);
while (true) {
  var bytesRead = fs.readSync(fd, buf, 0, buf.length, null);
  if (!bytesRead) break;
  console.log(buf.toString('utf8', 0, bytesRead));
}
fs.closeSync(fd);    // closeもしくはcloseSyncを呼ばないとリソースリークするので注意
```

　ファイル読み込みには簡易APIもあります。非同期APIのreadFileと同期APIのreadFileSyncの2つのコード例を示します（**リスト22.15**と**リスト22.16**）。

リスト22.15　readFile版

```
// バイト列のまま読み込み
fs.readFile(fpath, function(err, buf) {
    if (err) throw err;
    console.log(buf.toString());  // Buffer型
});


// 文字エンコードを指定して文字列で読み込み
fs.readFile(fpath, 'utf8', function(err, str) {
    if (err) throw err;
    console.log(str);   // 文字列型
});
```

リスト22.16　readFileSync版

```
// バイト列のまま読み込み
var buf = fs.readFileSync(fpath);
console.log(buf.toString());

// 文字エンコードを指定して文字列で読み込み
var str = fs.readFileSync(fpath, 'utf8');
console.log(str);
```

22-6-6　ファイル書き込み

　非同期なファイル書き込みのコード例を示します（**リスト22.17**）。リスト22.17は対処していませんが、一般的にストリームに対するwriteメソッド呼び出しは例外を発生しうるので注意してください。

リスト22.17　非同期なファイル書き込み

```
var buf = new Buffer('data to write');

fs.open(fpath, 'w', function(err, fd) {
  if (err) throw err;

  fs.write(fd, buf, 0, buf.length, null,
           function(err, bytesWritten, wbuf) {
                if (err) throw err;
           });
});
```

同期的なファイル書き込みのコードを**リスト 22.18** に示します。

リスト 22.18　同期なファイル書き込み

```
var buf = new Buffer('data to write');

var fd = fs.openSync(fpath, 'w');
var bytesWritten = fs.writeSync(fd, buf, 0, buf.length, null);
fs.closeSync(fd);
```

ファイル書き込みの簡易 API を紹介します。非同期 API の writeFile と同期 API の writeFileSync の 2 つのコード例を示します（**リスト 22.19**）。

リスト 22.19　ファイル書き込みの簡易 API

```
// 非同期版API
fs.writeFile(fpath, buf, function(err) {
    if (err) throw err;
});

// 同期版API
fs.writeFileSync(fpath, buf);
```

「**21-3-11 ストリーム**」で util モジュールの pump 関数を使った cat 相当のコードを紹介しました。ファイル名から読み込みストリームと書き込みストリームを得られるので、次のようにするとファイルのコピー相当の動作を 1 行で書けます。

```
// 拡張子bakのついたファイルにファイルコピー
require('util').pump(fs.createReadStream(fpath), fs.createWriteStream(fpath + '.bak'));
```

22-6-7　ディレクトリ操作

ディレクトリ系 API を**表 22.10** にまとめます。

表 22.10　ディレクトリ系 API

関数名（非同期）	同期	説明
mkdir(path, mode, callback)	mkdirSync	ディレクトリ作成。引数 mode は「ファイル操作系の関数」の節の説明を参照
rmdir(path, callback)	rmdirSync	ディレクトリ削除
readdir(path, callback)	readdirSync	ディレクトリ一覧の読み込み

mkdir と rmdir に渡すコールバック関数にはエラー引数の 1 つのみが渡ってきます。readdir のコールバック関数にはエラー引数とファイル一覧引数の 2 つの引数が渡ります。ファイル一覧引数は、ファイル名の文字列の配列です。利用例を**リスト 22.20** に示します。

リスト 22.20　ディレクトリ一覧読み込み

```
fs.readdir(fpath, function(err, files) {    // filesはファイル名の配列
```

次ページへ

前ページの続き

リスト 22.20　ディレクトリ一覧読み込み

```
    if (err) throw err;
    files.forEach(function(filename) {
        console.log(filename);
    });
});
```

22-6-8　ファイルの変更監視

　表 22.11 の関数でファイルの変更を監視できます。watchFile 関数で監視を開始して、unwatchFile 関数で監視を停止します。

表 22.11　ファイルの変更監視 API

関数名	説明
watchFile(filename, [options], handler)	指定したファイルが変更されるとコールバック関数が呼ばれる
unwatchFile(filename)	指定したファイルの監視を停止する

　watchFile の最後の引数にコールバック関数を渡します。ファイルが変更されるとコールバック関数が呼ばれます。存在しないファイルパスを渡しても監視できます。この場合、ファイルが新規作成されるとコールバック関数が呼ばれます。コールバック関数には 2 つの引数が渡ってきます。第 1 引数が現在の stat オブジェクトで、第 2 引数が変更前の stat オブジェクトです。具体例を**リスト 22.21** に示します。

リスト 22.21　watchFile 関数の利用例

```
fs.watchFile(fpath, function (curr, prev) {
  console.log('the current mtime is: ' + curr.mtime);
  console.log('the previous mtime was: ' + prev.mtime);
});
```

22-6-9　ファイルパス

　ファイルパスを扱う API が path モジュールにあります。代表的な関数を**表 22.12** に載せます。exists 系 API を除くとただの文字列処理で I/O 処理ではないので非同期 API ではありません。

表 22.12　path モジュールの関数（抜粋）

関数名	説明
dirname(path)	引数のファイルパスからファイル名を除いた部分を返す
basename(path, ext)	引数のファイルパスのファイル名を返す。拡張子 ext があればそれを除く
extname(path)	引数のファイルパスの拡張子を返す

次ページへ

前ページの続き

関数名	説明
exists(path, callback)	引数のファイルパスのファイルの存在チェックをしてコールバック関数を呼ぶ。コールバック関数は引数が1つで、ファイルが存在すればtrue、存在しなければfalse
existsSync(path)	引数のファイルパスのファイルが存在すればtrue、存在しなければfalseを返す

exists関数を使う例を示します（**リスト 22.22**）。

リスト 22.22　path.exists関数の利用例

```
require('path').exists(fpath, function(ret) {
    console.log(ret ? "%s exists" : "%s doesn't exist", fpath);
});
```

22-7　タイマー

Node.jsは**表 22.13**のタイマー関数を使えます。クライアントサイド（DOM）と同じ形式の関数です。これらの関数は内部的にはtimersモジュールの関数ですが、デフォルトでロードされるので明示的にrequireせずに使えます。

表 22.13　タイマー関数

関数	説明
setTimeout(callback, delay, [arg,....])	delayミリ秒後にコールバック関数を引数argで呼ぶ。返り値はtimerId
clearTimeout(timerId)	指定したtimerIDのタイマーコールバック関数を解除
setInterval(callback, delay, [arg,....])	delayミリ秒ごとにコールバック関数を引数argで呼ぶ。返り値はintervalId
clearInterval(intervalId)	指定したintervalIDのインターバルコールバック関数を解除

コールバック関数内のthis参照はグローバルオブジェクトを参照します。別オブジェクトを参照したい場合はbindを使ってください（「**イベントハンドラ内のthis参照**」を参照）。

COLUMN

Node.jsのデバッグ

次のように対話的なデバッガを起動できます。

```
$ node debug my.js
debug>
```

デバッガ内で使えるコマンドはhelpとタイプすると表示できます。コード内にdebugger文を書くと実行がその行で停止します。debugger文はECMAScript第5版で規定された文です（本書**Part2**を参照）。

22-8　Express

Expressは同じ作者が開発したConnectをベースにしたWebアプリ作成のためのMVCフレームワークです。次のURLで情報を得られます。

http://expressjs.com/

Expressは次のようにインストールできます。

```
$ npm install express
```

Expressを使う簡単なWebアプリのコードを**リスト22.23**に示します。このファイルをnodeコマンドで実行すると、ポート3000番でWebクライアントからの接続を待ち、アクセスすると'Hello World'のレスポンスを返します。

リスト22.23　Expressの簡易コード

```
var express = require('express');
var app = express.createServer();

app.get('/', function(req, res) {
    res.send('Hello World');
});

app.listen(3000);
```

リスト22.23のポイントを解説します。app.getのgetはHTTPのGETメソッドに対応しています。getの第1引数の'/'はURLのパスに対応します。つまりURLのホスト名をlocalhostとするとhttp://localhost/のURLにGETリクエストを受けると、第2引数に指定したコールバック関数が呼ばれる構造です。

コールバック関数には2つの引数が渡ります。リスト22.23の引数の名称から想像できるように、リクエストを扱うオブジェクトとレスポンスを扱うオブジェクトの2つです。Expressプログラミングの基本構造は、リクエストURLと内部のコールバック関数の対応づけを定義して（このような対応をURLルーティング処理やURLディスパッチ処理と呼びます）、コールバック関数内でリクエスト情報を取得しレスポンス処理をします。

22-8-1　URLルーティング

ExpressのURLルーティングは、リスト22.23のapp.getのようにHTTPのメソッド名に対応したメソッドにURLパスを渡します。他にはapp.post、app.put、app.delなどがあります。HTTPのDELETEメソッドに対応するのはapp.delなので注意してください。deleteがJavaScriptの予約語なためです。すべてのHTTPメソッドにマッチするapp.allもあります。この場合、URLパスのマッチだけで対応するコールバック関数が決まります。

URLパスには次のように :foo の形式を記載できます。次の例は /user/suzuki のようなURLパスにマッチします。そして関数内のreq.param.idのようにして 'suzuki' の部分の文字列を取得できます。このようにURLパスの一部の要素を取得できるとRESTfulなURL設計で役立ちます。

```
app.get('/user/:id', function(req, res){
    res.send('user ' + req.params.id);   // req.params.idあるいはreq.param('id')はURL内の部分文字列(:id)
});
```

URLパス指定の応用は他にも :foo 相当の要素を複数書けたり、:foo?のように？をつけて存在するか、もしくはしない場合にマッチできたり、*で全マッチなどができます。

```
/:foo/:bar
/:foo.:bar
/:foo/:bar?
/user/*
```

より複雑なURLパスのマッチのためには正規表現も書けます。説明は省略します。

22-8-2 リクエスト処理

Webアプリのリクエスト処理の主な対象は、前節に説明したURLパスの要素に加えて、主にGETリクエストの場合のクエリパラメータ、主にPOSTリクエストの場合のフォームデータです。これらの値の取得方法を紹介します。

クエリパラメータは req.query['foo'] のように値を取得できます。リクエストURLが http://localhost:3000/?foo=bar であれば値は 'bar' です。http://localhost:3000/?foo=bar&foo=bar2 のように複数の値がある場合、req.query['foo'] の値は ['bar', 'bar2'] のような配列になります。

HTMLフォームの入力値をPOSTメソッドで送信すると、Webアプリには HTTP のボディで値が届きます。ボディデータをパースしてフォーム上のフィールド名とフィールド値に分解するには、app.jsに次のコードが必要です（後述するscaffoldで作成すると自動で書かれます）。

```
app.use(express.bodyParser());
```

フォームのフィールド値は req.body['foo'] のように得られます。この場合、fooがフィールド名です。クエリパラメータ同様、複数の値があれば配列で得られます。

HTMLフォームのフィールド名を次のように指定すると req.body['user'] は { name: 値, email: 値 } のようなオブジェクトで得られます。

```
<input type="text" name="user[name]" />
<input type="text" name="user[email]" />
```

URLパスの要素、クエリパラメータ、フォームデータ、すべてを同じスタイルで取得できるメソッドがあります。req.paramメソッドです。req.param('foo')のように使います。第1引数にはURLパスの

サーバサイドJavaScript

マッチ名、クエリパラメータ名、フォームのフィールド名を渡せます。req.param('foo', 'default-value')のように、第2引数に値を指定すると、値がない場合のデフォルト値を指定できます。req.paramの利用例は本章の最後に紹介します。

22-8-3 レスポンス処理

Expressのレスポンス処理の代表的なメソッドを**表22.14**に載せます。この中ではrenderメソッドが一番重要です。後ほど「**22-8-5 MVCアーキテクチャ**」で説明します。

表22.14 レスポンス処理の代表的なメソッド

メソッド	説明
res.header(key, [val])	レスポンスヘッダをセット
res.sendfile(path[, options[, callback]])	指定したファイルパスの中身をレスポンスのボディで返す
res.send(body[, headers, status])	指定した文字列をレスポンスのボディで返す
res.redirect(url[, status])	指定したURLへリダイレクトするレスポンスを返す
res.render(view[, options[, fn]])	指定したビューにレスポンス処理を委譲する

22-8-4 scaffold作成機能

Expressにはexpressコマンドが付属しています。expressコマンドはscaffold作成機能を提供します。scaffold作成機能とは、アプリケーションの骨格となるファイルをコマンド1つで自動作成する機能です。次のように実行するとmyappという名前のアプリのscaffoldを作成します。myappの部分は好きなアプリ名をつけてください。

```
$ express myapp
$ cd myapp
$ npm install -d
```

myappディレクトリの下にapp.jsファイルが自動生成されます。次のように実行できます。デフォルトではポート3000番で接続を待ち受けるWebアプリです。

```
$ node app.js
```

22-8-5 MVCアーキテクチャ

scaffold作成機能で生成されたapp.jsファイルの中には次のコードがあります。このコードの動作がExpressのMVCアーキテクチャの要になります。

```
// app.jsから抜粋
app.get('/', function(req, res){
  res.render('index', {
    title: 'Express'
  });
});
```

res.renderメソッドの第1引数がビュー名で、第2引数がビューに渡るコンテキストオブジェクトです。MVCの流儀によってはビューに渡すコンテキストオブジェクトをモデルと呼ぶこともありますが、本書はこの流儀には従わず、コンテキストオブジェクトと呼ぶことにします。ビューはコントローラから渡されたコンテキストオブジェクトを参照して最終的な出力結果を生成します。これがMVCのビューの役割です。ビューには次節で説明するテンプレート言語を使うのが定石です。

■MVCの役割分担

MVCのコントローラの役割の1つが、コンテキストオブジェクトを生成してビューに渡すことです。モデルの役割をバックエンドの処理と定義すると（モデルの用語定義にはいくつかの流儀があり、この定義はその1つです）、コントローラの役割はモデルとビューの対応づけを管理すると定義できます。

MVCアーキテクチャに従うWebアプリのコントローラの役割は他にもいくつかあります。1つは既に説明したURLルーティング機能です。もう1つがフォームデータなどの受信データを内部データに変換するデータバインディング処理です。MVCの用語にはいくつか多義的な意味もあるので興味があれば他の書籍も当たってみてください。

res.renderに話を戻します。上記コードで第1引数のビュー名が'index'になっています。このビュー名は実ファイルに対応づけられます。対応づけはapp.jsの次のコードに依存します。

```
app.set('views', __dirname + '/views');
app.set('view engine', 'jade');
```

この設定により'index'は、Expressアプリのベースディレクトリ（app.jsのあるディレクトリ）から相対パスで views/index.jade ファイルと対応します。上記のres.renderはレスポンス処理を views/index.jade に委譲する意図のコードです。ちなみにJavaサーブレットの世界では、このようにレスポンス処理を別ファイルに委譲することをフォワード処理と呼びます。

WebアプリのMVCアーキテクチャの役割と一連の動作を簡単にまとめます。最初にコントローラがリクエストを受け取ります。URLパスなどに応じ内部処理のモデルを呼びます。そしてモデル呼び出しの結果をコンテキストオブジェクトとしてビューに渡します。ビューはコンテキストオブジェクトから値を読み出しレスポンス出力をします。

22-8-6　テンプレート言語Jade

リスト22.23ではレスポンスの文字列をソースコードにハードコードしています。HTMLを出力したければHTML文字列をハードコードする必要があります。しかしこのようにレスポンス用のHTML文字列をハードコードするとコードの保守性が良くありません。画面周りのコード（ビュー層）を他の部分から切り離すと保守性が上がります。

Webアプリの世界ではビュー層にテンプレート言語を使う技法が知られています。テンプレート言語は、最終出力のHTMLの不変部分をベースに、実行時の可変部分を埋め込むように記述します。Javaの世界ではJSPがもっとも知られたテンプレート言語です。PHPの場合、PHP自身がテン

プレート言語です。Express のテンプレート言語のデフォルトは Jade です（他のテンプレート言語も使えます）。Jade の情報は次の URL にあります。

http://jade-lang.com/

■Jade の規則

Jade の簡単な規則を以下に示します。

- 行の先頭にタグ名を書くと HTML 要素になる

```
p
↓
<p></p>
```

- タグに続けて書いた文字列は HTML 要素の内容になる。複数行にまたがる場合は「|」で連結する

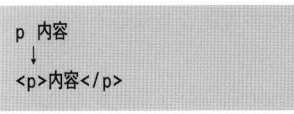

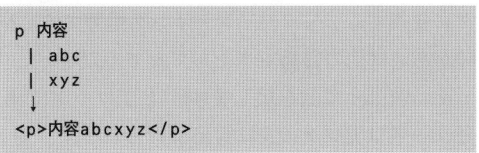

```
p 内容
↓
<p>内容</p>
```

```
p 内容
  | abc
  | xyz
↓
<p>内容abcxyz</p>
```

- インデントをつけてタグを書くと入れ子のタグになる

```
p
  span 内容
↓
<p><span>内容</span></p>
```

- コロンをつけると、インデントを省略できる

```
p: span 内容
↓
<p><span>内容</span></p>
```

- CSS セレクタ風の表記で id 属性と class 属性を指定できる（div の場合は div を省略可能）

```
p#foo 内容
↓
<p id="foo">内容</p>
```

```
p.bar 内容
↓
<p class="bar">内容</p>
```

```
p#foo.bar.baz 内容
↓
<p id="foo" class="bar baz">内容</p>
```

```
#foo 内容
↓
<div id="foo">内容</p>
```

- タグ名の後ろに続く丸カッコで属性を指定できる

```
a(href='/foo/bar') 内容
↓
<a href='/foo/bar'>内容</a>
```

- //で始めるとHTML的にコメントアウトされる

```
//p#foo.bar.baz 内容
  ↓
<!-- p#foo.bar.baz 内容 -->
```

- #{変数名}でJavaScriptの変数の値を取り出せる（Jade内で定義した変数、あるいはres.renderの第2引数で渡るコンテキストオブジェクトのプロパティ）

JavaScriptの変数titleの値が 'Express' とすると、

```
p #{title}
  ↓
<p>Express</p>
```

- タグ名=変数名または属性名=変数名でJavaScriptの変数の値を取り出せる（文字列連結式も書ける）

```
p= title
  ↓
<p>Express</p>
```

```
a(href= title)= title
  ↓
<a href="Express">Express</a>
```

```
a(href= '/' + title)= title
  ↓
<a href="/Express">Express</a>
```

- 先頭を - で始めるとJavaScriptのコードを書ける

```
- var foo = 'bar';    // 変数に値を代入

- for (var key in obj)
  p= obj[key]

- if (foo)
  ul
    li= foo
    li 内容
- else
  p 内容

- var items = ["one", "two", "three"]
- each item in items
  li= item
```

22-8-7 MongoDB（データベース）

ある規模のWebアプリの多くはバックエンドにデータベースが必要です。現時点はMySQLなどのRDBMSを使うのが一般的です。

Node.jsからRDBMSを扱うパッケージはいくつかあります。本書執筆時点で、今後のデファク

Part 6 サーバサイド JavaScript

ト標準と断言できるほどの決定打に欠けるので下記のnodejs-dbを紹介するにとどめます。

http://nodejsdb.org/

本書はRDBMSではなく、いわゆる**NoSQL**の1つMongoDBをNode.jsから扱う方法を説明します。MongoDBのオフィシャルサイトのURLは下記になります。

http://www.mongodb.org/

Node.jsからMongoDBを扱うパッケージもいくつか存在します。どんなパッケージがあるかは下記のURLを参照してください。

http://www.mongodb.org/display/DOCS/node.JS

本書では下記の**Mongoose**を使い、Node.jsからMongoDBを扱います。

http://mongoosejs.com/

Mongooseは次のようにインストールしてください。

```
$ npm install mongoose
```

MongoDBのインストール方法は省略します。mongodを次のように起動してください。

```
$ mkdir data
$ mongod --dbpath data
```

mongodがMongoDBのサーバプロセスです。MongoDBにはmongoと呼ばれる対話型JavaScriptシェル機能を持つクライアントツールが付属します。別途、mongoコマンドを起動しておくと動作確認に便利です。と言うのも、Node.jsアプリからMongoDBのデータを操作した時、mongoコマンド上で対話的に結果を確認できるからです。mongodと同一PC上でmongoコマンドを起動すると自動的にmongodサーバに接続します。

■MongoDBの概念

本書はMongoDB自体を説明しませんが、基本的な用語がわからないと説明にならないので用語をまとめておきます（**表22.15**）。

厳密には正しくありませんが、直感的にはJavaScriptのオブジェクトをMongoDBで永続化できると考えても、MongoDBを使う分には困りません。永続化したオブジェクトは表22.15のドキュメントに当たります。オブジェクトのプロパティはフィールドに対応します。ドキュメントはIDで識別され、IDをキーにしてドキュメントの取得（検索）、更新、削除ができます。これがMongoDBの基本機能です。

これだけの機能であればKVS（キーバリューストア）と変わりませんが、MongoDBはフィールド値を使う、より複雑なクエリも受けつける**ドキュメント指向データベース**です。RDBのSQLと比較するとMongoDBのクエリの表現力は劣りますが、代わりに分散処理による高いスケーラビリティ性能を発揮します。

表 22.15　MongoDBの構成要素

名称	説明
データベース	コレクションのコンテナ
コレクション	ドキュメントのコンテナ。RDBのテーブルに相当。データベース内で一意な名前で識別
ドキュメント	プロパティの集合。コレクション内で一意なIDで識別。内部的にはBSON（バイナリJSON）形式
フィールド	名前と値のペア。値の型はJSONに準ずる。ドキュメント内で一意な名前で識別

22-8-8　Mongooseの実例

　MongoDBはスキーマフリーのドキュメント指向のデータベースです。MongoDBを使うのに、RDBのような事前のテーブル設計（スキーマ定義）は不要です。ただMongooseはスキーマ定義を書く流儀です。この辺りの設計は評価の分かれる部分ですが、本書は論評を差し控えます。

　MongooseでMongoDBに新規ドキュメントを作成するコードを**リスト22.24**に示します。前節に少し触れたように、JavaScriptオブジェクトをそのままsaveメソッドに渡せばMongoDBに保存されるイメージです。オブジェクトのプロパティ値がそのままMongoDBドキュメントのフィールド値になります。

リスト22.24　MongoDBに新規ドキュメント作成

```
var mongoose = require('mongoose');

// mydbの部分はデータベース名（好きな名前を選べます）
mongoose.connect('mongodb://localhost/mydb');

var Schema = mongoose.Schema;

// スキーマ定義
// 'articles'はコレクション名（好きな名前を選べます）
var Article = mongoose.model('articles', new Schema({
    title   : String,
    body    : String,
    date    : { type: Date, default: Date.now }
    })
);

// 新規ドキュメント
var obj = new Article();
obj.title = 'hello';
obj.body = 'hello body';

// 保存
obj.save(function (err) {
    if (err) throw err;
});
```

　リスト22.4を実行した後、mongoの対話的シェル上で図22.2を確認してください。MongoDBはデータベースもコレクションも、なければ自動で作成されるので事前に準備は不要です。

図22.2　mongoコマンドで動作確認

```
$ mongo
MongoDB shell version: 1.8.2
```

次ページへ

サーバサイドJavaScript

前ページの続き

図22.2　mongoコマンドで動作確認

```
connecting to: test

データベース一覧を表示（リスト22.24を実行前はadminとlocalのみ）
> show dbs
admin   (empty)
local   (empty)

リスト22.24を実行するとmydbデータベースが自動で作成される
> show dbs
admin   (empty)
local   (empty)
mydb    0.0625GB

カレントデータベースを切り替える
> use mydb
switched to db mydb

コレクション一覧を表示（リスト22.24の実行でarticlesコレクションが自動で作成されている）
> show collections
articles
system.indexes

ドキュメント一覧を表示（リスト22.24の実行でドキュメントが1つ自動で作成される）
> db.articles.find()
{ "date" : ISODate("2011-07-03T13:02:26.483Z"), "_id" : ObjectId("4e106862aea
4e61126000001"), "title" : "hello", "body" : "hello body" }
```

　MongooseでMongoDBのドキュメント一覧を表示するコード例を示します（**リスト22.25**）。findメソッドの第1引数には検索条件を渡せます。たとえば { title:'hello' } を渡すとフィールド値の完全一致条件で、{ title: /^h.*/ } のように正規表現を渡すと正規表現マッチで検索できます。リスト22.25のように空オブジェクトを渡すとコレクション内の全ドキュメントが返ります。使える検索条件の詳細はMongoDBのリファレンスを参照してください。

　findメソッドは（いつものように）非同期APIです。第2引数にコールバック関数を渡します。コールバック関数の第2引数で、検索にマッチしたドキュメントが渡ってきます。MongoDBドキュメントはほぼそのままJavaScriptオブジェクトに対応づけられるので、渡ってくるのはオブジェクトの配列です。

リスト22.25　MongoDBのドキュメント一覧を表示

```javascript
var mongoose = require('mongoose');
mongoose.connect('mongodb://localhost/mydb');

var Schema = mongoose.Schema;
var Article = mongoose.model('articles', new Schema({
    title   : String,
    body    : String,
    date    : { type: Date, default: Date.now }
    })
);

Article.find({}, function (err, docs) {
    docs.forEach(function(doc) {
        if (err) throw err;
```

次ページへ

前ページの続き

リスト 22.25　MongoDBのドキュメント一覧を表示

```
        console.dir(doc);
    });
});
```

22-8-9　ExpressとMongooseを使うWebアプリ

■文書管理アプリ

本章の最後にExpressとMongooseを使うWebアプリを作成してみます。とは言え、紙面の関係上、かなり簡易なものになります。文書一覧と文書作成機能のみを持つWebアプリです。作成した文書はMongoDB上に保存します。

次のようにExpressのscaffold作成機能でアプリの雛形を作ってください。アプリ名(myapp)は好きな名前をつけてください。

```
$ express myapp
$ cd myapp
$ npm install -d
$ npm install mongoose
$ mkdir models
```

■モデル作成

app.jsの相対パスのmodels/article.jsファイルを作成します(**リスト 22.26**)。MVCのモデルに相当する機能を提供します。モデルの機能自体はMongooseが提供する機能そのものです。独自の操作が必要であれば自分でArticleクラスにメソッドを追加してください(JavaScript的にはArticle.prototypeに追加するのが流儀です)。

リスト 22.26　models/article.js

```
var mongoose = require('mongoose');
mongoose.connect('mongodb://localhost/mydb');

var Schema = mongoose.Schema;

var Article = mongoose.model('articles', new Schema({
    title   : String,
    body    : String,
    date    : { type: Date, default: Date.now }
    })
);

module.exports = Article;
```

リスト 22.26のarticle.jsモジュールをapp.jsから使うため、app.jsに次のコードを追記してください。

```
var Article = require('./models/article');
```

これでapp.jsの中でArticleオブジェクト（Articleクラス）を使えます。

■文書一覧のコントローラ

app.jsの / へのリクエストを受けた時のコードを**リスト22.27**のように改変します。このURLで文書の一覧表示をすることにします。res.renderを呼ぶ基本構造は変えていません。使うJadeファイルもindex.jadeのままです。変わったのはビューに渡るコンテキストオブジェクトです。Jadeファイル内でdocsの名前でMongoDBの文書の配列を参照できます。

リスト22.27　文書一覧表示のコントローラ（app.js）

```
app.get('/', function(req, res) {
    Article.find({}, function (err, docs) {
        if (err) throw err;
        res.render('index', { title:'Document list', docs: docs });
    });
});
```

■文書一覧のビュー

views/index.jadeファイルを**リスト22.28**のように改変します。HTMLテーブルで文書一覧を表示します。テーブルには文書のタイトルと本文の列があり、タイトル列は文書表示のためのリンクになっています。文書表示のリンクのパスは / 文書ID の形式にします。

リスト22.28　views/index.jade

```
table(border='1')
  - for (var i = 0; i < docs.length; i++)
    tr
      td: a(href= '/' + docs[i]._id)= docs[i].title
      td= docs[i].body
```

■文書表示機能

/ 文書ID 形式のパスのリクエストを受けた時のコントローラのコードをapp.jsに書きます[注4]。**リスト22.29**をapp.jsに書き足してください。req.param('id')でリクエストURLのパス要素の値を取得して、MongooseのfindOneメソッドの検索条件に使います。show.jadeファイルは省略します。

リスト22.29　文書表示のコントローラ（app.js）

```
app.get('/:id', function(req, res) {
    Article.findOne({ _id: req.param('id') }, function (err, doc) {
        if (err) throw err;
        res.render('show', { title:'Document', doc: doc });
    });
});
```

(注4)　このURLパスは/favicon.icoのリクエストにも反応するので注意してください。

22章　実践Node.jsプログラミング

■文書作成機能

文書の新規作成画面を作ってみます。リクエストURLは微妙ですが /create にします（**リスト22.30**）。リスト22.29の /:id と被るので、こちらのコードを先に書いてください[注5]。

リスト22.30　文書作成のコントローラ（app.js）

```
app.get('/create', function(req, res) {
    res.render('create', { title:'Create' });
});
```

create.jadeファイルは**リスト22.31**のようにします。タイトルと本文を書くフィールドを用意して、POST先のURLを / にします。/ で文書一覧を表示しているのでこのパスが文書のコンテナに相当すると見なせます。コンテナに対して文書をPOSTすると新規文書になるのはRESTfulなURL設計のイディオムです。

リスト22.31　文書作成フォーム画面（views/create.jade）

```
form(action= '/', method='POST')
  p Title
  input#title(name='title', type='text')

  p Body
  textarea#body(name='body', cols='40', rows='10')

  input#submit(type='submit', value='Save')
```

POST先のコントローラは**リスト22.32**のように書けます。文書保存時のレスポンスにはリダイレクトを使うのがWebアプリの定石です。

リスト22.32　文書保存のコントローラ（app.js）

```
app.post('/', function(req, res) {
    var doc = new Article();
    doc.title = req.param('title');
    doc.body = req.param('body');
    doc.save(function(err) {
        if (err) throw err;
        res.redirect('/');
    });
});
```

今回紹介したコードは全体的にエラー処理がないので注意してください。動作を説明するだけの最小限のコードにしています。

いわゆる CRUD（Create、Read、Update、Delete）処理のためには、更に文書の更新処理と削除処理が必要ですが本書では説明を省略します。Mongooseのsaveメソッドは指定したドキュメントの_idプロパティ値が既存文書にあれば新規保存ではなく更新処理になります。削除処理はremoveメソッドを使います。これらがわかれば、機能を追加することはそれほど難しくはないでしょう。

[注5]　問題ありのURL設計です。URL設計は実に大変です。現在のWebアプリでURL設計は最重要のインターフェース設計なので、実アプリでは慎重に設計してください。

Index

索引

記号

@anywhere（Twitter）	458
__proto__ プロパティ	142
3項演算子	105

A

abort	294
absolute	287
Acid	19
addEventListener	241, 269
AJAX	16, 290, 324, 343, 394
Ajax	324
ajaxSetup	326
alert	231
always	329
anonymous function	236
APIキー	430
appendChild	263
ApplicationCache	342, 350
applicationCache	354
ApplicationCache API	354
apply	136
arguments オブジェクト	160
ArrayBuffer	401
Array クラス	37, 194
async 属性	228
Atom	425
attachEvent	241
Audio	341

B

Base64	373
bind	185, 318
Blob	369, 401
blur	306, 307
Boolean クラス	59
break 文	90

C

CACHE セクション	351
call	136
Call オブジェクト	115, 173
Canvas	341
change	307
childElementCount	258
childNodes	257
children	258
classList	283
className	281
clearTimeout	294
clientX	288
clientY	288
Comet	395, 396
CommonJS	473
CompositionEvent	277
console	232
const	29
continue 文	90
Cookie	245, 380
createComment	263
createElement	263
createEvent	280
createEventObject	280
createIndex メソッド	389
createObjectStore メソッド	386
createTextNode	263
CSRF	435
css	322

D

data URL	373
DataTransfer	359
DataTransferItemList	366
Date クラス	210
debugger	236
debugger 文	95
Deferred	326
defer 属性	228
delegate	319
delete 演算子	106, 127
Developer Tools	235
DHTML（ダイナミックHTML）	16
die	319
dispatchEvent	280
Document	245
DocumentFragment	265
DOM	246
DOMContentLoaded	227, 229
DOM ツリー	226, 246

索引

done	329
do-while 文	84
Drag and drop	342, 357
Dragonfly	235

E

ECMA-262	17, 238
ECMAScript	16
Error オブジェクト	157
eval	208
exports (CommonJS)	475
Express	524

F

Facebook	460
fail	329
FALLBACK セクション	353
false	58
File API	342, 366
FileReader	369
FileReaderSync	375
File オブジェクト	365, 367
Firebug	235
fireEvent	280
firstChild	257
firstElementChild	258
fixed	287
Flickr	452
focus	306, 307
FocusEvent	277
for each in 文	89
for in 文	87
form	304
for 文	85
frames	244
Function オブジェクト	168
Function クラス	170

G

Geocoding API	451
Geolocation API	342, 451
getBoundingClientRect	289
getElementById	250
getElementsByClassName	256
getElementsByName	256
getElementsByTagName	251
Google Closure Compiler	22
Google Libraries API	336
Google Maps API	445
Google Translate API	440

H

handleEvent	270
History	244
History API	342, 343
history オブジェクト	345
HTMLCollection	253, 255
HTMLEvent	276

I

if-else 文	76
iframe	298
importScripts	411
Indexed Database	342, 384
indexedDB	385
Infinity	57
initEvent	280
innerHTML	264
innerText	265
input	308
insertBefore	263
instanceof 演算子	103, 145
in 演算子	102
isFinite	56
isNaN	56
Iterator クラス	202

J

Jade	527
jQuery	310
jQuery プラグイン	332
JSGI	473
JSON	207, 295, 425
JSONP	297, 393, 443

K

KeyboardEvent	277
keydown	308
keypress	308
keyup	308

L

lastChild	257
lastElementChild	258
layerX	289
layerY	289

537

Index

let	164
live	319
localStorage	377
Location	242

M

Mathオブジェクト	156
MAX_VALUE	54
MessagePort	417
MIN_VALUE	54
Modernizr	339
module (CommonJS)	475
MongoDB	529
Mongoose	530
MouseEvent	276, 278
MutationEvent	276
MVCアーキテクチャ	526

N

NaN	53, 56
nave	402
Navigator	242
navigator.onLine	356
NEGATIVE_INFINITY	54
NETWORKセクション	353
new式	35, 121
nextElementSibling	258
nextSibling	257
noConflict	335
Node.js	402, 477
NodeList	251
nodeコマンド	482
NoSQL	530
npm	403, 482
null型	60
Numberクラス	52, 53
Number関数	53, 63

O

OAuth	436
Objectクラス	153
offlineイベント	356
offsetX	289
offsetY	289
one	320
onlineイベント	356
onload	227, 229
onreadystatechange	292

open	293
OpenSocial	464
openssl	509

P・Q

pageX	288
pageY	288
parent	245
parentNode	257
parseFloat	63
parseInt	63
pipe	330
popstateイベント	345, 346
position	287
POSITIVE_INFINITY	54
postMessage	301
preventDefault	274
previousElementSibling	258
previousSibling	257
Promise	327
prototype.js	21, 334
prototypeオブジェクト	138
prototype参照	138
pusuStateメソッド	346
querySelector	262
querySelectorAll	262

R

ready	321
readyState	292
ReferenceError	27, 115
RegExpクラス	216
reject	328
relative	288
removeChild	264
replaceChild	264
replaceStateメソッド	349
require (CommonJS)	475
reset	305
resolve	328
responseText	292, 295
responseXML	292, 295
REST	426
return文	92
Rhino	472
RPC	426

索引

S

scaffold	526
screenX	288
screenY	288
Selectors API	262
self	245
send	293
sendメソッド (WebSocket)	399
ServerJS	473
Server-Sent Events	342, 394
sessionStorage	377
setInterval	290
setRequestHeader	293
setTimeout	280
SharedWorker	416
Shindig	467
sliceメソッド	372
smjs	25
SOAP	425
Socket.IO	510
static	287
StaticNodeList	263
stopImmediatePropagation	274
stopPropagation	274
storageイベント	380
strict mode	222
Stringクラス	45, 48
String関数	47
style	284
submit	305, 307
swapCacheメソッド	354
switch-case文	79

T

target	308
textContent	264
TextEvent	277
then	329
this参照	134, 271
throw文	93
top	245
Traversal API	258
try-catch-finally構文	93
true	57
Twitter	456
typeof演算子	106

U

UIEvent	276, 278
unbind	318
undefined型	60
undelegate	319
updateメソッド (applicationCache)	354
URLディスパッチ	524
URLルーティング	524

V

v8	18
var	26
Video	341
void演算子	107

W

W3C	338, 341
Web API	422
Web Inspector	235
Web Messaging	341
Web SQL Database	342, 384
Web Storage	342, 376
Web Workers	342, 408
WebGL	341
WebSocket	342, 393, 510
Webアプリ	422
Webアプリケーション	224
Webサービス	422
WHATWG	339
WheelEvent	277
when	331
while文	82
Window	242, 244
withCredentials	303
with文	94
Worker	409

X・Y

XML	424
XMLHttpRequest	291, 303, 393
XPath	259
yield	204
YUI Compressor	22

あ行

アクセッサ	150
値渡し	112

Index

暗黙リンク	138
イテレータ	202
イベントソース	489
イベントドリブン	183, 266
イベントハンドラ	266, 489
イベントリスナ	266, 489
イベントループ	488
インスタンス	35
インタプリタ	24
インデックス (Indexed Database)	386, 389
インナーループ	190
右辺値	27
エスケープシーケンス	42
エポック値	210
演算子	96
オーバーロード	30
オブジェクト	32, 117
オブジェクトストア	385, 386
オブジェクトリテラル	32, 118
オブジェクト指向	117
オペランド	95
オペレータ	95
親ノード	257
オリジン	296, 346, 377

か行

拡張継承	145
型	144
ガベージコレクション	130
仮引数	30
関数スコープ	162
関数宣言	29
関数宣言文	74
関数名	169
関数呼び出し演算子	108, 159
関数リテラル	30
カンマ (,) 演算子	107
キーワード	70
基本型	41
キャッシュマニフェスト	350
キャプチャリングフェーズ	269, 272
兄弟ノード	257
共有ワーカ	416
認可	435
空文	75
組み込み型	40
クラス	35, 123
クラスベース	40

繰り返し文	82
グループ化 (正規表現)	218
クロージャ	172
グローバルオブジェクト	114, 155
グローバルスコープ	162
グローバル変数	28, 114, 156
クローラ	344
クロスオリジン制限	296, 428
クロスオリジン通信	297
クロスブラウザ	237, 340
結合規則 (演算子)	97
厳密な同値演算	100
コールバック	182, 487
子ノード	257
コンストラクタ	121

さ行

サードパーティアプリ	433
サービスプロバイダ	433
再帰関数	161
左辺値	27
参照型	40, 110
ジェネレータ	204
式 (expression)	95
式クロージャ	182
式文	74
識別子	71
実引数	30, 160
シャドーイング	168
条件演算子	105
数値型	50
数値クラス	52
数値リテラル	50
スキーマ (XML)	424
スクレイピング	423
スコープ	162
スコープチェーン	174
ストリーミング	396
ストリーム (Node.js)	498
正規表現	212
制御の反転	182
制御文	76
静的型	40
セッション管理	431
セマンティックWeb	424
前方参照 (正規表現)	218
属性 (プロパティ)	129
ソケット	512

索引

た行

ターゲットフェーズ	273
タイムアウト	294
代入演算子	105
タグ	248
多次元配列	192
ダックタイピング	146
遅延評価	103
逐次処理	76
抽象データ型	117
テンプレート言語	527
同一オリジンポリシー	296
同期処理	478
同期通信	293
同値演算	46, 100
動的型	25, 40
ドキュメント指向DB	530
匿名関数	236
ドット演算	33, 108, 125
ドラッグイベント	358
ドラッグイメージ	359, 362
トランザクション (Indexed Database)	391

な行

入力シーケンス (正規表現)	214
認証	435
ノード	249
ノンブロッキング	478

は行

配列	37, 187
配列の内包	206
配列風のオブジェクト	201
破壊的	197
パターン (正規表現)	214
ハッシュフラグメント	343, 344
バッファ (Node.js)	494
バブリングフェーズ	269, 273
ハンドシェイク	397
比較演算	101
比較演算子	101
ビット演算子	103
非同期処理	291, 478
標準オブジェクト	152
ブーリアンクラス	58
ブーリアン型	57
フォーム	304
浮動小数点数	51
不変オブジェクト	131
ブラケット演算	34, 108, 125
ブロッキング	478
ブロックスコープ	163
ブロック文	73
プロトタイプオブジェクト	139, 142
プロトタイプチェーン	138
プロトタイプベース	25, 40
プロトタイプ継承	137
プロパティ	32, 114, 124
プロパティオブジェクト	148
プロファイラ	69
文 (statement)	73
変数宣言文	74
ポーリング	394
ホストオブジェクト	21

ま行

マッチ (正規表現)	214
無名関数	236
メインスレッド	408
メソッド	34, 133
メソッドチェーン	312
モジュール	178
モジュール (CommonJS)	474
文字列	401
文字列値リテラル	41
文字列型	41
文字列クラス	45

や行

ユーザエージェント	239
優先順序 (演算子)	97
要素	249
予約語	70

ら・わ行

ライブオブジェクト	251
リテラル	72
例外	93
レガシーDOM	248
レシーバオブジェクト	134
連想配列	127
ローカル変数	114
論理演算子	103
ロングポーリング	395
ワーカ	408

おわりに

　この業界で何かを学ぶ時、打算的な自分が嫌になる時もありますが、一定の年齢になると、投資効率の良い技術を学びたいと思うのは否定できません。もちろん、その技術が流行るかどうかなんて関係ない、ただ面白いからやるんだという態度を否定するものではありません。と言うより、個人的にはそういう姿勢に敬意を払います。ただすべての人にすべての年代に渡って、そんな幸せな蜜月を保ち続けて技術と向き合うべきだ、と考えを押しつける気はありません。

　純粋に学習の投資効率だけを考えると抽象度の高い知識のほうが長持ちします。特定の言語やプラットフォームから独立した知識のほうが効率的です。しかし、古びない知識だけに閉じこもるのが技術者として正しい姿勢なのかと言われれば疑問を覚えます。時代に無用に振り回される必要はありませんが、時代や風潮と適度な距離感を保つ必要はあると思うからです。メインストリームに飛び出す技術は、偶然も左右するとは言え、それなりの理由があるものです。メジャー技術にいつも斜に構えた態度を取るだけではなく、たまにはメジャーに乗ってしまうのもありだと思います。

　なんてことを、結構長い間、斜に構えるタイプだった自分自身を棚に上げて言ってみました。

　JavaScriptの学習の投資効率は良さそうです。なぜならJavaScriptはしばらくインターネットの標準言語として君臨しそうだからです。そして、もしあなたが斜に構えるタイプでJavaには乗れないタイプでも、JavaScriptには乗れるのではないでしょうか。JavaScriptはメジャーな割に意外に不格好なところもあるからです。周辺技術もどこかキッチュです。でもそれが魅力です。

　最後に、本書に多大な協力をいただいた内田大嗣氏に感謝の意を表明します。彼のマニアックすぎるツッコミのすべては本書に反映できませんでしたが、彼の見識のおかげで本書に深みがでたのではないかと思っています。

井上 誠一郎

　最近ではJavaScriptによっていろいろな種類のアプリケーションが書けるようになってきました。Webブラウザの拡張はもとより、サーバサイドアプリも書けるし (Node.js)、LinuxのGUIも作れるし (Gjs, Gnome Seed)、iPhoneアプリやAndroidアプリだって作れます (Titanium Mobile)。誇張

すれば、JavaScriptプログラミングさえできればコンピュータ上でできることはなんでもできるようになりました。JavaScriptと言えばWebブラウザで右クリックを禁止したりステータスバーに文字を流すための言語と認識されていた時代から随分と様変わりしたものです。JavaScript大流行です。プロトタイプベースやthisの扱いにくさといったとっつきにくい部分がある言語のくせに、大流行です。

　これだけ流行るということは、ひょっとしたら将来JavaScriptの読み書きは義務教育の範疇になるかもしれません。日本語、英語に続く第3の言語がJavaScriptです。子供たちがクロスサイトスクリプティングを駆使してalert('Good morning');を表示させて朝の挨拶を交わす、なんていうなかなか楽しそうな未来が待っているわけです。けれど、そうなったときに子供にJavaScriptの質問をされて答えられないようでは大人の沽券に関わります。かっこいい大人を自称するためにはJavaScriptは学んでおく必要がありそうです。そういうわけで、みなさんJavaScriptを勉強しておくと何かといいことがあるかもしれませんよ。

土江 拓郎

　JavaScriptは私が初めて修得したといえる言語です。当時ほとんど何のスキルも持たずにアリエルに入った私は、出社して早々、本書の共著でもある井上誠一郎氏から「浜辺さんにはAjaxをやってもらいます」との命を受けました。当時世間は熱狂的なAjaxブームの最中でしたが、JavaScript人気はその後も留まることを知らずに加熱の一途を辿り、そのままの勢いで現在に至ります。今思えばこのときの一言がなければ間違いなくJavaScripterとしての今の私は存在しなかったことでしょう。この場を借りて感謝の意を表明します。

　最近では単にJavaScriptといっても、Webアプリケーションやネイティブアプリケーション、スマートフォン端末やテレビ端末、クライアントサイドからサーバサイドまで、その利用範囲はかなり広がっています。今までのようにWeb上で探したコード片やライブラリをちょいと改変して組み入れるスキルだけでは、これらの幅広い用途に対して柔軟に対応することは困難です。JavaScript初学者は必ずどこかで体系的なJavaScriptの知識を身に付ける必要があります。あなたがJavaScripterとして次のステージへ上がるために、本書が一助となれば幸いです。

浜辺 将太

著者略歴

井上 誠一郎（いのうえ　せいいちろう）
米国でLotus Notes開発に携わる。帰国後、アリエル・ネットワーク株式会社を創業。CTOに就任。企業向けP2Pソフトウェアやエンタープライズ製品の開発に従事。主な著書は「P2P教科書」「パーフェクトJava」「実践JS サーバサイド JavaScript 入門」。ありえるえりあ（http://dev.ariel-networks.com/）で技術情報を発信中。本書Part1、Part2、Part5、Part6を担当。

土江 拓郎（つちえ　たくろう）
大学で航空宇宙工学やロボット工学を学んだのち、面白そうだったからという理由でIT業界に就職。2008年アリエル・ネットワーク株式会社入社。JavaやJavaScriptによるエンタープライズ製品開発を行う。本書Part3を担当。

浜辺 将太（はまべ しょうた）
学生時代、アリエル・ネットワーク株式会社にアルバイトとして入社。ソフトウェア開発のイロハとプログラマの生態を学ぶ。2009年ヤフー株式会社に入社。テレビ端末向けソフトウェアキーボードの開発や、スマートフォン版GyaO!の開発に携わる。最近では社内でHTML5やNode.jsの啓蒙活動にも勤しんでいる。本書Part4を担当。

イラスト●ダバカン
装丁／本文デザイン／レイアウト●三浦 かなえ（kanaemiura.com）
編集●原田 崇靖

サポートページ●http://book.gihyo.jp/

パーフェクトJavaScript

2011年10月25日　初版第1刷発行
2011年12月15日　初版第2刷発行

著　者	井上誠一郎／土江拓郎／浜辺将太
発行者	片岡　巌
発行所	株式会社技術評論社
	東京都新宿区市谷左内町 21-13
	電話　03-3513-6150　（販売促進部）
	03-3513-6160　（書籍編集部）
印刷／製本	港北出版印刷株式会社

定価はカバーに表示してあります。

製本には細心の注意を払っておりますが、万一、乱丁（ページの乱れ）や落丁（ページの抜け）がございましたら、小社販売促進部までお送りください。送料小社負担にてお取替えいたします。

本の一部または全部を著者権法の定める範囲を超え、無断で複写、複製、あるいはファイルに落とすことを禁じます。

©2011　井上誠一郎／土江拓郎／浜辺将太
ISBN978-4-7741-4813-7　C3055
Printed in Japan

本書の内容に関するご質問は、下記の宛先までFAXまたは書面にてお送りください。お電話によるご質問、および本書に記載されている内容以外のご質問には、一切お答えできません。あらかじめご了承ください。

宛先：
〒162-0846
東京都新宿区市谷左内町 21-13
技術評論社　書籍編集部
『パーフェクトJavaScript』質問係

FAX：03-3513-6167

なお、ご質問の際に記載いただいた個人情報は質問の返答以外の目的には使用いたしません。また、質問の返答後は速やかに破棄させていただきます。